Adalbert Freudenberger

Prozeßmeßtechnik

Kamprath-Reihe

Professor Dr. Adalbert Freudenberger

Prozeßmeßtechnik

Vogel Buchverlag

Prof. Dr. rer. nat. ADALBERT FREUDENBERGER
Jahrgang 1949. Abitur 1969 am Gymnasium in
Wertheim/M. Nach Wehrdienst Studium der
Physik ab 1970/71 an der Universität Würzburg.
1975 Diplom, 1979 Promotion in Festkörperphysik
(Halbleitertechnik).
1979–1992 Industrietätigkeit in einem großen
Chemieunternehmen. Viele Jahre Erfahrungen in
der Prozeßmeßtechnik an verfahrenstechnischen
Anlagen, in Labors und Versuchstechnika. Danach
Leiter eines prozeßanalysentechnischen Labors mit
dem Schwerpunkt Online-Abwasseranalytik.
1992 Berufung an die Fachhochschule
Heilbronn in den Fachbereich Physikalische
Technik; heute im Studiengang Verfahrens- und
Umwelttechnik Vorlesungen und Labors auf den
Gebieten Physik, Prozeßmeßtechnik und Wasser-
technologie.

Die Deutsche Bibliothek – CIP-Einheitsaufnahme

Freudenberger, Adalbert:
Prozeßmeßtechnik / Adalbert Freudenberger. –
1. Aufl. – Würzburg : Vogel, 2000
  (Kamprath-Reihe)
  ISBN 3-8023-1753-X

ISBN 3-8023-1753-X
1. Auflage. 2000
Alle Rechte, auch der Übersetzung, vorbehalten.
Kein Teil des Werkes darf in irgendeiner Form
(Druck, Fotokopie, Mikrofilm oder einem anderen
Verfahren) ohne schriftliche Genehmigung des
Verlages reproduziert oder unter Verwendung
elektronischer Systeme verarbeitet, vervielfältigt
oder verbreitet werden. Hiervon sind die in §§ 53,
54 UrhG ausdrücklich genannten Ausnahmefälle
nicht berührt.
Printed in Germany
Copyright 2000 by Vogel Verlag und Druck
GmbH & Co. KG, Würzburg
Satzherstellung: Fotosatz-Service Köhler GmbH,
Würzburg

Vorwort

Das vorliegende Buch stellt eine Einführung in die Meßtechnik für chemische und verfahrenstechnische Forschungs- und Produktionsanlagen dar. Ausführlich werden die Methoden zur Messung der Basisgrößen Temperatur, Druck, Differenzdruck, Füllstand sowie Mengen- und Durchflußmessung beschrieben, wobei moderne Meßverfahren mit Ultraschall, Mikrowellen und Coriolis-Effekt im Vordergrund stehen.
   Um die Eignung eines physikalischen Meßeffektes zur Lösung einer verfahrenstechnischen Meßaufgabe abschätzen zu können, ist ein gutes physikalisches Rüstzeug unabdingbar. Gleichermaßen wichtig ist aber auch eine gute Kenntnis der Eigenheiten bestimmter Methoden und der zu beachtenden Randbedingungen für den Einsatzfall, etwa bei pulsierenden Strömungen, vibrierenden Rohrleitungen oder im Medium mitgeführten Schwebstoffen, die zur Sedimentation neigen.
   Übliche Fachbücher zum Thema Meßtechnik legen meist den Akzent auf die meßtechnisch genutzten physikalischen Effekte und die Signalgewinnung, ohne näher auf konkrete Geräteausführungen einzugehen. Andere Autoren wiederum konzentrieren sich auf die praktische Anwendung der Meßgeräte und verzichten weitgehend auf die Darstellung des physikalischen Hintergrundes.
   Das vorliegende Werk geht sowohl auf die physikalischen und meßtechnischen Grundlagen als auch auf die praktische Anwendung der Geräte ein. Es ist hervorgegangen aus dem Manuskript meiner Prozeßmeßtechnik-Vorlesung, die ich seit mehreren Jahren für Studenten der Ingenieurstudiengänge Physikalische Technik und Verfahrens- und Umwelttechnik an der Fachhochschule Heilbronn halte, und hat somit in erster Linie den Charakter eines Lehrbuches für Studierende. Darüber hinaus zielt es aber auch auf Ingenieure anderer Fachrichtungen, die bereits im Beruf stehen und sich in das Gebiet der Prozeßmeßtechnik einarbeiten wollen. Die notwendigen mathematischen Ableitungen werden sehr ausführlich dargestellt, was ein leichtes Nachvollziehen gestattet, wenn die Differential- und Integralrechnung beherrscht wird. Zwischendurch eingestreute Berechnungsbeispiele dienen der Erläuterung und Vertiefung des Stoffes.
   Sicher geht das Buch an manchen Stellen über den Rahmen einer Vorlesung hinaus. Andererseits ist das Gebiet der Prozeßmeßtechnik sehr umfangreich und dazu beständig im Fluß, so daß kaum jemand auf allen Teilgebieten Praxiserfahrungen haben kann. Das bedeutet gleichzeitig, daß auch die vorliegenden Ausführungen nicht einmal annähernd das ganze Fachgebiet abdecken können. Anregungen und Hinweise auf Lücken und evtl. vorhandene Fehler sind daher sehr willkommen.
   Mein Dank gilt meinen Studenten, die mir durch ihre Fragen zahlreiche Anregungen gegeben haben. Ich möchte auch dem Verlag für die stets gute Zusammenarbeit danken. Besondere Anerkennung gebührt aber meiner Familie, die viel Verständnis gezeigt hat, wenn ich mich wieder mal in meine Arbeit vergraben hatte. War es doch vor allem «ihre» Zeit, die ich in dieses Buch investiert habe!

Weinsberg   Adalbert Freudenberger

Inhaltsverzeichnis

Vorwort 5

Die wichtigsten Formelzeichen und Einheiten 13

1 **Einführung** 15
   1.1 Vorbemerkungen 15
   1.2 Elektrisches Messen nichtelektrischer Größen 16
   1.3 Eigenschaften von Meßgeräten 17
      1.3.1 Statisches Verhalten 17
      1.3.2 Dynamisches Verhalten 18
   1.4 Signale und Signalübertragung 19
   1.5 Meßstellen in der Prozeßmeßtechnik 21
   1.6 Auswahl und Einsatz von Prozeßmeßgeräten 23

2 **Meßabweichungen und meßtechnische Grundbegriffe** 25
   2.1 Meßabweichungen 25
      2.1.1 Mehrfachmessungen 25
      2.1.2 Einmalige Messungen 26
   2.2 Wahrscheinliche Werte von Meßgrößen 26
   2.3 Arithmetisches Mittel und Erwartungswert 27
   2.4 Schätzwerte statistischer Parameter 28
   2.5 Fortpflanzung von Meßabweichungen 28

3 **Temperaturmessung** 31
   3.1 Temperaturskalen 31
      3.1.1 Thermodynamische Temperaturskala 31
      3.1.2 Internationale praktische Temperaturskala 32
   3.2 Physikalische Prinzipien der Temperaturmessung 32
   3.3 Thermoelemente 33
      3.3.1 Thermoelektrischer Effekt 33
      3.3.2 Temperaturmessung mit Thermoelementen 34
      3.3.3 Möglichkeiten der Vergleichsstellenkompensation 37
      3.3.4 Ausgleichsleitungen 38
      3.3.5 Technische Ausführung von Thermoelementen 39
      3.3.5.1 Thermoelemente als Drähte bzw. Stäbe 39
      3.3.5.2 Mantelthermoelemente 40
      3.3.6 Meßeinsätze 40
      3.3.7 Auswahlkriterien für Thermoelemente 41
      3.3.8 Anwendungsbeispiele für Thermoelemente 42
   3.4 Widerstandsthermometer 43
      3.4.1 Allgemeines 43
      3.4.2 Widerstandsmaterialien 43
      3.4.3 Temperaturabhängigkeit 44
      3.4.4 Genauigkeitsklassen 44
      3.4.5 Bauformen von Widerstandsthermometern 45
      3.4.6 Eigenerwärmung und Ansprechzeiten 48
      3.4.7 Meßschaltungen mit Widerstandsthermometern 48
   3.5 Kompensationsverfahren 50
   3.6 Einbau von Meßfühlern in Rohrleitungen und Behälter 52
   3.7 Halbleiter-Widerstandsthermometer 52
      3.7.1 NTCs 52

		3.7.2	PTCs	54
		3.7.3	Dioden und Transistoren	54
		3.7.4	Silizium-Temperaturfühler	54
	3.8		Temperatur-Meßumformer	54
	3.9		Weitere Verfahren der Temperaturmessung	56
		3.9.1	Schwingquarz-Thermometer (QuaT)	56
		3.9.2	Lumineszenzthermometer mit Faseroptik	59
		3.9.3	Rauschthermometer	62
	3.10		Strahlungsthermometrie	64
		3.10.1	Wechselwirkung zwischen Strahlung und Materie	64
		3.10.2	Plancksches Strahlungsgesetz	65
		3.10.3	Prinzipien der Strahlungspyrometrie	68
		3.10.4	Auswahlkriterien für Pyrometer	70
		3.10.5	Thermographie	71
4	**Druckmessung**			73
	4.1		Einführung: Definition, Einheiten	73
	4.2		Prinzipielles zur Druckmessung	73
		4.2.1	Druckarten	73
		4.2.2	Ruhende Fluide im Schwerefeld	74
		4.2.3	Strömende Fluide im Schwerefeld	74
	4.3		Einfache Druckmeßgeräte	75
	4.4		Auslenkung federelastischer kreisförmiger Membranen unter Druck	77
	4.5		Dehnungsmeßstreifen (DMS)	80
		4.5.1	Theorie der DMS	80
		4.5.2	Druckmessung mit DMS	81
		4.5.3	Technologie der DMS	84
	4.6		Piezoresistive Druckaufnehmer	84
		4.6.1	Eigenschaften piezoresistiver Drucksensoren	85
		4.6.2	Herstellung und Aufbau piezoresistiver Drucksensoren	86
		4.6.3	Temperatureinfluß	88
		4.6.4	Bauformen piezoresistiver Meßumformer	89
		4.6.5	Einsatz- und Auswahlkriterien	90
	4.7		Piezoelektrische Drucksensoren	92
	4.8		Kapazitive Druckaufnehmer	92
		4.8.1	Arbeitsprinzip	92
		4.8.2	Technische Ausführung von kapazitiven Druckmeßumformern	94
		4.8.3	Temperaturkompensation	94
		4.8.4	Einsatzbereiche der kapazitiven Meßzellen	97
	4.9		Druckmessung mit induktivem Abgriff	97
	4.10		Weitere Meßverfahren für Druck	98
		4.10.1	Resonanzdraht-Prinzip	98
		4.10.2	Druckmessung mit Schwingquarzen	98
		4.10.3	Oberflächenwellen	99
	4.11		Druckmittler	100
	4.12		Pneumatische Druckmeßumformer	101
	4.13		Hinweise zum Einbau von Druckmeßeinrichtungen	101
5	**Füllstandsmessung**			103
	5.1		Aufgaben der Füllstandsmessung	103
		5.1.1	Anforderungen an Füllstands-Meßeinrichtungen	103
		5.1.2	Verfahren der Füllstandsmessung	103
	5.2		Einfache Meßverfahren	104
		5.2.1	Peilstäbe	104
		5.2.2	Schwimmermeßgeräte	105
		5.2.3	Elektromechanische Lotsysteme	107
		5.2.4	Tastplattenmessung	108

5.3	Verdrängergeräte		110
5.4	Hydrostatische Füllstandsmessungen		111
	5.4.1	Differenzdruckmessung	111
	5.4.2	Messung mit Spülgasen	112
	5.4.3	Dichtekorrektur	113
	5.4.4	Spezialausführungen der hydrostatischen Füllstandsmessung	115
5.5	Behälterwägungen		115
5.6	Kapazitive Meßverfahren		115
	5.6.1	Grundlagen	115
	5.6.2	Nichtleitfähige Füllgüter	116
	5.6.3	Leitfähige Füllgüter	116
	5.6.4	Meßsonden	117
5.7	Konduktive Füllstandsmessung		119
5.8	Radiometrische Füllstandsmessung		120
	5.8.1	Allgemeines	120
	5.8.2	Quantitative Beschreibung	120
	5.8.3	Radioaktive Präparate und Abschirmungen	122
	5.8.4	Detektoren	123
	5.8.5	Meßanordnungen	124
	5.8.6	Meßumformer	125
	5.8.7	Rechtliche Bestimmungen	126
5.9	Laufzeitmessungen		126
	5.9.1	Allgemeines	126
	5.9.2	Messungen mit Ultraschall	128
	5.9.2.1	Ultraschallsender und -empfänger	128
	5.9.2.2	Meßanordnung	128
	5.9.2.3	Signalauswertung	129
	5.9.2.4	Reichweite der Meßeinrichtung	130
	5.9.2.5	Meßgenauigkeit und Fehlereinflüsse	131
	5.9.2.6	Unterdrückung von Störsignalen	132
	5.9.2.7	Weitere Einsatzmöglichkeiten der Ultraschall-Meßverfahren	137
	5.9.3	Füllstandsmessung mit Mikrowellen	138
	5.9.3.1	Eigenschaften der Mikrowellen	138
	5.9.3.2	Ausführungsformen und Meßanordnungen	139
	5.9.3.3	Meßverfahren	140
	5.9.3.4	Reichweiten und Fehlereinflüsse	145
5.10	Füllstands-Grenzüberwachungen		146
	5.10.1	Berührende Meßverfahren	146
	5.10.1.1	Vibrationsgrenzschalter	146
	5.10.1.2	Kaltleiter-Meßfühler	147
	5.10.1.3	Optoelektronische Grenzschalter	147
	5.10.2	Berührungslos arbeitende Grenzstand-Detektoren	148
	5.10.2.1	Ultraschall-Abklingzeit	149
	5.10.2.2	Ultraschall- Mehrzwecksensor	149
	5.10.3	Spezielle Sicherheitsaspekte bei Füllstands-Grenzschaltern	149

6	**Mengen- und Durchflußmessung**		**151**
6.1	Mengenmessungen		152
	6.1.1	Unmittelbare Volumenzähler für Flüssigkeiten	152
	6.1.1.1	Kipp- und Trommelzähler	152
	6.1.1.2	Hubkolbenzähler	152
	6.1.1.3	Ringkolbenzähler	153
	6.1.1.4	Ovalradzähler	154
	6.1.1.5	Drehschieberzähler	155
	6.1.1.6	Weitere unmittelbare Volumenzähler	155
	6.1.2	Unmittelbare Zähler für Gase	155
	6.1.3	Genauigkeit der unmittelbaren Volumenmesser	156

	6.1.4	Mittelbare Volumenzähler	156
	6.1.4.1	Flügelradzähler	156
	6.1.4.2	Turbinenradzähler	157
	6.1.4.3	Genauigkeit der mittelbaren Volumenmesser	157
	6.1.4.4	Wirbelzähler	157
6.2	Durchflußmessungen		160
	6.2.1	Wirkdruckmessungen	160
	6.2.2	Wirkdruck-Meßanordnungen	164
	6.2.3	Meßgenauigkeiten von Wirkdruckanordnungen	166
	6.2.4	Überkritische Düsen	168
	6.2.5	Messung in offenen Gerinnen	169
	6.2.6	Arbeitsprinzip von Schwebekörper-Durchflußmessern	171
	6.2.7	Umrechnung auf verschiedene Betriebsmedien	173
	6.2.8	Ausführungsformen von Schwebekörper-Durchflußmessern	175
6.3	Rohrströmungen		176
6.4	Durchflußmessungen mit Ultraschall		179
	6.4.1	Laufzeitverfahren	179
	6.4.2	Berücksichtigung des Strömungsprofils	183
	6.4.3	Driftverfahren	185
	6.4.4	Dopplerverfahren	185
	6.4.5	Stroboskop-Verfahren	186
	6.4.6	Geräteausführungen	187
6.5	Magnetisch-induktive Durchfluß-Meßverfahren		188
	6.5.1	Einsatzbereiche	188
	6.5.2	Arbeitsprinzip der induktiven Durchflußmessung	189
	6.5.3	Magnetfelderregung	190
	6.5.4	Signalabgriff	193
	6.5.5	Form des Magnetfeldes	194
	6.5.6	Meßgenauigkeit und weitere Störeinflüsse	195
	6.5.7	Bauformen	197
	6.5.8	MID-Sonden	198
	6.5.9	Montage- und Einbauhinweise	198
6.6	Massendurchflußmessung		200
	6.6.1	Massendurchflußmesser nach dem Coriolis-Prinzip	200
	6.6.1.1	Ursache der Coriolis-Kraft	200
	6.6.1.2	Anwendung auf Rohrströmungen	200
	6.6.1.3	Einfaches Modell eines Coriolis-Massendurchfluß-Meßgerätes	203
	6.6.1.4	Bauformen der Coriolis-Massendurchflußmesser	204
	6.6.1.5	Bevorzugte Einsatzgebiete	206
	6.6.2	Thermische Gas-Massenstrommesser	208
	6.6.2.1	Heißfilm-Anemometer	210
	6.6.2.2	Technische Ausführungen	210
	6.6.2.3	Einsatzgebiete	210
	6.6.3	Kapillarsysteme	211
	6.6.3.1	Funktionsprinzip	211
	6.6.3.2	Einsatzgebiete	212
	6.6.3.3	Gas-Konversionsfaktoren	212
	6.6.4	Theoretische Modellierung eines thermischen Massendurchflußmessers	214
6.7	Strömungswächter		217
6.8	Auswahl von Meßverfahren zur Bestimmung des Durchflusses		218
7	**Meßumformertechnik**		**219**
7.1	Historische Entwicklung		219
7.2	Einheitssignale		219
7.3	Hilfsenergieversorgung und Signalübertragung		221
7.4	Explosionsschutz		222
7.5	Zweileiter-Meßumformer		222

7.6	Digitale Meßumformer	223
7.7	Entwicklung digitaler Informationsübertragung	226
7.8	Schutz der Meßumformer	226

Anhänge 231
    Anhang 1 Thermospannungen nach IEC 584 Teil 1 231
    Anhang 2 Grundwerte nach DIN EN 60 751 (ITS 90) für Pt100-Temperatursensoren 234
    Anhang 3 Strömungsgeschwindigkeit und Durchfluß bei Rohrleitungen 236
    Anhang 4 Gas Conversion Factors for Thermal Mass Flow Meters 237

Quellenverzeichnis 241

Verzeichnis der zitierten Normen und Richtlinien 243

Stichwortverzeichnis 245

Die wichtigsten Formelzeichen und Einheiten

A	Querschnittsfläche	k	Einschnürungsverhältnis am Venturikanal
	Koeffizient (allgemein)		k-Faktor
A_K	Querschnittsfläche Konus		Wärmeleitkoeffizient
A_S	Querschnittsfläche Schwebekörper	k_B	Boltzmann-Konstante $= 1{,}34 \cdot 10^{-23}$ J/K
a	Koeffizient (allgemein)	L	Länge
	Absorptionskoeffizient		Füllstand (Level)
B	Koeffizient (allgemein)		Meßstrecke
B	magnetische Flußdichte	l	Länge
b	Koeffizient (allgemein)	M	Drehmoment
	Breite		Molmasse
C	Kapazität		Gesamtzahl Meßgrößen (Fehlerrechnung)
	Durchflußkoeffizient	dM	Massenelement
C_{Gas}	Konversionsfaktor für Gasart	m	Öffnungsverhältnis (A_2/A_1)
c	Schallgeschwindigkeit	m_s	Masse Schwimmer
	Lichtgeschwindigkeit	$\dot{m}$	Massenstrom
c_w	Strömungswiderstandszahl	M_λ	Strahlungsleistung
c_p	Spezifische Wärme bei konstantem Druck	N	Gesamtzahl Meßwerte
D	Dicke		Anzahl radioaktiver Zerfälle
	Durchmesser		Molekularfaktor
	Distanz	NA	Numerische Apertur
	Abstand	n	Exponent (turbulentes Strömungsprofil)
D^*	Winkelrichtgröße	P	Leistung
d	Durchmesser	p	Druck
	Dicke	Q	Wärmemenge
	Abstand	$\dot{q}$	Mengenstrom (allgemein)
E	Elastizitätsmodul	$\dot{q}_v$	Volumenstrom
	Empfindlichkeit (bei Meßgeräten)	$\dot{q}_m$	Massenstrom
	Füllstand (Empty)	R	Radius
E	elektrische Feldstärke		Ohmscher Widerstand
e	Elementarladung		Reflexionskoeffizient
F	Kraft	R_m	Gaskonstante $= 8{,}31$ J K^{-1} mol^{-1}
F_A	Auftriebskraft	Re	Reynoldszahl
F_C	Coriolis-Kraft	r	Radialkoordinate
ΔF	Frequenzhub		Reflexionskoeffizient
f	Frequenz	S	Struhal-Zahl
	Auslenkung einer Membrane	s	Weg
f_L	Kalibrierfaktor		Stauhöhe
Δf	Bandbreite		Streuung von Meßwerten (Fehlerrechnung)
g	Schwerebeschleunigung	T	Periodendauer
H	Höhe		absolute Temperatur
h	Höhe	T_M	Temperatur Meßstelle
	Membrandicke	T_V	Temperatur Vergleichsstelle
	Oberwasserpegel	t	Zeit (allgemein)
	Planck-Konstante $= 6{,}625 \cdot 10^{-34}$ Js		Schall-Laufzeit
I	elektrischer Strom		Temperatur in °C
	Intensität radioaktiver Strahlung		Transmissionskoeffizient
J	Trägheitsmoment	U	elektrische Spannung
K	Plattensteifigkeit	$U\sim$	Wechselspannung
	Teilerverhältnis	$\langle dU^2\rangle$	mittl. quadratische Rauschspannung
	Gerätekonstante	u	Umgebungseinfluß
k	Proportionalitätskonstante (allgemein)	V_s	Schwimmer-Volumen

V_s	Volumen Schwebekörper	δ	Phasenwinkel
v	Geschwindigkeit	ε	Emissionskoeffizient
v_{fl}	Strömungsgeschwindigkeit eines Fluids		Relative Dehnung
$<v>$	mittlere Geschwindigkeit		Expansionskoeffizient
$<v_A>$	über Rohrquerschnitt A gemittelte Strömungsgeschwindigkeit	ε_0	Dielektrizitätskonstante von Vakuum = $8{,}85 \cdot 10^{-12}\,\mathrm{AsV^{-1}m^{-1}}$
$<v_L>$	über Meßpfad gemittelte Strömungsgeschwindigkeit	ε_r	relative Dielektrizitätskonstante
		ϑ	Temperatur in °C
v_{max}	Strömungsgeschwindigkeit in Rohrmitte		Winkel
W	Energie	$\varkappa$	Isentropenexponent
	Wertigkeit	λ	Wärmeleitzahl
X	elektrische Impedanz		Wellenlänge
X_C	Impedanz (kapazitiv)	μ	Absorptionskoeffizient
x	Ortskoordinate		Überfallbeiwert
	Eintauchtiefe	μ_0	Permeabilitätskonstante von Vakuum = $1{,}257 \cdot 10^{-6}\,\mathrm{VsA^{-1}m^{-1}}$
x_a	Ausgangsgröße		
x_e	Eingangsgröße	μ_r	relative Permeabilität
x_E	Meßergebnis	ν	Poisson-Koeffizient
x_1	Einzelmeßwert bei Einmalmessung	π_{AB}	Peltier-Koeffizient
x_i	Meßwert	ϱ	spezifischer elektrischer Widerstand
x_k	Meßwert		Dichte (allgemein)
x_w	wahrer Wert	ϱ_F	Flüssigkeitsdichte
$<x>$	Mittelwert	ϱ_{fl}	Dichte des Fluids
y	Meßergebnis	ϱ_S	Dichte des Schwebekörpermaterials
Z	Impedanz (allgemein)	ϱ_b	Dichte eines Mediums im Betriebszustand
	Wellenwiderstand	ϱ_e	Dichte des Eichmediums
	Kalibrierfaktor	σ	mechanische Spannung
z	Koordinatenachse		Standardabweichung (Fehlerrechnung)
			Stefan-Boltzmann-Konstante = $5{,}67 \cdot 10^{-8}\,\mathrm{W\,m^{-2}\,K^{-4}}$
α	Temperaturkoeffizient		
	Strömungswiderstandszahl ($1/\sqrt{c_w}$)	σ_r	radiale mechanische Spannung
	Winkel	σ_t	tangentiale mechanische Spannung
α_0	Strömungsbeiwert	τ	Zeitkonstante
α_{AB}	Seebeck-Koeffizient	Φ	Intensität elektromagnetischer Strahlung
β	Durchmesserverhältnis (d_2/d_1)	φ	Winkel
γ	Volumen-Ausdehnungskoeffizient		Schall-Abstrahlungswinkel
Δ	Differenz (in Verbindung mit weiteren Zeichen, z. B. Δp, Δh)	ω	Kreisfrequenz ($= 2\pi f$)
			Winkelgeschwindigkeit
δ	Auslenkung		

1 Einführung

1.1 Vorbemerkungen

Meßvorgänge sind in unserem täglichen Leben allgegenwärtig: Das Messen von Fieber und Blutdruck, Temperatur und Regenmenge, das Abwiegen von Obst und Fleisch, das Stoppen der Zeit bei Sportwettkämpfen sind typische Beispiele für Meßprozesse aus dem Alltag. Auch naturwissenschaftliche Größen bestimmt man durch Messungen. Kein automatisierter Produktionsprozeß der Fertigungs- oder Verfahrenstechnik kommt ohne automatisierte Meßtechnik aus. Messen heißt vergleichen, und zwar vergleichen mit einem Standard. Nur selten entspricht dieser Standard der zu messenden Größe, wie z.B. bei der Längenmessung einer Tischkante: Hier wird der Zollstock zur Messung an die Kante angelegt und der Längenvergleich direkt «augenfällig».

Bei der Messung der Zeit sind andere Vergleichsgrößen nötig, nämlich das Abzählen von periodischen Vorgängen: die Schwingungen der Unruhe oder eines Quarzes in einer Uhr. Zur Ermittlung einer Temperatur wird die Ausdehnung einer Flüssigkeit oder die Änderung des elektrischen Widerstandes eines Metalles ausgenutzt.

In technischen Meßvorgängen nimmt man kaum noch die eigentlichen Standards zu Hilfe, selbst wenn dies möglich wäre. Man greift statt dessen auf indirekte Verfahren zurück, wenn diese die Meßgrößen in einer Form bereitstellen, die zur automatischen Weiterverarbeitung geeignet oder zumindest besser geeignet sind. Besonders vorteilhaft ist dabei die Umwandlung der Meßgröße in eine Spannung oder einen Strom, allgemeiner in ein elektrisches Signal.

In der Praxis ist der Roh-Meßwert meist noch weiter zu bearbeiten, um zu der gewünschten Information zu kommen. In den seltensten Fällen wird die Meßgröße direkt auf der Skala eines einfachen Instrumentes angezeigt; oft reicht auch ein einzelner Meßwert gar nicht aus: Die Bestimmung der Fläche eines Tisches erfordert die Messung zweier Längen, verbunden mit der abstrakten mathematischen Operation der Multiplikation: Länge mal Breite.

Nur in Ausnahmefällen stellt die Definition einer physikalischen oder prozeßtechnischen Größe auch eine brauchbare Grundlage für

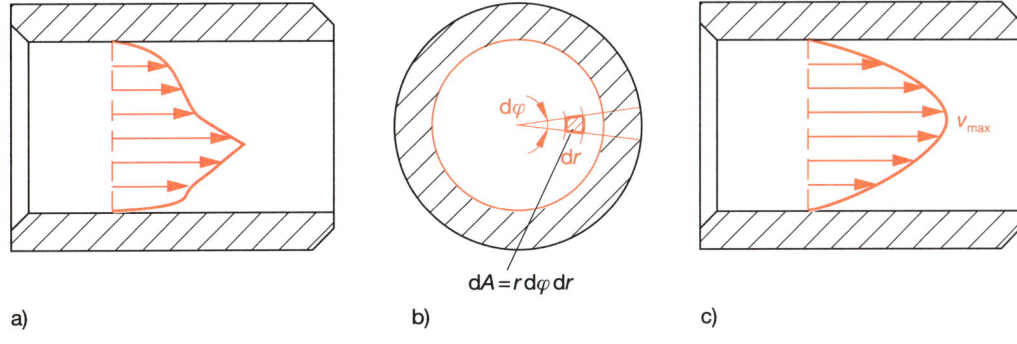

Bild 1.1 Definition des Massendurchflusses
a) Unsymmetrisches Strömungsprofil
b) Integration über kreisförmigen Rohrquerschnitt
c) Parabolisches Strömungsprofil bei laminarer Strömung

16 Einführung

ihre Messung dar, wie das willkürlich herausgegriffene Beispiel des jMassendurchflusses $\dot{m}$ durch eine Rohrleitung zeigt. Es gilt nach Bild 1.1a und b:

$$\dot{m} = \int_A \varrho(r, \varphi) \cdot v(r, \varphi)\, dA \qquad \text{(Gl. 1.1)}$$

Sowohl die Dichte ϱ als auch die Geschwindigkeit v sind nicht über den Rohrquerschnitt konstant. Bild 1.2 zeigt ein reales Strömungsprofil hinter einem Doppelkrümmer, aufgenommen mit der Methode des speckle tracking ([1.1], Abschnitt 6.4.5). Das Strömungsprofil ist sehr unsymmetrisch, so daß die Gleichung 1.1 kaum praktisch anwendbar ist.

Lediglich für eine rein laminare Flüssigkeitsströmung mit parabolischem Strömungsprofil (Bild 1.1c) und bekannter Dichte ϱ des Fluids kann aus der Messung der Strömungsgeschwindigkeit v_{max} in der Rohrmitte (z.B. mit Hilfe von Ultraschall) der Massenstrom $\dot{m}$ aus Gleichung 1.1 berechnet werden. Schon zur Beschreibung eines rotationssymmetrischen turbulenten Profils sind gewisse Modellannahmen nötig. Eine echte $\dot{m}$-Messung unter beliebigen Strömungsbedingungen ist dagegen nur mit Hilfe einer Waage und einer Uhr möglich (wenn man von dem Coriolis-Meßprinzip einmal absieht).

1.2 Elektrisches Messen nichtelektrischer Größen

Im vorliegenden Buch werden die Basismeßverfahren behandelt, die in chemischen und verfahrenstechnischen Anlagen benötigt werden, nämlich die Messung von Temperatur, Druck, Füllstand (Niveau) und Durchfluß. Es handelt sich dabei grundsätzlich um physikalische, nichtelektrische Größen. Da sich zur Weiterverarbeitung jedoch elektrische Signale am besten eignen, greift man auf physikalische Aufnehmerprinzipien zurück, die ein elektrisches Signal liefern, also eine Spannung U, einen Strom I oder eine Ladung Q. Möglich sind auch Aufnehmer, bei denen die zu messende physikalische Größe elektrische Eigenschaften verändert, wie z.B. R, L, C oder eine Eigenfrequenz.

Tabelle 1.1 gibt eine Übersicht über einige Möglichkeiten zur elektrischen Messung der genannten Basisgrößen.

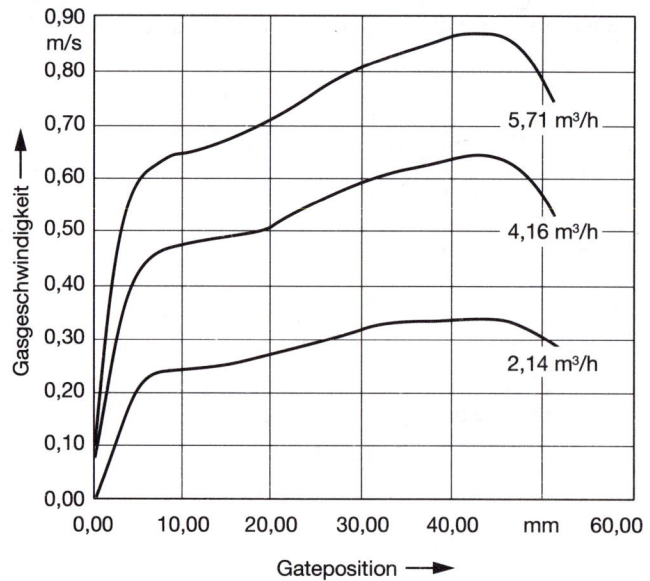

Bild 1.2
Asymmetrisches Strömungsprofil hinter einem Doppelkrümmer

Tabelle 1.1 Elektrische Signale für verfahrenstechnische Basisgrößen

	U	I	R	L	C	f	Q
Temperatur	++		++			+	
Druck			++	+	++		+
Füllstand	+	+	+			+	
Durchfluß	++					++	

1.3 Eigenschaften von Meßgeräten

Die meßtechnischen Eigenschaften von Meßgeräten werden im wesentlichen charakterisiert durch ihr statisches (Genauigkeit, Empfindlichkeit) und ihr dynamisches Verhalten (Ansprechgeschwindigkeit).

1.3.1 Statisches Verhalten

Im statischen Zustand beschreibt die Kennlinie das Ausgangssignal x_a als Funktion des Eingangssignals x_e:

$$x_a = f(x_e) \qquad \text{(Gl. 1.2)}$$

Der Zusammenhang $f(x_e)$ kann linear (Bild 1.3a) oder auch nichtlinear sein (Bild 1.3b). Besondere Vorteile bietet ein linearer Zusammenhang der Form

$$x_a = a \cdot x_e + b \qquad \text{(Gl. 1.3)}$$

a, b = konst.

Man spricht von einem «lebenden Nullpunkt» (live zero), wenn das Strom-Ausgangssignal I beim Meßwert 0 bereits einen endlichen Wert annimmt (Bild 1.4b). Beim «unterdrückten Nullpunkt» wächst das Ausgangssignal erst ab einem bestimmten Anfangswert. In Bild 1.4c und d wird z.B. der Bereich 16...21 % O_2 auf das Signal 0/4...20 mA abgebildet.

Als Empfindlichkeit E bezeichnet man die Steigung der Kennlinie, d.h. das Verhältnis von Ausgangssignal zur Meßgröße. Im Zusammenhang mit pH-Elektroden als Meßfühler spricht man statt von Empfindlichkeit auch von der Steilheit einer Meßkette. E ist bei einer linearen Kennlinie nach Bild 1.3a bzw. 1.4 im gesamten Meßbereich konstant:

$$E = \frac{\Delta x_a}{\Delta x_e} \qquad \text{(Gl. 1.4)}$$

Bei der nichtlinearen Kennlinie in Bild 1.3b ist die Empfindlichkeit E vom Meßwert x_e abhängig. E stellt die Tangente an die Kennlinie im betreffenden Punkt (x_{e0}, x_{a0}) dar:

$$E = \frac{dx_a}{dx_e} \qquad \text{(Gl. 1.5)}$$

Bild 1.3
Kennlinien von Meßgeräten
a) Lineare Kennlinie
b) Nichtlineare Kennlinie

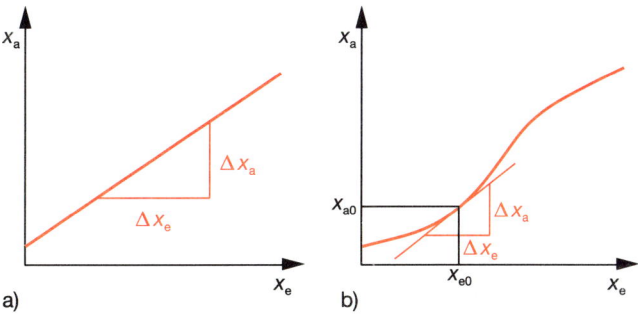

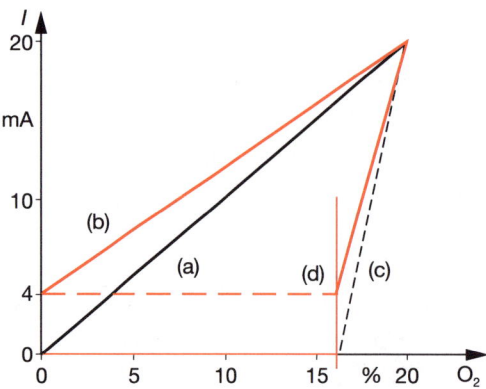

Bild 1.4   Lineare Kennlinien
a) Einheitssignal 0…20 mA
b) live zero 4…20 mA
c) Unterdrückter Nullpunkt 0…20 mA
d) Unterdrückter Nullpunkt 4…20 mA

Ein Beispiel für eine nichtlineare Kennlinie bildet die Durchflußmessung nach dem Wirkdruckprinzip. An einer Blende besteht zwischen Durchfluß $\dot{q}_v$ und Druckabfall Δp der Zusammenhang (Bild 1.5):

$$\Delta p = \dot{q}_v^2 \qquad \text{(Gl. 1.6)}$$

Haben x_e und x_a nicht die gleiche Dimension (wie es in der Regel der Fall ist), so ist die Empfindlichkeit E eine dimensionsbehaftete Größe, z.B. ist bei Thermospannungen die Empfindlichkeit $E = \Delta x_a / \Delta x_e = 20\ \mu V/°C$.

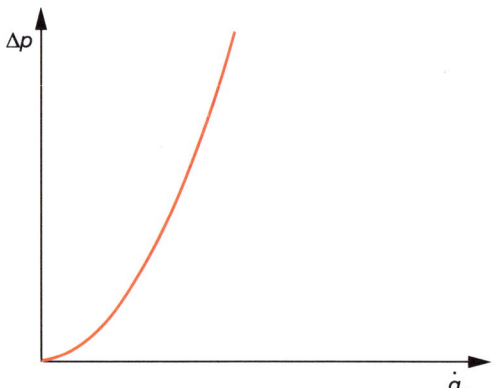

Bild 1.5
Verlauf des Wirkdruckes Δp an einer Blende

1.3.2 Dynamisches Verhalten

Das dynamische oder Zeitverhalten eines Instrumentes folgt aus der Reaktion seines Ausgangssignals auf Änderungen der Eingangsgröße. Die Reaktion kann nicht beliebig schnell erfolgen; es sind Massen zu beschleunigen, Energiespeicher zu laden usw.

Zur praktischen Untersuchung des Übergangsverhaltens benutzt man hauptsächlich die Sprungantwort im Zeitbereich und die Sinusantwort im Frequenzbereich. Als Sprungantwort bezeichnet man den zeitlichen Verlauf des Ausgangssignals bei einer sprunghaften Änderung der Eingangsgröße. Die Sinusantwort folgt einer periodischen, sinusförmigen Änderung der Eingangsgröße bei eingeschwungenem Zustand des Instrumentes.

Sprungfunktion
Man ändert die zu messende Größe x_e sprunghaft und beobachtet die Annäherung des Meßwertes x_a an den stationären Zustand. Bild 1.6a zeigt die stufenförmige Anregung und zwei mögliche Sprungantworten. Bei der ersten handelt es sich beispielsweise um eine Verzögerung erster Ordnung. Mathematisch läßt sich dies darstellen durch eine Exponentialfunktion:

$$x_a = k \cdot x_e \left(1 - e^{-\frac{t}{\tau}}\right) \qquad \text{(Gl. 1.7)}$$

τ = charakteristische Zeitkonstante

Die zweite Antwortfunktion stammt aus Verzögerungen höherer Ordnung und ist gekennzeichnet durch einen gedämpft sinusförmigen Einlauf in den stationären Zustand.

Sinusfunktion
Bei dieser Testfunktion wird die Eingangsgröße sinusförmig variiert nach

$$x_e = x_{e0} \cdot \sin(\omega_t) \qquad \text{(Gl. 1.8)}$$

Das Ausgangssignal x_a ist ebenfalls sinusförmig mit der gleichen Kreisfrequenz ω, besitzt jedoch eine frequenzabhängige Amplitude $x_{a0}(\omega)$ und ist gegen das Eingangssignal x_e phasenverschoben um den Winkel φ_0:

Signale und Signalübertragung 19

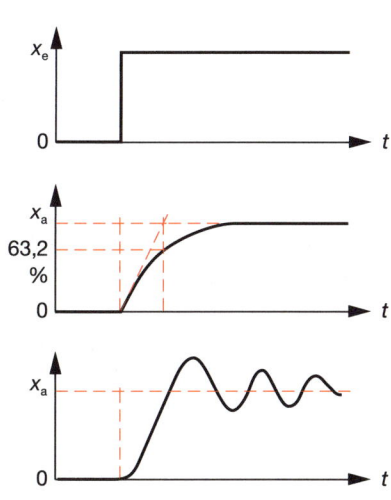

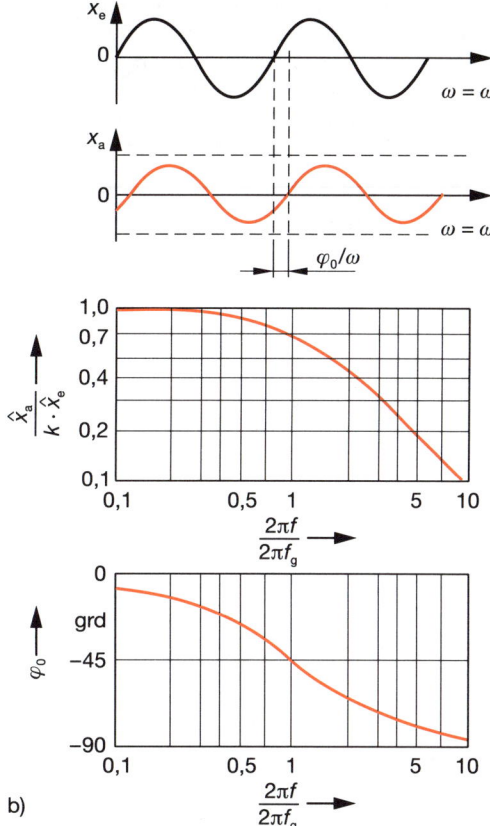

a)

Bild 1.6   Dynamisches Verhalten von Meßgeräten
a) Sprungantwort
 – Sprung der Eingangsgröße
 – Verzögerungsglied 1. Ordnung
 – Verzögerungsglied höherer Ordnung

b) Sinusantwort
 – Eingangsgröße
 – Ausgangsgröße
 – Amplitudenverhältnis
 – Phasengang

$$x_a = x_{a_o} \cdot (\omega) \cdot \sin(\omega_t + \varphi_0) \qquad \text{(Gl. 1.9)}$$

Information über das dynamische Verhalten eines Meßgerätes kann aus dem Amplitudenverhältnis x_a/x_e und der Phase φ_0 als Funktion der Frequenz ω gewonnen werden. Bild 1.6b zeigt den Verlauf der Eingangsgröße und des Ausgangssignals, dazu das Amplitudenverhältnis und den Phasenwinkel in Abhängigkeit von der Kreisfrequenz ω. Für die genauen Zusammenhänge sei auf Standardlehrbücher der Meßtechnik verwiesen bzw. auf die DIN 19226.

1.4 Signale und Signalübertragung

In der Verfahrenstechnik ist der an einer beliebigen Stelle der Anlage gewonnene Meßwert grundsätzlich in eine Meßwarte mit Hilfe eines geeigneten (einheitlichen) kontinuierlichen Signals zu übertragen. Unter Signal versteht man jegliche zwischen Meßgeräten ausgetauschte Information: Das kann eine analoge Spannung oder ein Strom sein oder ein digitales Wort. Dazu ist das vom physikalischen Aufnehmer gelieferte Primärsignal zu modifizieren durch Maßnahmen wie:

- Verstärkung,
- Gleichrichtung,
- Linearisierung,
- Filterung,
- Entkopplung,
- galvanische Trennung,
- Speicherung.

Die Ausgabe des Signals erfolgt in der Leitwarte auf dem Bildschirm eines Prozeßleitsystems oder bei konventionellen Anlagen auf einem Skalen- bzw. Digitaldisplay und auf Schreiber oder Drucker. In der Regel wird das Meßsignal noch weiterverarbeitet und zur Überwachung, Steuerung und Regelung der Prozesse genutzt.

Die *Vorteile* elektrischer Signalformen sind

- hohes Auflösungsvermögen,
- gutes dynamisches Verhalten,
- praktisch ständige Meßbereitschaft,
- einfache Übertragung über weite Strecken,
- leichte Verarbeitung der Meßdaten.

In der verfahrenstechnischen Industrie ist in Altanlagen die Gewinnung, Übertragung und Verarbeitung von Meßwerten mit Hilfe der Pneumatik noch weitverbreitet. Der früher wichtige Vorteil des inhärenten Explosionsschutzes bei der Pneumatik wird durch die heute mögliche eigensichere elektrische Technik aber mehr als wettgemacht.

Die Signalübertragung kann prinzipiell analog (amplituden-, frequenz-, zeitanalog) oder digital (binär) erfolgen (Bild 1.7 a bis d). Man unterscheidet vier Varianten:

Amplitudenanaloges Signal

- Strom 0/4...20 mA (bevorzugt bei verfahrenstechnischen Anlagen, ist robust und störunanfällig),
- Spannung 0...1 V oder 0...10 V (bevorzugt für Laborgeräte mit kurzen Verbindungswegen),
- Pneumatik 0,2...1 bar (in der Prozeßtechnik noch gelegentlich verwendet).

Vorteil
Geräte unterschiedlicher Hersteller können problemlos in einem Meßkreis zusammengeschaltet werden.

Nachteil
Der Meßumformer vor Ort und der Empfänger des Signals in der Warte müssen den gleichen Meßbereich haben. Ändert man den Meßbereich nur an einem Gerät (z. B. nur am Meßumformer oder nur am Anzeiger), so führt dies zu Fehlinformationen.

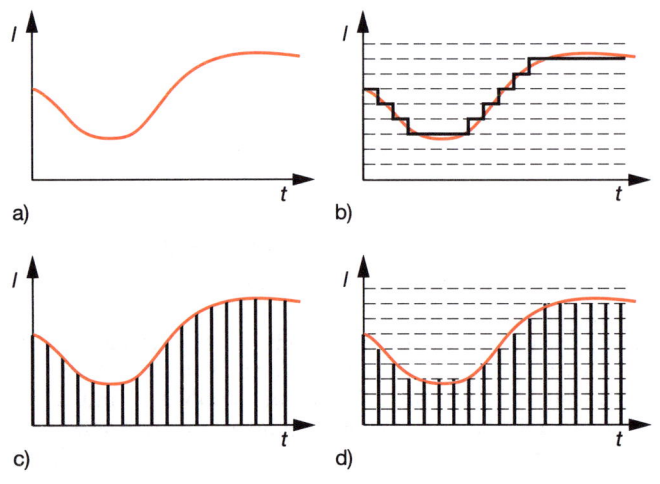

Bild 1.7
Signalformen
a) Amplituden- und zeitanalog
b) Amplitudendiskret, zeitanalog
c) Amplitudenanalog, zeitdiskret
d) Amplituden- und zeitdiskret

Frequenzanaloges Signal
Es gibt kein genormtes Signal; der Meßbereich ist individuell gewählt, z.B. entspricht ein Temperaturbereich 0...400 °C der Frequenz 100...1000 Hz.

Vorteil
Störsichere Übertragung des Meßwertes, immerhin noch bedingte Anpassungsfähigkeit von Geräten unterschiedlicher Hersteller.

Nachteil
Meßbereichsänderungen müssen auch hier konsequent bei allen Geräten des Meßkreises erfolgen.

Zeitanaloges Signal
Der Meßwert wird als Dauer eines Rechteckimpulses oder als Zeit zwischen zwei Impulsen verschlüsselt.

Vorteil
Störsicherheit, einfache Möglichkeit des Multiplexens.

Nachteil
Herstellerspezifisch, da nicht genormt.

Digitales Signal
Erste Vereinheitlichungen entstehen im Rahmen des sog. HART-Protokolls und des FELDBUS PA. Die Übertragung kann hardwaremäßig elektrisch oder auch optisch über Lichtwellenleiter erfolgen.

Vorteil
Der Meßwert wird korrekt mit hoher Genauigkeit und zusammen mit der physikalischen Maßeinheit übertragen. Meßbereichsänderungen führen nicht zu Genauigkeitsverlusten oder Fehlinformationen.

Nachteil
Noch nicht alle auf dem Markt angebotenen Geräte, vor allem solche ausländischer Hersteller, sind FELDBUS-fähig. Somit ist die Zusammenschaltung von Geräten unterschiedlicher Hersteller in einen Meßkreis nur bedingt möglich.

1.5 Meßstellen in der Prozeßmeßtechnik

Eine elektrische Meßeinrichtung in verfahrenstechnischen Anlagen besteht aus (Bild 1.8):

1. dem Aufnehmer (Sensor, Detektor, Fühler) zur Gewinnung einer elektrischen Größe aus einer meist nichtelektrischen, physikalischen Größe;
2. dem Meßumformer zur Verstärkung des originären Signals und Wandlung in ein analoges/digitales Einheitssignal;
3. der Hilfsenergieversorgung für Aufnehmer und Meßumformer;
4. der Übertragung und Auswertung bzw. Verarbeitung des Meßsignals.

Die Qualität des Meßwertes hängt in erster Linie vom gewählten Meßeffekt und Sensorelement ab. Wichtig ist auch die geeignete Kompensation unerwünschter Einflüsse auf das Meßsignal, allen voran die der Umgebungstemperatur. Ein Meßumformer benötigt daher u.U. mehrere Meßfühler, um diese Ein-

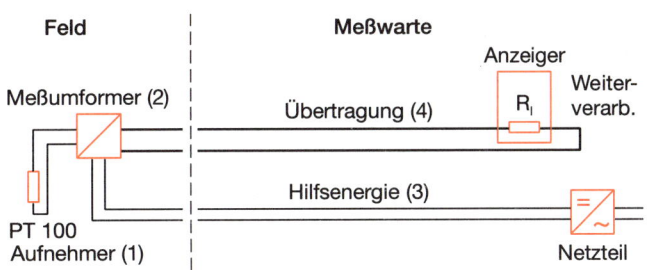

Bild 1.8
Prinzipieller Aufbau eines Meßkreises

flüsse zu kompensieren und ein fehlerfreies Signal zu liefern. Ist die Zielgröße aus mehreren Einzelwerten zu bilden, so kann ein ganzes System von Sensoren erforderlich sein.

Da der Begriff des Sensors sehr unterschiedlich belegt ist, wurde für chemische und verfahrenstechnische Anwendung eine Definition festgelegt: [1.2]

Sensorelement: Primärelement, das eine beliebige physikalische Größe in ein beliebiges (auch nichtlineares!) elektronisches Signal umwandelt.

Sensor: Enthält (mindestens) ein Sensorelement, wandelt eine physikalische Größe in ein lineares elektrisches Normsignal.

Sensorsystem: Enthält einen Sensor (i.d.R. mit mehreren Sensorelementen), wobei mehrere Normsignale für mehrere Meßgrößen gleichzeitig ausgegeben werden (z.B. ein Gaschromatograph für mehrere Komponenten).

Eine Prozeßmeßstelle wird im RI-Schema (Rohrleitungs- und Instrumentierungsschema) nach DIN 19227 gekennzeichnet mit einem oder mehreren Kennbuchstaben, gefolgt von einer Nummer und umgeben von einem Kreis (Bild 1.9). Der erste Buchstabe codiert die Meßgröße, die weiteren die Signalverarbeitung. Die Zahl dient der fortlaufenden Numerierung.

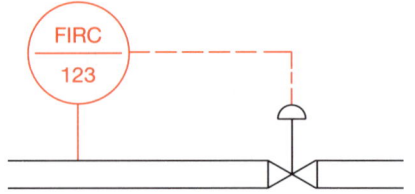

Bild 1.9   Darstellung einer Meßstelle im RI-Schema

Die Bezeichnung FIRC 123 in Bild 1.9 steht für:

F   Durchflußmessung (Flow)
I   Anzeige des Meßwertes auf einem Display (Indication)
R   Registrierung auf einem Schreiber (Aufzeichnung des Zeitverlaufs)
C   Regelung (Control)

Bei FIRC 123 handelt es sich also um einen Durchfluß-Regelkreis mit Nr. 123.

Tabelle 1.2 zeigt weitere Kennbuchstaben nach DIN 19227.

Der Meßstellenkreis ist im RI-Schema durch eine ausgezogene Linie verbunden mit dem Montageort in der Anlage. Eine Wirklinie zu einem Aktor, etwa einem Stellventil wie in Bild 1.9, wird durch eine gebrochene Linie dargestellt.

Tabelle 1.2   Kennzeichnung von Prozeßmeßstellen (Auszug aus DIN 19227)

Kennbuchstabe	als Erstbuchstabe	als Folgebuchstabe
A		Störungsmeldung (Alarm)
C		Regelung (Control)
D	Dichte	
F	Durchfluß (Flow)	
H	Handeingabe	Oberer Grenzwert (High)
I		Anzeige (Indication)
L	Stand (Level)	Unterer Grenzwert (Low)
P	Druck (Pressure)	
Q	Stoffeigenschaft (Quality)	
R		Registrierung
S	Drehzahl	Abschaltung
T	Temperatur	
W	Gewicht (Weight)	
Z		Sicherheitsabschaltung

1.6 Auswahl und Einsatz von Prozeßmeßgeräten

Die Lösung einer Aufgabenstellung der Prozeßmeßtechnik besteht in

- der Auswahl des am besten geeigneten Gerätes,
- der Dimensionierung und Anpassung des Transmitters,
- der Zusammenschaltung mit Folgegeräten oder dem Prozeßleitsystem zur Signalweiterverarbeitung,
- der Montage und Inbetriebnahme der Geräte.

Es gibt keine ideale Meßeinrichtung, mit der man im Notfall alle Probleme lösen kann. Vielmehr sind profunde, detaillierte Gerätekenntnisse nötig, um die jeweilige Meßaufgabe mit dem optimalen Instrument lösen zu können. Gute Kenntnis und Verständnis des zugrundeliegenden physikalischen Prinzips spart Enttäuschungen und vermeidet Fehlinvestitionen.

Unter dem gegenwärtigen Kostendruck ist auch in der chemischen Industrie nicht mehr nur das Beste gut genug, sondern es ist vermehrt eine kostenoptimale Lösung wichtig, worunter nicht nur die Anschaffungskosten zu verstehen sind, sondern der gesamte Komplex «cost of ownership», also auch Betriebskosten wie Wartungsaufwand und Energiebedarf.

Beispielsweise benötigen Blenden und Stellventile viel Strömungsenergie, insbesondere bei großen Durchflüssen. Ebenso wie Ventile nach und nach abgelöst werden von drehzahlveränderlichen Pumpen und Antrieben, werden Wirkdruck-Meßverfahren ersetzt durch Verfahren nach dem magnetisch-induktiven oder Ultraschallprinzip, die praktisch ohne Druckabfall auskommen.

2 Meßabweichungen und meßtechnische Grundbegriffe

Im folgenden sollen einige meßtechnische Grundbegriffe kurz dargestellt werden. Für ausführlichere Informationen sei auf die DIN 1319 Teile 1 bis 3 verwiesen.

Die **Meßgröße** ist die zu messende physikalische Größe: Temperatur, Zeit, Länge, Durchfluß, Spannung, Strom.

Der **Meßwert** stellt das direkte Ergebnis eines Meßvorgangs bzw. des Meßprozesses dar. Im einfachsten Fall ist er bereits das **Meßergebnis** x_E.

Meistens wird x_E jedoch erst aus einem oder mehreren Meßwerten x_i berechnet:

$$x_E = f(x_1, x_2, \ldots x_n) \tag{Gl. 2.1}$$

Die VDI/VDE-Richtlinie 2600 Bl. 1–6 definiert weitere gerätetechnische Begriffe wie **Meßbereich**, **Meßabweichung** und **Empfindlichkeit**.

Auch das präziseste Meßinstrument kann eine physikalische Größe nicht beliebig genau messen. Wiederholt man nämlich eine Messung mehrfach unter konstanten Bedingungen, so erhält man unterschiedliche Werte: x_1, x_2, x_3, ... x_n.

Mit Hilfe der Statistik kann man unter gewissen günstigen Bedingungen den Erwartungswert berechnen.

2.1 Meßabweichungen

Es wird angenommen, daß die Meßgröße einen wahren Wert besitzt.

Eine Messung liefert in der Regel nicht den wahren Wert, z.B. wegen

a) Meßabweichung des Meßgerätes (Unvollkommenheiten des Gerätes),
b) Einflußgrößen (Umgebungseinflüsse auf das Gerät, insbesondere Temperatur und elektromagnetische Beeinflussung),
c) Rückwirkungen durch das Meßgerät (das Gerät beeinflußt die Meßgröße, z.B. eine Strömung).

Die auf a, b und c beruhenden Meßabweichungen können systematischer oder zufälliger Natur oder eine Summe aus beiden sein. Eine systematische Meßabweichung tritt bei jeder einzelnen Messung auf. Typische Beispiele sind Fehlkalibration von Meßgeräten, nicht parallaxenfreie Ablesung einer Skala oder die Annahme einer linearen Kennlinie, während die tatsächliche Kennlinie nichtlinear ist wie in Bild 2.1. Rein systematische Meßabweichungen sind reproduzierbar!

Zufällige Meßabweichungen resultieren aus zufälligen Einflüssen auf die einzelne Messung und sind nicht reproduzierbar. Ursachen sind zufällige (stochastische) Fluktuationen der Meßgröße oder der Umgebungseinflüsse.

2.1.1 Mehrfachmessungen

Wiederholt man bei konstanter Meßgröße die Messung mehrfach, so findet man je nach Art

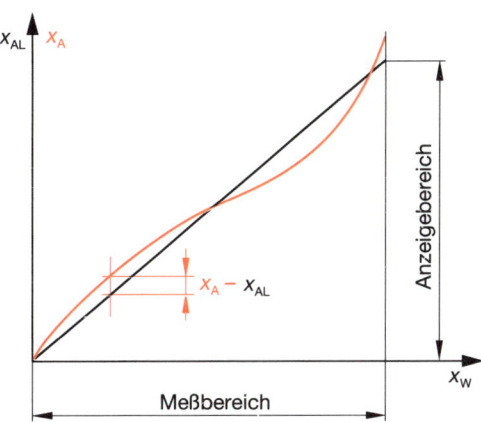

Bild 2.1 Systematische Fehler eines Meßgerätes bei Linearisierung einer gekrümmten Kennlinie
x_{AL} angezeigter Wert bei einer linearen Kennlinie
x_A Anzeigewert bei realer Kennlinie
x_W wahrer Wert

der Meßabweichung Verteilungen der Meßwerte x_i nach Bild 2.2.

Treten nur systematische Meßabweichungen auf, so erhält man im Idealfall den gleichen Meßwert n-fach, allerdings gegen den wahren Wert um eine unbekannte Distanz verschoben. Bei ausschließlich zufälligen Fehlereinflüssen streuen dagegen die Meßwerte um den wahren Wert. Hier läßt sich der wahre Wert durch statistische Auswertung der Einzelwerte (Mittelwertbildung) eingrenzen, bei rein systematischen Fehlern dagegen nicht (Bild 2.2 oben).

In der Praxis überlagern sich allerdings systematische und zufällige Meßabweichungen: Man erhält eine Verteilung, deren Mittelwert nicht dem wahren Wert entspricht (Bild 2.2 unten).

2.1.2 Einmalige Messungen

Bei nur einmal gemessenen Größen unterscheidet man absolute und relative Meßabweichung. Die absolute Meßabweichung ist gegeben durch

$$\Delta x = x_1 - x_w \qquad (Gl.\ 2.2)$$

x_1 Meßwert
x_w wahrer Wert

Die relative Meßabweichung berechnet sich zu

$$(\Delta x / x_w) = (x_1 - x_w)/x_w \qquad (Gl.\ 2.3)$$

Eine Sonderstellung nimmt die Angabe der Meßabweichung bei Meßgeräten ein: Man bezieht die Abweichung auf den Meßbereichsendwert und gibt sie relativ an, meist in %. Ein Meßgerät der Klasse 2 hat somit eine Meßabweichung von 2%, bezogen auf den Meßbereichsendwert.

2.2 Wahrscheinliche Werte von Meßgrößen

Systematische Meßabweichungen lassen sich kaum beherrschen. Sie können nur durch konsequente Prüfung des Meßgerätes, des Meßverfahrens und der Methode entdeckt und eliminiert werden. Oft ist es auch hilfreich, wenn

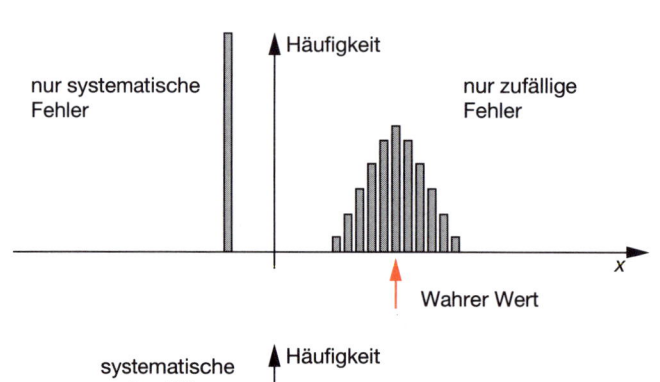

Bild 2.2
Häufigkeitsverteilungen von Einzelmeßwerten
oben: nur systematische (links) oder zufällige Abweichungen (rechts)
unten: Überlagerung systematischer und zufälliger Abweichungen

eine zweite Person die Messung wiederholt, um individuelle, personengebundene Fehler aufzuspüren. Bei Prozeßmeßgeräten führen z.B. oft Einbaufehler zu systematischen Meßabweichungen, etwa bei Durchflußaufnehmern direkt hinter Rohrkrümmern.

Zufällige Meßabweichungen führen genauso oft und in gleichem Maße zu höheren wie zu niedrigeren Ergebnissen einer Messung, so daß der wahre Wert mit guter Näherung aus der Mittelwertbildung von vielen Einzelwerten hervorgeht: Je mehr Einzelmessungen vorliegen, desto besser trifft die Mittelwertbildung den wahren Wert. Da aus der Mittelung nie mit Sicherheit der wahre Wert hervorgeht, bezeichnet man den Mittelwert aus vielen Einzelmessungen als wahrscheinlichsten Wert.

In den folgenden Betrachtungen wird vorausgesetzt, daß ausschließlich zufällige Meßabweichungen auftreten. Statistische Methoden greifen nur zufriedenstellend bei einer großen Anzahl von Meß- bzw. Einzelwerten. In der Praxis hat man dagegen oft nur wenige Meßwerte zur Verfügung. Schließt man dann auf den wahren oder den wahrscheinlichsten Wert, so spricht man von Fehlerschätzung statt von Fehlerrechnung!

2.3 Arithmetisches Mittel und Erwartungswert

Es sei eine Anzahl von N Meßwerten x_i einer stationären Meßgröße gegeben.

Der Mittelwert $<x>$ ist dadurch charakterisiert, daß die Summe der Abstände aller Meßpunkte über $<x>$ gleich der Summe der Abstände aller Punkte unter $<x>$ ist (Bild 2.3).

Oder anders ausgedrückt: Zählt man die Abstände der Einzelwerte über $<x>$ positiv, die unter $<x>$ negativ, so ist die Gesamtsumme der Abstände Null:

$$\sum_{i=1}^{N} (x_i - <x>) = 0 \qquad \text{(Gl. 2.4)}$$

oder

$$\sum_{i=1}^{N} x_i - \sum_{i=1}^{N} <x> = 0 \qquad \text{(Gl. 2.5)}$$

Dies führt auf

$$\sum_{i=1}^{N} x_i - N<x> = 0 \qquad \text{(Gl. 2.6)}$$

woraus für den Mittelwert $<x>$ folgt:

$$<x> = (1/N) \sum_{i=1}^{N} x_i \qquad \text{(Gl. 2.7)}$$

Die Summe der Abstandsquadrate aller Meßpunkte vom Mittelwert $<x>$ ist stets positiv. Für den Mittelwert $<x>$ aus Gleichung 2.7 nimmt die Summe dieser Abstandsquadrate einen Minimalwert an.

Die Summe der Quadrate ist gegeben durch:

$$\sum_{i=1}^{N} (x_i - <x>)^2 \qquad \text{(Gl. 2.8)}$$

Die Minimumbedingung lautet:

$$\frac{d}{d<x>} \sum_{i=1}^{N} (x_i - <x>)^2 = 0 \qquad \text{(Gl. 2.9)}$$

Bild 2.3
Definition des Mittelwertes

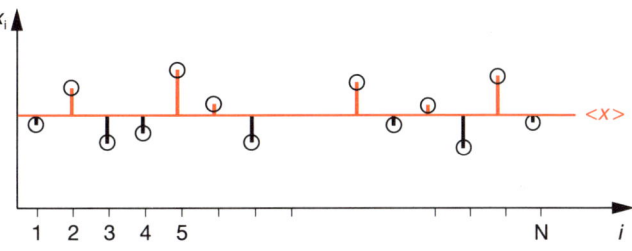

Die Ableitung der Summe nach $<x>$ ergibt:

$$\sum_{i=1}^{N} 2 \cdot (x_i - <x>) \cdot (-1) = \\ = -2 \cdot \left(\sum_{i=1}^{N} x_i - N<x> \right) \quad \text{(Gl. 2.10)}$$

Nach der Definition des Mittelwertes in Gleichung 2.7 ist der Wert der Klammer im letzten Ausdruck gleich Null, da

$$<x> - 1/N \sum_{i=1}^{N} x_i = 0 \quad \text{(Gl. 2.11)}$$

Wählt man den Mittelwert $<x>$ nach Gleichung 2.7, so ist die Quadratsumme der Abstände also tatsächlich minimal!

2.4 Schätzwerte statistischer Parameter

Kann man davon ausgehen, daß die Streuung aufgrund zufälliger Fehler einer Normalverteilung entspricht, so gilt bei Vorliegen vieler Einzelmeßwerte:

- Der beste Schätzwert für den wahrscheinlichsten Wert ist das arithmetische Mittel der Einzelmeßwerte.
- Der beste Schätzwert für den Parameter σ (die Standardabweichung) ist die Streuung s, die definiert ist nach

$$s = \sqrt{\frac{1}{N-1} \cdot \sum_{i=1}^{N} (x_i - <x>)^2} \quad \text{(Gl. 2.12)}$$

2.5 Fortpflanzung von Meßabweichungen

Oft ergibt sich das Meßergebnis erst aus der Kombination mehrerer einzelner Meßwerte. Bei der Temperaturmessung mit einem Pt100-Widerstandsthermometer sind z. B. eine Strom- und eine Spannungsmessung notwendig. Mit dem Ohmschen Gesetz berechnet sich der Widerstand $R(\vartheta)$ zu

$$R(\vartheta) = U(\vartheta)/I(\vartheta) \quad \text{(Gl. 2.13)}$$

ϑ Temperatur in °C.
Aus $R(\vartheta)$ läßt sich im einfachsten Falle nach

$$R(\vartheta) = R(0)(1 + \alpha\vartheta) \quad \text{(Gl. 2.14)}$$

die Temperatur ϑ bestimmen:

$$\vartheta = [R(\vartheta) - R(0)]/[\alpha R(0)] = \\ = [U(\vartheta)/I(\vartheta) - U(0)/I(0)]/[\alpha U(0)/I(0)] \quad \text{(Gl. 2.15)}$$

Theoretisch können also vier Meßgrößen – nämlich $U(\vartheta)$, $I(\vartheta)$, $U(0)$, $I(0)$ – und die Materialkonstante α fehlerbehaftet sein, was sich im Meßergebnis niederschlägt.

Im allgemeinen hängt ein Meßergebnis y von mehreren Meßgrößen x_k ab:

$$y = y(x_1, x_2, x_3, \ldots x_M) \quad \text{(Gl. 2.16)}$$

von denen jede mit einer Meßabweichung Δx_1, $\Delta x_2, \Delta x_3, \ldots, \Delta x_M$ behaftet ist.

Sind diese Δx_k infinitesimal klein, so gilt für das totale Differential dy:

$$dy = \sum_{k=1}^{M} (\partial y/\partial x_k) \cdot dx_k \quad \text{(Gl. 2.17)}$$

Dies gilt mit guter Näherung auch für endliche Δx_k, solange $\Delta x_k \ll x_k$. Damit folgt:

$$\Delta y = \sum_{k=1}^{M} (\partial y/\partial x_k) \cdot \Delta x_k \quad \text{(Gl. 2.18)}$$

Prinzipiell können die Meßabweichungen Δx_k positiv oder negativ sein. Im schlimmsten Fall addieren sich bei einmaliger Messung gerade alle Einzelabweichungen. Man gibt bei Einzelmessungen daher den maximal möglichen Fehler an mit

$$\Delta y = \pm \sum_{k=1}^{M} |(\partial y/\partial x_k) \cdot \Delta x_k| \quad \text{(Gl. 2.19)}$$

Liegen von jeder einzelnen Meßgröße x_k viele Meßwerte vor, kommt man dem wahren Wert durch Mittelwertbildung nahe. Hier verwendet man allerdings statt der Einzelfehler die Streuungen s_k der Meßgröße x_k und erhält für die Streubreite des Meßergebnisses y:

$$s_y = \left[\sum_{k=1}^{M} ((\partial y/\partial x_k) \cdot s_k)^2 \right]^{\frac{1}{2}} \quad \text{(Gl. 2.20)}$$

Das Thema soll an zwei **Beispielen** noch einmal erläutert werden:

1. Zur Leistungsmessung an einem Heizwiderstand R_H wird ein Amperemeter mit vernachlässigbarem Innenwiderstand R_i in Reihe zu R_H geschaltet. Das Meßgerät der Klasse 0,5 zeigt einen Strom I = 3,2 A auf einer Skala 0...10 A an.

Der Widerstand R_H besteht aus einer Wicklung aus Draht mit genau bekannter Länge und Querschnitt, allerdings ist der spezifische Widerstand des Materials ϱ_0 bei $\vartheta = 0\,°C$ mit einer Ungenauigkeit von $\Delta\varrho_0/\varrho_0$ = 1% behaftet.

Die Temperaturabhängigkeit des Drahtwiderstandes folgt der Beziehung $R(\vartheta) = R(0)(1 + \alpha\vartheta)$. Die Betriebstemperatur des Heizdrahtes wird mit einem Thermometer der Genauigkeit ± 1% vom Meßwert auf $\vartheta = 451\,°C$ bestimmt.

Der Temperaturkoeffizient der Heizwicklung werde mit α = 0,006/°C als fehlerfrei angenommen. Wie groß ist der relative Fehler in der Leistung, wenn die Meßgrößen jeweils nur einmal ermittelt werden?

Lösung
Wegen $P = R \cdot I^2$ gilt für die Fehlerfortpflanzung bei Einzelmessungen:

$$\Delta P = \left| \frac{\partial P}{\partial R} \Delta R \right| + \left| \frac{\partial P}{\partial I} \Delta I \right| =$$
$$= I^2 \Delta R + 2RI \Delta I \quad |: R \cdot I^2 \quad \text{(Gl. 2.21)}$$

Damit wird

$$\frac{\Delta P}{P} = \frac{\Delta R}{R} + \frac{2\Delta I}{I} \quad \text{(Gl. 2.22)}$$

Wegen

$$R = R(0)(1 + \alpha\vartheta) = (\varrho_0 l/A)(1 + \alpha\vartheta) \quad \text{(Gl. 2.23)}$$

folgt mit

$$\Delta R = \left| \frac{\partial R}{\partial \varrho_0} \Delta \varrho_0 \right| + \left| \frac{\partial R}{\partial \vartheta} \Delta \vartheta \right| \quad \text{(Gl. 2.24)}$$

$$\Delta R = \frac{l}{A}(1 + \alpha\vartheta)\Delta\varrho_0 + \frac{\varrho_0 l \alpha}{A} \Delta\vartheta \quad \text{(Gl. 2.25)}$$

also:

$$\frac{\Delta R}{R} = \frac{\Delta \varrho_0}{\varrho_0} + \frac{\alpha}{1 + \alpha\vartheta} \Delta\vartheta \quad \text{(Gl. 2.26)}$$

Daraus folgt:

$$\frac{\Delta P}{P} = \frac{\Delta \varrho_0}{\varrho_0} + \frac{\alpha}{1 + \alpha\vartheta} \Delta\vartheta + \frac{2 \Delta I}{I} \quad \text{(Gl. 2.27)}$$

Mit

$$\Delta\vartheta = 451\,°C \cdot 0{,}01 = 4{,}51\,°C \quad \text{(Gl. 2.28)}$$
$$\Delta I = 10\,A \cdot 0{,}005 = 0{,}05\,A$$

folgt schließlich:

$$\frac{\alpha}{1 + \alpha\vartheta} \Delta\vartheta = 0{,}0073 \quad \text{(Gl. 2.29)}$$

und

$$\frac{2\Delta I}{I} = 0{,}03125 \quad \text{(Gl. 2.30)}$$

Für die relative Meßabweichung der Leistung $\Delta P/P$ ergibt sich:

$$\frac{\Delta P}{P} = 0{,}01 + 0{,}0073 + 0{,}03125 = 0{,}04855 = 4{,}855\,\% \quad \text{(Gl. 2.31)}$$

2. Auch die folgende Fragestellung läßt sich gut mit dem Fehlerfortpflanzungsgesetz lösen: Gegeben sei eine Wheatstone-Meßbrücke zur Temperaturmessung. Einen Widerstand R der Brücke bildet ein Pt100, das bei $\vartheta = 0\,°C$ den Wert R_0 = 100 Ω hat und der Beziehung folgt: $R(\vartheta) = R_0(1 + \alpha\vartheta)$ mit α = 0,00385/°C. Die übrigen drei Widerstände haben einen Wert von je R_0 = 100 Ω, die Brücke ist bei $\vartheta = 0\,°C$ exakt abgeglichen. Zu berechnen ist jeweils die Meßempfindlichkeit der Brücke (Bild 2.4) bei $\vartheta = 0\,°C$ und $\vartheta = 100\,°C$ für eine Konstantspannungsspeisung mit U_0 = 0,4 V!

Lösung
Die Meßempfindlichkeit ist die Änderung der Brückenspannung $\Delta U/\Delta\vartheta$ mit der Temperatur bei U_0 = konst.

$$\Delta U \approx \left| \frac{dU}{d\vartheta} \Delta\vartheta \right| \Rightarrow \frac{\Delta U}{\Delta \vartheta} \approx \frac{dU}{d\vartheta} \qquad \text{(Gl. 2.32)}$$

Der Spannungsteiler ergibt

$$U = U_o \left(\frac{R}{R_0 + R} - \frac{1}{2} \right). \qquad \text{(Gl. 2.33)}$$

Also ist

$$\frac{dU}{d\vartheta} = U_0 \frac{\frac{dR}{d\vartheta}(R_0 + R) - R \frac{dR}{d\vartheta}}{(R_0 + R)^2} =$$
$$= U_0 \frac{R_0}{(R_0 + R)^2} \frac{dR}{d\vartheta} \qquad \text{(Gl. 2.34)}$$

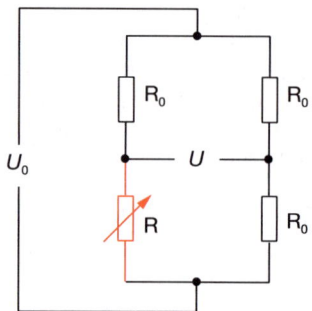

Bild 2.4 Berechnung der Brückenempfindlichkeit

Mit $R = R_0(1 + \alpha\vartheta)$ folgt:

$$\frac{dR}{d\vartheta} = R_0 \alpha \qquad \text{(Gl. 2.35)}$$

und damit ist

$$\frac{\Delta U}{\Delta \vartheta} \approx \frac{dU}{d\vartheta} = \frac{U_0 R_0^2 \alpha}{(R_0 + R)^2} = \frac{U_0 R_0^2 \alpha}{R_0^2 (2 + \alpha\vartheta)^2} =$$
$$= U_0 \frac{\alpha}{(2 + \alpha\vartheta)^2} \qquad \text{(Gl. 2.36)}$$

Für $U_0 = 0{,}4$ V und $\vartheta = 0\,°C$ folgt:

$$\frac{dU}{d\vartheta} = 3{,}85 \cdot 10^{-4} \frac{V}{°C} \qquad \text{(Gl. 2.37)}$$

und für $U_0 = 0{,}4$ V und $\vartheta = 100\,°C$ ergibt sich:

$$\frac{dU}{d\vartheta} = 2{,}71 \cdot 10^{-4} \frac{V}{°C} \qquad \text{(Gl. 2.38)}$$

3 Temperaturmessung

3.1 Temperaturskalen

Die Temperatur ist eine der sieben Basisgrößen des internationalen Einheitensystems (SI). Sie ist sicherlich die uns am meisten vertraute Größe und außerdem auch die wichtigste Meßgröße bei nahezu allen Produktionsprozessen. Etwa ein Drittel der Meßstellen in verfahrenstechnischen Anlagen sind Temperaturmeßstellen an Rohrleitungen, Tanks, Reaktoren und Maschinen.

Zur eindeutigen Festlegung der Temperatur dienen Temperaturskalen. Eine Temperaturskala erfordert zwei Fixpunkte und eine Gradeinteilung. Eine sinnvolle Wahl der Fixpunkte wäre z.B. der absolute Nullpunkt der Temperatur nach dem zweiten Hauptsatz der Thermodynamik und der Tripelpunkt von Wasser. Historisch kam jedoch die Celsiusskala dieser «physikalischen» Einteilung zuvor. Man wählte den Eis- und den Siedepunkt von Wasser als Fixpunkte und teilte das Intervall dazwischen in 100 Teile, die Celsiusgrade (°C). Der absolute Temperatur-Nullpunkt liegt damit bei −273,15 °C; ein Grad der absoluten Skala, das Kelvin, ist identisch mit einem Grad Celsius. Es ist:

$$t\,[°C] = T\,[K] - 273{,}15 \qquad (\text{Gl. 3.1})$$

Eine weitere besonders im amerikanischen Sprachraum häufig genutzte Temperaturskala ist das Fahrenheit. Es verwendet den Eispunkt einer Wasser-Salmiak-Lösung und die Körpertemperatur eines gesunden Menschen (37,8 °C) als Fixpunkte und legt ebenfalls 100 Grad dazwischen fest. 32 Grad Fahrenheit entsprechen dem Eispunkt 0 °C.

Temperaturen lassen sich aus Fahrenheit in Celsiusgrade umrechnen nach

$$t\,[°C] = (t\,[°F] - 32) \cdot \frac{5}{9} \qquad (\text{Gl. 3.2})$$

und umgekehrt gilt:

$$t\,[°F] = t\,[°C] \cdot 1{,}8 + 32 \qquad (\text{Gl. 3.3})$$

3.1.1 Thermodynamische Temperaturskala

Zur Festlegung einer thermodynamischen Temperaturskala ist prinzipiell jedes Verfahren geeignet, das aus dem 2. Hauptsatz der Thermodynamik ableitbar ist. Tabelle 3.1 (nach [3.1]) nennt Methoden zur Messung thermodynamischer Temperaturen, mit denen sich bei relativ geringem Fehler eine Temperaturskala festlegen läßt.

Tabelle 3.1 Meßverfahren zur Messung thermodynamischer Temperaturen

Verfahren	Meßbereich in K	Unsicherheit in mK
Gasthermometer	2,4 bis 700	0,3 bis 15
akustisches Thermometer (Schallgeschwindigkeit in idealem Gas)	2 bis 20	0,3 bis 1
Rauschthermometer (Rauschen eines elektrischen Widerstandes)	3 bis 1100	0,3 bis 100
Spektralpyrometer (spektrale Strahlungsdichte eines Hohlraumstrahlers)	700 bis 2500	10 bis 2000
Gesamtstrahlungspyrometer (Gesamtstrahlung eines Hohlraumstrahlers)	220 bis 420	0,5 bis 2

3.1.2 Internationale praktische Temperaturskala

Die technische Temperaturmessung umfaßt den Bereich von −270 °C bis zu etwa +2700 °C (entsprechend ca. 0...3000 K). Da die Fixpunkte der Celsiusskala verglichen mit diesem großen Intervall sehr eng beisammen liegen, kann die Extrapolation in die Bereiche hoher und auch tiefer Temperaturen zu beträchtlichen Fehlern führen. Die in Tabelle 3.1 genannten Verfahren erweisen sich wegen des immensen Aufwandes in der Betriebspraxis als ungeeignet, Fixpunkte der Temperatur vorzugeben.

Daher wurde bereits 1927 international eine praktische Temperaturskala erstellt, die ITS 27, die weitere Fixpunkte bei höheren und tieferen Temperaturen festlegte. Nach mehreren Novellierungen mündete sie 1990 in die Internationale Temperaturskala ITS 90 mit 17 gut reproduzierbaren thermodynamischen Gleichgewichtspunkten, verteilt über den ganzen technisch interessanten Temperaturbereich, wie aus Tabelle 3.2 hervorgeht [3.1].

Darin bezeichnet der Index 90 die Jahreszahl 1990, T_{90} ist die absolute Temperatur und t_{90} die Celsiustemperatur.

Der Bereich tiefster Temperaturen von 3...5 K enthält keinen spezifischen Fixpunkt, sondern wird über die Dampfdruckkurven von isotopenreinem ^{3}He und ^{4}He definiert. Im Bereich unter 0 °C werden bevorzugt Tripelpunkte von Elementen benutzt, bei hohen Temperaturen die Erstarrungspunkte reiner Metalle.

Als interpolierendes Thermometer zwischen den Fixpunkten sieht die ITS 90 für den Bereich von −259 °C (Tripelpunkt des Gleichgewichtswasserstoffes) bis +961 °C (Erstarrungspunkt von Silber) das Platin-Widerstandsthermometer vor und stellt auch Forderungen hinsichtlich der Materialreinheit des Platins.

3.2 Physikalische Prinzipien der Temperaturmessung

Die Temperatur wirkt auf mannigfache Weise auf die physikalischen Parameter von Materie ein.

Tabelle 3.2 Definierende Fixpunkte der internationalen Temperaturskala von 1990 (ITS 90)

Gleichgewichtszustand	T_{90} in K	t_{90} in °C
Dampfdruck des Heliums	3 bis 5	−270,15 bis −268,15
Tripelpunkt des Gleichgewichtswasserstoffes	13,8033	−259,3467
Dampfdruck des Gleichgewichtswasserstoffes	17,025 bis 17,045 20,26 bis 20,28	−256,125 bis −256,105 −252,89 bis 252,87
Tripelpunkt des Neons	24,5562	−248,5939
Tripelpunkt des Sauerstoffes	54,3584	−218,7916
Tripelpunkt des Argons	83,8058	−189,3442
Tripelpunkt des Quecksilbers	234,3156	−38,8344
Tripelpunkt des Wassers	273,16	0,01
Schmelzpunkt des Galliums	302,9146	29,7646
Erstarrungspunkt des Indiums	429,7485	156,5985
Erstarrungspunkt des Zinns	505,078	231,928
Erstarrungspunkt des Zinks	692,677	419,527
Erstarrungspunkt des Aluminiums	933,473	660,323
Erstarrungspunkt des Silbers	1234,93	961,78
Erstarrungspunkt des Goldes	1337,33	1064,18
Erstarrungspunkt des Kupfers	1357,77	1084,62

Sie

❏ führt zu Volumen- und Längenänderungen,
❏ ändert den Druck von Gasen,
❏ ändert den elektrischen Widerstand von Metallen und Halbleitern,
❏ beeinflußt die Resonanzfrequenz von Quarzen,
❏ modifiziert die Emission von Licht und das Rauschen elektronischer Bauteile,

um nur einige Beispiele zu nennen. Demzufolge gibt es viele physikalische Effekte, die sich prinzipiell zur Messung der Temperatur eignen. Industriell sind davon jedoch nur verhältnismäßig wenige brauchbar. Einfachste Beispiele sind die Ausdehnung von Flüssigkeiten und Festkörpern unter Temperaturerhöhung, die bei Glas- oder Bimetallthermometern genutzt wird.

In prozeßtechnischen Anwendungen benötigt man allerdings weniger eine direkte Temperaturanzeige vor Ort, sondern vielmehr einen fernübertragbaren Meßwert, der sich für die automatische Weiterverarbeitung eignet. Da die Meßwertübertragung und -verarbeitung heute praktisch ausschließlich auf elektrischem Wege erfolgt, haben sich in der technischen Temperaturmessung elektrische Meßfühler wie Thermoelemente und Widerstandsthermometer durchgesetzt.

Flüssigkeitsthermometer – ob in Glas- oder in Metallausführung, evtl. auch mit Kapillarleitung und Zeigerwerk – dienen nur der örtlichen Anzeige. Auch Bimetallthermometer sind lediglich für Anzeige- oder Schaltzwecke brauchbar und sollen daher im folgenden nicht behandelt werden.

Bei Temperaturmessungen unterscheidet man

❏ berührende und
❏ nicht berührende Verfahren.

Bei berührenden Meßverfahren mit Thermoelementen, Widerstandsthermometern u.a. muß die aktive Zone der Fühler mit dem zu messenden Objekt in engen Kontakt gebracht werden und die Temperatur des Meßobjektes annehmen, ohne diese zu verfälschen. Dazu ist eine gewisse Zeit nötig. In der rauhen Betriebsumgebung verfahrenstechnischer Anlagen ist ein mechanischer Schutz der Meßfühler unumgänglich. Dieser kann den Vorgang der Temperaturangleichung beträchtlich verlangsamen und auch zu Meßfehlern führen.

Berührungslos arbeitende Temperaturmeßverfahren nutzen die vom Objekt ausgesandte Strahlung zur Temperaturmessung. Man bezeichnet diese Instrumente als **Strahlungspyrometer**. Für flächige Temperaturverteilungen eignen sich auch infrarot-empfindliche Elemente (z.B. IR-Fotografie, Halbleiter, Thermographie usw.). Berührungslos arbeitende Verfahren sind außerdem wesentlich schneller als berührende.

3.3 Thermoelemente

3.3.1 Thermoelektrischer Effekt

Verbindet man zwei elektrische Leiter A und B aus unterschiedlichen Materialien gemäß Bild 3.1, so tritt zwischen den Anschlüssen p und m eine Spannungsdifferenz U_T auf, wenn die Temperaturen T_V und T_M an den Kontaktstellen V und M nicht gleich sind. Die Thermospannung U_T hängt vom Materialpaar A und B ab und ist in erster Näherung proportional zur Temperaturdifferenz (**Seebeck-Effekt**, 1826):

$$U_T \cong \alpha_{AB} \cdot (T_M - T_V) \qquad \text{(Gl. 3.4)}$$

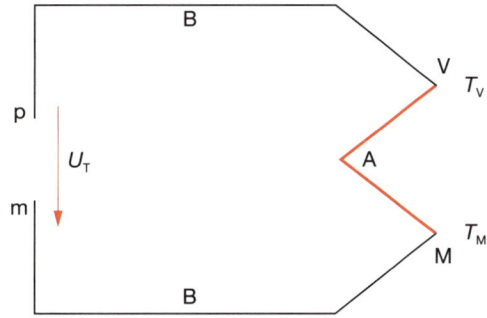

Bild 3.1   Meßkreis mit Thermoelementen

Bei Kenntnis der Materialkonstanten α_{AB} kann man durch Messung von U_T die Temperaturdifferenz $\Delta T = T_M - T_V$ bestimmen. Genau besehen ist die Thermospannung eine Kurve dritter Ordnung in ΔT, die jedoch im Bereich technischer Temperaturen mit hinreichender Genauigkeit durch eine parabolische Beziehung genähert werden kann: [3.2]

$$U_T = a \cdot \Delta T + b \cdot (\Delta T)^2 + \ldots \qquad (Gl.\ 3.5)$$

wobei a und b materialspezifische Konstanten sind. Die Thermokraft α_{AB} ist damit abhängig von der Temperatur von Meß- und Vergleichsstelle. (In [3.3] wird statt der Gl. 3.5 der Zusammenhang $U_T = f(T_M) \cdot (T_M - T_V)$ vorgeschlagen mit $f(T_M) = a_0 + 2a_1 \cdot T_M$.)

Der Seebeck-Koeffizient α_{AB} ist definiert nach

$$\alpha_{AB} = \frac{dU}{d(\Delta T)} = a + 2b\,\Delta T \qquad (Gl.\ 3.6)$$

Er hängt also von der Temperaturdifferenz ΔT ab.

Der Seebeck-Effekt läßt sich umkehren: Schließt man in Bild 3.1 an p und m eine Gleichspannungsquelle an und läßt Strom durch die Anordnung fließen, so kühlt sich ein Kontakt ab, der andere wird warm. Bei diesem **Peltier-Effekt** wird Wärme zwischen den Kontakten transportiert.

Der entwickelte Wärmestrom $\Delta Q/\Delta t$ ist proportional zum elektrischen Strom I;

$$\frac{\Delta Q}{\Delta t} = \pi_{AB} \cdot I \quad \text{bzw.} \quad \frac{dQ}{dt} = \pi_{AB} \cdot I \qquad (Gl.\ 3.7)$$

π_{AB} nennt man Peltier-Koeffizient. Er hängt mit dem Seebeck-Koeffizienten α_{AB} zusammen nach:

$$\alpha_{AB} = \pi_{AB} \cdot T \qquad (Gl.\ 3.8)$$

Beide Effekte werden technisch genutzt: der Peltier-Effekt zum Kühlen, der Seebeck-Effekt zur Temperaturmessung (und in geringem Umfang zur thermoelektrischen Energieerzeugung).

Die physikalische Ursache für das Auftreten der Thermokraft liegt in der unterschiedlichen Austrittsarbeit Φ_A und Φ_B der Leitungselektronen aus den Materialien A und B. Bei Metallen ist α sehr klein, es liegt lediglich in der Größenordnung von 20…50 µV/K je nach Metallpaar. Wie bei der elektrochemischen Spannungsreihe kann man auch die Metalle nach ihrem Seebeck-Koeffizienten α ordnen [3.4]. Pt erhält dabei willkürlich den Wert 0:

Element	α [µV/K]
Sb	+ 38
Fe	+ 19
Zn	+ 6
Cu	+ 5,8
Pb	+ 3
Al	+ 2,5
Pt	0
Ni	− 16
Bi	− 67

Die Spannungen können je nach Reinheit der Elemente mehr oder weniger stark von den Tabellenwerten abweichen. Bei Halbleitern werden wegen der im Vergleich zu Metallen niedrigeren Ladungsträgerdichte Thermokräfte von bis zu $\alpha = 10$ mV/K gemessen. Für Temperaturmessungen sind Halbleiter aber trotz der hohen Thermokräfte weniger geeignet, da sie sich nicht gut in Drahtform bringen lassen und außerdem nur bei relativ niedrigen Temperaturen einsetzbar sind.

3.3.2 Temperaturmessung mit Thermoelementen

Metalle liefern wegen ihrer kleinen Thermokräfte α nur bei höheren Temperaturdifferenzen genügend große und gut meßbare elektrische Spannungen. Thermoelemente sind daher in produktionstechnischen Anlagen prädestiniert zur Messung hoher Temperaturen, die mit Widerstandsthermometern nicht mehr zugänglich sind. Im Labor werden Thermoelemente auch zur Messung niedriger Temperaturen eingesetzt, insbesondere dort, wo man kleine, filigrane Fühler geringer Wärmekapazität benötigt oder nur begrenzter Platz für den Einbau zur Verfügung steht.

Weitere *Vorteile* von Thermoelementen sind:
❏ punktförmige Temperaturmessung,
❏ schnell ansprechende Messung,
❏ keine Hilfsenergie erforderlich,
❏ keine Eigenerwärmung der Meßfühler,
❏ dünne Meßdrähte, daher geringe Wärmeleitung.

Unter einer Vielzahl möglicher Metallkombinationen zeigen sich einige besonders geeignet. Ihre Spannungsreihen mit den zulässigen Grenzabweichungen sind in den Normen DIN 43710 und IEC 584-1 festgelegt. Bild 3.2 zeigt die Kennlinien der in IEC 584 genormten Thermoelemente [3.5].

Eisen–Konstantan (CuNi) und NiCr–Konstantan besitzen relativ hohe Thermokräfte, doch sind sie nur für Temperaturen bis zu maximal etwa 750 °C bzw. 900 °C im Dauereinsatz geeignet. Elemente aus dem Edelmetall Platin zusammen mit Rhodium liefern zwar nur kleine Thermospannungen, sind aber bis weit über 1500 °C verwendbar.

Üblicherweise werden Thermopaare in Drahtform mit Durchmessern von 0,1 mm bis zu maximal etwa 2 mm verwendet, deren Schenkel gemäß Norm IEC 584 farbig gekennzeichnet sind. Der erstgenannte Schenkel eines Paares ist dabei jeweils positiv, wenn die Meßtemperatur größer als die Vergleichstemperatur ist. Tabellen 3.3 und 3.4 geben die genormten Thermoelemente mit ihrem Einsatzbereich und farblicher Kennzeichnung an. Die einzelnen mit Großbuchstaben gekennzeichneten Typen sind nicht untereinander kompatibel, d. h., es entstehen beträchtliche Fehler, wenn z. B. das mit «J» gekennzeichnete Ele-

Bild 3.2
Kennlinien einiger in IEC 584 genormter Thermoelemente

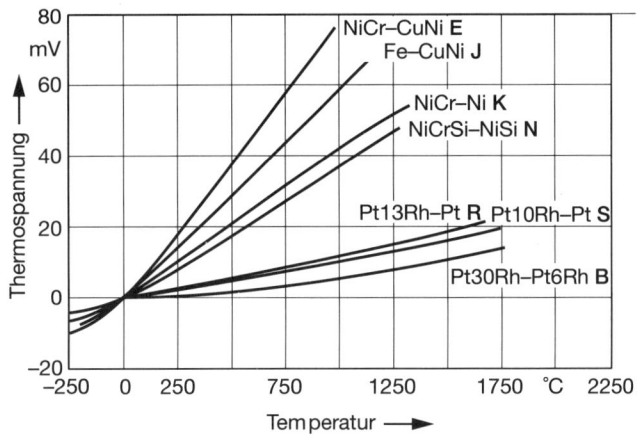

Tabelle 3.3 Thermoelemente nach IEC 584-1

Element		Maximaltemperatur	Definiert bis	Plus-Schenkel	Minus-Schenkel
Fe–CuNi	«J»	750 °C	1200 °C	schwarz	weiß
Cu–CuNi	«T»	350 °C	400 °C	braun	weiß
NiCr–Ni	«K»	1200 °C	1370 °C	grün	weiß
NiCr–CuNi	«E»	900 °C	1000 °C	violett	weiß
NiCrSi–NiSi	«N»	1200 °C	1300 °C	lila	weiß
Pt10Rh–Pt	«S»	1600 °C	1540 °C	orange	weiß
Pt13Rh–Pt	«R»	1600 °C	1760 °C	orange	weiß
Pt30Rh–Pt6Rh	«B»	1700 °C	1820 °C	keine Ang.	keine Ang.

36 Temperaturmessung

Tabelle 3.4 Thermoelemente nach DIN 43 710 (Auszug)

Element		Maximal-temperatur	Definiert bis	Plus-Schenkel	Minus-Schenkel
Fe–CuNi	«L»	600 °C	900 °C	rot	blau
Cu–CuNi	«U»	900 °C	600 °C	rot	braun

ment mit der Kurve für das Element «K» ausgewertet wird.

Die in den Tabellen 3.3 und 3.4 aufgeführte Spalte «Definiert bis» gibt den Bereich an, innerhalb dessen die Thermospannung genormt ist. Die «Maximaltemperatur» ist der Wert, bis zu dem eine Grenzabweichung festgelegt ist. Bild 3.3 und Tabelle 3.5 geben die nach IEC 584 festgelegten drei Toleranzklassen mit den zulässigen Grenzabweichungen an. Zu beachten ist ferner, daß die in DIN 43710 mit L und U gekennzeichneten Typen mit den Typen J und T nach Norm IEC 584 trotz gleicher Materialien nicht voll kompatibel sind! Im Anhang des Buches sind die Thermospannungen einiger Thermoelement-Typen tabellarisch aufgelistet.

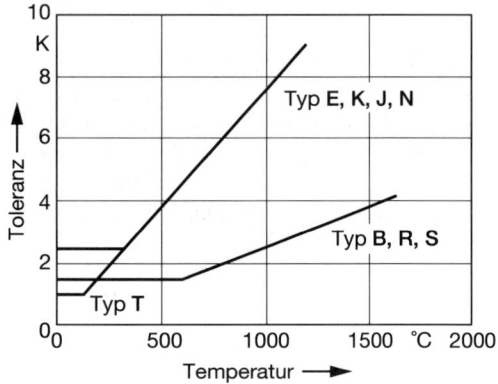

Bild 3.3 Grenzabweichungen von Thermoelementen nach IEC 584

Tabelle 3.5 Toleranzklassen und Grenzabweichungen für Thermoelemente nach IEC 584

Element		Toleranzklassen			
Fe–CuNi	«J»	Klasse 1	– 40... + 750 °C: ± 0,004 · t	oder ± 1,5 K	
		Klasse 2	– 40... + 750 °C: ± 0,0075 · t	oder ± 2,5 K	
		Klasse 3			
Cu–CuNi	«T»	Klasse 1	– 40... + 350 °C: ± 0,004 · t	oder ± 0,5 K	
		Klasse 2	– 40... + 350 °C: ± 0,0075 · t	oder ± 1,0 K	
		Klasse 3	– 200... + 40 °C: ± 0,015 · t	oder ± 1,0 K	
Ni–CrNi und NiCrSi–NiSi	«K» «N»	Klasse 1	– 40... + 1000 °C: ± 0,004 · t	oder ± 1,5 K	
		Klasse 2	– 40... + 1200 °C: ± 0,0075 · t	oder ± 2,5 K	
		Klasse 3	– 200... + 40 °C: ± 0,015 · t	oder ± 2,5 K	
NiCr–CuNi	«E»	Klasse 1	– 40... + 800 °C: ± 0,004 · t	oder ± 1,5 K	
		Klasse 2	– 40... + 900 °C: ± 0,0075 · t	oder ± 2,5 K	
		Klasse 3	– 200... + 40 °C: ± 0,015 · t	oder ± 2,5 K	
Pt10Rh–Pt und Pt13Rh–Pt	«S» «R»	Klasse 2	0... + 1600 °C: ± [1 + (t – 1100) · 0,003]	oder ± 1,0 K	
		Klasse 2	– 40... + 1600 °C: ± 0,0025 · t	oder ± 1,5 K	
		Klasse 3			
Tp30Rh–Pt6Rh	«B»	Klasse 1			
		Klasse 2	600... 1700 °C: ± 0,0025 · t	oder ± 1,5 K	
		Klasse 3	600... 1700 °C: ± 0,005 · t	oder ± 4,0 K	

3.3.3 Möglichkeiten der Vergleichsstellenkompensation

Da mit der Thermospannung die Temperaturdifferenz der beiden Kontakte erfaßt wird, muß in die Bestimmung der Objekttemperatur T_M die Temperatur T_V der Vergleichsstelle V eingehen. Zur Korrektur bieten sich folgende Möglichkeiten an:

a) **Thermostatisierung der Vergleichsstelle**: Das Eintauchen des Vergleichskontaktes in ein Wasser-Eis-Gemisch erzeugt eine Vergleichstemperatur $T_V = 0\,°C$. Die Thermospannung liefert dann die Meßtemperatur direkt in °C. Diesen Weg geht man aber höchstens bei kurzzeitigen Messungen im Labor. In der Betriebstechnik wäre es dagegen zu aufwendig, ständig das Wasser-Eis-Gemisch zu versorgen. Hier ist es sinnvoller, einen Metallblock auf 20 °C oder besser noch auf 50 °C z. B. mit einer elektronischen Regelung nach Bild 3.4 zu thermostatisieren. Der Referenzblock kann natürlich von mehreren Thermoelementen als Vergleichsstelle genutzt werden.

b) **Kompensation**: Man kann auf den Vergleichskontakt V verzichten, wenn man die beiden Schenkel eines Elementes gemäß Bild 3.5 symmetrisch mit einem Material, z. B. Kupfer, fortsetzt. Die Temperatur der Vergleichsstelle wirkt sich dabei natürlich voll auf die Messung aus. Dies ist aber unschädlich, wenn man die Vergleichsstellentemperatur T_V mit einem absoluten Temperaturfühler (z. B. einem Widerstandsthermometer) erfaßt und eine zu T_V proportionale Spannung polungskorrekt zur Elementspannung hinzuaddiert. Dies geht z. B. mit einer Wheatstone-Brücke, bei der ein Widerstand temperaturabhängig ist. Die Vergleichsstelle befindet sich zusammen mit der Brücke in der sog. Kompensationsdose nach Bild 3.6. Damit gelingt die Korrektur bei geringen Temperaturschwankungen der Vergleichsstelle ganz gut, bei starken Schwankungen ist dies jedoch wegen der Nichtlinearitäten von

❑ Widerstandsthermometer,
❑ Thermoelement und
❑ Wheatstone-Brücke

oft nicht zufriedenstellend. Mit aktiven Kompensationsschaltungen lassen sich die dadurch bedingten Fehler weitgehend reduzieren [3.6]. Befindet sich die Vergleichsstelle im Bereich von Raumtemperaturen, so sind die Temperaturschwankungen im allgemeinen nicht besonders groß, so daß meist die einfa-

Bild 3.4
Thermostatisierung der Vergleichsstelle. R_j dient zur Einstellung eines festen Gesamtwiderstandes im Meßkreis.

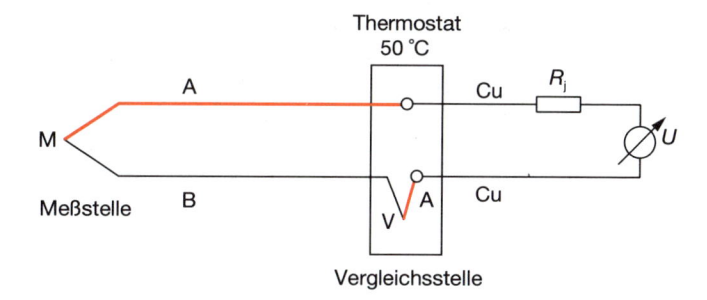

Bild 3.5
Praktische Ausführung eines Meßkreises mit Thermoelement

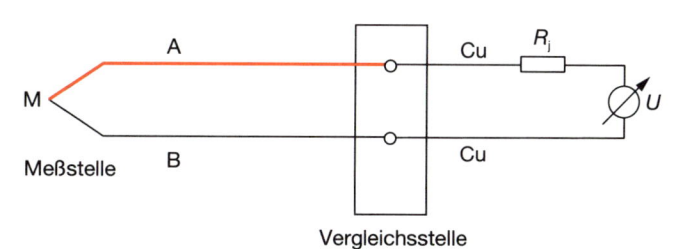

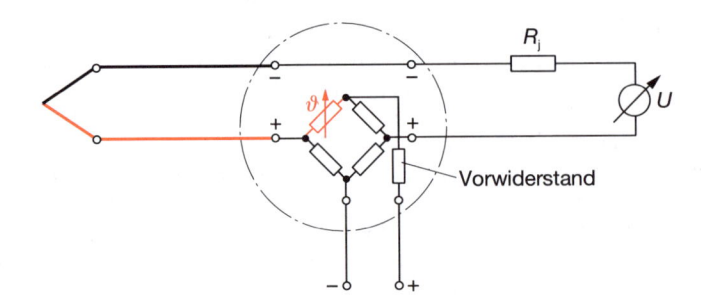

Bild 3.6
Kompensation des Temperatureinflusses auf die Vergleichsstelle mit einer Kompensationsdose

che passive Brücke genügend genaue Ergebnisse liefert.

Mit der Kompensation durch eine (aktive oder passive) Brücke läßt sich jeweils nur ein einzelner Meßkreis korrigieren. Bei vielen Temperaturmeßstellen ist daher der Aufwand hoch und dieses Verfahren nur noch in Ausnahmefällen anzutreffen.

c) Man kann die Temperatur des Vergleichsstellenblocks auch mit einem absoluten Fühler, z.B. einem Pt 100, erfassen und die Thermospannung rechnerisch korrigieren, wie in Bild 3.7 skizziert. Die Methode erscheint zwar aufwendig (zusätzliches Fühlerelement, rechnerische Korrektur des Meßergebnisses), ist aber wartungsarm und damit billig, insbesondere wenn der Block als Referenz für mehrere Thermoelemente genutzt werden kann. Die Digitaltechnik liefert die rechnerische Korrektur außerdem praktisch kostenlos. Bei Mehrkanalgeräten und Mehrkanalschreibern ist diese Vergleichsstellenkompensation bereits im Gerät integriert. Das bedeutet aber, daß die Thermoelement-Leitungen bis an das Instrument herangeführt werden müssen.

3.3.4 Ausgleichsleitungen

Thermoschenkel müssen grundsätzlich bis zur Vergleichsstelle durchgezogen werden. Von dort an sind normale Kupferleitungen ausreichend (Bild 3.8a). Liegt die Vergleichsstelle in der Meßwarte oder im Meßgerät, so sind in großen verfahrenstechnischen Anlagen oft weite Entfernungen mit teuren Werkstoffen und zum Teil hohem spezifischen Widerstand zu überbrücken.

Eine akzeptable Lösung sind Ausgleichsleitungen. Sie sind elektrisch gut leitfähig, deutlich billiger als hochwertige Thermomaterialien und haben ähnliche thermoelektrische Parameter (zumindest in begrenzten Temperaturbereichen – meist bei 0...200 °C) wie die Thermopaare, sind allerdings i.d.R. nicht so hochtemperaturfest wie edle Metalle. Für jeden Thermoelement-Typ gibt es auf dem Markt geeignete Ausgleichsmaterialien. Näheres ist Tabelle 3.6 zu entnehmen, wo die in Norm IEC 584 festgelegten Ausgleichsleitungen zusammengefaßt sind. Bei den billigeren Paaren Fe–CuNi bestehen die Ausgleichsleitungen aus dem Thermomaterial selbst. Teure Thermomaterialien werden also nur im hohen Temperaturbereich eingesetzt, im küh-

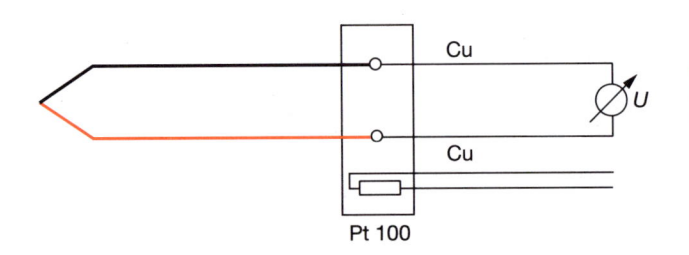

Bild 3.7
Rechnerische Kompensation der Vergleichsstellentemperatur

Bild 3.8
Ausgleichsleitungen zur fehlerfreien Übertragung von Thermospannungen
a) Unkompensierte Übertragung
b) Anwendung von Ausgleichsleitungen

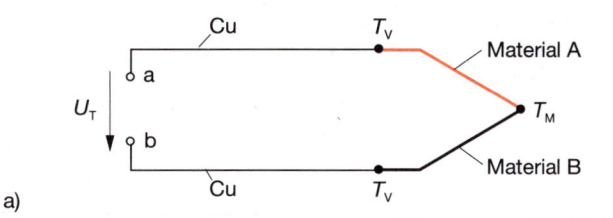

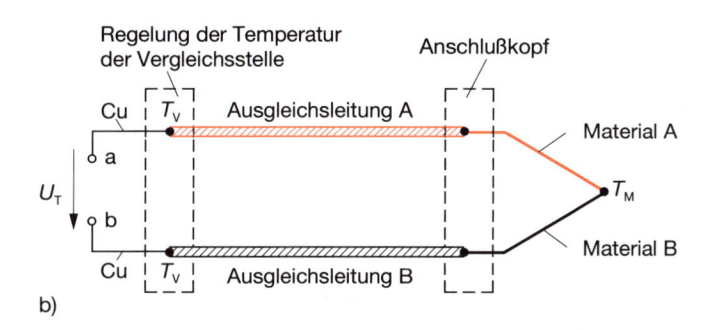

Tabelle 3.6 Thermo- und Ausgleichsleitungen mit Grenzabweichungen nach IEC 584-3
Kennzeichnung: 1. Buchstabe: für Thermoelementtyp; 2. Buchstabe: X – gleicher Werkstoff wie Element; C: Sonderwerkstoff; 3. Buchstabe: fortlaufende Kennzeichnung A, B, ...

Element- und Drahtart	Klassen der Grenzabweichungen [K]		Anwendungstemperatur- [°C]	Meßtemperatur [°C]
	1	2		
«JX»	± 85 µV/± 1,5 K	± 140 µV/± 2,5 K	−25 ... +200	500
«TX»	± 30 µV/± 0,5 K	± 60 µV/± 1,0 K	−25 ... +100	300
«EX»	± 120 µV/± 1,5 K	± 200 µV/± 2,5 K	−25 ... +200	500
«KX»	± 60 µV/± 1,5 K	± 100 µV/± 2,5 K	−25 ... +200	900
«NX»	± 60 µV/± 1,5 K	± 100 µV/± 2,5 K	−25 ... +200	900
«KCA»	–	± 100 µV/± 2,5 K	0 ... +150	900
«KCB»	–	± 100 µV/± 2,5 K	0 ... +100	900
«NC»	–	± 100 µV/± 2,5 K	0 ... +150	900
«RCA»	–	± 30 µV/± 2,5 K	0 ... +100	1000
«RCB»	–	± 60 µV/± 5,0 K	0 ... +200	1000
«SCA»	–	± 30 µV/± 2,5 K	0 ... +100	1000
«SCB»	–	± 60 µV/± 5,0 K	0 ... +200	1000

leren Bereich geht man über auf die Ausgleichsmaterialien und überbrückt damit größere Entfernungen, wie in Bild 3.8b dargestellt.

3.3.5 Technische Ausführung von Thermoelementen

3.3.5.1 Thermoelemente als Drähte bzw. Stäbe

Thermoelemente können sehr einfach aufgebaut sein: Thermoschenkel mit verschweißten oder verdrillten Kontakten und isoliert durch

Keramikröhrchen lassen sich z. B. in Glühöfen einsetzen. Bei einer anderen Bauform bildet der eine Schenkel ein Rohr, das den koaxial angeordneten zweiten umschließt; beide sind an einem Ende miteinander verschweißt und bilden hier den Thermokontakt. In neutraler, nicht korrosiver Atmosphäre können solche Thermoelemente direkt angewandt werden.

3.3.5.2 Mantelthermoelemente

Mantelthermoelemente stellen eine spezielle Bauform dar. Sie haben in der Temperaturmeßtechnik wegen ihrer Vorzüge die konventionellen Thermoelemente weitgehend verdrängt, insbesondere in der chemischen Verfahrenstechnik werden sie bevorzugt eingesetzt. Die Meßadern liegen in verdichtetem Oxidpulver (Al_2O_3 bzw. MgO_2), gegeneinander isoliert in einem warmfesten Mantelrohr aus Edelstahl oder Inconel (Bild 3.9a). Die *Vorteile*:

- Sie sind nahezu beliebig ohne Kurzschlußgefahr biegbar (Biegeradius $R \geq 2\,D$).
- Sie haben eine hohe Vibrationsfestigkeit.
- Sie sind lieferbar als Meterware und daher leicht vom Anwender konfektionierbar.
- Die Thermomaterialien sind durch den Mantel gegen korrosive Atmosphären geschützt.
- Sie weisen eine gute Alterungsbeständigkeit auf.

In der Normalausführung ist die Kontaktstelle verschweißt und gegen den Mantel isoliert, der Zwischenraum mit MgO_2 ausgefüllt (Bild 3.9b). Bei der geerdeten Ausführung ist das Thermopaar mit dem Mantel verschweißt (Bild 3.9c).

Vorteilhaft bei der geerdeten Ausführung ist:
- Das Thermoelement ist ohne besondere Einrichtungen aus Endlosware konfektionierbar.
- Der Fühler spricht schnell an.

Nachteilig ist:
- Die fehlende galvanische Trennung des Meßkreises führt zur Möglichkeit von Erdschleifen.
- Die Korrosionsfestigkeit ist verringert, da der Thermokontakt nicht durch den Mantel geschützt ist.

Letzteres fällt bei Einbau des Mantelthermoelementes in Schutzrohre allerdings weniger ins Gewicht. Handelsübliche Thermoelemente werden mit äußeren Manteldurchmessern von etwa 0,5 bis 2 mm geliefert, für Spezialanwendungen sind auch feinere Anfertigungen erhältlich.

Je kleiner der Manteldurchmesser, desto geringer ist die Wärmekapazität des Elementes und desto besser demzufolge auch das Ansprechverhalten. Die kürzesten Ansprechzeiten lassen sich mit filigranen Elementen mit nur 0,25 mm Manteldurchmesser erzielen. Allerdings haben diese nur eine geringere mechanische Festigkeit und verzundern schnell im Einsatz bei hohen Temperaturen.

Mantelthermoelemente sind für Hochtemperaturanwendungen ohnedies weniger geeignet, da die keramische Pulverfüllung leitfähig wird und zu Kurzschlüssen führt. Die maximale Temperatur bei Mantelthermoelementen liegt bei etwa 1400 °C.

3.3.6 Meßeinsätze

In der Prozeßtechnik verwendet man in der Regel einen sog. Meßeinsatz, wie ihn Bild 3.10

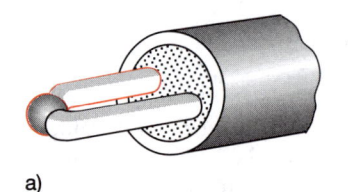

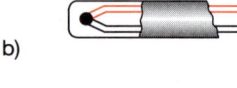

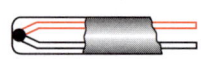

Bild 3.9
a) Aufbau eines Mantelthermoelementes
b) Kontakt gegen Mantel isoliert
c) Kontakt mit dem Mantel verschweißt

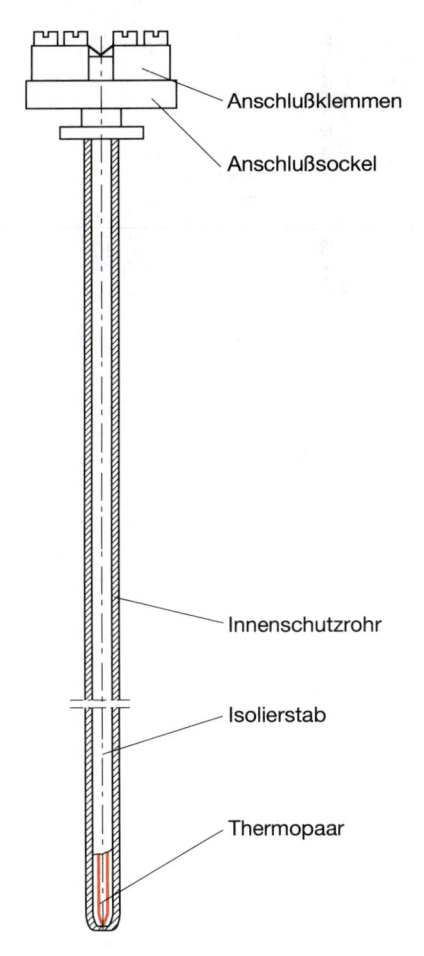

Thermoelemente 41

Bild 3.10 Temperatur-Meßeinsatz mit Thermoelement

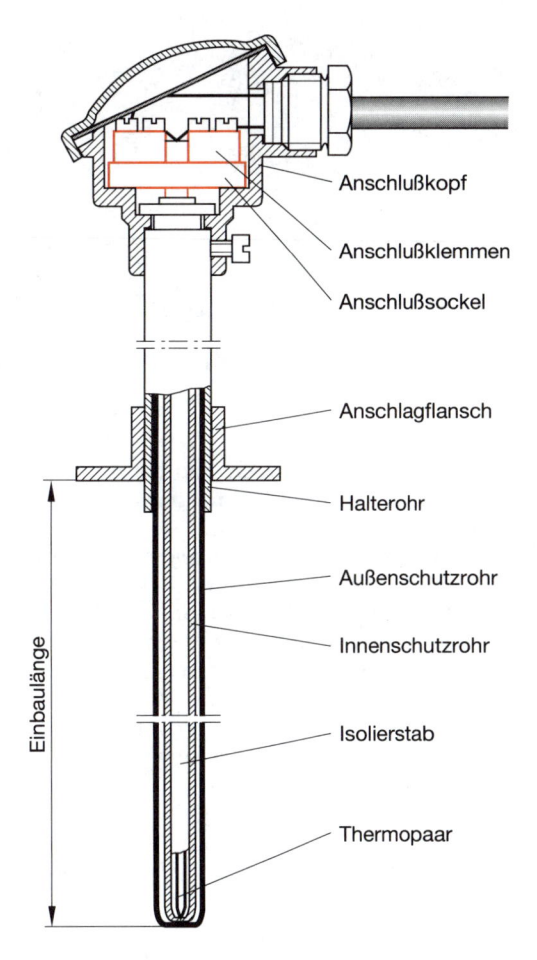

Bild 3.11 Temperatur-Meßanordnung mit Schutzrohr

zeigt. Das Thermoelement ist in ein Einsatzrohr aus Edelstahl eingebaut, das wiederum in eine Schutzhülse berührend eingeführt ist (Bild 3.11). Durch Federdruck wird das Einsatzrohr auf den Boden des Schutzrohres gepreßt, um den Wärmeübergangswiderstand möglichst niedrig zu halten. Als Schutzrohre sind metallische oder keramische Ausführungen erhältlich. Näheres darüber geht aus DIN 43735 hervor. Durch diesen massiven mechanischen Schutz gehen allerdings die Vorteile der Thermoelemente, nämlich die punktförmige Temperaturmessung und die geringe Ansprechzeit, weitgehend wieder verloren.

Das Schutzrohr trägt schließlich den Anschlußkopf (Bild 3.12) meist mit Kunststoffgehäuse, der in Norm DIN 43729 festgelegt ist. In ihm werden die Ausgleichsleitungen an die Thermoschenkel angeschlossen.

3.3.7 Auswahlkriterien für Thermoelemente

Die Auswahl der Thermopaare richtet sich nach der geforderten Genauigkeit und dem gewünschten Temperaturbereich. Einerseits liefern zwar die unedlen Materialien hohe

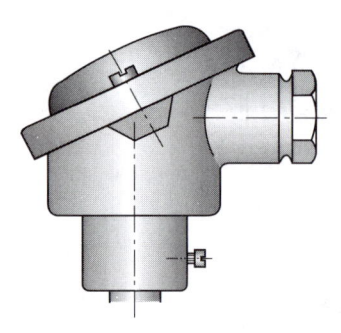

Bild 3.12 Anschlußkopf Typ B nach DIN 43 729

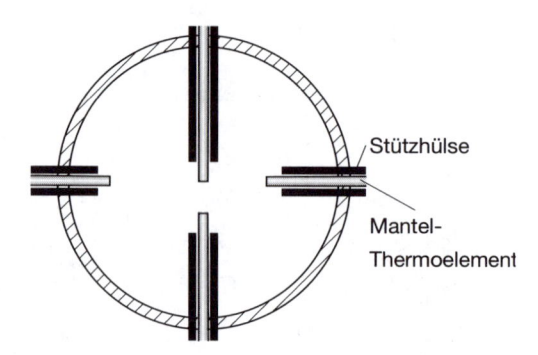

Bild 3.13 Anordnung von Thermoelementen zur Messung eines Temperaturprofils in einem Strömungsrohr

Thermospannungen, doch sind bei ihnen die Alterungserscheinungen im höheren Temperaturbereich besonders stark. Generell gilt: Je dünner die (Mantel-)Thermoelemente, desto schneller sprechen sie an und desto weniger Verfälschung der Temperatur am Meßort durch Wärmeleitung ist zu erwarten. Um so weniger sind sie jedoch für den Hochtemperatureinsatz geeignet. Wegen ihrer absoluten Dichtigkeit stellen sie dagegen unter hohen Drücken und im Hochvakuum keine Probleme dar.

3.3.8 Anwendungsbeispiele für Thermoelemente

Einige Einsatzbeispiele sollen die Anwendungsmöglichkeiten von Thermoelementen illustrieren.

a) Thermoelemente eignen sich hervorragend zur Messung von Temperaturprofilen, weil sie punktförmige Messungen zulassen. Allerdings ist das ungeschützte Mantelthermoelement mechanisch nicht stabil und muß geführt werden, wobei die Führungshülse durch Wärmeleitung von außen keine Temperaturverfälschung am Kontakt hervorrufen darf.

Besteht z.B. die Aufgabe, in einem Strömungsrohr die Temperaturverteilung über den Querschnitt zu ermitteln, so bietet sich die Anordnung der Fühler nach Bild 3.13 an.

Die Mantelthermoelemente erhalten ihre Stabilität durch die Führungshülsen. Damit diese aber nicht durch Wärmeleitung von der Rohrwand her die Temperatur am Meßort verfälschen, müssen die Mantelthermoelemente innen so weit überstehen, daß Wärmeleitung von außen auf die Kontakte nicht mehr ins Gewicht fällt.

Vorteilhaft ist es, Stützhülsen aus schlecht wärmeleitendem Material, etwa Glas, Keramik oder Kunststoff, herzustellen. Natürlich sollte deren Wandstärke nicht so groß sein, daß das Strömungsprofil nachhaltig gestört wird!

Werden die Elemente nicht in ein festes Strömungsrohr eingebaut, sondern in ein axial drehbares kurzes Rohrstück, so können durch Drehen dieser Anordnung auch nicht rotationssymmetrische Temperaturprofile ausgemessen werden. Durch Wahl sehr dünner, rasch ansprechender Thermoelemente können sogar dynamische Messungen durchgeführt werden.

b) Mit einem Thermoelement nach Bild 3.14 läßt sich das zeitliche Differential einer Temperatur dT/dt messen. Der Kontakt 1 ist

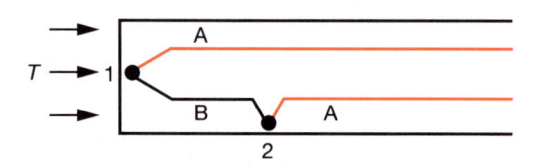

Bild 3.14 Differentielles Thermoelement

schnell ansprechend, d.h., er wird in enge Berührung mit der Meßstelle gebracht, während Kontakt 2 über einen Wärmewiderstand mit dem Objekt verbunden oder ein Stück von ihm abgesetzt ist.

Eine sprungförmige Änderung der Objekttemperatur läßt Kontakt 1 sofort folgen, Kontakt 2 nur mit Verzögerung. Die Temperaturdifferenz und damit auch die Thermospannung des Elementes sind dann proportional zur zeitlichen Änderung der Objekttemperatur dT/dt: Bei konstanter Objekttemperatur ist die Thermospannung Null.

c) Auch für die Messung des Wärmestromes durch eine Wand ist ein Thermoelement nach Bild 3.14 geeignet. Für den stationären Wärmestrom $\dot{Q}$ durch eine homogene Wand gilt:

$$\dot{Q} = \lambda \cdot A \cdot \frac{dT}{dx} \quad \text{(Gl. 3.9)}$$

A Fläche
λ Wärmeleitzahl
dT/dx Temperaturgradient in der Wand

Im stationären Fall ist dT/dx linear (Bild 3.15). Befinden sich die Kontakte 1 und 2 des Thermoelementes im Abstand ΔX, so ist die gemessene Temperaturdifferenz ΔT proportional dem Wärmestrom $\dot{Q}$.

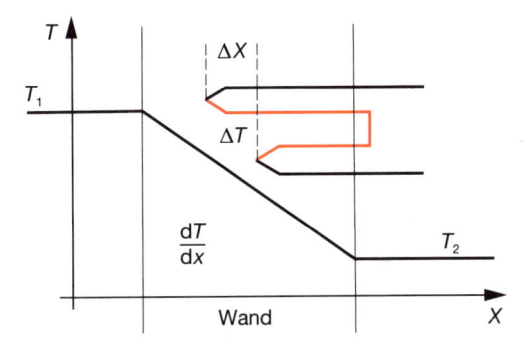

Bild 3.15 Messung des Wärmedurchgangs durch eine Wand mit einem differentiellen Thermoelement

3.4 Widerstandsthermometer

3.4.1 Allgemeines

Der elektrische Widerstand von Metallen und Halbleitern ändert sich reproduzierbar mit der Temperatur. Dies nutzt man mit Widerstandsthermometern zur Temperaturmessung. Während Metalle ihren Widerstand annähernd linear mit der Temperatur ändern, sind Halbleiter stark nichtlinear. Metallische Widerstandsthermometer haben sich als Standard durchgesetzt.

3.4.2 Widerstandsmaterialien

Am weitesten verbreitet sind in der industriellen Meßtechnik die Metalle Platin und in geringem Maße auch Nickel, letzteres vor allem in der Heizungs- und Klimatechnik. Kupfer wird nur in Ausnahmefällen eingesetzt. Trotz des relativ hohen Materialpreises bietet Platin als Fühlermaterial zahlreiche *Vorteile*: Es

❏ ist chemisch sehr beständig,
❏ läßt sich einfach in Drahtform bringen,
❏ eignet sich für Vakuumprozesse wie Katodenzerstäubung (Sputtern),
❏ erlaubt reproduzierbare Fertigung von Sensoren,
❏ ist sehr langzeitstabil auch bei häufigen Temperaturwechseln,
❏ hat gleichen thermischen Ausdehnungskoeffizienten wie Glas bzw. Keramik.

Metall-Widerstandsthermometer werden gekennzeichnet durch das chemische Symbol für das Material, gefolgt von dem Nennwert in Ohm bei 0 °C:

So sind Pt 100- bzw. Ni 100-Widerstände aus Platin oder Nickel mit 100 Ω bei 0 °C. Analog haben Pt 1000 und Pt 5000 bei 0 °C 1000 Ω bzw. 5000 Ω. Platin-Widerstandsthermometer sind in DIN EN 60 751 und IEC 751 näher definiert. Die Norm legt außer den elektrischen Werten (Nennwerte, Temperaturabhängigkeit) auch den Einsatztemperaturbereich und zulässige Abweichungen fest.

3.4.3 Temperaturabhängigkeit

Platin-Widerstandsthermometer sind im Bereich von −200 °C bis +850 °C, in neutralen Atmosphären sogar bis +1000 °C, einsetzbar. Die Kennlinie ist leicht nichtlinear, für den Widerstand R gilt im Bereich von −200 °C bis 0 °C ein Polynom 4. Grades in der Temperatur [3.7]:

$$R(t) = R_0(1 + At + Bt^2 + C(t - 100\,°C) \cdot t^3) \quad \text{(Gl. 3.10)}$$

t Temperatur in °C
$R(t)$ Widerstand bei der Temperatur t
R_0 Widerstand bei 0 °C
A, B, C Materialkonstante

Für den Bereich 0 °C bis +850 °C genügt ein Polynom zweiten Grades, nämlich

$$R(t) = R_0(1 + At + Bt^2) \quad \text{(Gl. 3.11)}$$

mit den Koeffizienten

$$\begin{aligned}A &= 3{,}9083 \cdot 10^{-3}\,°C^{-1}\\ B &= -5{,}775 \cdot 10^{-7}\,°C^{-1}\\ C &= -4{,}183 \cdot 10^{-12}\,°C^{-1}\end{aligned} \quad \text{(Gl. 3.12)}$$

Im Intervall von 0…100 °C kann auch noch der quadratische Koeffizient B vernachlässigt werden, wenn man die Ansprüche an die Genauigkeit nicht zu hoch ansetzt, also

$$R(t) = R_0(1 + \alpha \cdot t) \quad \text{(Gl. 3.13)}$$

Die DIN EN 60751 definiert für das Intervall 0 °C bis 100 °C einen mittleren Koeffizienten α von

$$\alpha = \frac{R_{100} - R_0}{R_0 \cdot 100\,°C} = 3{,}850 \cdot 10^{-3}\,°C^{-1} \quad \text{(Gl. 3.14)}$$

Nickel hat zwischen 0 °C und 100 °C einen höheren Koeffizienten, nämlich $\alpha = 6{,}75 \cdot 10^{-3}\,°C^{-1}$, eignet sich jedoch nur für einen Einsatzbereich bis ca. 400 °C.

3.4.4 Genauigkeitsklassen

Gemäß der Norm DIN IEC 751 sind für Pt-Widerstandsthermometer zwei Toleranzklassen festgelegt:

Klasse B:
$\pm (0{,}3 + 0{,}005 \cdot |t|)\,°C$, def. für −200…+850 °C
Klasse A = 1/2 × Klasse B:
$\pm (0{,}15 + 0{,}002 \cdot |t|)\,°C$, def. für −200…+600 °C

Unter $|t|$ ist der Absolutbetrag der Temperatur in °C zu verstehen. Die zulässigen Abweichungen sind also am kleinsten bei 0 °C und vergrößern sich symmetrisch zu kleineren und größeren Temperaturen. Über die in der Norm festgelegten Klassen A und B hinaus bieten verschiedene Hersteller noch weitere Genauigkeitsklassen an, z. B.

1/3 DIN B: $\pm (0{,}1 + 0{,}0017 \cdot |t|)\,°C$
Klasse C = 2 × Klasse B: $\pm (0{,}6 + 0{,}01 \cdot |t|)\,°C$
Klasse D = 5 × Klasse B: $\pm (1{,}5 + 0{,}025 \cdot |t|)\,°C$

Tabelle 3.7 zeigt eine kurze Übersicht über Grundwerte und zulässige Grenzabweichungen der Klasse B nach der Norm DIN IEC 751, Bild 3.16 gibt die Toleranzbreite für Klasse B

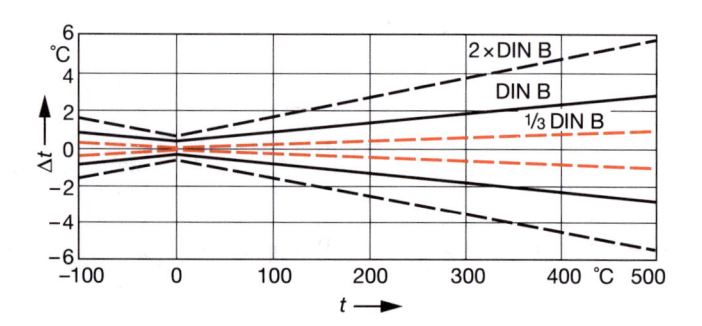

Bild 3.16
Toleranzbreiten für verschiedene Genauigkeitsklassen von Pt100-Widerstandsthermometern nach DIN IEC 751

Tabelle 3.7 Grundwerte und Grenzabweichungen für Pt100-Widerstandsthermometer nach DIN IEC 751, Klasse B

Temperatur	Grundwerte nach DIN IEC 751	Grenzabweichungen nach DIN IEC 751	
°C	Ω	Ω	°C
−200	18,49	±0,56	±1,3
−100	60,25	±0,32	±0,8
0	100,00	±0,12	±0,3
100	138,50	±0,30	±0,8
200	175,84	±0,48	±1,3
300	212,02	±0,64	±1,8
400	247,04	±0,79	±2,3
500	280,90	±0,93	±2,8
600	313,59	±1,06	±3,3

gemäß der genannten Norm und zusätzlich auch DIN-C- und $\frac{1}{3}$-DIN-B-Toleranzen über der Temperatur wieder.

3.4.5 Bauformen von Widerstandsthermometern

Prinzipiell sind zwei Bauformen von Pt-Widerstandsthermometern zu unterscheiden, nämlich Widerstandsdrähte auf Glas- oder Keramikträgern und Dünnschichtwiderstände auf Keramiksubstraten.

a) Bei der Drahtausführung wird Widerstandsdraht bifilar auf ein Glasstäbchen aufgewickelt und in Glas eingeschmolzen, wodurch die Sensorwicklung hermetisch eingeschlossen ist (Bild 3.17a). Das Glas muß den gleichen thermischen Ausdehnungskoeffizienten wie Platin haben. Der Sensor eignet sich für den Einsatz im Temperaturbereich von −200 °C bis +400 °C.

In der Keramikausführung befindet sich eine feine Pt-Wendel in Bohrungen eines Keramikträgers, fixiert mit Al_2O_3-Pulver, das gleichzeitig den Wärmeübergang verbessert (Bild 3.17b). Durch diese Maßnahmen entstehen bei Temperaturzyklen kaum mechanische Spannungen an der Wendel und damit auch keine bleibenden Veränderungen des Widerstandswertes, allerdings ist sie sehr vibrationsempfindlich und kann brechen. [3.8] Der Einsatztemperaturbereich dieses Sensortyps beträgt −200 °C bis +850 °C.

Die Bauformen mit Platindraht auf Glas oder Keramik bieten den Vorteil, daß man

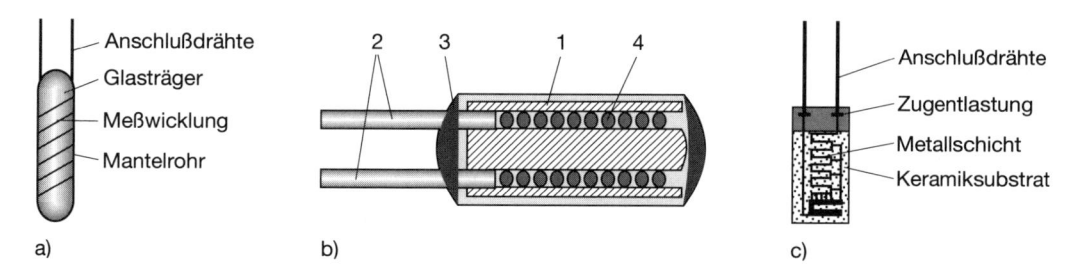

Bild 3.17 Bauformen von Pt100-Widerstandsthermometern
a) Bifilare Wicklung auf Glas
c) Pt-Dünnschichtwiderstand
b) Keramikausführung mit Pt-Drahtwendel
1 Trägerkörper aus Al_2O_3
2 Zuleitung
3 Befestigungsglasur
4 Pt-Meßwicklung

zwei oder sogar drei unabhängige 100-Ω-Windungen auf den Träger aufbringen kann. Sie sind sehr aufwendig in der Herstellung und werden daher nur noch in geringen Stückzahlen für spezielle Anwendungen genutzt.

b) Weitaus gebräuchlicher sind mittels Dünnschichttechnik und lithographisch auf einen Keramikträger aufgebrachte mäanderförmige Widerstandsbahnen aus Platin (Bild 3.17c). Die Herstellungsverfahren bedienen sich der aus der Chipherstellung geläufigen Technik: Auf einem Keramikscheibchen werden Hunderte bis Tausende Einzelwiderstände gleichzeitig aufgedampft, in einzelne Sensorelemente zersägt und mit Kontaktdrähten versehen. So können mit relativ geringem Aufwand große Stückzahlen hochgenauer Pt-Sensoren hergestellt werden. Bild 3.18a zeigt schematisch die Struktur der Widerstandsbahnen auf dem Keramikträger. Die Brücken im mittleren und unteren Teil des Layouts werden auf Automaten durch Lasertrimmen nach Bedarf durchtrennt und so jedes Einzelexemplar genau auf die gewünschte Toleranz abgeglichen. Zum Feinstabgleich ist das Analog-Trimmfeld vorgesehen. Bild 3.18b gibt den Schichtaufbau wieder und Bild 3.18c stark vergrößert einen Keramik-Wafer mit Pt-Schichten.

Der Materialpreis für das Edelmetall bildet wegen der geringen Masse pro Sensor keinen Kostenfaktor. Mit sinkendem Preis pro Exemplar erschließen sich weitere Einsatzbereiche für Pt-Widerstandsthermometer, etwa für

- Temperaturkompensation elektronischer Baugruppen durch Integration eines Pt-Fühlers auf der Platine,
- Einsatz im Automobil (Ansaugluft, Kühlwasser, Öltemperatur),
- Verwendung in Wärmemengenzählern usw.

Neuerdings werden Platinwiderstände auch als SMD-Bauteile gefertigt.

Diese können mit Bestückungsautomaten wie übliche Halbleiter oder Widerstände auf Platinen aufgesetzt werden. Bild 3.19 zeigt schematisch die Abmessungen, Tabelle 3.8 gibt die Meßwerte wieder. In Bild 3.20 ist ein

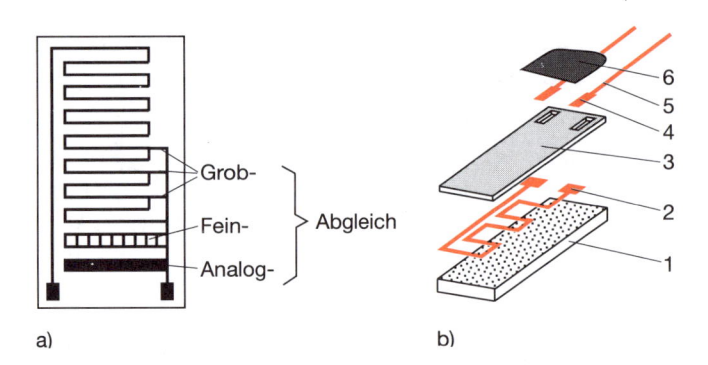

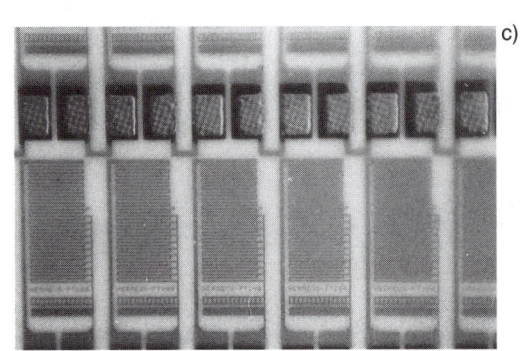

Bild 3.18 Pt-Widerstandsthermometer in Dünnschichttechnik
a) Schematische Darstellung des Layouts
b) Aufbau des Schichtwiderstandes
1 Keramiksubstrat
2 strukturierte Metall-Dünnschicht
3 Abdeckung
4 Anschlußpads
5 Anschlußleitungen
6 Zugentlastung und Versiegelung
c) Makroaufnahme mehrerer Schichtwiderstände auf einem Keramikplättchen

Tabelle 3.8 Abmessungen von Pt-Widerstandsthermometern in SMD-Bauform nach DIN 45921

Baugröße	Maße in mm							
	L min	max	W min	max	H min	max	T	t
RR 0603	1,5	1,7	0,75	0,95	0,35	0,55	≤ 0,5	0,1 bis 0,5
RR 0805	1,8	2,2	1,05	1,4	0,4	0,7	≤ 0,6	0,1 bis 0,6
RR 1206	3,0	3,4	1,4	1,8	0,5	0,7	≤ 0,75	0,25 bis 0,75

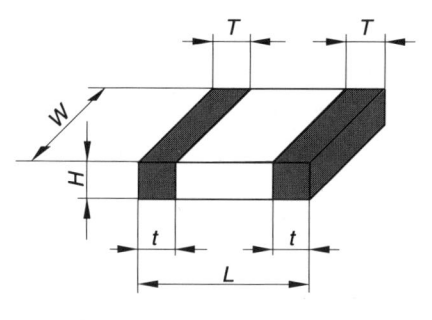

Bild 3.19 Abmessungen von SMD-Widerstandsthermometern (Maße in Tabelle 3.8)

Pt 100 in SMD-Bauform dargestellt. Die Norm DIN 45921 legt Werte und Abmessungen für diese Bauform fest.

Mit der Aufdampftechnik sind leicht auch höhere Widerstandswerte als die klassischen 100 Ω realisierbar. Die Aufnahme in Bild 3.21 zeigt die Widerstandsbahnen eines 1000-Ω-Schichtwiderstandes. Man geht heute in verstärktem Maße über zu Pt 500, Pt 1000, Pt 2000 und sogar Pt 5000. Die hochohmigen Typen haben den Vorteil, daß die (absoluten) Widerstandsänderungen pro °C größer werden (0,4 Ω/°C beim Pt 100, 20 Ω/°C beim Pt 5000).

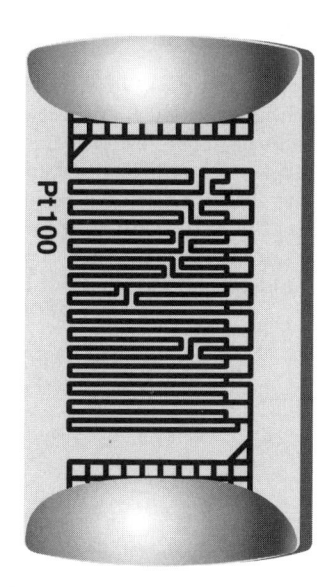

Bild 3.20 Pt-Widerstandsthermometer in SMD-Bauform [Quelle: Heraeus]

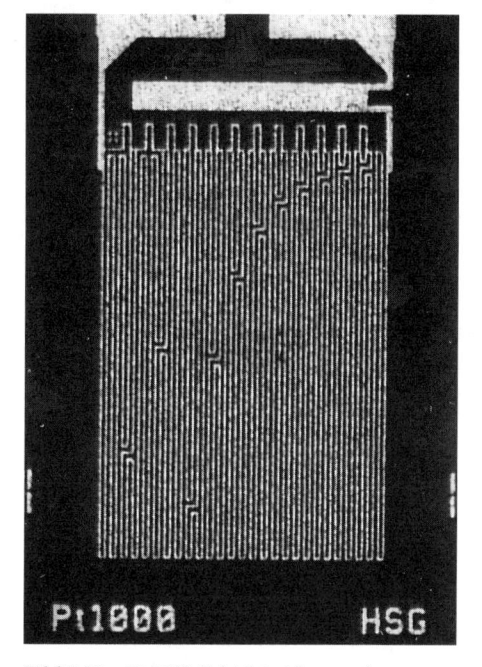

Bild 3.21 Pt 1000-Schichtwiderstand [Quelle: Heraeus]

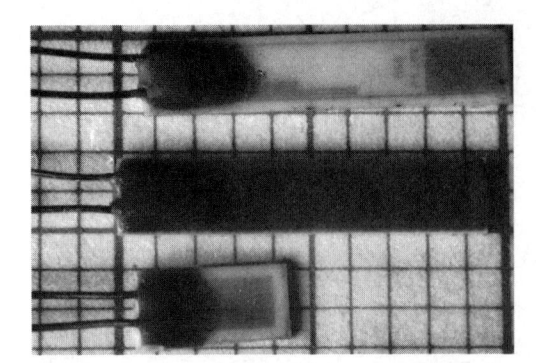

Bild 3.22 Pt-Schichtwiderstände mit Anschlußdrähten

Entscheidender aber ist, daß parasitäre Kontakt- und Übergangswiderstände der Zuleitungen sowie deren Widerstand und seine Temperaturabhängigkeit bei hochohmigen Meßwiderständen wesentlich geringere Meßfehler verursachen. Andererseits aber führen hier nicht genügend hohe Isolationswiderstände bzw. Feuchtigkeit in den Klemmverbindungen zu wesentlich größeren Fehlern als bei niederohmigen Typen. Bild 3.22 zeigt fertig konfektionierte Platin-Widerstandsfühler mit kurzen Anschlußdrähten.

3.4.6 Eigenerwärmung und Ansprechzeiten

Pt-Widerstände sind passive Fühler, sie müssen von einem Meßstrom I durchflossen werden. Dieser führt zwangsläufig zu einer jouleschen Leistung von $P = R \cdot I^2$, die in Form von Wärme zu einer Aufheizung des Sensorelementes und damit zu einer Fehlmessung (Mehrbefund) führen kann. Die Eigenerwärmung wirkt sich besonders stark aus bei Schichtwiderständen wegen deren kleiner Oberfläche. Man muß daher den Meßstrom durch den Widerstand begrenzen. Sind bei einem Pt100 mit Drahtwiderstand auf einem Glas- oder Keramikkörper noch 3…5 mA als Meßstrom zulässig, so sind es beim Pt100 in Dünnschichttechnik weniger als 1 mA (entsprechend 100 mW) und beim Pt1000 gar nur 0,1 mA (entsprechend 10 mW). Für dynamische Vorgänge sind ferner noch die Ansprechzeiten (90%-Zeiten) der Widerstandsthermometer von Bedeutung. Bei Bauformen mit Draht auf Glasstäbchen bzw. in Keramikausführung liegen sie typischerweise bei 5 s in Wasser und bei 30…60 s in Luft. Schichtwiderstände sind wesentlich schneller. Ihre Ansprechzeit beträgt 0,3 s in Wasser und ca. 12 s in Luft. Alle Werte verstehen sich für die blanken Fühler ohne Schutzrohre.

In verfahrenstechnischen Anlagen werden die Widerstandsthermometer jedoch ebenso wie Thermoelemente in Schutzrohre eingebaut (s. Bild 3.11). Daher wird die Dynamik des Meßelementes in der Regel bestimmt durch den Wärmewiderstand der verschiedenen Halterungen und nicht mehr durch das Sensorelement selbst.

3.4.7 Meßschaltungen mit Widerstandsthermometern

a) Die Verbindung zwischen Meßwiderstand R_T und Meßelektronik erfolgt üblicherweise über eine zweiadrige Leitung (Zweileiterschaltung, Bild 3.23). Bei ausgedehnten verfahrenstechnischen Anlagen liegen die Leitungswiderstände R_L in der Größenordnung von einigen Ohm und sind nicht vernachlässigbar. Leitungswiderstände werden meßtechnisch berücksichtigt, indem man mit dem Abgleichwiderstand R_j einen festen Wert, meistens $R_L + R_j = 10\ \Omega$, einstellt. Zu diesem Abgleich werden die Meßleitungen am Fühler R_T kurzgeschlossen und mit R_j der Gesamtwiderstand auf 10 Ω gebracht. Ein echter Nullabgleich mit dem individuellen Pt100-Fühler in

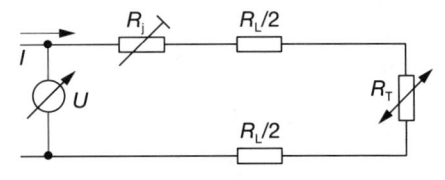

Bild 3.23 Widerstandsthermometer in Zweileiterschaltung
R_L Widerstand der Zuleitungen, R_T Meßwiderstand, R_j Abgleichwiderstand

einem Eis-Wasser-Gemisch oder eine Kalibration mit einem Temperaturkalibrator wird nur bei speziell ausgewählten Meßstellen durchgeführt. Ein genereller Abgleich aller Temperaturmeßstellen einer verfahrenstechnischen Großanlage wäre vom Zeitaufwand her nicht zu rechtfertigen.

Die Leitungswiderstände R_L sind nicht konstant, sondern werden von der Umgebungstemperatur beeinflußt. Temperatureinflüsse auf die Zuleitungen sind von Temperaturänderungen an der Meßstelle nicht zu unterscheiden und führen zu Meßfehlern, die sich mit der Zweileiterschaltung nicht unterdrücken lassen.

b) Die Temperaturabhängigkeit der Leitungswiderstände kann man weitgehend mit der Dreileiterschaltung unwirksam machen. Dazu führt man eine zusätzliche Ader ein, wie Bild 3.24 zeigt.

Verwendet man in der Auswerteelektronik eine Wheatstone-Brücke, so fällt eine gleichförmige Änderung der Leitungswiderstände R_L zumindest bei abgeglichener Brücke nicht ins Gewicht, wie aus der Darstellung der Dreileiterschaltung nach Bild 3.25 sofort ersichtlich ist. Es bedarf dann auch keines Leitungsabgleiches. Voraussetzung ist allerdings, daß die Leitungswiderstände gleich sind und die Temperatur gleichermaßen auf alle einwirkt. Diese Schaltungsart beseitigt die Leitungseinflüsse bei nicht abgeglichener Brücke nicht gänzlich, reduziert sie aber stark im Vergleich zur Zweileiterschaltung.

c) Eine optimale Kompensation des Temperatureinflusses auf die Leitungswiderstände gelingt mit der Vierleiterschaltung nach Bild 3.26: Je zwei Leitungen dienen der Speisung

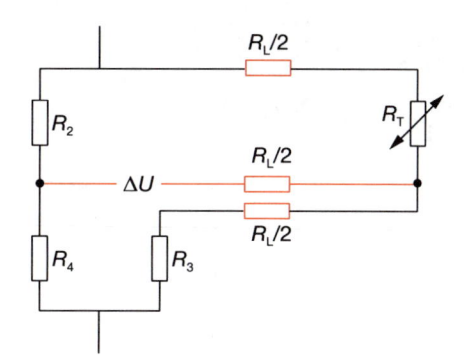

Bild 3.25 Dreileiterschaltung mit Wheatstone-Meßbrücke. Bei gleichem Temperatureinfluß auf die Leitungen ($R_L/2$) ändert sich bei abgeglichener Brücke ($R_T = R_3$) die Spannung ΔU nicht.

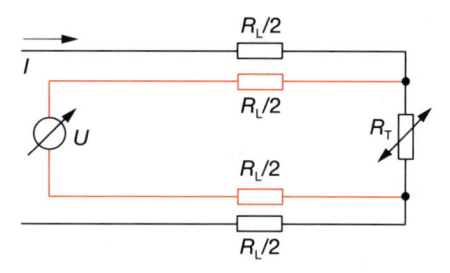

Bild 3.26 Widerstandsthermometer in Vierleiterschaltung

des Meßwiderstandes R_T mit konstantem Meßstrom und dem Abgriff des Spannungsabfalles am Meßwiderstand. Bei Anwendung eines Meßinstrumentes mit hohem Innenwiderstand R_i für die Spannung U wirkt sich die Temperaturabhängigkeit der Leitungswiderstände nicht aus. Nach wie vor ist jedoch Konstantstromspeisung erforderlich.

Die bei Prozeßleitsystemen und digitalen Datenerfassungssystemen in Meßstellenumschaltungen (Multiplexern) meist eingesetzten Feldeffekttransistoren (FETs) haben allerdings auch im durchgeschalteten Zustand noch einen verhältnismäßig hohen Durchgangswiderstand, der evtl. zu Meßfehlern führen könnte. In diesem Fall empfehlen sich Kompensationsverfahren bei der Messung des Spannungsabfales.

Die Vierleiterschaltung benötigt doppelt so viele Adern wie die Zweileiterschaltung. Bei

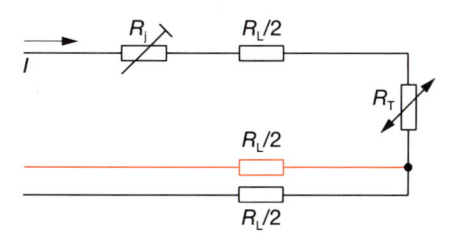

Bild 3.24 Widerstandsthermometer in Dreileiterschaltung

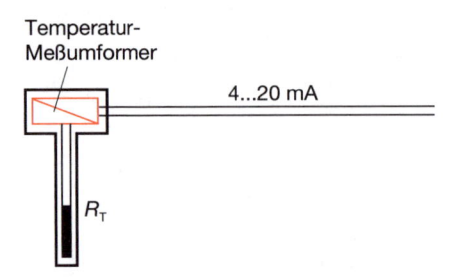

50 Temperaturmessung

Bild 3.27 Zweileiter-Meßumformer für Einbau in einen Thermometer-Anschlußkopf nach DIN 43 729

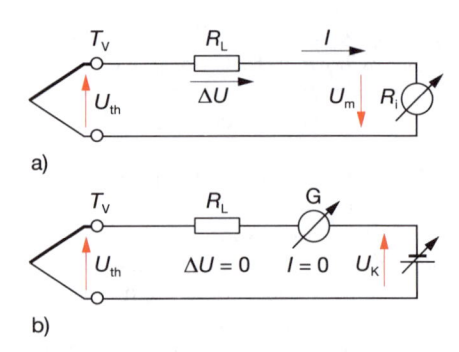

Bild 3.28
a) Der Meßstrom I durch das Meßinstrument führt zum Spannungsverlust $\Delta U = R_L \cdot I$ und damit zu einem Meßfehler.
b) Die Gegenspannung $U_K = U_{th}$ führt zu $I = 0$ und damit auch $\Delta U = 0$

großen Anlagen fällt dies kostenmäßig stark ins Gewicht. Dabei sind nicht nur die erhöhten Kabelkosten zu bedenken, sondern auch Platz und Material bei den Verteilern, Rangierungen usw. Hier können Temperatur-Meßumformer interessant werden, die als **Zweileiter-Meßumformer** über eine zweiadrige Signalleitung mit 4…20 mA (live zero – s. Kapitel 7) gespeist und im Thermometerkopf eingebaut werden, wie in Bild 3.27 skizziert. Sie erlauben eine fehlerarme Übertragung über nur ein Adernpaar, es darf allerdings die maximal zulässige Umgebungstemperatur für den Zweileiter-Meßumformer im Thermometerkopf nicht überschritten werden. Zu beachten ist außerdem, daß die – dann allerdings meist kurze – Leitung zwischen Meßumformer und Meßwiderstand R_T immer noch in Zweileiterschaltung ausgeführt ist.

3.5 Kompensationsverfahren

Bei der Messung der Thermospannung an Thermoelementen und des Spannungsabfalles an Widerstandsthermometern führt der geringe Strom durch das Meßinstrument zu einem Spannungsverlust ΔU auf den Leitungen. Nach Bild 3.28a ergibt sich der Strom I durch das Meßinstrument zu

$$I = \frac{U_{th}}{R_L + R_i} \qquad (Gl. 3.15)$$

wobei R_i der Innenwiderstand des Meßgerätes ist und R_L die Widerstände aller Leitungen, der Thermoschenkel und ggf. auch die Übergangswiderstände von Relaiskontakten oder FETs bei Multiplexern umfaßt. Das Instrument erhält also nur die Spannung $U_m = U_{th} - R_L \cdot I$ und zeigt damit eine zu niedrige Temperatur an.

Diesen Nachteil kann man ausschalten durch eine stromlose Messung. Dazu schaltet man eine gleich große Kompensationsspannung U_K gegen die zu messende Spannung, so daß der Strom I durch das Meßinstrument G verschwindet (Bild 3.28b). Mit $I = 0$ entsteht auch kein Spannungsabfall $\Delta U = R_L I$, und die Kompensationsspannung U_K ist gleich der Thermospannung U_{th}. Das als Nullanzeiger arbeitende Meßinstrument hat eine sehr hohe Meßempfindlichkeit (Galvanometer).

Für die Gegenschaltung der Hilfsspannung U_H sind zwei Wege gebräuchlich:

a) Bild 3.29 zeigt das Schaltungsprinzip der **Poggendorf-Kompensation**. Das Potentiometer R_M wird so eingestellt, daß das empfindliche Galvanometer G Null anzeigt, also kein Strom fließt. Bei R_M handelt es sich z.B. um ein 10-Gang-Potentiometer mit hoher Auflösung.

b) Das Schaltungsprinzip nach LINDECK-ROTHE zeigt Bild 3.30. Es enthält einen festen Präzisionswiderstand im Meßkreis, an dem die Kompensationsspannung U_K mittels Variation des Stromes I durch das Potentiometer

Kompensationsverfahren 51

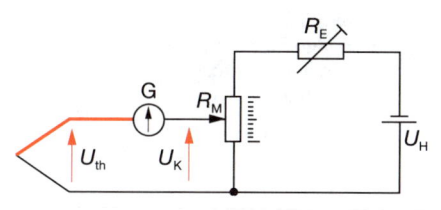

Bild 3.29 Kompensationsprinzip nach POGGENDORF

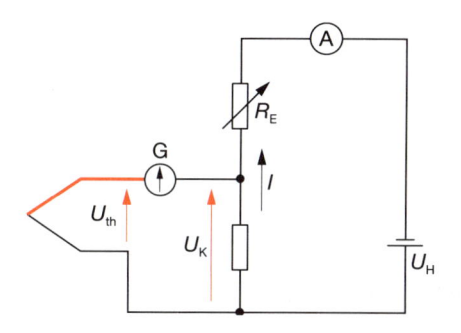

Bild 3.30 Kompensationsprinzip nach LINDECK-ROTHE

R_E eingestellt wird, und zwar derart, daß das Galvanometer G Null anzeigt, d.h., $U_K = U_{th}$. Der mit dem Amperemeter A gemessene Strom ist dann direkt proportional zur Thermospannung und damit zur Temperatur. Beim **Lindeck-Rothe-Prinzip** geht neben der Genauigkeit des Galvanometers G auch die des Amperemeters A ein, was zu einer geringeren Gesamtgenauigkeit führt als beim Poggendorf-Prinzip.

Bild 3.31
Automatische Kompensation nach POGGENDORF
M Motorpotentiometer

Beim Einsatz in der Prozeßmeßtechnik muß die Einstellung der Kompensationsspannung U_K natürlich automatisch erfolgen.

Bei der Poggendorf-Kompensation ist dazu ein präzises Motorpotentiometer erforderlich, wie Bild 3.31 für eine Widerstandsmeßbrücke zeigt: Solange der Verstärker eine von Null verschiedene Spannung U_{CD} mißt, wird über den Motor M das Potentiometer vorzeichenrichtig verstellt, bis $U_{CD} = 0$. Aus der Potentiometerstellung ergibt sich die Temperatur. Wegen des hohen Aufwandes rechtfertigt sich die Poggendorf-Kompensation trotz ihrer höheren Genauigkeit nur bei Präzisionsmessungen.

Die Lindeck-Rothe-Kompensation ist zwar weniger genau, aber sehr viel einfacher automatisierbar, wie die Schaltung nach Bild 3.32 zeigt: Man braucht dafür nur einen Operationsverstärker. Bei genügend hoher Leerlaufverstärkung V des OPs ist $U_K = U_{th} = R_K \cdot I$. Der durch das Amperemeter gemessene Strom I ist direkt proportional zur Thermospannung. Wieder geht der Fehler des Amperemeters in die Meßgenauigkeit ein.

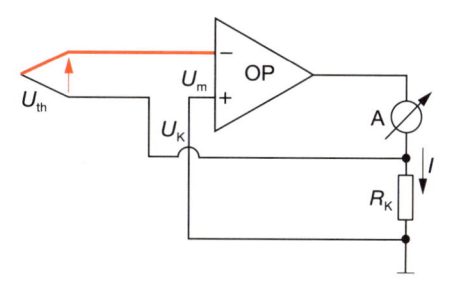

Bild 3.32 Automatische Kompensation nach LINDECK-ROTHE

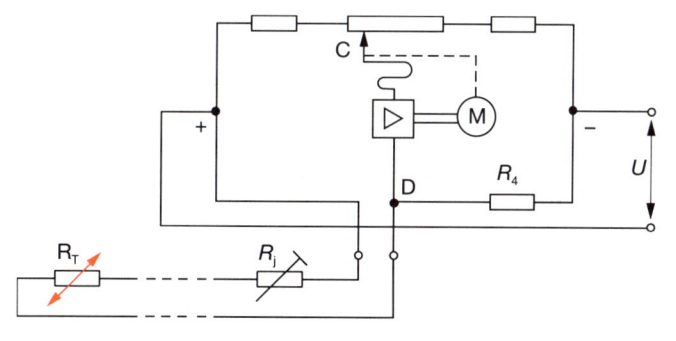

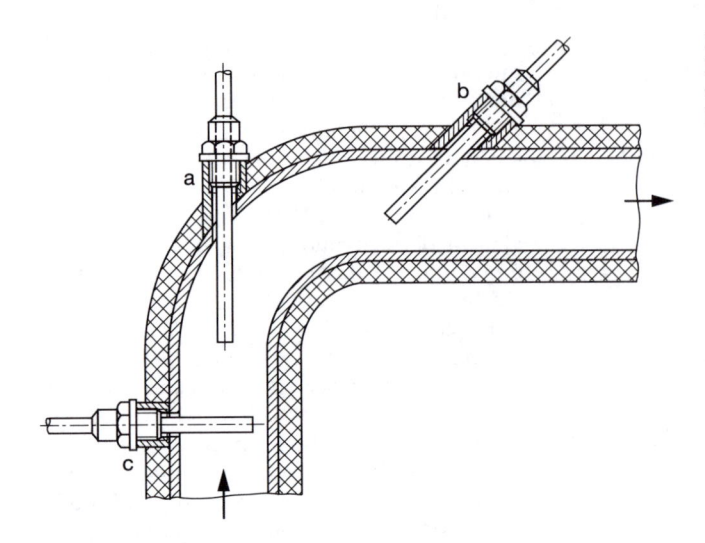

Bild 3.33
Einige Einbaumöglichkeiten von Temperaturfühlern in Rohrleitungen

3.6 Einbau von Meßfühlern in Rohrleitungen und Behälter

Um Meßfehler durch Wärmeableitung über die Schutzrohre von Thermometern weitgehend zu vermeiden, sollte eine möglichst große Eintauchtiefe der Meßfühler in das Produkt angestrebt werden. Eine Faustregel besagt, daß die Eintauchtiefe mindestens das Zehnfache des Außendurchmessers der Schutzhülse betragen sollte, bei Tanks mit ruhendem Inhalt ggf. noch mehr. Ist die Rohr- bzw. Behälterwand auf gleicher Temperatur wie das Produkt, was sich durch thermische Isolierung erreichen läßt, wird der Fehler durch Wärmeableitung reduziert. Bei Rohrleitungen sollte der Fühler entgegen der Strömungsrichtung eingebaut sein (Bild 3.33), um einen optimalen Wärmeübergang zwischen Fluid und Fühler zu gewährleisten. Bei langsam strömenden Medien empfiehlt sich ferner ein Einbau im Rohrkrümmer.

3.7 Halbleiter-Widerstandsthermometer

Halbleiter ändern ihren elektrischen Widerstand mit der Temperatur weit stärker als Metalle, sie sind empfindlicher. Man unterscheidet bei Halbleiterwiderständen Heiß- und Kaltleiter.

a) Der Widerstandswert von Heißleitern nimmt mit wachsender Temperatur ab, daher spricht man bei ihnen auch von **NTC-Widerständen** (Negative Temperature Coefficient).

b) Bei Kaltleitern steigt der Widerstand mit wachsender Temperatur. Man nennt sie daher auch **PTC-Widerstände** (Positive Temperature Coefficient).

Bild 3.34 zeigt die Kennlinie je eines typischen NTC- und PTC-Widerstandes zusammen mit den Kennlinien einiger Metallwiderstände [3.9].

3.7.1 NTCs

Wie aus der Kennlinie folgt, sind **Heißleiter** (NTC) stark nichtlinear, ihre Temperaturabhängigkeit gehorcht einem Exponentialgesetz der Form:

$$R(T) = R_0 \cdot e^{B\left(\frac{1}{T} - \frac{1}{T_0}\right)} \qquad \text{(Gl. 3.16)}$$

B ist eine Materialkonstante, $T_0 = 273{,}15\,°C$ und $R_0 = R\,(273{,}15\,K)$.

Halbleiter-Widerstandsthermometer

Bild 3.34
Temperaturkennlinien von NTC- und PTC-Widerständen zusammen mit den Kennlinien einiger Metall-Widerstandsthermometer

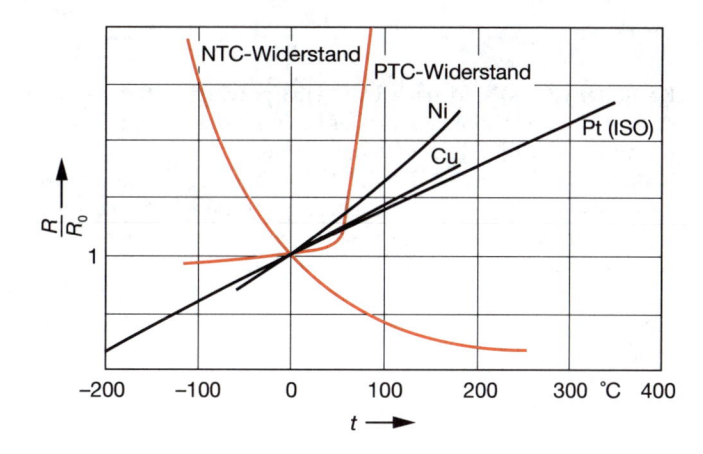

Nur innerhalb enger Temperaturgrenzen läßt sich die Kennlinie eines Heißleiters linearisieren. Dazu entwickelt man die obige Gleichung um die Temperatur T_1:

$$R(T) = R(T_1) \cdot \left(1 + \left.\frac{dR}{dT}\right|_{T_1} \cdot (T - T_1) + \ldots \right) \quad \text{(Gl. 3.17)}$$

Für das Differential dR/dT ergibt sich:

$$\left.\frac{dR}{dT}\right|_{T_1} = -\frac{R_0 \cdot B}{T_1^2} \cdot e^{B\left(\frac{1}{T_1} - \frac{1}{T_0}\right)} \quad \text{(Gl. 3.18)}$$

Mit

$$R_1 = R(T_1) = R_0 \cdot e^{B\left(\frac{1}{T_1} - \frac{1}{T_0}\right)} \quad \text{(Gl. 3.19)}$$

folgt:

$$\left.\frac{dR}{dT}\right|_{T_1} = -R_1 \cdot \frac{B}{T_1^2} \quad \text{(Gl. 3.20)}$$

und damit wird

$$R(T) \cong R_1\left(1 - \frac{B}{T_1^2}(T - T_1)\right) = R_1(1 + \alpha(T - T_1)) \quad \text{(Gl. 3.21)}$$

In der Nähe der Temperatur T_1 hat also ein Heißleiter den «Temperaturbeiwert» α mit

$$\alpha \cong -\frac{B}{T_1^2} \quad \text{(Gl. 3.22)}$$

Ein typischer Wert ist $B = 3000$ K. Bei Raumtemperatur ($T = 300$ K) ist also der Temperaturkoeffizient $\alpha = -33{,}3 \cdot 10^{-3}$ K^{-1} betragsmäßig fast um eine Zehnerpotenz größer als bei Metallen. Damit sind Heißleiter als Temperaturfühler gut geeignet, wenn in einem engen Temperaturbereich eine hohe Auflösung erzielt werden soll.

Man verwendet sie auch oft als Vorwiderstände für Netzwerke, die ohne NTCs mit zunehmender Temperatur hochohmiger werden. Die Heißleiter dienen dabei aber nicht zur Temperaturmessung, sondern zur Temperaturkompensation (z.B. bei piezoresistiven Brückenschaltungen in Druckaufnehmern).

Heißleiter bestehen meist aus Sintermaterialien und sind für den Bereich von etwa $-50\,°C\ldots+250\,°C$ erhältlich. Die reproduzierbare Herstellung von Heißleitern wird noch nicht ganz beherrscht. Die einzelnen Exemplare müssen ausgemessen und bestimmten Wertegruppen zugeordnet werden. Normreihen existieren dafür nicht. Bei Heißleitern stellt die Eigenerwärmung aufgrund des Meßstromes ferner ein nicht zu vernachlässigendes Problem dar.

3.7.2 PTCs

Kaltleiter (PTCs) sind nach DIN 4408 polykristalline, dotierte Halbleiter auf der Basis von Bariumtitanat [3.10]. Wie die qualitative Kennlinie in Bild 3.34 zeigt, ändert sich ihr Widerstand bei einer bestimmten Temperatur sprunghaft, und zwar um mehrere Zehnerpotenzen. Bei der Titankeramik handelt es sich um ferroelektrisches Material, das unterhalb der Curietemperatur niederohmig ist. Diese Sprungtemperatur ist abhängig von der genauen Zusammensetzung; in der Praxis sind Widerstände mit Sprungtemperaturen zwischen −30 °C und +290 °C erhältlich. Die Kennlinie zeigt ferner deutliche Hystereseeigenschaften.

Beim Einsatz von Kaltleitern unterscheidet man direkt und indirekt beheizte Betriebsweisen. Im ersten Falle heizen sich die Bauteile durch den Meßstrom auf und sind im Betrieb hochohmig. Durch Ableitung der elektrischen Leistung kann der niederohmige Zustand erreicht werden.

Dies nutzt man z. B. beim Einsatz von Kaltleitern als Füllstands-Grenzschalter aus (s. Kapitel 5). Solange der Sensor nicht eintaucht, wird durch die umgebende Luft nur wenig Wärme abgeführt. Nach Eintauchen in die Flüssigkeit ist die Wärmeabfuhr höher, der PTC kühlt ab und wird niederohmig, was zu Abschalt- oder Alarmzwecken genutzt werden kann.

Indirekte Beheizung erfährt der Halbleiter durch seine Umgebung, z. B. in der Ankerwicklung eines Elektromotors. Wird die zulässige Maximaltemperatur der Wicklung überschritten, so löst der PTC eine Abschaltung aus, er bildet also eine Art reversibler Thermosicherung.

3.7.3 Dioden und Transistoren

Bekanntlich ist auch der Sperrstrom von halbleitenden pn-Übergängen temperaturabhängig. Somit lassen sich auch Dioden und Transistoren zur Temperaturmessung nutzen. pn-Übergänge haben ebenfalls keine linearen Temperaturkennlinien. Hier soll jedoch nicht näher darauf eingegangen werden.

3.7.4 Silizium-Temperaturfühler

Bei n-dotiertem Silizium nimmt im Bereich der Störstellenerschöpfung, d. h. bei −50 °C ≤ t ≤ +150 °C, der elektrische Widerstand mit der Temperatur zu. Hier ist die Kennlinie geringfügig nichtlinear, der Temperaturkoeffizient liegt mit +0,7 %/K in der Nähe von Ni-Metallwiderständen. Bei höherer Temperatur beginnt in Silizium die Eigenleitfähigkeit, der Widerstand nimmt mit der Temperatur wieder ab.

Man bedient sich zur Messung des Widerstandes einer metallischen Spitze des Durchmessers d, aufgesetzt auf ein Si-Plättchen mit der Dicke D und dem spezifischen Widerstand ϱ. Ist $d \ll D$, so gilt:

$$R = -\frac{\varrho}{2d} \qquad \text{(Gl. 3.23)}$$

Da ideale ohmsche Metall-Halbleiter-Kontakte nicht möglich sind, verwendet man symmetrische Temperatursensoren mit 2 Kontakten nach Bild 3.35. Eingezeichnet sind ferner die Strompfade im Halbleiter, woraus die Bezeichnung «Ausbreitungswiderstand» (spreading resistance) plausibel wird. Temperaturfühler mit diesem Arbeitsprinzip (z. B. die KTY-Serie von Siemens) sind sehr klein herstellbar und sprechen schnell an.

3.8 Temperatur-Meßumformer

Meßumformer für Temperatur haben anders als solche für Niveau oder Durchfluß bereits die elektrischen Größen Widerstand oder Spannung als Eingangsinformation und brauchen auch keinen Kontakt mit dem Produkt. Da die meisten Auswertegeräte und auch die Interface-Karten moderner digitaler Systeme Direktanschluß von Widerständen und Spannungen erlauben, sind Temperatur-Meßumformer nicht unbedingt erforderlich und werden auch noch nicht auf breiter Front eingesetzt bzw. sie sind nur in begründeten Anwendungen zu finden.

Bild 3.35
Messung des Ausbreitungswiderstandes bei Silizium-Temperaturfühlern

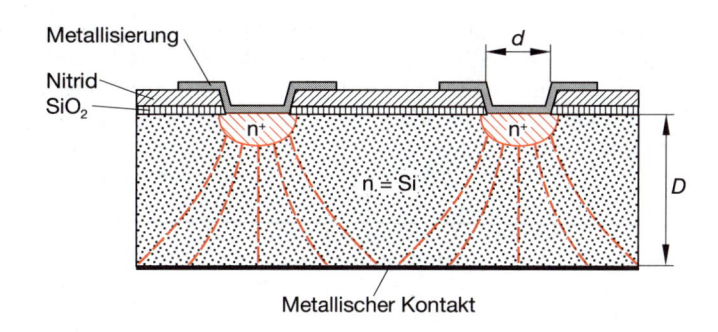

Temperatur-Meßumformer können als Feldmeßumformer sowohl vor Ort in der Anlage als auch im Schaltraum bzw. in der Meßwarte montiert werden. Die Vor-Ort-Meßumformer sind so kompakt, daß sie sogar im Anschlußkopf der Thermometer (Widerstand oder Thermoelement) Platz finden, entweder anstelle des Keramiksockels auf dem Meßeinsatz oder im Deckel des Kopfgehäuses, wie Bild 3.36 zeigt. Im großen Anschlußkopf haben sogar 2 Meßumformer Platz, der Pt100-Aufnehmer hat dann zwei getrennte Wicklungen (Redundanz).

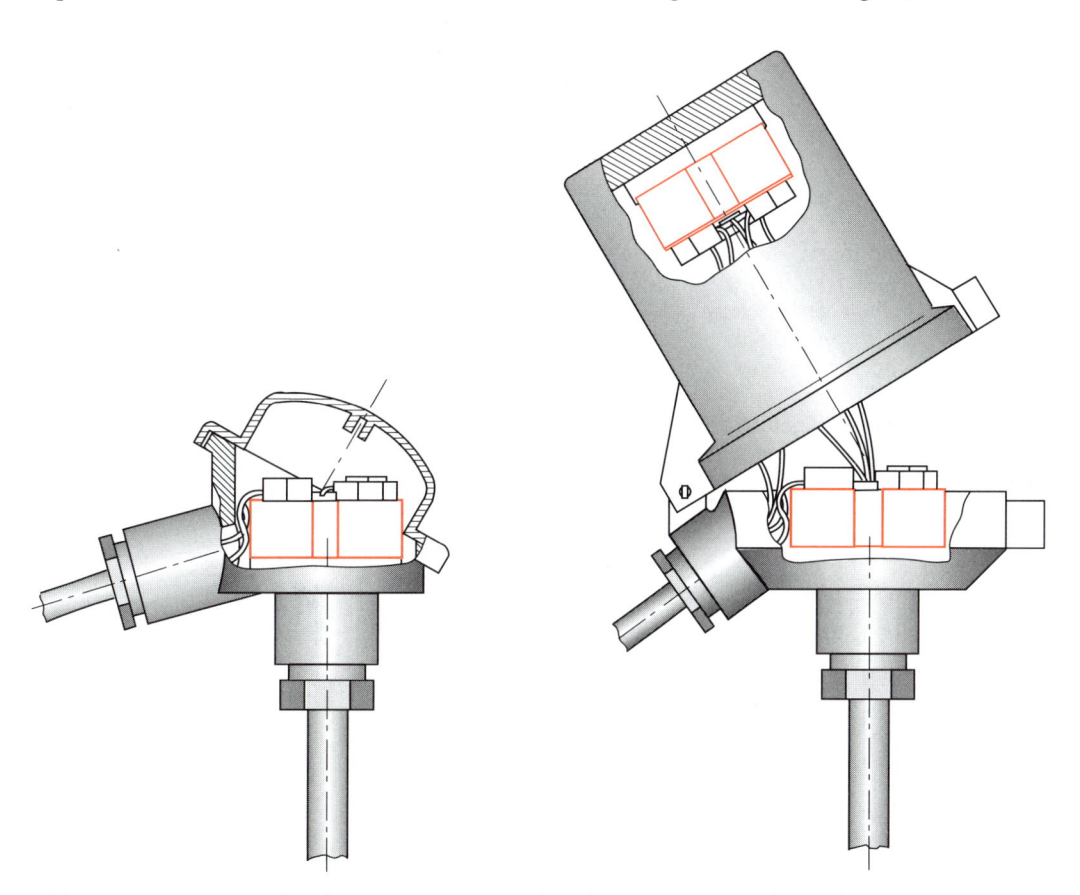

Bild 3.36 Temperatur-Meßumformer zum Einbau in den Thermometer-Anschlußkopf (Hartmann & Braun)

56 Temperaturmessung

Sogenannte intelligente digital arbeitende Zweileiter-Meßumformer erlauben den wahlweisen Anschluß von Pt-Sensoren und von Thermoelementen aller gängigen Typen und sind mit diversen Selbsttestfunktionen ausgestattet. Über eine digitale lokale Schnittstelle können sie offline und über das FSK-Verfahren (HART-Protokoll) mittels der analogen Schnittstelle auch online parametrisiert werden (s. Kapitel 7). Des weiteren ist das Auslesen bestimmter Informationen zu Diagnosezwecken möglich. Bild 3.37 gibt beispielhaft den Signalfluß für einen bestimmten Typ wieder.

In Zweileiter-Ausführung beziehen die Feldmeßumformer ihre Hilfsenergie aus dem 4...20-mA-Signal und benötigen nur zwei Adern zwischen Feld und Meßwarte. Bei Direktanschluß der Fühler an die Auswertegeräte wären dagegen Ausgleichsleitungen oder bei Drei- oder Vierleiterschaltungen von Widerstandsthermometern zumindest mehr Adern notwendig. Unbestreitbar sind bei Feldmeßumformern schließlich die relativ störsichere Signalübertragung zwischen Feld und Warte über das Einheitsstromsignal (gegenüber Spannungen im mV-Bereich bei Direktanschluß der Fühler) sowie der Vorteil einer einheitlichen Verkabelung der Meßumformer für alle Prozeßgrößen.

Nachteilig bei der Feldmontage ist andererseits die Einwirkungsmöglichkeit der oft rauhen Betriebsumgebung und speziell bei den Meßumformern im Thermometerkopf die manchmal hohe Umgebungstemperatur. Sind an einer Anlage sehr viele Temperaturen zu messen und sollen diese nur zur Anzeige genutzt werden, ist natürlich auch der Preis ein Argument gegen Temperaturmeßumformer. Hier können Feldmultiplexer eine kostengünstigere Lösung darstellen.

3.9 Weitere Verfahren der Temperaturmessung

3.9.1 Schwingquarz-Thermometer (QuaT)

Da in der modernen Prozeßleittechnik die Informationsverarbeitung weitgehend digital erfolgt, wäre es wünschenswert, statt analog arbeitender Sensoren wie etwa Widerstandsthermometern digital arbeitende Sensoren einzusetzen und auch die Signalübertragung in digitaler Form auszuführen. Je weiter die Digitalisierung der Meßinformation dabei an den Meßort verlegt wird, desto höher ist die erzielbare Gesamtgenauigkeit des Meßkreises.

Schwingquarze stellen solche digitalen Sensoren dar. Man nutzt bei ihnen die Änderung der Eigenfrequenz mit der Temperatur. Das Ausgangssignal des Sensors ist eine Frequenz, womit das Signal in frequenzanaloger Form sich ohne weitere Fehler problemlos übertragen läßt. Quarzkristallthermometer zeichnen sich aus durch eine außerordentlich hohe Genauigkeit. Durch die technologischen Fortschritte der Quarztechnik und den Preisverfall der Digitalelektronik sind sie mittler-

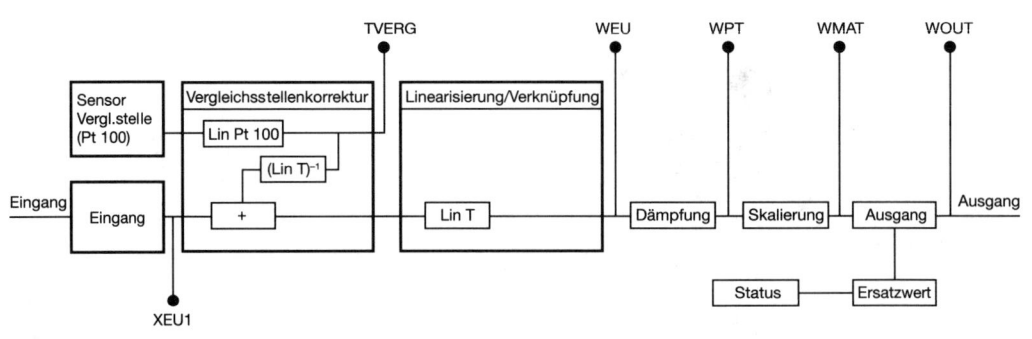

Bild 3.37 Signalfluß eines digitalen Temperatur-Meßumformers [Quelle: Sensycon]

weile auch kostenmäßig interessant geworden.

Schwingquarze ändern ihre Eigenfrequenz weitgehend linear mit der Temperatur [3.11]:

$$f = f_0(1 + \alpha t) \qquad \text{(Gl. 3.24)}$$

t Temperatur in °C
α Temperaturkoeffizient

Genaugenommen ergibt sich ein Polynom 3. Ordnung in t: [3.12]

$$f = f_0(1 + \alpha t + \beta t^2 + \gamma t^3) \qquad \text{(Gl. 3.25)}$$

Die Koeffizienten α, β und γ hängen von der Schnittrichtung des Quarzes bezüglich der kristallographischen Achsen ab. Beim **LC-Schnitt** ist $\alpha = 35 \cdot 10^{-6}$ K^{-1}, und die Koeffizienten β und γ verschwinden: Man erhält eine vollkommen lineare Temperaturabhängigkeit. Beim **HT**-Schnitt ergeben sich die Koeffizienten: [3.11]

$$\begin{aligned}\alpha &= 90 \cdot 10^{-6}/\text{K}^{-1} \\ \beta &= 60 \cdot 10^{-9}/\text{K}^{-2} \\ \gamma &= -30 \cdot 10^{-12}/\text{K}^{-3}\end{aligned} \qquad \text{(Gl. 3.26)}$$

Die Temperaturabhängigkeit ist also nahezu dreimal so groß wie beim LC-Schnitt, doch ergibt sich jetzt eine gewisse Nichtlinearität, die allerdings mit digitaler Auswertung gut linearisiert werden kann. Die Schnittorientierung **AT** ergibt für α den Wert 0 [3.11], sie wird für Quarze in Uhren und Zeitbasen gewählt.

Bild 3.38 gibt den Aufbau des industriellen Quarzthermometers QuaT (Heraeus) wieder [3.11]. Der kundenspezifische Schaltkreis (IC) bildet zusammen mit dem Quarz einen Schwingkreis. Die Kabelkapazität geht ebenso wie weitere (parasitäre) Kapazitäten in die Resonanzfrequenz mit ein und muß daher zeitlich konstant und insbesondere unabhängig von der Temperatur sein. Ferner sollte der Oszillatorschaltkreis möglichst nahe am Quarz liegen, was für den Halbleiter-IC möglicherweise zu thermischen Problemen führen kann. Der gesamte Aufbau des Meßfühlers bildet eine Einheit und kann nicht vom Anwender individuell nach Bedarf konfektioniert werden wie Pt 100 oder Thermoelemente.

Die Eigenfrequenz der Quarze beträgt ca. 16...20 MHz [3.11]. Mit Hilfe eines Binärteilers wird diese auf ca. 2 Hz heruntergeteilt (Bild 3.39). Mittels programmierbarer Teiler können sogar individuelle Quarze auf z. B. exakt 2,00 Hz bei 0 °C eingestellt werden, was sich für die Kalibration des Auswertekreises mit einem Simulator als günstig erweist [3.11]. Die auf den Teiler folgende Impulserzeugungsstufe (Monoflop) formt Nadelimpulse im zeitlichen Abstand von 0,5 s, die in der Ausgangsstufe verstärkt und schließlich fernübertragen werden. Die Codierung der Temperatur als Pulsabstand läßt sich störungsfrei über einfache Zweidrahtleitungen wie übliche Digitalsignale übertragen. Eine Beeinflussung der Pulsform durch die Kabelimpedanzen stört dabei nicht.

Ein Vorteil dieser Art der Signalübertragung liegt ferner noch darin, daß die Temperaturauflösung nicht vom Sensor, sondern vom Auswertegerät bestimmt wird. Entscheidend ist die Zeitbasis des Auswertegerätes,

Bild 3.38
Aufbau des industriellen Quarzthermometers QuaT
[Quelle: Heraeus]
1 Schwingquarz
2 Elektrode
3 Quarzhalterung
4 Glasdurchführung
5 Edelstahl-Meßeinsatz
6 Anschlüsse des Sensors

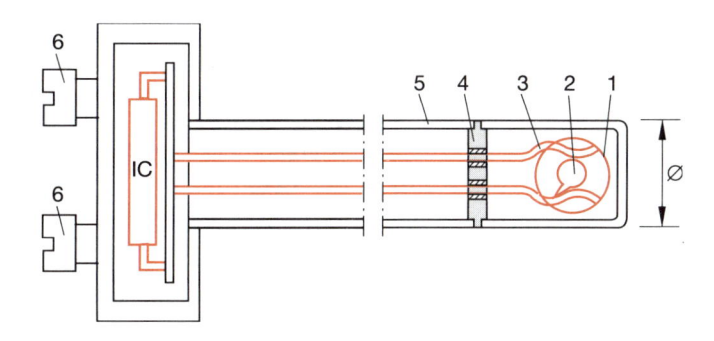

58 Temperaturmessung

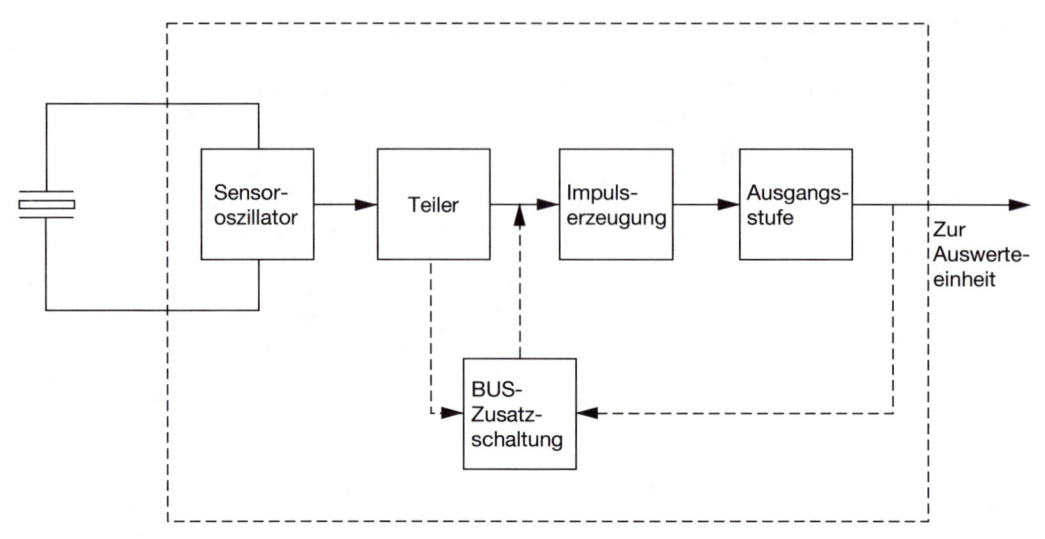

Bild 3.39 Blockschaltbild der Elektronik im Schwingquarz-Thermometer

mit der der Pulsabstand ermittelt wird: Mit einer Zählfrequenz $f_{Zähl}$ läßt sich der zeitliche Pulsabstand auf

$$\Delta \tau = \frac{1}{f_{Zähl}} \qquad \text{(Gl. 3.27)}$$

auflösen. Daraus folgt eine Temperaturauflösung Δt von

$$\Delta t = \frac{f_0}{\alpha \cdot K} \cdot \Delta \tau \qquad \text{(Gl. 3.28)}$$

Dabei ist f_0 die Eigenfrequenz des Quarzes, α der Temperaturkoeffizient und K das Teilerverhältnis (nominal $K = 2^{23}$). Mit $f_{Zähl} = 1$ MHz ergibt sich $\Delta \tau = 1$ µs und damit $\Delta t \approx 25$ mK. Bei entsprechend höheren Zählfrequenzen lassen sich Auflösungen im Sub-mK-Bereich erzielen, was besonders zur schnellen Erkennung von Temperaturänderungen vorteilhaft ist.

Der Hersteller gibt als Genauigkeit ± 0,2 °C für den gesamten zulässigen Temperaturbereich von −40 °C...+300 °C an [3.13]. Im eingeschränkten Bereich von −20 °C...+130 °C liegt die Genauigkeit sogar bei ± 0,1 °C.

Als weitere *Vorteile* des Quarzthermometers gegenüber konventionellen Meßverfahren sind zu nennen:

- die hervorragende Langzeitstabilität. Der Alterungseffekt der Quarze liegt anfangs bei etwa 5 ppm/Jahr, nach künstlicher Voralterung typischerweise bei 1...3 ppm/Jahr.
- Die Verlustleistung im µW-Bereich wirft kein Eigenerwärmungsproblem des Fühlers auf [3.11].
- Thermospannungen auf Übertragungsleitungen führen nicht zu Meßfehlern.
- Die Genauigkeit wird nur noch durch das Sensorelement bestimmt, nicht mehr durch die Übertragung und nur sehr geringfügig durch die Auswerteeinheit (z. B. Alterung des Zählquarzes).

Mit spezieller Multiplexer-Technik lassen sich beim QuaT-System (Heraeus) bis zu 16 Sensoren mit einer einzigen Zweidrahtleitung wie in Bild 3.40 verbinden, die gleichzeitig auch der Versorgung mit Hilfsenergie dient. Bild 3.41 stellt die Signalfolge auf dem Bus dar [3.13; 3.14].

Die Auswerteeinheit sendet etwa im Sekundentakt einen Puls negativer Polarität zur Synchronisation der Sensoren. Diese setzen

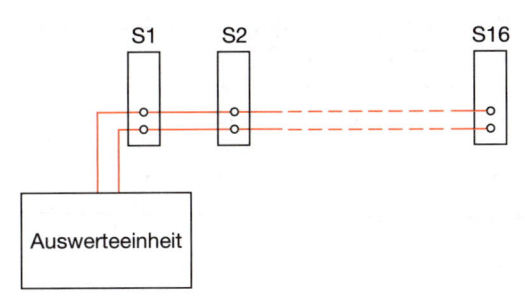

Bild 3.40 Bis zu 16 Sensoren lassen sich über eine Zweidrahtleitung mit der Auswerteeinheit verbinden

wiederum ihren Startpuls positiver Polung um eine ihrer Adresse (1...16) entsprechend verzögerten Zeit ab und setzen gleichzeitig ihren Frequenzteiler zurück. Die jeweilige Zeit bis zum Folgepuls (in Bild 3.41 die gestrichenen Größen) entspricht dann der Temperatur des jeweiligen Sensors.

Jeder einzelne Sensor hat damit auf dem Bus ein Zeitfenster von nominal 0,5 s/16 = 31,25 ms. Damit sind auch die jeweiligen Folgepulse eindeutig den entsprechenden Sensoren zuzuordnen, da innerhalb des zulässigen Temperaturmeßbereiches die maximal mögliche Zeitvariation ΔT_{max} des Folgepulses nur 12,5 ms beträgt (Bild 3.42).

Das Buskonzept, das mit einer einfachen Zweidrahtleitung auskommt, bietet nach Herstellerangaben bei Einbeziehung des Installations- und Wartungsaufwandes merkliche Kostenvorteile gegenüber der bei der konventionellen Technik üblichen Sternverdrahtung, wenn viele Temperaturmeßstellen zu installieren sind. Trotz der zahlreichen Vorteile hat sich das Quarzthermometer am Markt allerdings noch nicht durchsetzen können, möglicherweise nicht zuletzt deshalb, weil den potentiellen Anwendern die Bustechnologie nicht zukunftsträchtig erschien, zumindest nicht kompatibel zum zu erwartenden Feldbus.

3.9.2 Lumineszenzthermometer mit Faseroptik

Unter Lumineszenz versteht man die Absorption von Energie in Materie mit nachfolgender

Bild 3.41 Die Signalfolge auf dem Zweidraht-Bus

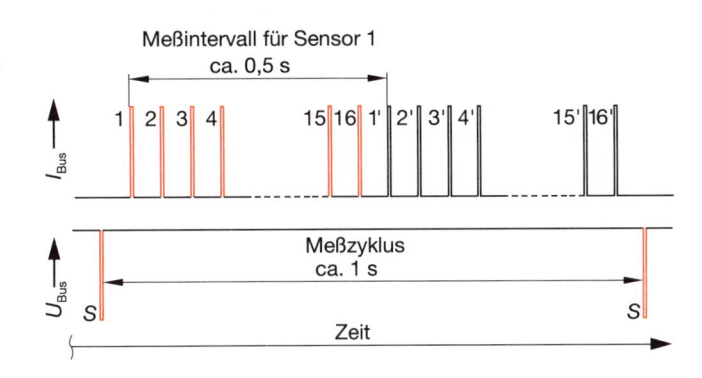

Bild 3.42 Verschiebung der Antwortimpulse innerhalb des zulässigen Temperaturbereiches (qualitativ)

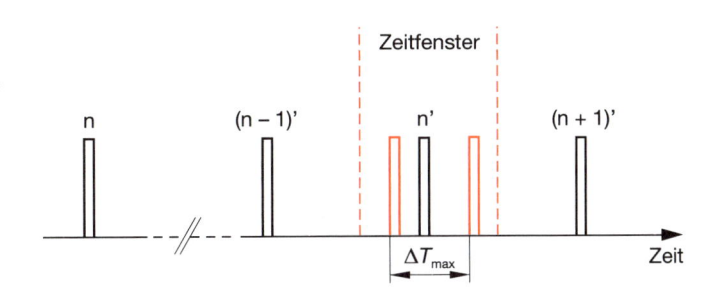

Reemission im sichtbaren Spektralbereich. Die genaue Art der Anregung ist dabei nebensächlich: Sie kann ebenfalls optisch bei einer kürzeren Wellenlänge sein oder auch elektronisch wie in halbleitenden Lumineszenzdioden.

Die Zeit zwischen Energieaufnahme und Emission kann variieren zwischen wenigen Nanosekunden (Fluoreszenz) bis zu mehreren Stunden (Phosphoreszenz, z. B. bei Leuchtzifferblättern von Uhren). Das charakteristische Lumineszenzspektrum sowie auch die Abklingzeit der Strahlung (z. B. nach einer Anregung durch einen kurzen Lichtpuls) kann von der Temperatur abhängen.

Lumineszenzthermometer nutzen Ionen der Seltenen Erden (z. B. Eu^{3+}) in transparenten Kristallen aus La_2O_2S oder Gd_2O_2S, Cr^{3+} in YAG (Yttrium-Aluminium-Granat) oder auch GaAs-GaAlAs-Heterostrukturen als Phosphore. Bei diesen Thermometern ist ein kleiner Kristall mit typischen Abmessungen $0,2 \times 0,2 \times 0,1$ mm^3 am Ende eines Lichtwellenleiters fixiert. Die optische Faser gestattet sowohl die Zufuhr des Anregungs- als auch die Rückleitung des Lumineszenzlichtes durch ein und dieselbe Faser.

Bild 3.43 zeigt schematisch das Lumineszenzspektrum von Eu-dotiertem La_2O_2S, die Emissionslinien höchster Intensität sind markiert mit Y(ellow) und R(ed). Das kleine, in Bild 3.43 eingefügte Diagramm gibt die Intensität dieser Linien Y und R über der Temperatur wieder. Bildet man das Verhältnis der Intensitäten Y/R, so erhält man eine von Intensitätsschwankungen der anregenden Lichtquelle unabhängige Kennlinie, die nur noch eine Funktion der Temperatur ist.

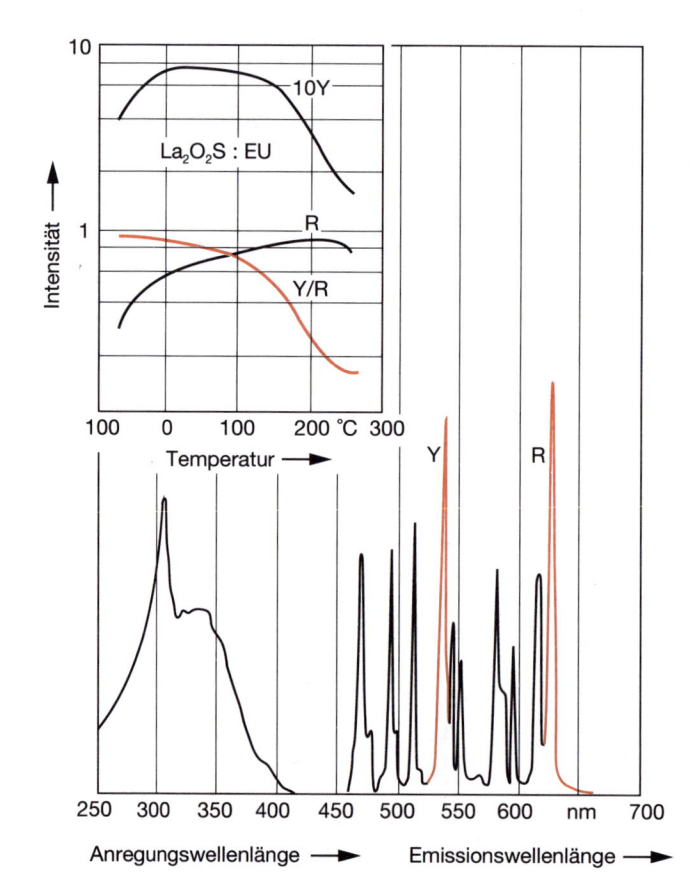

Bild 3.43
Lumineszenzspektrum von Eu^{3+}-dotiertem La_2O_2S. Relative Intensitäten der roten (R) und gelben (Y) Linie in Abhängigkeit der Temperatur

Bild 3.44
Schematische Darstellung des Meßaufbaus bei Lumineszenzthermometern mit Faseroptik [3.15]

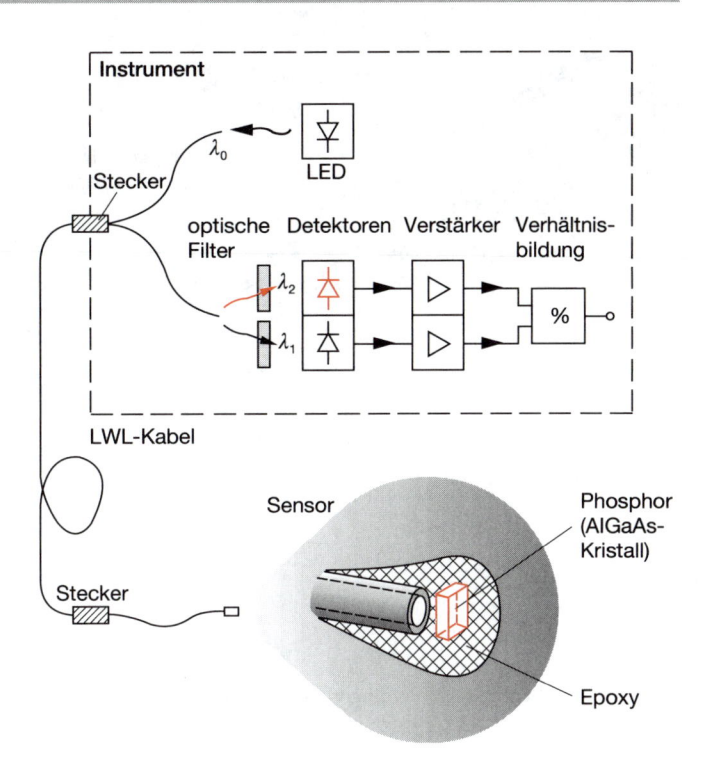

Bild 3.44 zeigt die Meßanordnung. Als Lichtquelle dient eine Halogenlampe (im Falle von Eu: La_2O_2S) oder eine LED (bei GaAs-Heterostrukturen). Aus dem Lumineszenzspektrum werden durch zwei schmalbandige optische Filter zwei Wellenlängen ausgefiltert und zwei Detektoren zugeführt. Das Intensitätsverhältnis erlaubt dann die Bestimmung der Temperatur des Kristalls. Bild 3.45 gibt einen typischen Sensor mit entsprechenden Bemaßungen wieder [3.15].

Eine Variante des Meßprinzips arbeitet mit Cr^{3+}-Ionen in YAG nach dem Abklingverfahren. [3.16] Kurze Lichtpulse bei $\lambda = 600$ nm regen die Cr^{3+}-Ionen energetisch an, die maximale Lumineszenzintensität des Materials liegt bei 700 nm. Sie klingt ab nach einem Exponentialgesetz der Form

$$I_L(t) = I_0 \cdot e^{-\frac{t}{\tau}} \qquad \text{(Gl. 3.29)}$$

In Gl. 3.29 steht t für die Zeit, die Zeitkonstante τ hängt von der Temperatur ab.

Aufgrund der faseroptischen Ausführung haben sich Lumineszenzthermometer eine zwar kleine, aber exklusive Marktnische erschlossen, die von den gängigen Temperaturmeßverfahren nicht abgedeckt werden kann, etwa

❏ in medizinischen Anwendungen,
❏ an Hochspannung führenden Anlagenteilen,
❏ an verfahrenstechnischen Trocknungsanlagen mit Mikrowellenöfen.

Typische Meßbereiche sind 0...200 °C bei einer Absolutgenauigkeit von ± 1 °C und einer Auflösung von ± 0,1 °C, die maximale Faserlänge liegt bei 500 m. Daß das Meßverfahren sich nicht weit verbreiten konnte, dürfte neben dem relativ hohen Preis u.a. auch in noch nicht gelösten Problemen im Zusammenhang mit der Langzeitstabilität liegen.

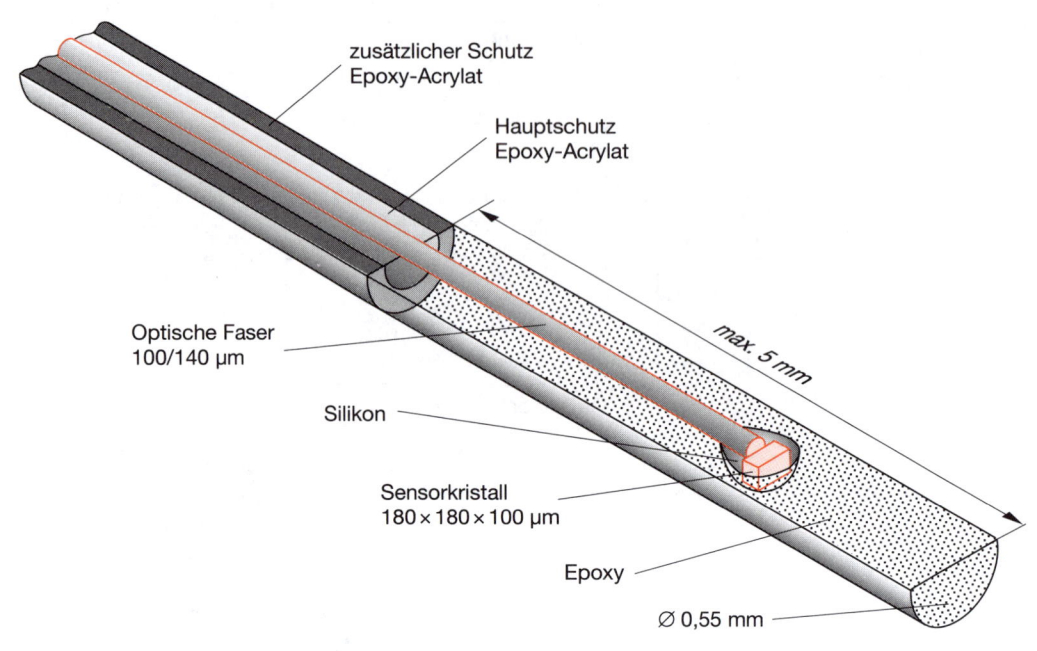

Bild 3.45   Aufbau und Abmessungen des Sensorelementes (TAKAOKA [3.15])

3.9.3   Rauschthermometer

Das Rauschthermometer basiert auf dem elektrischen Rauschen von Widerständen, hervorgerufen durch die temperaturabhängige statistische Bewegung von Ladungsträgern. Es zählt zu den am genauesten messenden Verfahren der Temperaturmessung (s. Tabelle 3.1) und soll daher hier kurz vorgestellt werden. Nach NYQUIST [3.17, 3.18] ergibt sich an einem Widerstand das mittlere Quadrat der Rauschspannung <dU^2> als Funktion der Temperatur T zu:

$$<dU^2> = 4\,k_B \cdot T \cdot Z(f) \cdot \frac{\frac{hf}{k_B \cdot T}}{e^{\frac{hf}{k_B \cdot T}} - 1}\, df \quad \text{(Gl. 3.30)}$$

$Z(f)$ Impedanz; bei rein ohmschem Widerstand ist $Z(f) = R$
k_B $1{,}38 \cdot 10^{-23}$ J/K (Boltzmann-Konstante)
f Frequenz
h $6{,}625 \cdot 10^{-34}$ Js (Planck-Konstante)

Der Term $1/(exp\,(hf/k_B T) - 1)$ resultiert aus der Bose-Statistik.

Beschränkt man sich auf niederfrequentes Rauschen (etwa $f < 10$ MHz), so ist ab einer Temperatur $T > 1$ K der zweite Teil des Ausdrucks in Gl. 3.30 praktisch gleich 1, damit wird

$$<dU^2> \cong 4\,k_B \cdot T \cdot R \cdot df \quad \text{(Gl. 3.31)}$$

Eine industriell anwendbare Version eines Rauschthermometers wurde für den Einsatz in Kernreaktoren entwickelt, wo der hohe Neutronenfluß zu starken Änderungen der Materialeigenschaften führt [3.19, 3.20]. Auch die ansonsten robusten Thermoelemente degenerieren rasch: Bei Neutronenflußdichten von 10^{14} cm^{-2}s^{-1} kann der Fehler nach einem Monat über ca. 3% betragen, innerhalb von 6 Monaten können in PtRh-Pt-Thermoelementen 20% des Rh in Pd verwandelt werden, wodurch die Polarität des Thermoelementes sogar umgekehrt werden kann. [3.20] Ausbau und Nachkalibration der Thermoelemente in regelmäßigen Abständen verbieten sich von selbst wegen der Radioaktivität.

Das Sensorelement eines Rauschthermometers ist ein normaler metallischer Widerstand, der zusammen mit dem Thermoelement eingebaut wird und zur Nachkalibration an Ort und Stelle dienen kann. Der Neutronenfluß verändert zwar auch das Widerstandsmaterial und die Zuleitungen, doch kann der Gesamtwiderstand jederzeit im eingebauten Zustand präzise gemessen werden.

Es ist damit auch eine Kalibration von Thermoelementen im eingebauten Zustand möglich, wie das Schaltungsprinzip in Bild 3.46 zeigt.

Zur Messung der Rauschspannung verwendet man einen Bandpaß für bestimmten Frequenzbereich $\Delta f = f_o - f_u$:

$$<U^2> = \int <dU^2> = \int_{f_u}^{f_o} 4\, k_B \cdot T \cdot R \cdot df \quad \text{(Gl. 3.32)}$$

und damit

$$<U^2> = 4\, k_B \cdot T \cdot R \cdot \Delta f \quad \text{(Gl. 3.33)}$$

Die Messung des mittleren Rauschspannungsquadrates $<U^2>$ innerhalb eines Frequenzbereiches Δf erlaubt bei Kenntnis von R die Bestimmung der Temperatur T nach

$$T = \frac{<U^2>}{4\, k_B \cdot R \cdot \Delta f} \quad \text{(Gl. 3.34)}$$

Das Rauschthermometer läßt sich mit einer Genauigkeit von 0,1 % im Temperaturbereich zwischen 3 K und 1100 K einsetzen und ist prinzipiell sogar als Eichnormal geeignet (s. Tabelle 3.1). Die dabei auftretende extrem kleine zu messende Spannung $<U^2>$ stellt allerdings meßtechnisch eine Herausforderung dar und benötigt einen hohen Aufwand mit entsprechendem Preis.

Bei Messung mit einem Bandpaß von $\Delta f = 100$ kHz, $R = 100\,\Omega$, liegt die zu messende Spannung

$$\overline{U} = \sqrt{<U^2>} = \sqrt{4\, k_B \cdot T \cdot R \cdot \Delta f} \quad \text{(Gl. 3.35)}$$

mit etwa $4 \cdot 10^{-7}$ V an der Nachweisgrenze üblicher Meßverfahren.

Man wendet daher in der Praxis ein Vergleichsverfahren an, dessen Prinzip Bild 3.47 zeigt. Ein variabler bekannter Vergleichswiderstand R_V befindet sich auf der bekannten Vergleichstemperatur T_V. R_M ist der Rausch-

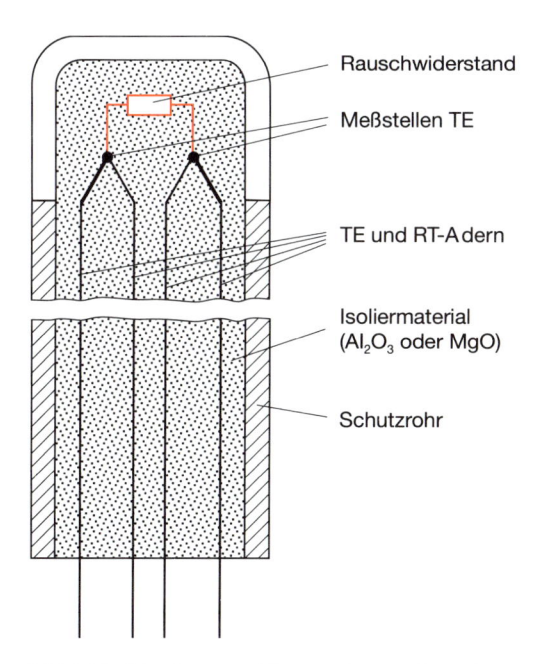

Bild 3.46 Kombinierter Thermoelement-Rauschfühler [3.20]

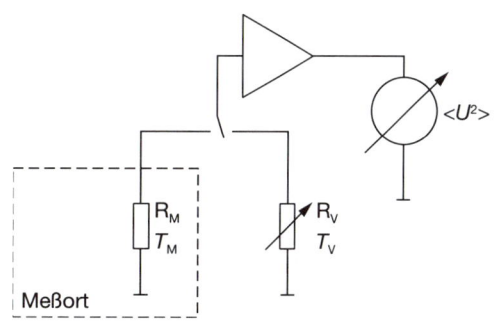

Bild 3.47 Auswertprinzip der Rauschspannung

widerstand, dessen Wert periodisch gemessen wird, T_M sei die zu messende Temperatur. Es wird alternierend zwischen R_M und R_V umgeschaltet und R_V so abgeglichen, daß die mittleren Rauschspannungsquadrate an beiden Widerständen gleich sind.

Dann gilt offensichtlich:

$$T_M = \frac{R_V}{R_M} \cdot T_V \qquad \text{(Gl. 3.36)}$$

Das Widerstandsrauschen ist eine statistische Erscheinung; deshalb ist die Meßzeit $\Delta\tau$ entscheidend für die Meßgenauigkeit der mittleren quadratischen Rauschspannung. Zur Erhöhung der Genauigkeit um den Faktor 2 ist nach

$$\frac{\Delta T}{T} = \pm \frac{1}{\sqrt{\Delta\tau \cdot \Delta f}} \qquad \text{(Gl. 3.37)}$$

also eine Vervierfachung der Meßzeit $\Delta\tau$ nötig! Wegen des hohen Preises hat sich das Gerät außer für Laboranwendungen allerdings nur in engen Nischen, etwa in der Reaktortechnik oder zu Kalibrierzwecken, durchsetzen können.

3.10 Strahlungsthermometrie

Berührende Thermometer sind nicht für sonderlich hohe Temperaturen geeignet. Geräte, die berührungslos über die Wärmestrahlung die Temperatur eines Meßobjektes bestimmen, bezeichnet man als **Pyrometer**. Ihr Einsatz blieb lange Zeit auf den Hochtemperaturbereich beschränkt. Mit dem Aufkommen empfindlicher Detektoren, Verstärker und optischer Bauteile wurden die *Vorteile* einer berührungslosen Messung auch für den Bereich normaler Umgebungstemperaturen nutzbar, die wie folgt zu nennen wären:

❑ hohe Dynamik des Meßbereiches: $-100\,°C \ldots +3000\,°C$,
❑ Eignung für bewegte Meßobjekte (z. B. rotierende Wellen),
❑ keine Rückwirkung auf das Meßobjekt,
❑ Erfassung der Oberflächentemperatur von Flüssigkeiten und Festkörpern,
❑ sehr schnell ansprechend (µs…ms).

3.10.1 Wechselwirkung zwischen Strahlung und Materie

Trifft Strahlung auf Materie, z. B. Licht auf eine Glasplatte wie in Bild 3.48, so wird

❑ ein Teil des Lichtes reflektiert (r),
❑ ein Teil im Glas absorbiert (a) und
❑ ein Teil durchgelassen (transmittiert: t).

Bezeichnet man die einfallende Intensität des Lichtes mit Φ_0, so gilt:

$$\Phi_0 = \Phi_r + \Phi_a + \Phi_t \qquad \text{(Gl. 3.38)}$$

$\Phi_r = r \cdot \Phi_0$: reflektierter Anteil
$\Phi_a = a \cdot \Phi_0$: absorbierter Anteil (Gl. 3.39)
$\Phi_t = t \cdot \Phi_0$: transmittierter Anteil

Aus Gl. 3.38 und Gl. 3.39 folgt:

$$\Phi_0 = (r + a + t)\,\Phi_0 \qquad \text{(Gl. 3.40)}$$

bzw.

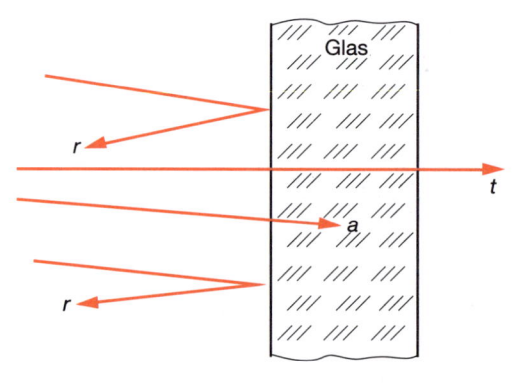

$$r + a + t = 1 \qquad \text{(Gl. 3.41)}$$

Bild 3.48 Wechselwirkung elektromagnetischer Strahlung mit Materie: Reflexion, Absorption, Transmission

r, a und t sind abhängig vom Material und der Oberflächenbeschaffenheit des Körpers sowie der Wellenlänge der Strahlung. Man unterscheidet die Spezialfälle

$r \to 1$: Spiegel, Reflektoren
$t \to 1$: Fenster
$a \to 1$: Absorber

Nach dem Kirchhoffschen Strahlungsgesetz ist der Emissionskoeffizient ε eines Körpers gleich dem Absorptionskoeffizienten a:

$$\varepsilon = a \qquad \text{(Gl. 3.42)}$$

Einen Absorber mit $a = 1$ und damit auch $\varepsilon = 1$ bezeichnet man als schwarzen Körper; er absorbiert die auf ihn auftreffende Strahlung vollkommen.

3.10.2 Plancksches Strahlungsgesetz

Ein schwarzer Körper stellt ein Ideal dar, das in der Realität nie ganz erreicht wird. Er ist im Prinzip ein Hohlraum mit kleiner Bohrung (Bild 3.49a): Alle durch die Bohrung eindringende Strahlung wird so lange im Hohlraum hin und her reflektiert, bis sie vollständig absorbiert ist. Die Strahlung in diesem Hohlraum ist somit unabhängig vom Reflexionsgrad der Innenwand. Bild 3.49b zeigt schematisch die Realisierung eines schwarzen Strahlers: Er besteht aus einem temperaturgeregelten Block mit konusförmiger Bohrung, deren Öffnung ein Emissionsvermögen $\varepsilon \approx 1$ besitzt: Die hier austretende Strahlung L_S läßt sich wie die Strahlung des idealen schwarzen Körpers beschreiben als Funktion allein der Wellenlänge λ und der Temperatur T mit Hilfe des Planckschen Strahlungsgesetzes: [3.4]

$$M_\lambda \, d\lambda = \frac{2\pi \cdot h \cdot c^2}{\lambda^5} \cdot \frac{1}{e^{\frac{hc}{k_B T \lambda}} - 1} \cdot d\lambda \qquad \text{(Gl. 3.43)}$$

Bild 3.50 zeigt diesen Zusammenhang für verschiedene Temperaturen in doppelt logarithmischer Darstellung. Aus dem Diagramm geht hervor, daß sich mit wachsender Temperatur das Maximum der Intensität zu kleineren Wellenlängen verschiebt. Die Lage des Intensitätsmaximums berechnet sich durch Nullsetzen der Ableitung der Planckschen Strahlungsformel zu:

$$\lambda_{\max} [\mu m] = 2898{,}5 \cdot \frac{1}{T[K]} \qquad \text{(Gl. 3.44)}$$

wobei $\lambda_{\max}$ die Wellenlänge der maximalen Intensität ist. Gl. 3.44 ist unter dem Namen **Wiensches Verschiebungsgesetz** bekannt. Bild 3.51 gibt diesen Zusammenhang wieder. Körper mit Raumtemperatur emittieren bevorzugt bei einer Wellenlänge von etwa 9,8 μm, d.h. im infraroten Spektralbereich.

Mit wachsender Temperatur steigt auch die gesamte emittierte Strahlungsleistung, was dem Integral über alle Frequenzen entspricht, d.h. der Fläche unter der Kurve in Bild 3.50. Die Ausführung der Integration führt auf das **Stefan-Boltzmann-Gesetz**, das besagt, daß die gesamte Strahlungsleistung proportional zur 4. Potenz der Temperatur ist:

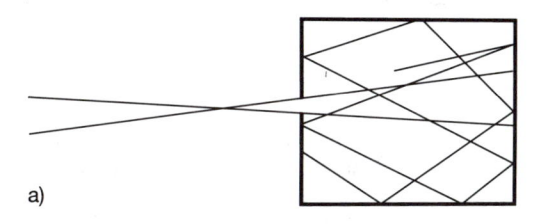

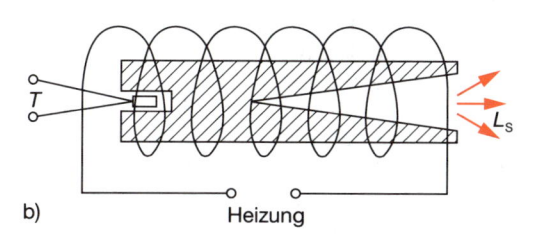

Bild 3.49
a) Fast idealer schwarzer Körper
b) Hohlraumstrahler als fast idealer schwarzer Strahler

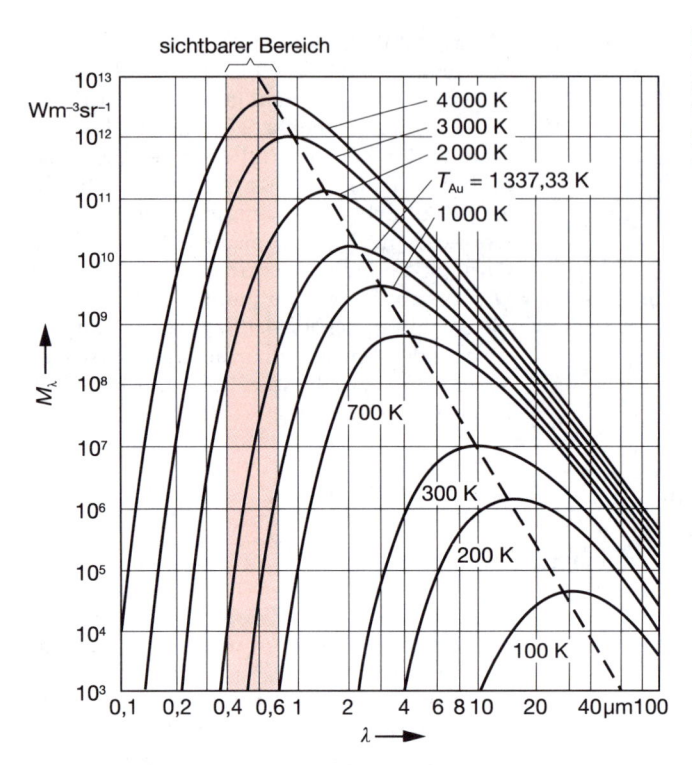

Bild 3.50
Verteilung der Strahlungsintensität als Funktion der Temperatur für verschiedene Temperaturen im thermodynamischen Gleichgewicht nach PLANCK

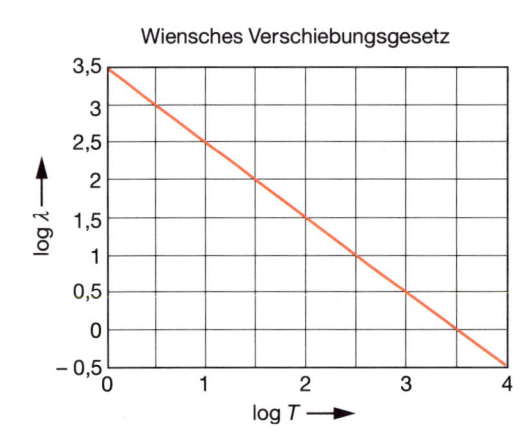

Bild 3.51 Die Wellenlänge der maximalen Intensität (λ_{max}) als Funktion der Temperatur (Wiensches Verschiebungsgesetz)

$$P_{tot} = \sigma \cdot T^4 \qquad (\text{Gl. 3.45})$$

$\sigma = 5{,}67 \cdot 10^{-8}$ W m^{-2} K^{-4}

Das Meßobjekt ist in der Praxis kein idealer schwarzer Strahler, sondern hat meist einen Emissionsgrad $\varepsilon < 1$. Dieser hängt wesentlich ab von der Oberflächenbeschaffenheit, der Beobachtungsrichtung, der Temperatur und kann z. T. stark von der Wellenlänge abhängen, wie Bild 3.52 für einige strahlungsdurchlässige Stoffe zeigt [3.22].

Tabelle 3.9 gibt Emissionskoeffizienten ε für verschiedene Schmelzen wieder [3.21]. Sie zeigen ein stark von der Oberflächenbeschaffenheit abhängiges Emissionsvermögen (mit/ohne dünne Oxidhaut).

Häufig ist jedoch ε wenigstens näherungsweise über einen weiten Bereich von Wellenlängen konstant. Dies geht aus Bild 3.53 für strahlungsundurchlässige Feststoffe hervor

Tabelle 3.9 Emissionskoeffizienten verschiedener Eisenschmelzen und flüssiger Schlacken

Schmelze	Emissionskoeffizient ε
Blankes bewegtes Eisenbad	0,35 bis 0,38
Flüssiges Eisen	0,35 bis 0,40
Gießstrahl	0,4 bis 0,7
Flüssiges Eisen (3,1 % C)	0,44
Flüssiges Eisen (3,1 % C) mit dünner Oxidhaut	0,95
Hochofenabstich, Mischer, Kipppfanne, Siemens-Martin-Ofenabstich, Konverter	0,50
Kupolofenabstich	0,55
Flüssige Chrom- und Chromnickelstähle, oxidiert	0,70 bis 0,75
Flüssiger Chromnickelstahl	0,90
Flüssiges Gußeisen	0,90 bis 0,95
Eisen, oxidiert	0,55 bis 0,93
Flüssige Schlacke	0,50 bis 0,90

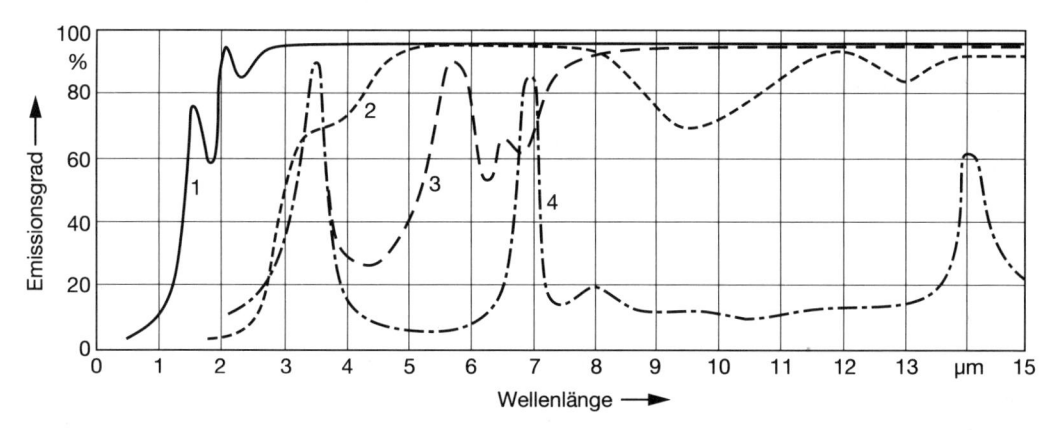

Bild 3.52 Der Emissionsgrad einiger strahlungsdurchlässiger Stoffe als Funktion der Wellenlänge λ nach VDI 3511. Kunststoffolien haben ausgeprägte Absorptionsbanden.
1 Wasser (0,5 mm)   3 Glas (1 mm)
2 PVC-Folie (0,1 mm)   4 PE-Folie (0,03 mm)

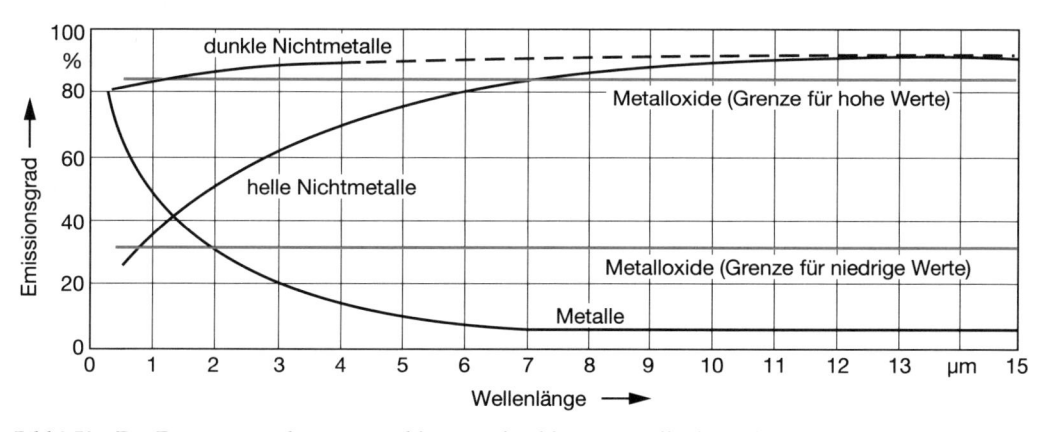

Bild 3.53 Der Emissionsgrad einiger strahlungsundurchlässiger Stoffe als Funktion der Wellenlänge λ nach VDI 3511

[3.22]. Man spricht von einem grauen Strahler. Bei einem grauen Strahler entspricht die emittierte Intensitätsverteilung qualitativ der Planck-Formel, ist allerdings zu multiplizieren mit dem wellenlängenunabhängigen Faktor $\varepsilon < 1$. Viele Festkörper und Schmelzen sind graue Strahler.

3.10.3 Prinzipien der Strahlungspyrometrie

Die VDI/VDE-Richtlinie 3511 Teil 4 beschreibt die Temperaturmessung mit Strahlungsthermometern. Im folgenden sollen einige Pyrometerprinzipien kurz charakterisiert werden.

Je nach Nutzung des emittierten Spektrums unterscheidet man zwischen Gesamt- und Teilstrahlungspyrometern. Im einzelnen sind zu nennen:

1. Gesamtstrahlungspyrometer
2. Spektralpyrometer
3. Bandstrahlungspyrometer
4. Glühfadenpyrometer
5. Verhältnispyrometer

Zu 1: Das Gesamtstrahlungspyrometer nutzt alle Wellenlängen des emittierten Spektrums, bestimmt also die gesamte Strahlungsleistung nach dem Stefan-Boltzmann-Gesetz (Gl. 3.45). Als wellenlängen-unabhängiger Detektor dient ein Thermoelement oder Bolometer, dessen empfindlicher Bereich geschwärzt ist. Dieser weist die über Strahlung empfangene Energie als Erwärmung nach. Bild 3.54 zeigt das Arbeitsprinzip eines Gesamtstrahlungspyrometers. Voraussetzung ist ein Emissionskoeffizient des Meßobjektes von $\varepsilon = 1$, ansonsten ergibt sich ein Meßfehler ΔT von

$$\frac{\Delta T}{T} = 1 - \sqrt[4]{\varepsilon} \qquad \text{(Gl. 3.46)}$$

Bei manchen praktischen Geräteausführungen läßt sich ein Emissionskoeffizient <1 an einer Potentiometereinstellung berücksichtigen. Emissions- und Absorptionsgrade kann man aber nicht berechnen, sondern man muß sie messen. Dazu mißt man die Temperatur des Meßobjektes mit einer absoluten Methode, z.B. mit einem Oberflächen-Thermoelement, und wählt die ε-Einstellung am Potentiometer derart, daß das Pyrometer die korrekte Temperatur anzeigt. Gesamtstrahlungspyrometer werden in der Verfahrenstechnik selten eingesetzt.

Zu 2: Spektralpyrometer nutzen nur ein schmales Intervall von Wellenlängen (im Grenzfall nur eine Linie) der vom Objekt kommenden Strahlung zur Temperaturmessung aus. Das ist unbedingt nötig, wenn der Emissionskoeffizient deutliche Emissionspeaks aufweist, wie sie dünne Folien oder Gase haben. Mit einem Spektralpyrometer mißt man u.a. Polyethylenfolien bei $\lambda = 6,8 \pm 0,15$ μm.

Zu 3: Bandstrahlungspyrometer nutzen ebenfalls nur einen Teil der Strahlung aus, allerdings ein deutlich breiteres Band von Wellenlängen als Spektralpyrometer und gewinnen damit auch mehr Intensität am Detektor.

Dazu dienen Interferenzfilter, die nur ein schmales Intervall von Wellenlängen passieren lassen: Hierbei kann als Detektor sowohl ein breitbandiger Empfänger wie z.B. ein Thermoelement als auch ein spezifischer Halbleiterdetektor verwendet werden, der gerade im ausgewählten Bereich empfindlich ist.

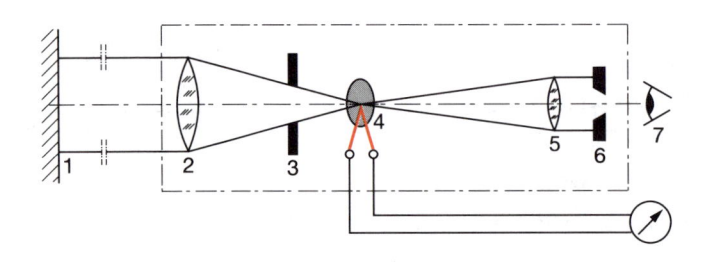

Bild 3.54
Prinzipieller Aufbau eines Gesamtstrahlungspyrometers
(die Optik dient zum Anvisieren des Meßobjektes)
1 Meßobjekt, 2 Objektiv, 3 Blende, 4 Thermoelement, 5 Okular, 6 Okularblende, 7 Auge

Strahlungsthermometrie 69

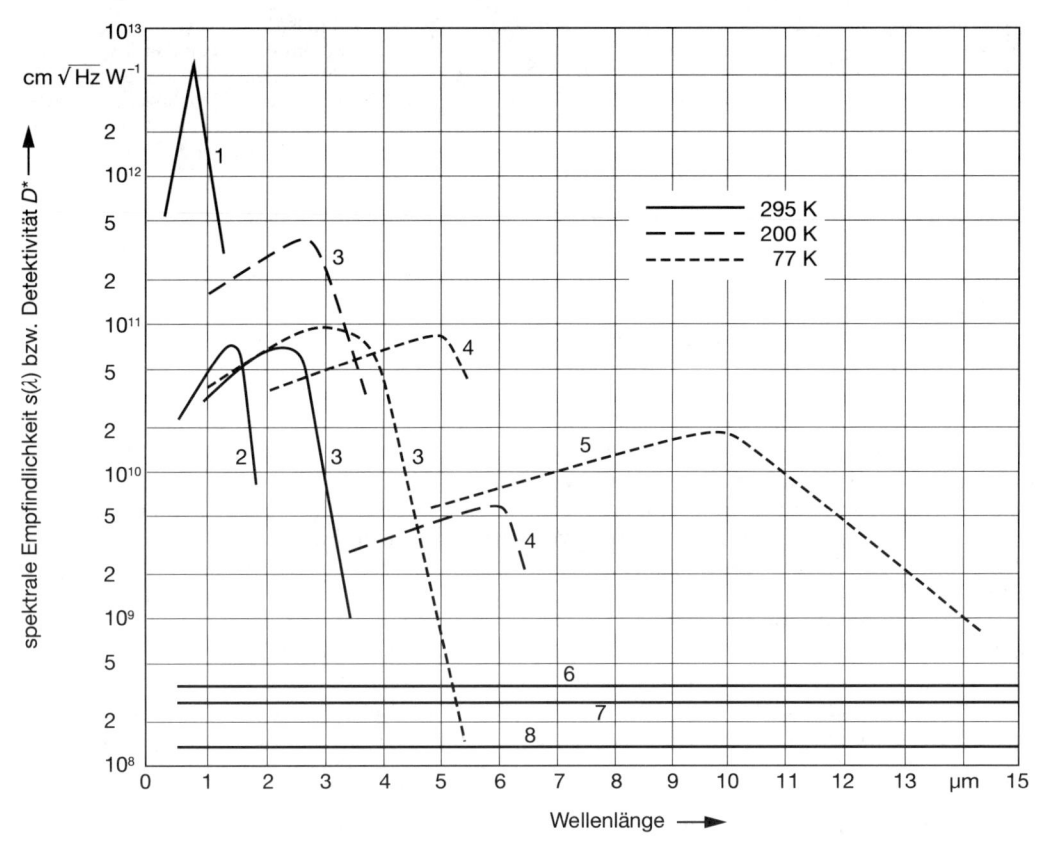

Bild 3.55 Empfindlichkeit verschiedener Strahlungsempfänger als Funktion der Wellenlänge λ nach VDI 3511
1 Silizium, 2 Germanium, 3 Bleisulfid, 4 Indiumantimonid, 5 HgCdTe, 6 pyroelektrisches Element, 7 Thermoelement, 8 Bolometer

Bild 3.55 zeigt Empfindlichkeitskurven einiger Strahlungsempfänger [3.22].

Es ist auch möglich, einen selektiven Empfänger zu verwenden, der nur ein schmales Band von Frequenzen nachweisen kann.

Zu 4: Das Glühfadenpyrometer ist ein spezielles Bandstrahlungspyrometer, das das menschliche Auge als selektiven Detektor benutzt, indem es sich auf den Bereich des sichtbaren Lichtes beschränkt.

Bild 3.56 zeigt das Funktionsprinzip.

Das zu messende Objekt wird mit einem Fernrohr betrachtet. Im Fokus befindet sich der Glühdraht einer Glühbirne und deckt ein Teil des Bildes ab, d.h., dort ist Dunkelheit. Über einen Stellwiderstand kann man den Strom durch den Glühfaden verändern. Man stellt ihn so ein, daß die Helligkeit des Glühfadens genau gleich der des Bildes vom strahlenden Körper ist, d.h., der Glühfaden verschwindet optisch im Hintergrund. Der Strom durch den Glühfaden ist dann ein Maß für die zu messende Temperatur. Natürlich ist die Methode nur anwendbar, wenn der zu messende Körper glüht, also im Temperaturbereich von etwa 600…2000 °C.

Hauptsächliches Einsatzgebiet ist daher der Hochofenprozeß bzw. die Stahlherstellung. Da sich das Glühfadenpyrometer nicht automatisieren läßt, ist es heute weitgehend von anderen Methoden verdrängt worden.

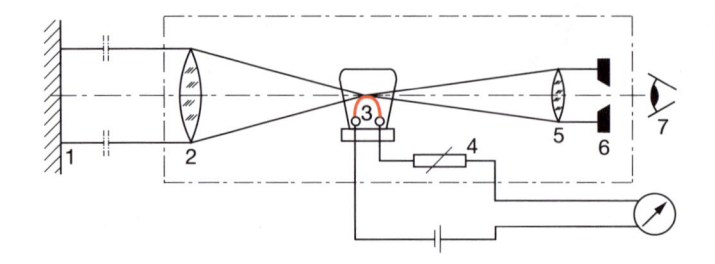

Bild 3.56
Funktionsprinzip des Glühfadenpyrometers
1 Meßobjekt, 2 Objektiv, 3 Glühfaden, 4 Einstellwiderstand, 5 Okular, 6 Okularblende, 7 Auge

Zu 5: Verhältnispyrometer, auch Zweifarbenpyrometer genannt, setzen die Intensitäten zweier schmalbandiger Linien des vom Meßobjekt emittierten Spektrums ins Verhältnis. Dabei können mittels eines Filterrades zwei Interferenzfilter alternierend in den Strahlengang gefahren werden und die beiden Intensitäten seriell vom gleichen Empfänger bestimmt werden, oder der Strahl wird auf zwei spezifische Empfänger gleichzeitig gelenkt (Bild 3.57) [3.23].

Die Verhältnisbildung liefert ein von ε unabhängiges Meßergebnis, solange ε nicht von λ abhängt. Das Meßergebnis kann allerdings durch wellenlängenselektiv absorbierenden Staub oder Gase in der Atmosphäre verfälscht werden.

3.10.4 Auswahlkriterien für Pyrometer

Die Auswahl eines Gerätes für den jeweiligen Einsatzfall muß mit großer Sorgfalt erfolgen.

Während thermische Detektoren (Thermoelemente und Bolometer) relativ langsam arbeiten, sind fotoelektrische Sensoren (Photomultiplier und Halbleiter) sehr schnell, sie haben Grenzfrequenzen von mehreren hundert kHz. Messungen von hohen Temperaturen sind (außer bei unbekanntem ε) weniger problematisch, nötigenfalls kann die hier auftretende hohe Strahlungsdichte durch Einfügung eines Graukeils in den Strahlengang reduziert werden. Bei niedrigen Temperaturen sind spezielle Maßnahmen geräte- und meßtechnischer Art erforderlich. Zu nennen sind hier besonders Modulationsverfahren, die störende Einflüsse ausschalten können. Der Einfluß der Gehäusetemperatur kann durch Messung mit einem Pt 100 und rechnerischer Korrektur des Ergebnisses eliminiert werden. Bei Objekttemperaturen unter 0 °C sind die Detektoren mit Peltier-Kühlern oder gar mit flüssigem N_2 zu kühlen, um das Eigenrauschen zu reduzieren.

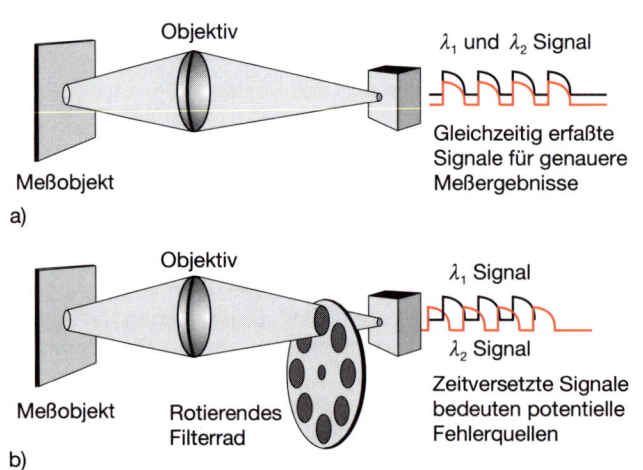

Bild 3.57
Prinzip von Verhältnispyrometern
[Quelle: IRCON]
a) Die LR-Technik verwendet zwei Detektoren, die gleichzeitig messen, was genauere und schnellere Ergebnisse zur Folge hat.
b) Die Filterrad-Technik verwendet einen Detektor, der zeitversetzt mißt, was Meßabweichungen verursachen kann und mehr Zeit benötigt.

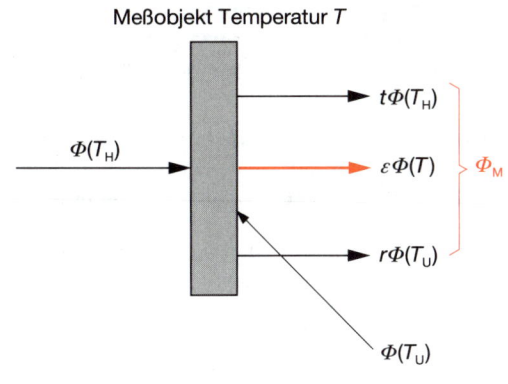

Bild 3.58 Strahlungsbilanz an teilweise strahlungsdurchlässigen Meßobjekten

Besondere Vorsicht ist geboten bei transmissiven und/oder stark reflektierenden Meßobjekten, da die Umgebungs- und Hintergrundstrahlung das Meßergebnis stark verfälschen können. Mit den Bezeichnungen aus Bild 3.58 setzt sich die zur Messung erfaßte Strahlungsintensität Φ_M zusammen aus

$$\Phi_M = \varepsilon \cdot \Phi(T) + [t \cdot \Phi(T_H) + r \cdot \Phi(T_U)] \qquad \text{(Gl. 3.47)}$$

T Temperatur des Meßobjektes
T_H Temperatur des Hintergrundes
T_U Umgebungstemperatur

Die eckige Klammer enthält den Strahlungsanteil, der die Messung stört. Besondere Vorsicht ist geboten bei der Messung glatter, spiegelnder metallischer Oberflächen. Hier können durchaus Reflektivitäten $r = 0,97$ erreicht werden. Da keine Transmission erfolgt ($t = 0$), liegt die Emissivität bei $\varepsilon = 0,03$. Der Beitrag $r \cdot \Phi(T_U)$ kann wesentlich größer werden als der eigentlich vom Meßobjekt ausgehende Fluß $\varepsilon \cdot \Phi(T)$, selbst wenn die Temperatur des spiegelnden Meßobjektes höher als die der Umgebung ist. Hier kann ggf. eine mattschwarze Einfärbung des Meßfleckes weiterhelfen.

3.10.5 Thermographie

Alle genannten Verfahren der Strahlungspyrometrie messen punktförmige Objekte. Flächenhafte Temperaturverteilungen kann man mit bildgebenden Methoden erfassen, etwa der Thermographie. Thermographieverfahren erlauben die Messung und Darstellung flächiger Temperaturverteilungen. Man unterscheidet:

❏ Wärmebildgeräte, die nur eine Darstellung von Wärmestrahlungsunterschieden ausschließlich für Sichtzwecke zulassen,
❏ Thermographiegeräte, die mit mindestens einer internen Referenz kalibrierte Strahlungsbilder liefern,
❏ Temperaturbildsysteme, die digital arbeiten und voll kalibrierte Temperaturbilder liefern.

Mit Ausnahme der Temperaturbildsysteme sind die Verfahren weniger gut für absolute Temperaturmessungen geeignet, sie erzielen in Relativmessungen jedoch Auflösungen von ca. 0,1 K bei Umgebungstemperaturen von 30 °C.

Bei Thermographiegeräten handelt es sich grundsätzlich um Bandstrahlungspyrometer. Aus physikalischen Gründen kann eine hochauflösende Messung niedriger Objekttemperaturen mit ungekühlten Detektoren wegen ihres Eigenrauschens nicht realisiert werden.

Je nach Aufgabenstellung sind am Markt verschiedene Ausführungsformen erhältlich:

❏ Einzelelement-Detektoren besitzen einen einzelnen, mit Peltier-Element oder mit flüssigem Stickstoff gekühlten halbleitenden Infrarot-Detektor (bevorzugt HgCdTe). In der Ausführung als Line-Scanner mit periodisch kippendem Spiegel vor dem Detektor kann eine lineare Temperaturverteilung abgetastet werden. Typische Anwendungen von Line-Scannern sind die Temperaturüberwachung von vorbeilaufendem Gut oder von Drehrohröfen auf sog. «hot spots».
Zur Messung flächiger Temperaturverteilungen benötigt man optomechanische Scanner in 2 Achsen. Da Einzelelement-

Detektoren ein Bild bauartbedingt nur sequentiell abtasten können, sind sie trotz schneller Halbleitersensoren relativ langsam. Sie eignen sich demgemäß bei zweidimensionalen Aufgabenstellungen besonders gut zur Messung statischer Temperaturverteilungen, etwa Wärmeverlustmessungen an Gebäuden.

❏ Detektorzeilen bestehen aus einer linearen Anordnung vieler Detektoren (512...1024) und benötigen zur Ermittlung flächiger Temperaturverteilungen nur einen einachsigen Scanner (IR-Sichtgeräte in militärischen Anwendungen).

❏ Detektorarrays sind zweidimensionale Anordnungen sehr vieler Detektoren (bis viele Tausende) und benötigen keinen verschleißanfälligen mechanischen Scanner mehr, um eine flächige Temperaturverteilung zu messen.

Detektorzeilen und Detektorarrays sind bei der Messung von Temperaturverteilungen sehr viel schneller als Geräte mit sequentiell arbeitenden Einzeldetektoren. Allerdings erfordern sie einen innerhalb von 1 Promille liegenden Gleichlauf aller Detektorelemente über die gesamte Nutzungsdauer des Meßgerätes. Bild 3.59 zeigt ein Wärmebild eines Gebäudes, aus dem die Stellen größter Wärmeverluste hervorgehen.

Bild 3.59   Typische Anwendung der Thermographie: Wärmeverlustbild eines Hauses

4 Druckmessung

4.1 Einführung: Definition, Einheiten

Der Druck ist nach der Temperatur wohl die am häufigsten benötigte Meßgröße in der industriellen Meßtechnik. Außer zur Bestimmung des Zustandes eines thermodynamischen Systems werden Druckmessungen auch zur Überwachung von Anlagenteilen wie Pumpen oder Druckbehältern herangezogen. Darüber hinaus dienen Druckmessungen vor allem auch zur indirekten Erfassung anderer Meßgrößen. So läßt sich etwa der Durchfluß über den Differenzdruck an Blenden und Düsen ermitteln oder der Füllstand durch Messung des Druckes am Behälterboden.

Der Druck ist keine SI-Basiseinheit wie die Temperatur, sondern eine abgeleitete Einheit. Er ist definiert als Kraft F pro Fläche A:

$$p = \frac{F}{A} \qquad \text{(Gl. 4.1)}$$

Die Einheit für den Druck ist

$$1 \text{ Pa (Pascal)} = 1 \frac{\text{N}}{\text{m}^2} \qquad \text{(Gl. 4.2)}$$

In der technischen Praxis verwendet man meist noch die Einheit

$$1 \text{ bar} = 10^5 \frac{\text{N}}{\text{m}^2} = 0{,}1 \text{ MPa} \qquad \text{(Gl. 4.3)}$$

Gebräuchlich ist ferner

$$1 \text{ mb} = 100 \text{ Pa} = 1 \text{ hPa (1 Hektopascal)} \qquad \text{(Gl. 4.4)}$$

Technische Druckmessungen in Alltag und Industrie haben Meßbereiche zwischen etwa 1 mb und einigen tausend bar. Tabelle 4.1 zeigt dafür einige typische Beispiele.

Tabelle 4.1 Typische Druckmeßbereiche der Technik

Druck	Typisches Beispiel
1 mb	Feinzug an Kaminen
50 mb	Füllstand bei Waschmaschinen
100 mb	Filterüberwachung Staubsauger
300 mb	Blutdruck
1 bar	Atmosphärischer Luftdruck
10 bar	Öldruck am Automobil
50 bar	Druck in Pipelines
500 bar	Ölhydraulik
10000 bar	Forschung (Diamant-Stempelzelle)

4.2 Prinzipielles zur Druckmessung

4.2.1 Druckarten

Eine besondere Rolle bei der Druckmessung spielt die Erdatmosphäre. Ihr Druck ist allgegenwärtig und wirkt auf alle Körper auf der Erde. Er beträgt in Meereshöhe unter Normalbedingungen 1013 mb = 1013 hPa. Technische Druckmessungen erfolgen meist gegen atmosphärischen Druck, man spricht einfach von Über- bzw. Unterdruck, den man stillschweigend auf die Atmosphäre bezieht. Wählt man als Bezug Vakuum ($p = 0$), so handelt es sich um eine Messung des Absolutdruckes. Schließlich sind häufig auch Druckdifferenzen interessant. Je nachdem, worauf man den Druck bezieht, unterscheidet man (Bild 4.1):

❏ Über- bzw. Unterdruck gegen Atmosphäre,
❏ Absolutdruck,
❏ Differenzdruck.

Hydrostatischer Druck wirkt isotrop, er tritt bei ruhenden Flüssigkeiten oder Gasen auf. Im Gegensatz dazu wirkt **uniaxialer Druck** nur in eine bestimmte Richtung. Er tritt ausschließlich bei Festkörpern auf. Da in der Verfahrenstechnik Druckmessungen meist an Fluiden erfolgen, hat man es mit hydrostati-

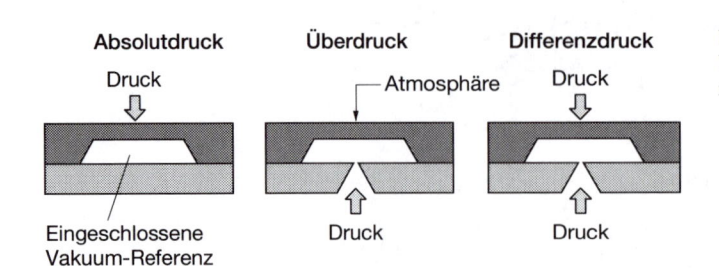

Bild 4.1 Drei Kategorien von Druckmessungen

schem Druck zu tun. Das Ergebnis einer Druckmessung in einem Fluid hängt außerdem davon ab, ob man den Druck in ruhenden oder bewegten Medien mißt.

4.2.2 Ruhende Fluide im Schwerefeld

In einer ruhenden, inkompressiblen Flüssigkeit im Schwerefeld der Erde gilt für den Zusammenhang zwischen Druck p und Höhe h (Bild 4.2):

$$p(h) = p_a + \varrho_F \cdot g(H-h) \qquad \text{(Gl. 4.5)}$$

p_a Überlagerungsdruck der Atmosphäre
ϱ_F Dichte der Flüssigkeit
g Schwerebeschleunigung
H Standhöhe der Flüssigkeit

Der Druck p_0 am Behälterboden ergibt sich zu:

$$p_0 = p(0) = p_a + \varrho_F g \cdot H \qquad \text{(Gl. 4.6)}$$

Handelt es sich um ein kompressibles Fluid, etwa ein Gas, so ist die Dichte ϱ_F über der Höhe nicht konstant. Statt Gleichung 4.5 gilt dann:

$$dp + \varrho_F(p) g \cdot dh = 0 \qquad \text{(Gl. 4.7)}$$

Zu beachten ist, daß $dp < 0$ für $dh > 0$.

Dies führt auf:

$$\int \frac{dp}{\varrho_F(p)} + g \cdot h = \text{konst.} \qquad \text{(Gl. 4.8)}$$

Bei isothermen Bedingungen ergibt sich aus Gl. 4.8 und der Gleichung für ideale Gase die **barometrische Höhenformel**:

$$p(h) = p_0 \cdot \exp(-\varrho_0 \cdot g \cdot h/p_0) \qquad \text{(Gl. 4.9)}$$

p_0 Druck am Boden
ϱ_0 Dichte des Gases am Boden

4.2.3 Strömende Fluide im Schwerefeld

Für inkompressible bewegte Flüssigkeiten gilt bei reibungsfreier Strömung:

$$p(h) = p_a + \varrho_F \cdot g(H-h) - \frac{1}{2}\varrho_F v^2 \qquad \text{(Gl. 4.10)}$$

v Strömungsgeschwindigkeit

Bei kompressiblen Fluiden (Gasen) gilt statt Gleichung 4.10:

$$dp + \varrho_F(p) \cdot g \cdot dh + \varrho_F(p) v \cdot dv = 0 \qquad \text{(Gl. 4.11)}$$

woraus folgt:

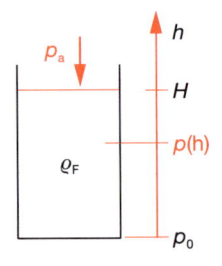

Bild 4.2 Druck in einem statischen Fluid

$$\int \frac{dp}{\varrho_F(p)} + g \cdot h + \frac{1}{2} v^2 = \text{konst.} \qquad \text{(Gl. 4.12)}$$

Bei Druckmessungen an strömenden Medien ist Vorsicht geboten: Je nach Wahl und Anordnung der Meßfühler erhält man den statischen Druck, den Gesamtdruck oder den Staudruck $\frac{1}{2} \varrho_F v^2$. Für weitere Details sei auf Standardwerke über Strömungslehre verwiesen [4.1].

4.3 Einfache Druckmeßgeräte

Die einfachste Form einer Druckmeßeinrichtung ist sicherlich das U-Rohr, gefüllt mit einer Sperrflüssigkeit wie in Bild 4.3. Für die Druckdifferenz $p_1 - p_2$ gilt:

$$p_1 - p_2 = (\varrho_S - \varrho_F) \cdot g \cdot \Delta h \qquad \text{(Gl. 4.13)}$$

wobei ϱ_S die Dichte der Sperrflüssigkeit, ϱ_F die Dichte des zu messenden Fluids und g die Schwerebeschleunigung ist. Handelt es sich bei dem zu messenden Fluid um ein Gas, so vereinfacht sich Gl. 4.13 wegen $\varrho_F \ll \varrho_S$ zu:

$$p_1 - p_2 = \Delta p \approx \varrho_S \cdot g \cdot \Delta h \qquad \text{(Gl. 4.14)}$$

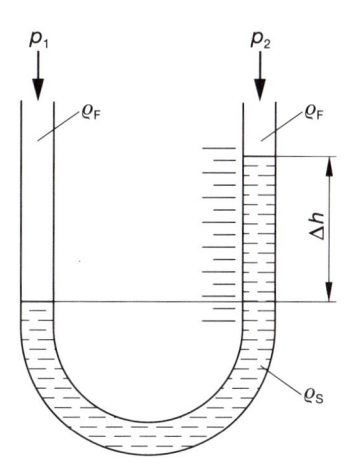

Bild 4.3 Druckmessung mit einem U-Rohr-Manometer mit Sperrflüssigkeit

d.h., die Druckdifferenz ist direkt proportional zum Höhenunterschied der Sperrflüssigkeit in den beiden Schenkeln.

Aus naheliegenden Gründen verwendet man in der Praxis zur Druckmessung keine U-Rohre, sondern nutzt meistens die – wenn auch noch so kleine – Auslenkung eines federelastischen Meßgliedes, etwa eines Bourdonrohres. Dessen Verformung wird in eine Anzeige (Zeigerausschlag) oder ein weiterverarbeitbares elektrisches Signal umgesetzt. Die zulässige reversible Auslenkung liegt in der Größenordnung von Millimetern. Über ein Zahnrad bzw. Zahnsegment wird die Auslenkung auf einen Zeiger übertragen. Bild 4.4 zeigt ein Bourdonrohr-Manometer, Bild 4.5 einige Ausführungsformen von Meßrohren für

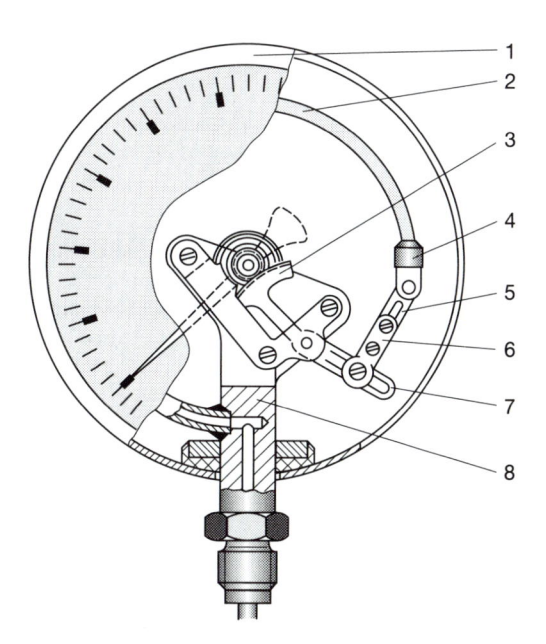

Bild 4.4 Zeigermanometer mit Bourdonrohr. Der Ausschlag wird durch die Krümmung des Rohres, diese vom Druck bestimmt (1).
1 Gehäuse
2 Rohrfeder
3 Anzeigewerk
4 Federendstück
5 Zugstange
6 Nullpunkteinstellung
7 Spanneneinstellung
8 Federträger

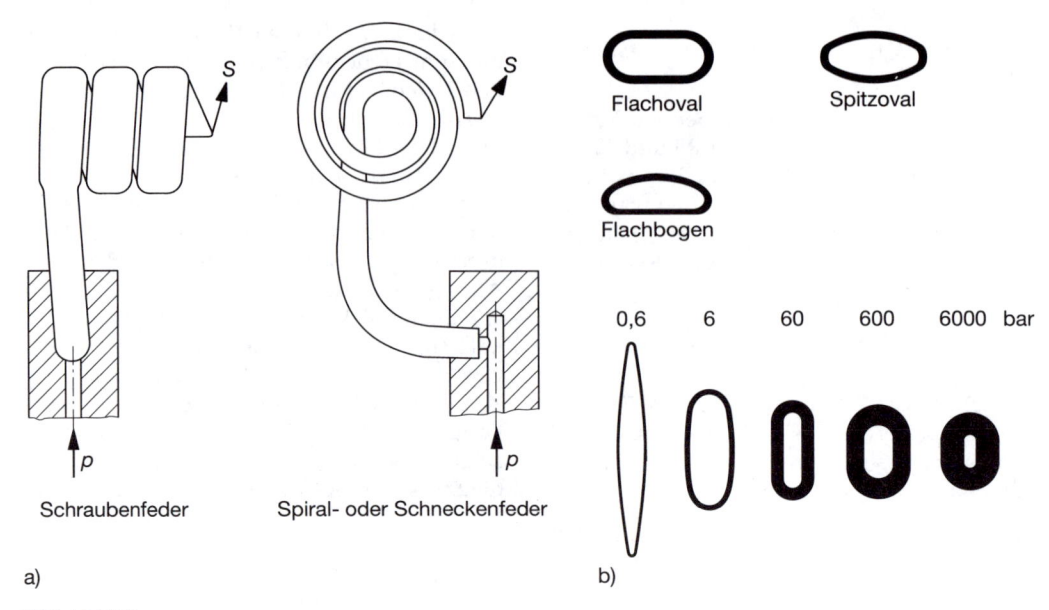

76 Druckmessung

Bild 4.5 [4.2] Varianten von Bourdonrohr-Bauformen
a) Varianten von Bourdonrohr-Bauformen
b) Wandstärken und Querschnitte von Bourdonrohren für verschiedene Druckbereiche

verschiedene Druckmeßbereiche [4.2]. Zum Abgleich des individuellen Instrumentes muß die Übertragung auf das Zeigerwerk einstellbar sein (s. Bild 4.4). Die Kompensation des Temperatureinflusses kann über ein Bimetall erzielt werden, wie Bild 4.6 beispielhaft zeigt.

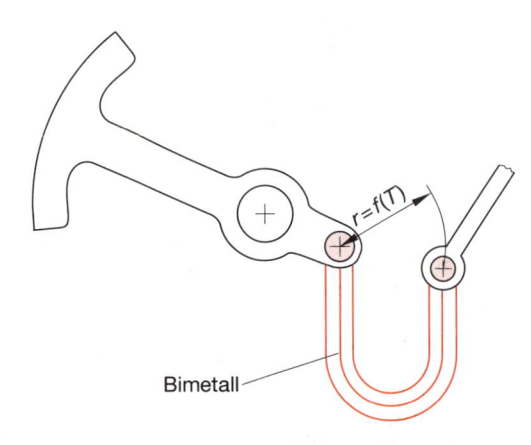

Bild 4.6 Temperaturkompensation mit einem Bimetall an einem Manometer-Zeigerwerk

Manometer auf der Basis des Bourdonrohres werden in sehr großen Stückzahlen in der Technik eingesetzt, allerdings praktisch nur in Form örtlicher Anzeigen. Notfalls kann zur Gewinnung eines elektrischen Signals zur Fernübertragung des Meßwertes ein Potentiometer an die Zeigerachse angekoppelt werden, was aber die Nachteile mechanischer Manometer und Potentiometer vereint nach sich zieht. Besser ist eine induktive Erfassung der Auslenkung von Bourdonrohren wie in Bild 4.7. Das Bourdonrohr genügt jedoch i.a. heutigen Ansprüchen an die Genauigkeit von Meßumformern nicht mehr.

Auf dem Markt werden Druckmeßumformer (Drucktransmitter) angeboten, die auf einer Vielzahl physikalischer Prinzipien fußen. Alle technischen Lösungen haben ihre Vor- und Nachteile, daher ist bei der Auswahl des geeigneten Gerätes eine genaue Kenntnis des Arbeitsprinzips und der jeweiligen Anforderungen vorteilhaft. Die an Druckmeßumformer gerichteten Anforderungen legen den Akzent einerseits auf Robustheit der Meßein-

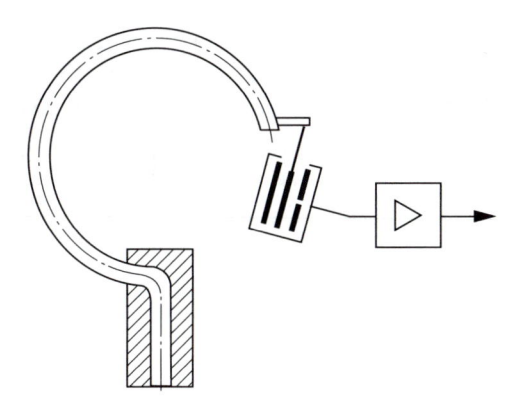

Bild 4.7 Bourdon-Rohrfeder mit induktiver Erfassung der Auslenkung

richtung (häufig werden Anlagen mit einem Hochdruck-Dampfstrahl gereinigt!), Korrosionsfestigkeit und zuverlässige Funktion auch in rauher Betriebsumgebung, die man ggf. durch Verzicht auf höchste Meßgenauigkeit und kleinen Umgebungseinfluß erkaufen muß. Bei einer dritten Gruppe mag auch der Preis entscheidend sein.

4.4 Auslenkung federelastischer kreisförmiger Membranen unter Druck

Am weitesten verbreitet zur Druckmessung in technischen Prozessen ist die Auslenkung einer federelastischen Membrane. Sie ist das Herzstück nahezu aller Druckmeßumformer. Um Arbeitsweise und Eigenschaften dieser Geräte einschätzen zu können, soll im folgenden die elastische Verformung kreisförmiger Membranen quantitativ beschrieben werden.

Eine kreisförmige Membrane mit Radius R und Dicke h sei am Rande fest eingespannt (Bild 4.8a). Bei Druckbelastung $\Delta p = p_1 - p_2$ biegt sie sich in z-Richtung durch, was im Material Dehnungen ε und damit verbunden mechanische Spannungen σ hervorruft, und zwar sowohl in radialer (σ_r) als auch in tangentialer Richtung (σ_t) der Platte (Bild 4.8b). Diese Spannungen sind maximal an den Oberflächen der Platte und verschwinden in der neutralen Schicht in der Plattenmitte. Sie sind außerdem symmetrisch zur neutralen Schicht, d.h., $\sigma_{ru} = -\sigma_{ro}$.

Nach der Kirchhoffschen Plattentheorie ergibt sich für die Durchbiegung $f(r)$ der Platte [4.4]:

$$f(r) = \frac{\Delta p \cdot R^4}{64\,K}\left[1 - \frac{r^2}{R^2}\right]^2 \qquad \text{(Gl. 4.15)}$$

wobei Δp der Differenzdruck und r die radiale Koordinate ist. K stellt die Plattensteifigkeit dar, die gegeben ist zu:

$$K = \frac{E \cdot h^3}{12(1-\nu^2)} \qquad \text{(Gl. 4.16)}$$

h Dicke der Platte
E Elastizitätsmodul
ν Querkontraktionskoeffizient (Poissonkoeffizient) des Materials. Bei den meisten Metallen findet man Werte von ν zwischen 0,25 und 0,4.

Die Auslenkung der Platte wird maximal für $r = 0$:

$$f_{\max} = \frac{\Delta p \cdot R^4}{64\,K} \qquad \text{(Gl. 4.17)}$$

Bei einer Membrane mit Durchmesser $2R$ = 50 mm und einer Dicke h = 0,5 mm aus Federstahl (E = 212 GPa und ν = 0,28) führt ein Differenzdruck von Δp = 10 bar zu einer Auslenkung der Membran von $f_{\max}$ = 2,5 mm.

Nach [4.4] ergibt sich für die radiale und tangentiale Spannung an der kreisförmigen eingespannten Platte:

$$\sigma_r = \frac{6\,K}{h^2}\left[\frac{\partial^2 f}{\partial r^2} + \frac{\nu}{r}\frac{\partial f}{\partial r}\right] \qquad \text{(Gl. 4.18)}$$

$$\sigma_t = \frac{6\,K}{h^2}\left[\frac{1}{r}\frac{\partial f}{\partial r} + \nu\frac{\partial^2 f}{\partial r^2}\right] \qquad \text{(Gl. 4.19)}$$

Für die Spannungen an der Plattenoberfläche folgt aus Gleichungen 4.15, 4.18 und 4.19:

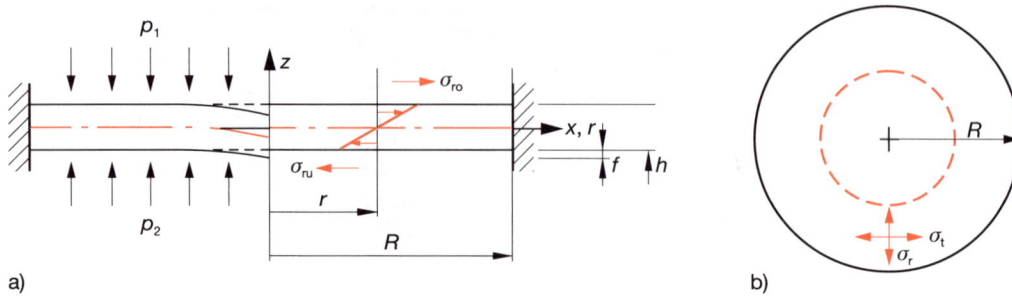

Bild 4.8
a) Durchbiegung einer kreisförmigen elastischen Platte unter Druck [4.3]
b) Radiale und tangentiale Spannungen an einer druckbeaufschlagten kreisförmigen Membrane

$$\sigma_r = \frac{3}{8}\left(\frac{R}{h}\right)^2 \left[(3+\nu)\frac{r^2}{R^2} - (1+\nu)\right] \cdot \Delta p \qquad \text{(Gl. 4.20)}$$

$$\sigma_t = \frac{3}{8}\left(\frac{R}{h}\right)^2 \left[(1+3\nu)\frac{r^2}{R^2} - (1+\nu)\right] \cdot \Delta p \qquad \text{(Gl. 4.21)}$$

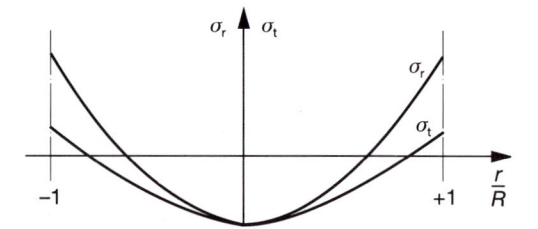

Bild 4.9 Spannungsverlauf an einer eingespannten, kreisförmigen Platte unter Druck

Sowohl σ_r als auch σ_t hängen quadratisch von r ab, der Spannungsverlauf hat also eine parabolische Form, wie Bild 4.9 zeigt.

In der Mitte der Membrane ($r = 0$) sind radiale und tangentiale Spannung gleich:

$$\sigma_r(0) = \sigma_t(0) = -\frac{3}{8}\left(\frac{R}{h}\right)^2 (1+\nu) \cdot \Delta p \qquad \text{(Gl. 4.22)}$$

Am Rand der Membrane ($r = R$) betragen die Spannungen:

$$\sigma_r(R) = \frac{3}{4}\left(\frac{R}{h}\right)^2 \cdot \Delta p \qquad \text{(Gl. 4.23)}$$

$$\sigma_t(R) = \frac{3}{4}\nu\left(\frac{R}{h}\right)^2 \cdot \Delta p \qquad \text{(Gl. 4.24)}$$

Zählt man Zugspannungen positiv, so wird das Vorzeichen von σ_r und σ_t auf der Oberseite der Membrane im Zentrum negativ (Stauchung), die Beträge von σ_r und σ_t sind gleich. Am Rand der Membrane ist das Vorzeichen der Spannungen positiv (Dehnung), wobei wegen $\nu \approx 0{,}3$ die radiale Spannungskomponente σ_r etwa dreimal so groß wie die tangentiale σ_t ist. Beim sog. neutralen Ring wird die jeweilige Spannung σ zu Null. Die Lage des Nulldurchgangs ergibt sich für σ_r und σ_t aus Gleichungen 4.20 und 4.21 zu:

$$\sigma_r = 0 \quad \text{bei} \quad r = \sqrt{\frac{1+\nu}{3+\nu}} \cdot R \qquad \text{(Gl. 4.25)}$$

$$\sigma_t = 0 \quad \text{bei} \quad r = \sqrt{\frac{1+\nu}{1+3\nu}} \cdot R \qquad \text{(Gl. 4.26)}$$

Auf der Membrane aufgebrachte resistive Dehnmeßelemente messen die Verformungen der Platte, wobei man deren Widerstände meist in Form einer Wheatstone-Brücke verschaltet. Da maximale Dehnung bzw. Stauchung in der Mitte und am Rande der Membrane auftritt, wird man die Elemente $R_1 \ldots R_4$ zweckmäßigerweise hier applizieren (Bild 4.10).

Die Praxis hat gezeigt, daß für sehr kleine Drücke (1 kPa...10 kPa) die Linearität der ebenen, kreisförmigen Membrane zu wünschen übrig läßt. Ringmembranen sind dafür besser geeignet. Bild 4.11 zeigt schematisch eine Ringmembrane: In der Membranmitte befindet sich eine rotationssymmetrische Verdickung, so daß die Deformationen bevorzugt am inneren und äußeren Rand des dünnen Membranringes auftreten.

Ringmembranen sind nicht so einfach theoretisch zu modellieren wie eine ebene Platte. In Bild 4.12 sind mit der Methode der finiten Elemente (FEM) berechnete Spannungsverteilungen an einer Ringmembrane dargestellt. Innerhalb des Ringspaltes variiert sowohl die radiale als auch die tangentiale Spannung linear mit dem Radius r. Die Zonen größter Dehnung bzw. Stauchung sind an den Rändern des Membranringes, weshalb sich eine optimale Plazierung der Meßelemente an diesen Stellen ergibt (Bild 4.13).

Da in der Praxis auch ebene Membranen oft nicht beidseitig eingespannt, sondern nur einseitig auf den Tragring fixiert sind wie in Bild 4.10, kann sich die Spannungsverteilung in diesen hinein fortsetzen. Die Finite-Elemente-Methode führt auch bei der ebenen Membrane zu einem insgesamt ins Negative abgesenkten Spannungsverlauf in Bild 4.14 gegenüber der Theorie (gestrichelte Linie).

Zur Messung der Auslenkung f bzw. der Dehnungen ε von Membranen unter Druck eignen sich verschiedene physikalische Prinzipien. Die wichtigsten sind:

❑ resistives Prinzip (Metall-Dehnungsmeßstreifen und piezoresistiv),

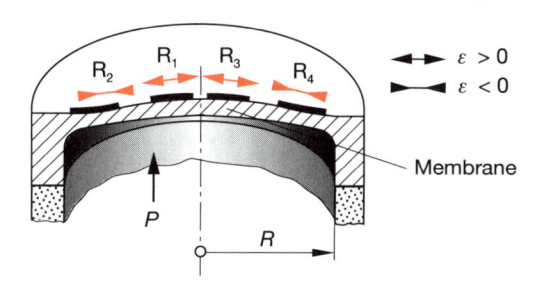

Bild 4.10 Dehnmeßelemente werden an den Zonen stärkster Verformung appliziert

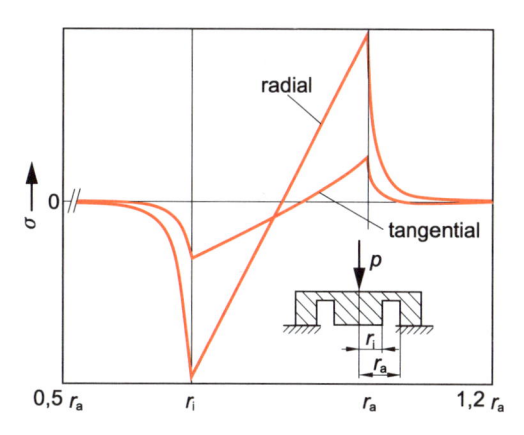

Bild 4.12 Mit der FEM-Methode berechnete mechanische Spannungsverteilung an einer Ringmembrane

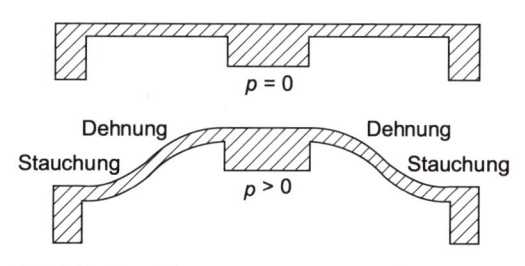

Bild 4.11 Durchbiegung einer Ringmembrane

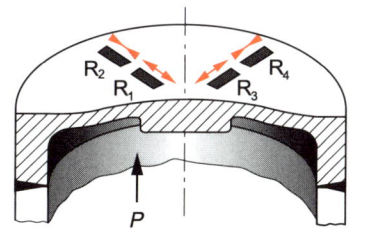

Bild 4.13 Anordnung der Dehnungsmeßelemente auf einer Ringmembrane

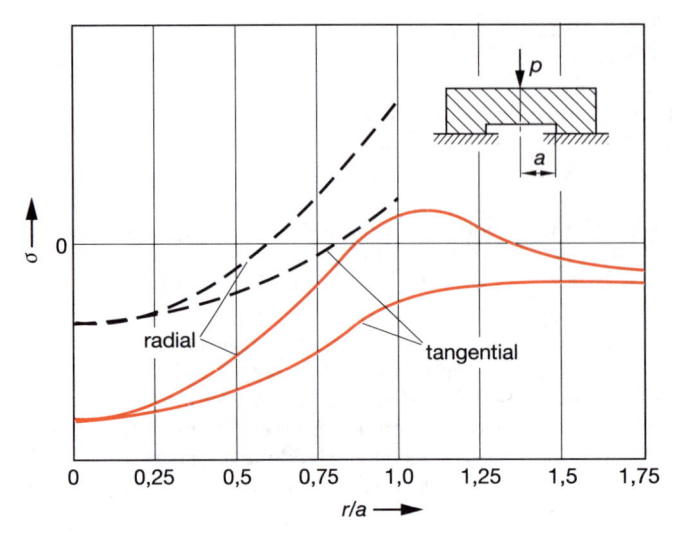

Bild 4.14
Mit der FEM-Methode berechnete mechanische Spannungsverteilung an einer Kreismembrane

- kapazitives Prinzip,
- induktives Prinzip (Differentialtransformator),
- Resonanzdraht-Meßprinzip;

daneben wären noch zu nennen:

- drucksensitive Schwingquarze.

Natürlich bestimmt das gewählte physikalische Prinzip wesentlich die Betriebseigenschaften des Druckaufnehmers.

Zur Signalgewinnung werden generell Differenzmeßverfahren genutzt, z. B. Wheatstone-Brücken, Differentialkondensatoren und -transformatoren. Der Vorteil dabei ist, daß auch bei angehobenem Drucknullpunkt der Signalwert Null ausgegeben werden kann und für die Spanne der ganze Signalbereich zur Verfügung steht, etwa bei einem Meßbereich von 4...10 bar. Häufig werden druckmittlerartige Vorlagen verwendet mit richtkraftlosen oder auch federelastischen Frontmembranen (s. Abschnitt 4.12).

4.5 Dehnungsmeßstreifen (DMS)

Metallische Dehnungsmeßstreifen nutzen den Effekt, daß ein metallischer Leiter bei Dehnung eine Vergrößerung seiner Länge l mit gleichzeitiger Verringerung seines Querschnitts A erfährt.

Der elektrische Widerstand R des Leiters ist bekanntlich

$$R = \varrho \cdot \frac{l}{A} \qquad \text{(Gl. 4.27)}$$

Somit führt eine Dehnung Δl zu einer Erhöhung seines elektrischen Widerstandes. Für die relative Widerstandsänderung $\Delta R/R$ findet man:

$$\frac{\Delta R}{R} = k \cdot \frac{\Delta l}{l} = k \cdot \varepsilon \qquad \text{(Gl. 4.28)}$$

k k-Faktor (engl.: gauge-factor)
ε $\Delta l/l$ relative Dehnung

4.5.1 Theorie der DMS

Bei Metallen wird durch die Dehnung der elektrische Leitungsmechanismus kaum beeinflußt, d.h., der spezifische Widerstand ϱ ändert sich nur unerheblich.

Bei Halbleitern dominiert dagegen die Änderung des spezifischen Widerstandes ϱ unter mechanischer Spannung.

Im folgenden soll der Wert des *k*-Faktors mit Hilfe der Elastizitätstheorie bestimmt werden. Man betrachte dazu einen metallischen Quader der Länge l und quadratischen Querschnitts $A = b \cdot b$ nach Bild 4.15. Er werde einer Zugspannung $\sigma = F/A$ unterworfen und dehne sich nach dem Hookeschen Gesetz um Δl aus.

Der Proportionalitätsfaktor zwischen Spannung σ und relativer Längenänderung $\Delta l/l$ ist der Elastizitätsmodul E:

$$\sigma = \frac{\Delta l}{l} \cdot E = \varepsilon \cdot E \qquad \text{(Gl. 4.29)}$$

Mit der Verlängerung $\Delta l/l$ verringert sich die Querabmessung des Quaders $\Delta b/b$:

$$\frac{\Delta b}{b} = - v \cdot \frac{\Delta l}{l} \qquad \text{(Gl. 4.30)}$$

Das negative Vorzeichen ist nötig, da sich der Querschnitt bei Längenausdehnung vermindert. Setzt man in Gleichung 4.27 $A = b^2$, so ergibt sich für die relative Widerstandsänderung $\Delta R/R$:

$$\frac{\Delta R}{R} = \frac{\Delta \varrho}{\varrho} + \frac{\Delta l}{l} - 2 \cdot \frac{\Delta b}{b} \qquad \text{(Gl. 4.31)}$$

Mit Gleichung 4.30 folgt:

$$\frac{\Delta R}{R} = \frac{\Delta \varrho}{\varrho} + (1 + 2v) \frac{\Delta l}{l} \qquad \text{(Gl. 4.32)}$$

und mit $\varepsilon = \Delta l/l$ wird

$$\frac{\Delta R}{R} = \left(\frac{\Delta \varrho/\varrho}{\varepsilon} + (1 + 2v) \right) \cdot \varepsilon \qquad \text{(Gl. 4.33)}$$

Der Vergleich von Gleichung 4.33 mit Gleichung 4.28 liefert schließlich:

$$k = \left(\frac{\Delta \varrho/\varrho}{\varepsilon} + (1 + 2v) \right) \qquad \text{(Gl. 4.34)}$$

Für Konstantan, einen üblichen Werkstoff für Metall-DMS, findet man $k \approx 2$.

Mit $v = 0{,}3$ wird die relative Widerstandsänderung also im wesentlichen durch den Geometriefaktor $(1 + 2v)$ bestimmt, der Beitrag aus der Änderung des spezifischen Widerstandes ϱ unter elastischer Verformung beträgt nur etwa $(\Delta \varrho/\varrho)/\varepsilon \approx 0{,}4$.

Bei plastischer Verformung ist $(\Delta \varrho/\varrho)/\varepsilon \approx 0$.

4.5.2 Druckmessung mit DMS

Mit Hilfe der relativen Widerstandsänderung $\Delta R/R$ eines metallischen Leiters lassen sich also mechanische Dehnungen in elektrische Größen wandeln. Die relative Widerstandsänderung ist nur knapp doppelt so groß wie die relative mechanische Dehnung. Um in der Praxis das Meßergebnis nicht durch Übergangswiderstände an Lötstellen zu sehr zu beeinflussen (Thermospannungen usw.), sollte der Wert des Widerstandes R mindestens 1000 Ω betragen. Man gestaltet daher den metallischen Leiter mäanderförmig, so daß man auf kleinster Fläche einen ausreichend hohen

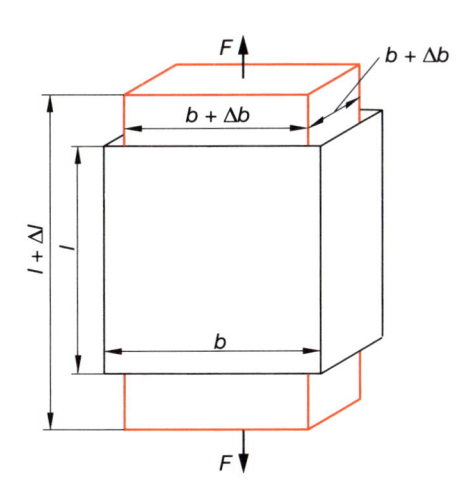

Bild 4.15 Verringerung des Querschnitts eines elastischen Festkörpers bei uniaxialer Dehnung

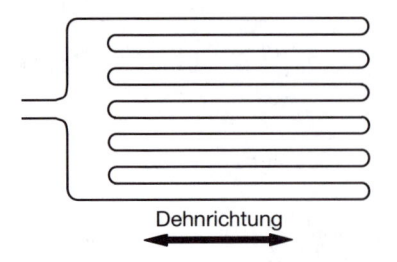

Bild 4.16 Drahtmäander eines metallischen Dehnungsmeßstreifens

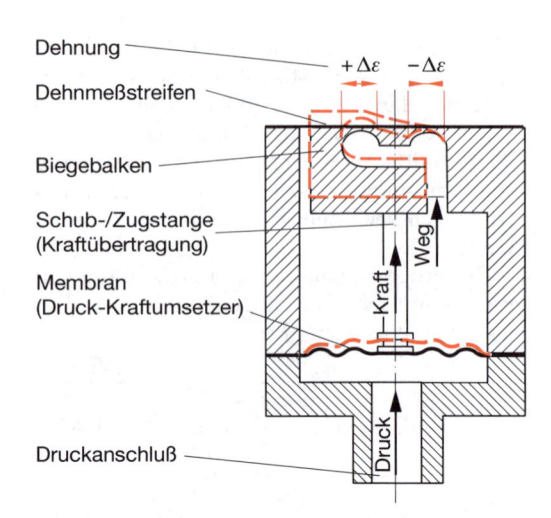

Bild 4.18 Druckmeßumformer mit DMS auf einem Biegebalken [4.6]

Widerstandswert erzielt. Das Prinzip zeigt Bild 4.16.

Die Meßeffekte liegen bei DMS in gleicher Größenordnung wie Störeffekte (ca. $2 \cdot 10^{-3}$). Meist ist eine Verschaltung mehrerer solcher Meßstreifen zu einer Wheatstone-Meßbrücke unverzichtbar, wenn man Präzisionsergebnisse erzielen will. Dabei müssen die einzelnen Zweige der Meßbrücke auf etwa 10^{-6} übereinstimmen, was jedoch erst nachträglich durch Zuschaltung von Korrekturwiderständen oder besser mit Abgleich der Widerstände durch Lasertrimmen geschehen kann.

Bei der Wheatstone-Brücke arbeiten jeweils die zwei diametral gegenüberliegenden Teilwiderstände der Brücke gleichsinnig, um den maximalen Meßeffekt zu liefern (Bild 4.17).

Unter der Voraussetzung gleicher Widerstände und symmetrischer Dehnung bzw. Stauchung ergibt sich für die Meßspannung ΔU der Brücke

$$\Delta U = \frac{\Delta R}{R} \cdot U_0 \qquad \text{(Gl. 4.35)}$$

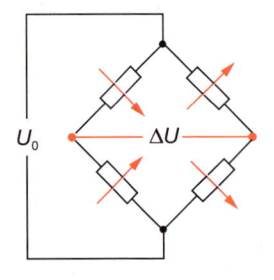

Bild 4.17 DMS, zu einer Wheatstone-Brücke verschaltet

Mit Dehnungsmeßstreifen lassen sich kleine Auslenkungen federelastischer Meßglieder auf vielfältige Art erfassen. Zur Druckmessung überträgt man beispielsweise die Membranauslenkungen auf Biegebalken wie bei dem marktüblichen Drucktransmitter in Bild 4.18 und appliziert an den Stellen stärkster Verformung Dehnungsmeßstreifen. Biegebalken mit Dehnungsmeßstreifen wie in Bild 4.19 eignen sich auch für Anwendungen in der Wägetechnik, Geometrien nach Bild 4.20 erlauben schließlich die Messung von Drehmomenten an Antriebswellen.

Dehnungsmeßstreifen für kreisförmige Membranen bestehen bereits aus vier Teilwiderständen und lassen sich leicht zu einer Brücke verschalten. Die Mäander der Meßbrücken in Bild 4.21 sind so orientiert, daß sie jeweils die maximale Dehnung der Membrane erfahren: Bei der DMS-Rosette in Dünnschichttechnik (Bild 4.21a) verlaufen sie im Zentrum tangential, am Rande radial. Die Rosette in Teilbild 4.21b enthält zu den eigentlichen Mäandern zahlreiche weitere kurze Bahnstücke. Diese dienen zum genauen Abgleich der Teilwiderstände mittels Lasertrimmen. Die mittleren Mäander dieser Rosette stellen eine Mischung aus radialer und tangentialer Orientierung dar. Damit soll erreicht

Dehnungsmeßstreifen (DMS) 83

Bild 4.19
Biegebalken mit vier Dehnungsmeßstreifen

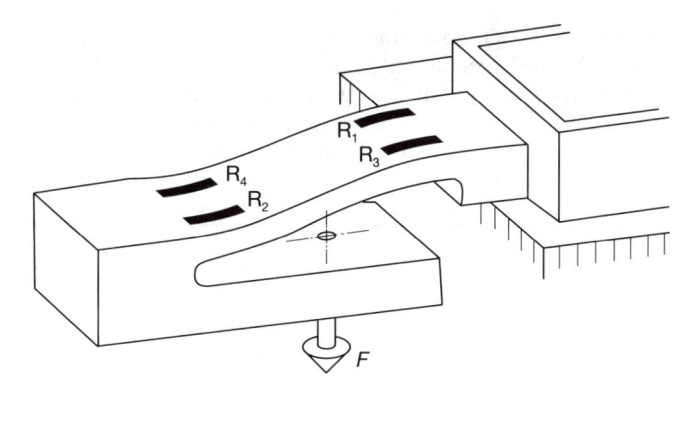

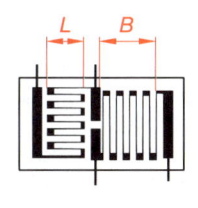

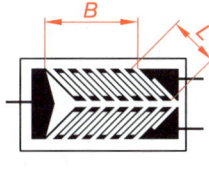

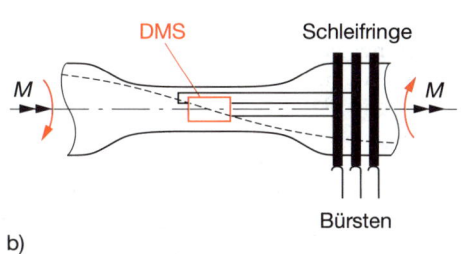

Bild 4.20
a) Layout von Dehnungsmeßstreifen für Dehnung in zwei zueinander senkrechten Richtungen (links) und zur Messung von Drehmomenten an Antriebswellen (rechts)
b) Meßwelle mit DMS für Drehmomentmessungen

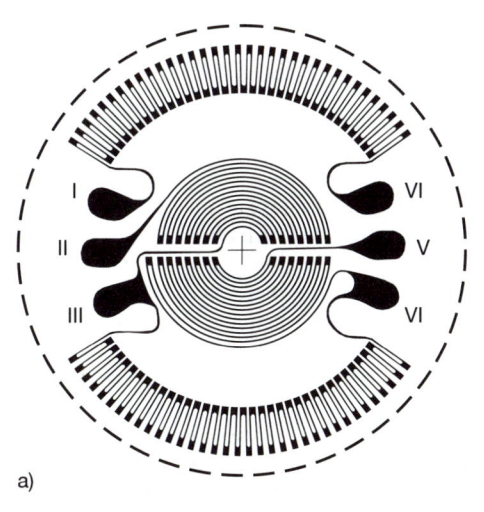

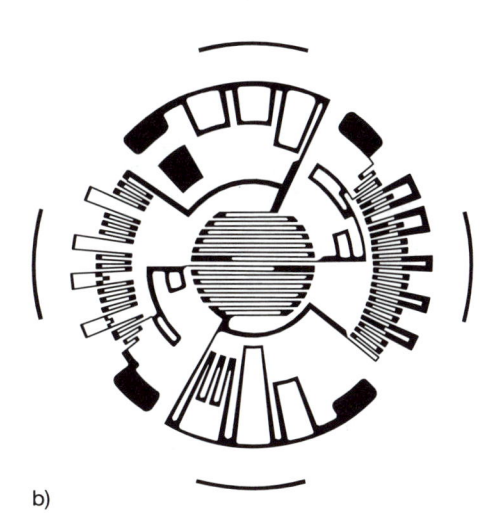

Bild 4.21
a) DMS-Rosette in Dünnfilmtechnik für kreisförmige Membranen
b) DMS-Rosette für kreisförmige Membranen mit Abgleichstegen

werden, daß Dehnung und Stauchung der Leiterbahnen sich gerade gleichen.

Wie die Praxis nämlich zeigt, entsprechen sich Dehnung und Stauchung nicht exakt, ferner gilt die Proportionalität zwischen σ und Δp nur für kleinste Auslenkungen f/h. Dies führt zu Nichtlinearitäten im Signal, die elektronisch kompensiert werden müssen. Teilweise gelingt dies auch durch spezifische Gestaltung der Membranen, etwa in Ringform wie in Bild 4.11. Insgesamt lassen sich heute Nichtlinearitäten kleiner als 0,1 % erreichen.

4.5.3 Technologie der DMS

Dehnungsmeßstreifen werden in zwei prinzipiellen Ausführungen angeboten:

a) Folien-DMS bestehen aus Widerstandslegierungen (meist Konstantan). Sie werden als dünne Folien ausgewalzt und durch diverse Ätzschritte auf Mäanderform gebracht, zwischen Kunststoff-Folien laminiert und mit Spezialklebern auf der Unterlage (Biegebalken oder Membrane) fixiert. Folien-DMS haben Brückenwiderstände zwischen 120 Ω und 2 kΩ und sind für Temperaturen bis ca. 80 °C einsetzbar. Sie können an beliebige Meßstellen (Wellen, Tragekonstruktionen usw.) angebracht werden und zeichnen sich aus durch ihre hohe Auflösung (z. B. bei Wägezellen von 1 zu 10^6) und Reproduzierbarkeit von bis zu 0,001 %.

Nachteilig sind die geringe zulässige Temperatur und der hohe Prüfaufwand in der Fertigung. Weitere Nachteile der Folien-DMS liegen in der Verbindung zwischen Membrane und Dehnmeßstreifen, also in der Halterungs- und Klebetechnik: Selbst nach thermischer Voralterung zeigen Kleber langfristig noch Schrumpfverhalten. Außerdem können sie Feuchtigkeit aus der Luft aufnehmen und quellen, Gleiches gilt für die Kunststoffolien, zwischen die der Folien-Dehnmeßstreifen eingeschweißt ist. Daraus resultierende Alterungserscheinungen führen vor allem zu Nullpunktsdrift.

Auch die Temperaturfestigkeit der Klebstoffe stellt eine Einsatzgrenze dar. Die genannten Einflüsse führen dazu, daß die Langzeitstabilität der Folien-DMS nur mäßig ist, speziell beim Einsatz nahe der oberen zulässigen Temperatur.

b) Bei Dünnfilm-DMS wird das Metall in Vakuumprozessen (Aufdampfen, Katodenzerstäuben, Sputtern, Chemical Vapor Deposition – CVD) als dünne Schichten (Schichtdicke ca. 50 nm) auf einer metallischen Unterlage abgeschieden, meist direkt auf der Membran zur Druckmessung, elektrisch isoliert durch eine dünne, nichtleitende Oxidschicht.

Die Strukturierung der Widerstandsbahnen kann direkt beim Abscheiden durch Masken erfolgen oder auch nachträglich durch fotolithographische Ätzprozesse.

Der genaue Abgleich erfolgt schließlich mit Lasertrimmen. Zum Schutz vor Korrosion wird die Widerstandsschicht schließlich noch mit einer Passivierungsschicht überzogen.

Die Brückenwiderstände liegen typischerweise zwischen 350 Ω und 10 kΩ, Dünnfilm-DMS sind für Temperaturen bis 170 °C geeignet.

Sie zeigen eine ähnlich hohe Auflösung wie Folien-DMS, aber wesentlich höhere zulässige Temperaturen. Aufgrund der fotolithographischen Herstellungsprozesse sind sie sehr klein herstellbar, durch das Aufdampfen bzw. Sputtern ergibt sich eine sehr feste Verbindung zur Unterlage. Die bei Folien-DMS durch Kunststofflaminat und Kleber bedingten Nachteile werden dadurch vermieden. Nachteil der Dünnschicht-DMS ist der hohe Herstellungsaufwand in Vakuumprozessen, der nur bei hohen Stückzahlen rentabel ist.

4.6 Piezoresistive Druckaufnehmer

Drucksensoren auf Basis von Silizium beruhen auf den piezoresistiven Eigenschaften des Halbleiters. Man versteht unter Piezoresistivität die Änderung des spezifischen Widerstandes ρ unter äußerer mechanischer Spannung. Ursache ist eine Verschiebung der Energiebänder des Halbleiters unter Druck und damit verbunden eine Änderung der Beweglichkeit und Dichte der Ladungsträger innerhalb der Bänder. Der Effekt hängt wesentlich ab von Art und Grad der Dotierung (n-, p-,

Trägerdichte) und von der Richtung des Druckes und des Stromflusses bezüglich der Kristallachsen des Siliziums. Bei p-dotiertem Si erhöht sich der elektrische Widerstand bei Dehnung (d.h., $k > 0$), bei n-Dotierung vermindert er sich (d.h., $k < 0$). In der [110]-Orientierung ist der k-Faktor für n- und p-leitende Widerstandsbahnen entgegengesetzt gleich groß, für andere Orientierungen wiederum verschwindet k für n- oder p-leitendes Material nahezu (Bild 4.22). In der Praxis wird meist p-dotiertes Material mit positivem k-Faktor verwendet.

Durch geeignete Wahl der Parameter lassen sich k-Faktoren von weit über 100 erreichen. Mit einem Poisson-Koeffizienten von $v = 0{,}35$ (in [111]-Richtung) folgt aus Gleichung 4.34, daß die Änderung des spezifischen Widerstandes $(\Delta\varrho/\varrho)/\varepsilon$ etwa 50…70mal so groß wie der Geometrieterm $(1 + 2v)$ ist. Es ergibt sich bei gleicher Brücken-Speisespannung U_0 und gleicher Dehnung ε für Halbleiter also eine wesentlich höhere Signalspannung U als bei metallischen Dehnungsmeßstreifen. Andererseits erfordert die sehr hohe Temperaturabhängigkeit des k-Faktors bei den Halbleitern grundsätzlich eine Wheatstone-Brückenschaltung und engt außerdem den zulässigen Temperaturbereich drastisch ein.

Inzwischen haben sich mikroelektronikkompatible Sensoren aus monokristallinem Silizium auf breiter Front durchgesetzt. Bei diesen besteht die federelastische Meßmembrane selbst aus einkristallinem Silizium und bildet mit dem Tragring zusammen eine monolithische Einheit. Die Widerstandsbahnen sind mit Methoden der Chipfertigung in Form von Wheatstone-Brücken direkt in die Membrane eingelagert, evtl. zusätzlich noch mit temperaturabhängigen Widerständen zur Korrektur des Temperatureinflusses. Ihr Einsatzbereich sind Aufgaben zur Absolut-, Über- und Differenzdruckmessung mit Meßbereichen von 0,1 bar bis 1000 bar.

4.6.1 Eigenschaften piezoresistiver Drucksensoren

Neben dem hohen k-Faktor und kurzen Einstellzeiten bieten monolithische Silizium-Druckaufnehmer noch eine Reihe weiterer *Vorteile*:

❑ Sie sind für statische und dynamische Messungen hervorragend geeignet.
❑ Sie zeigen eine weitgehend lineare Kennlinie. Das Hookesche Gesetz gilt nahezu bis

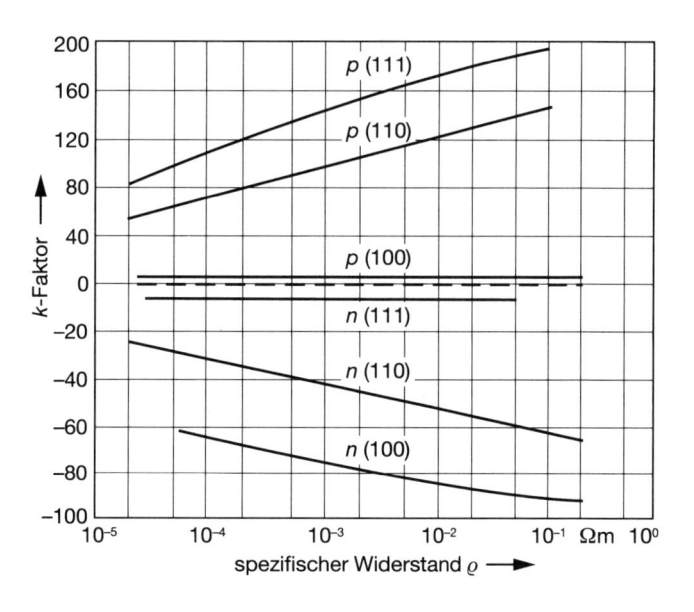

Bild 4.22
k-Faktoren für n- und p-leitendes monokristallines Silizium für die wichtigsten kristallographischen Orientierungen

zur Bruchgrenze. Meßtechnisch genutzte Dehnungen $\Delta l/l$ liegen unter 0,1 %.
- Sie können in großen Stückzahlen mit den gleichen Methoden und auf den gleichen Anlagen gefertigt werden wie die hochintegrierten elektronischen Schaltkreise (ICs).
- Si-Sensoren können durch die Massenproduktion billig hergestellt werden.
- Sie sind leicht miniaturisierbar.
- Si ist als Werkstoff aus der Mikroelektronik sehr gut bekannt, sowohl was seine mechanischen Materialeigenschaften als auch technologische Möglichkeiten betrifft.
- Si hat ein sehr gutes elastisches Verhalten: geringe Hysterese, hohe Langzeitstabilität.
- Der Si-Sensor kann zusammen mit der Elektronik auf gleichem Chip integriert werden.

An *Nachteilen* sind zu nennen:

- Si ist sehr empfindlich gegen dynamische Überlastungen und Druckschläge.
- Der mögliche Temperaturbereich ist begrenzt auf maximal $-50\ldots+130\,°C$.

Mit steigender Temperatur werden die p-n-Übergänge zwischen Widerstandsbahnen und Substrat niederohmig, die Leckströme führen zu Meßfehlern. Verbesserungen bringen Polysilizium-Meßzellen nach Bild 4.23: Man nutzt weiterhin die guten elastischen Eigenschaften der monokristallinen Siliziummembrane, versieht diese jedoch in einem Oxidationsprozeß mit einer isolierenden SiO_2-Schicht und bringt darüber in einem CVD-Prozeß dünne, mäanderförmige polykristalline Siliziumbahnen auf. Eine weitere Passivierungsschicht schützt schließlich die Oberfläche nach außen gegen Feuchtigkeit. Da die Zelle vollkommen aus Si und SiO_2 besteht, treten mit der Temperatur keine mechanischen Verspannungen auf; durch die bessere elektrische Isolation der Widerstandsbahnen gegeneinander und das Si-Substrat sind Temperaturen bis über 150 °C zulässig.

4.6.2 Herstellung und Aufbau piezoresistiver Drucksensoren

Die Herstellverfahren für Silizium-Drucksensoren bedienen sich der gleichen Technologie, wie sie bei den hochintegrierten elektronischen Schaltkreisen üblich ist. Auf einem einzigen Wafer entstehen Hunderte bis Tausende von Einzelelementen gleichzeitig. Zunächst werden auf den Scheibenvorderseiten die entsprechenden Widerstandsbahnen durch Diffusionsprozesse bzw. Ionenimplantation eingebracht. Bild 4.24 zeigt die Plazierung je einer radial (R_r) und tangential (R_t) orientierten Widerstandsbahn am Membranrand. In der Regel werden alle vier Widerstände der Brücke an der gleichen Stelle angelegt. Man verzichtet also auf den maximal möglichen Meßeffekt, dafür wirken sich aber evtl. Temperaturunterschiede auf der Membrane weniger aus. Des weiteren wird auch die mechanische Eigenschaft der Membrane nicht durch metallische Bedampfungen beeinflußt, wie sie z. B. bei An-

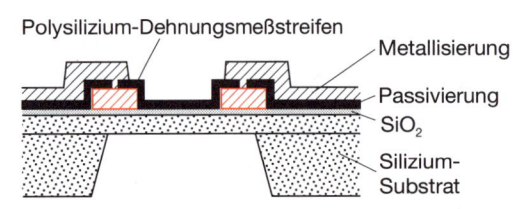

Bild 4.23 Aufbau eines Dünnfilm-Dehnungsmeßstreifens aus polykristallinem Silizium (nach [4.7])

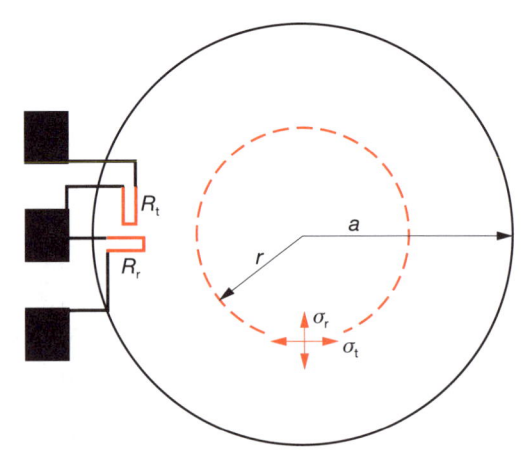

Bild 4.24 Anordnung der Meßwiderstände auf der Membrane einer monokristallinen Si-Druckmeßzelle (nach [4.8])

ordnung von Widerständen in der Membranmitte auftreten würden.

Zur Erzielung der für den jeweiligen Druckbereich nötigen Membrandicke wird auf der Rückseite ein Teil des Materials abgetragen, entweder mechanisch oder durch geeignete Ätzverfahren. Kreisförmige Membranen stellt man durch isotropes, rechteckige Membranen durch anisotropes Ätzen her. Je nach dem Verfahren ergeben sich bestimmte Strukturen zwischen Tragring und Membrane, wie in Bild 4.25. Bei der mechanischen Bearbeitung erzielt man einen rechtwinkligen Übergang zwischen Tragring und Membrane, was eine besonders gute Linearität zur Folge hat (Verformung erfolgt weitgehend nach der Theorie). Allerdings werden dabei zahlreiche Versetzungen im Membranmaterial hervorgerufen, die anschließend durch Temperprozesse wieder ausgeheilt werden müssen.

Schließlich wird die Meßzelle im Aluminiumlegierverfahren oder durch Anodic Bonding auf einer Basisplatte aus Glas oder Silizium befestigt (Bild 4.26), auf einen Träger (z. B. ein TO8-Transistorgehäuse) aufgebracht und die Anschlüsse mit Golddrähtchen kontaktiert (Bild 4.27). In dieser Form sind die Zellen bereits für den Einsatz in trockenen, nicht aggressiven Gasen geeignet. Man kann die empfindliche Vorderseite aber auch durch einen gelartigen Überzug schützen oder problematische Gase auf die weniger empfindliche Rückseite der Membrane wirken lassen.

Für kritische Anwendungen und im rauhen Prozeßeinsatz wird die Halbleiterzelle in

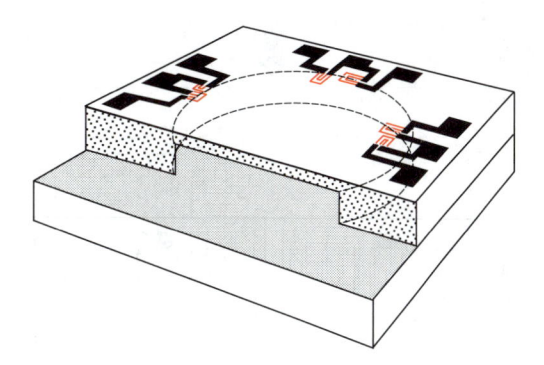

Bild 4.26 Schema einer piezoresistiven Druckmeßzelle

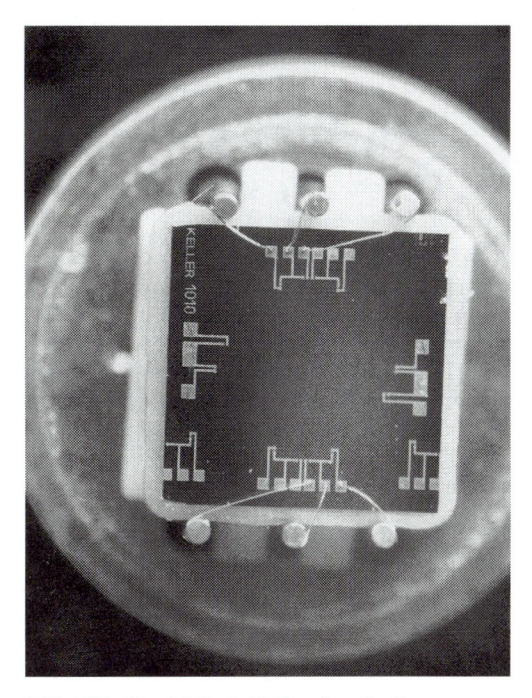

Bild 4.27 Kontaktierte Si-Druckmeßzelle

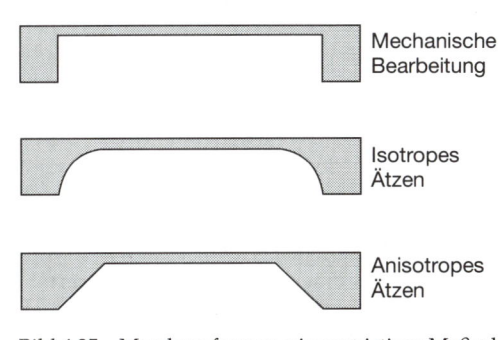

Bild 4.25 Membranformen piezoresistiver Meßzellen bei mechanischem Abtrag (oben) und mittels isotroper und anisotroper Ätzverfahren

ein metallisches Gehäuse aus Edelstahl eingebaut, in dem eine dünne, richtkraftlose Membrane (Edelstahl, Tantal, Hastelloy usw.) das Prozeßmedium fernhält (Bild 4.28). Das Volumen wird gefüllt mit Silikonöl (bei Einsatz im Lebensmittelbereich mit Mandel- oder Pflanzenöl).

An das Öl stellen sich hohe Forderungen: Es muß eine möglichst geringe thermische

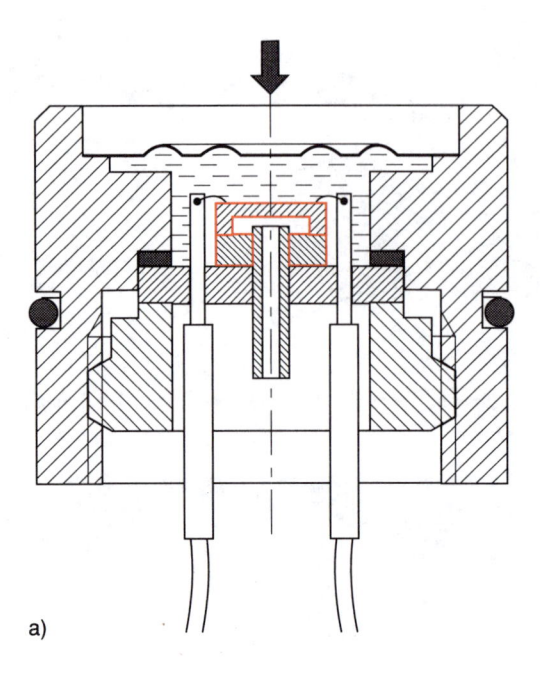

Bild 4.28
a) Aufbau einer piezoresistiven Meßzelle im Edelstahlgehäuse
b) Meßzelle im Metallgehäuse (nach [4.9])

Ausdehnung aufweisen, da ansonsten durch den Druckaufbau eine Nullpunktsverschiebung des Brückensignals resultiert: Eine Temperaturerhöhung um 100 °C kann durchaus eine Druckerhöhung von 100 mb nach sich ziehen, was besonders bei niedrigen Druckmeßbereichen nicht tolerierbar ist. Ähnliche Probleme treten auf, wenn das Öl bei Temperaturerhöhung ausgast.

Insgesamt gesehen ist der Aufwand für das Metallgehäuse und die Ölfüllung sehr hoch und hebt die Kostenvorteile durch die Massenfertigung der Halbleitermeßzellen weitgehend wieder auf.

4.6.3 Temperatureinfluß

Monolithische Druckaufnehmer aus Silizium haben bei Nenndruck mit einem Signal von 50 mV/V (d.h. 50 mV Brückenspannung pro Volt Speisespannung) einen etwa 50fach höheren Meßeffekt als Sensoren mit metallischen Dehnungsmeßstreifen. Andererseits tritt aber auch ein besonders hoher Temperatureinfluß auf. Bild 4.29 zeigt einige typische Kennlinien für verschiedene Temperaturen bei Speisung der Brücke mit Konstantspannung. Zu erkennen ist sowohl eine Temperaturabhängigkeit des Nullpunktes als auch der Spanne, d.h. Steigung der Kennlinie. Aus ihr ergibt sich eine Änderung des k-Faktors um $-0,2\%/K$. Speist man die Brücke mit konstantem Strom, so kompensiert die temperaturbedingte Zunahme des Brückenwiderstandes von ca. $+0,22\%/K$ zum großen Teil die Abnahme des k-Faktors, wodurch die Empfindlichkeit innerhalb eines mäßigen Temperaturbereiches in etwa konstant bleibt. Durch Parallelschaltung von festen Widerständen zu einzelnen Brückenzweigen kann das Temperaturverhalten verbessert werden. Falls nur eine Konstantspannung zur Verfügung steht, kann durch Vorschalten eines NTC-Widerstandes parallel zu einem Festwiderstand der durch die Brücke fließende Strom annähernd konstant gehalten werden. Insgesamt ergibt sich letztendlich eine aufwendige Zusatzbeschaltung zur eigentlichen Meßbrücke wie in Bild 4.30. Im Falle einer digitalen Signalverarbeitung läßt sich der Temperatureinfluß auch softwaremäßig kompensieren, allerdings ist dazu eine Temperaturmessung auf der Membrane erforderlich.

Bild 4.29
Temperaturabhängigkeit der
Kennlinien piezoresistiver Druck-
aufnehmer (nach [4.10])

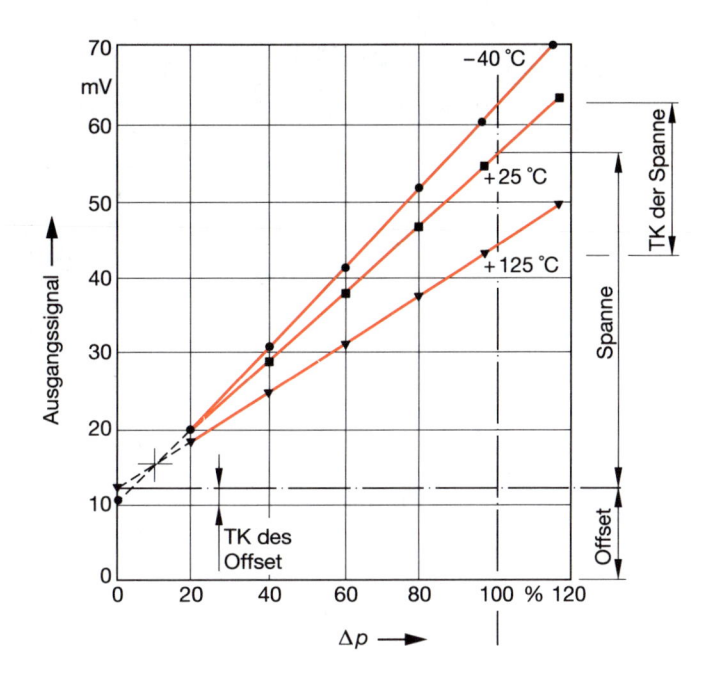

Die Verschiebung des Nullpunktes mit der Temperatur ist zurückzuführen auf mechanische Spannungen in der Membrane und – bei Einbau in einer metallischen Meßzelle mit Ölvorlage – natürlich auch auf die Druckänderung im Ölvolumen.

Um eine hohe Linearität, Genauigkeit und geringen Temperatureinfluß zu gewährleisten, muß jedes einzelne Exemplar in aufwendigen Temperaturzyklen vermessen und abgeglichen werden. Damit geht der Vorteil rationeller Fertigung der Halbleitersensoren durch den erhöhten Prüfaufwand und die Temperatur- und Druckzyklen für die Voralterung wieder verloren.

Außerdem ist die Elektronik an die jeweilige Meßzelle anzupassen. Bei programmierbaren Verstärkern können durch eine Reihe von Bits die Widerstände für den korrekten Abgleich digital eingestellt werden (Bild 4.31). An modernen, computergestützten Prüfständen lassen sich die Prüfzyklen automatisch durchfahren, die individuellen Sensordaten erfassen und der zugehörige Verstärker entsprechend auch automatisch parametrisieren.

4.6.4 Bauformen piezoresistiver Meßumformer

Außer passiven Brücken werden heute im wesentlichen piezoresistive Druckmeßumformer in zwei Gerätelinien angeboten:

a) Bei den **Aufnehmern** ist die Auswerteelektronik (analog oder digital) in einem kleinen Gehäuse nahe beim Sensorelement integriert. Die Aufnehmer stellen kleine, sehr leistungsfähige Zweileiter-Druckmeßumformer mit Einheitssignal dar. Bild 4.32 zeigt typische Beispiele. Durch die frontbündig angeordnete Membrane entstehen bei der Montage keine Toträume, so daß diese Meßumformer auch für den Einsatz im Lebensmittelbereich gut geeignet sind. Ansonsten finden sie Anwendung in weniger rauher Betriebsumgebung oder in voll gekapselter Form als Tauchsonden zur Standmessung in Tiefbrunnen. Zunehmend ersetzen diese Aufnehmer – mit reduzierten Ansprüchen an die Genauigkeit – auch die klassischen Manometer dort, wo neuerdings Fernübertragung der Meßwerte nötig ist.

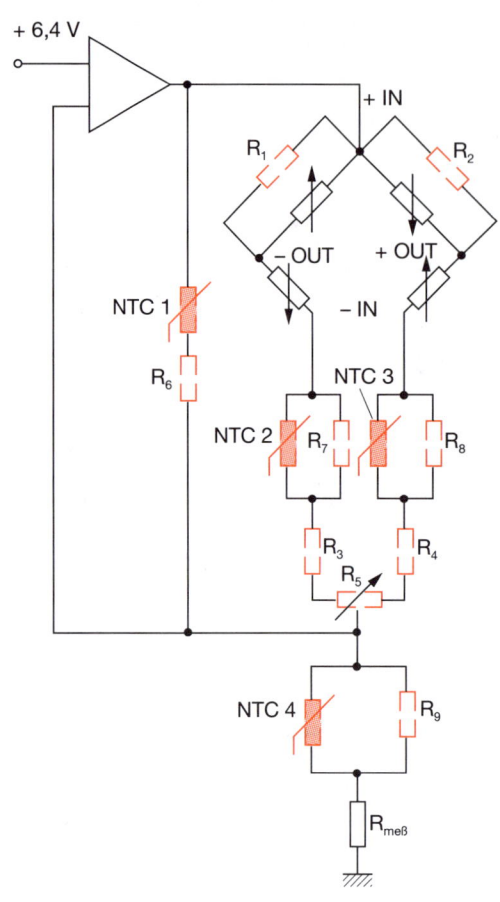

Bild 4.30 Piezoresistive Meßbrücke mit Zusatzbeschaltung zur Kompensation des Temperatureinflusses auf Nullpunkt und Spanne

In diesem Sektor sind auch Meßgeräte zu finden, die die einfache Applikation und örtliche Anzeige eines Manometers mit der Digitaltechnik vereinen (Bild 4.33): Eine monokristalline Siliziumzelle zusammen mit einem batteriebetriebenen Mikrocontroller im Gehäuse erlaubt die digitale Anzeige des Druckes und bietet darüber hinaus noch eine Datenloggerfunktion. Die Meßwerte werden gespeichert und können über eine Schnittstelle auf einen PC übertragen und zeitlich dargestellt werden, wodurch sich das Manometer auch als Kontrollinstrument für temporären Einsatz eignet.

b) Die zweite Linie sind robuste **Transmitter** herkömmlicher Bauart für rauhesten Betriebseinsatz. Hier können piezoresistive Polysiliziumzellen (meist alternativ zu Zellen mit kapazitivem Meßprinzip) eingesetzt werden, wobei die Halbleiter bevorzugt die hohen Druckbereiche abdecken. Bild 4.34 zeigt dafür ein Beispiel.

4.6.5 Einsatz- und Auswahlkriterien

Metallische Dehnungsmeßstreifen sind zu bevorzugen bei Anwendungen mit höherer Prozeßtemperatur und dort, wo Überlast nicht ausgeschlossen werden kann. Sie haben einen kleineren Temperatureinfluß als Halbleiterzellen.

Nachteilig kann die unbefriedigende Langzeitstabilität metallischer Aufnehmer sein aufgrund des Kriechens der Metallmembranen: Durch die Lastspiele ändert sich das Gefüge im Material, was vor allem zu unkompensierbarer Nullpunktdrift führt.

Diesen Nachteil findet man in monokristallinem Silizium nicht. Vorteilhaft ist ferner beim Halbleiter die geringe Auslenkung der Membrane («weglose» Messung), somit beeinflussen evtl. Produktbeläge auf der (Trenn-)Membrane die elastischen Eigenschaften der Meßzelle kaum.

Schwierigkeiten bestehen bei Halbleitermeßzellen nach wie vor mit dem Temperaturgang und der Stabilität bei hohen Temperaturen, besonders bei Temperaturzyklen. Nachteilig ist ferner die geringe Überlastfestigkeit der Zelle (< 10facher Nenndruck) und die Gefahr von Membranbrüchen bei dynamischer Belastung (Druckschläge).

Die Metallmembranen reißen bei schockartiger Belastung dagegen weniger leicht, tragen aber möglicherweise bleibende Verformungen und damit oft Meßfehler davon. Eher von akademischem Interesse ist, ob man nach derartigen Belastungen einen unerkannten Meßfehler oder einen defekten Aufnehmer bevorzugt.

Tabelle 4.2 zeigt zusammenfassend eine Gegenüberstellung von metallischen Dünnfilmsensoren und monolithischen/polykristallinen Silizium-Drucksensoren.

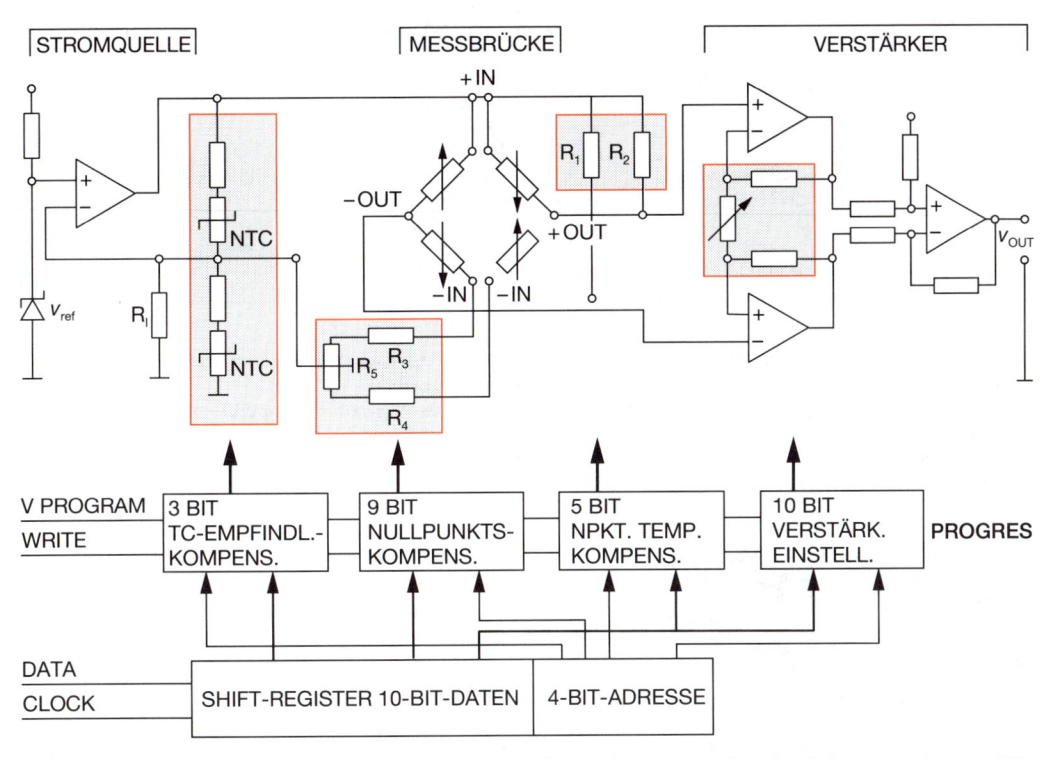

Bild 4.31 Programmierbarer Verstärker. Geeignete Widerstandswerte werden durch Setzen geeigneter Bits in einem EPROM vorgegeben. [4.9]

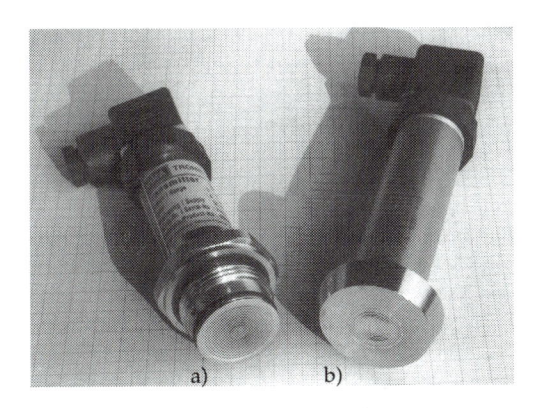

Bild 4.32 Druckaufnehmer
a) Einschraubversionen [4.9]
b) Frontbündige Membrane für den Einsatz in der Nahrungsmittelindustrie [4.11]

Bild 4.33 Digitales Manometer mit Meßwertspeicherung [4.9]

Tabelle 4.2 Eigenschaften und Einsatzbereiche piezoresistiver Drucksensoren und metallischer DMS-Aufnehmer

Metall	Silizium
Höchste Genauigkeiten Großer Temperatur-Einsatzbereich Temperaturstabilität von Nullpunkt und Spanne	Industriegenauigkeit Gutes Preis-Leistungs-Verhältnis Bei Poly-Silizium: Gutes Temperaturverhalten Hervorragende Langzeitstabilität Miniaturisierbarkeit
Einsatzbereich: Präzisionsmessungen in Pneumatik und Hydraulik Verfahrensanlagen Innendruckmessung an Kunststoff-Spritzgußwerkzeugen Wasserversorgung Füllstandsmessungen	Standard-Druckmessungen Maschinenbau Kompressoren- und Pumpenüberwachungen Wasser- und Abwassertechnik Medizin (Katheder)

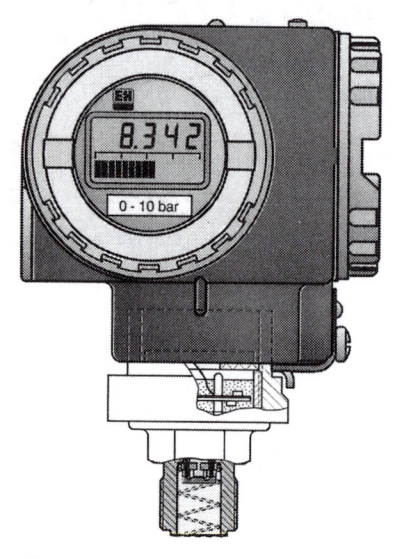

Bild 4.34 Drucktransmitter für den rauhen Betriebseinsatz [4.12]

4.7 Piezoelektrische Drucksensoren

Als Piezoelektrizität bezeichnet man die Eigenschaft mancher nichtleitender Festkörper mit einer polaren kristallographischen Symmetrieachse (Quarz, BaTiO$_4$-Keramik), unter äußerem uniaxialen Druck Ladungen zu verschieben, so daß zwischen den Endflächen eine elektrische Spannung auftritt, die mittels eines hochohmigen Ladungs- oder Elektrometerverstärkers verstärkt werden kann.

Wegen des endlichen Eingangswiderstandes des Verstärkers und des endlichen Innenwiderstandes der Kristalle fließt diese Ladung langsam wieder ab. Das Meßprinzip ist daher nur für die Erfassung dynamischer Druckvorgänge geeignet, Messung statischen Druckes ist nicht möglich.

4.8 Kapazitive Druckaufnehmer

4.8.1 Arbeitsprinzip

Die Wirkungsweise kapazitiver Druckaufnehmer beruht auf der Kapazitätsänderung eines Plattenkondensators, bei dem die federelastische Membrane eine der Elektroden darstellt. Die Kapazität C eines Plattenkondensators

$$C = \varepsilon_0 \cdot \varepsilon_r \cdot \frac{A}{d} \qquad \text{(Gl. 4.36)}$$

hängt ab von Plattenfläche A, Plattenabstand d und Dielektrikum ε_r. Zwar können alle drei genannten Größen zur Messung herangezogen werden, doch nutzt man bei Druckmes-

Kapazitive Druckaufnehmer

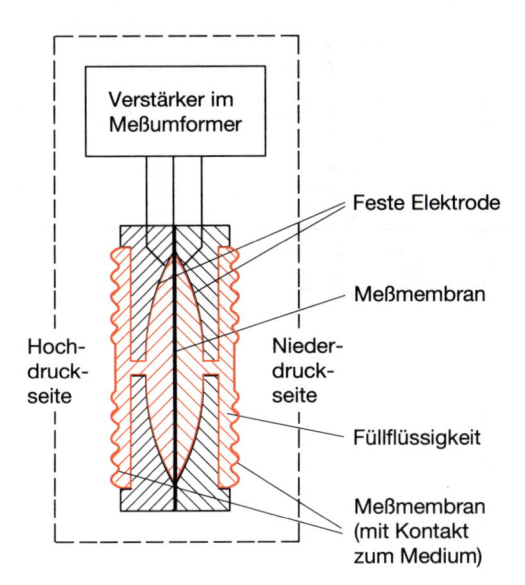

Bild 4.35 Differenzdruck-Meßumformer mit Differentialkondensator

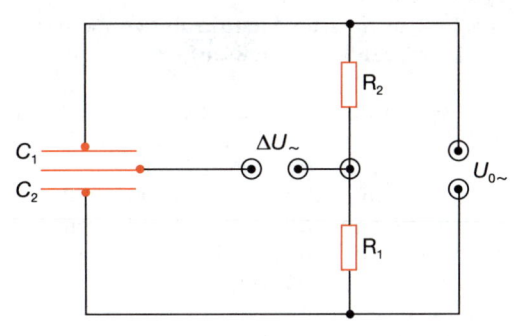

Bild 4.36 Schaltung der Wechselstrom-Meßbrücke

sungen nur die Änderung des Plattenabstandes d, in der Regel in einer Differentialanordnung, wie es Bild 4.35 zeigt. Die federelastische Meßmembrane steht zwei am Gehäuse angebrachten festen Elektroden gegenüber, die äußeren richtkraftlosen Wellmembranen trennen das Prozeßmedium gegen die Meßkammern ab. Die Füllflüssigkeit überträgt den Druck von den Außenmembranen auf die Meßmembran und dient gleichzeitig als Dielektrikum. Der Differentialkondensator ist elektrisch zusammen mit zwei festen ohmschen Widerständen als Wheatstone-Brücke geschaltet (Bild 4.36). Speist man die Brücke mit Wechselspannung, so lassen sich die kapazitiven Impedanzen

$$X_C = \frac{1}{\omega \cdot C} \qquad \text{(Gl. 4.37)}$$

der Kondensatoren messen. Dabei ist $\omega = 2\pi f$ die Kreisfrequenz der Wechselspannung. Für Plattenkondensatoren folgt mit den Gleichungen 4.36 und 4.37 für die Impedanz X_C:

$$X_C = \frac{d}{2\pi f \cdot \varepsilon_0 \cdot \varepsilon_r \cdot A} \qquad \text{(Gl. 4.38)}$$

Die Brückenspannung $\Delta U_\sim$ ergibt sich bei Speisung mit konstanter Wechselspannung $U_{0\sim}$ zu:

$$\Delta U_\sim = \left(\frac{X_2}{X_1 + X_2} - \frac{R_1}{R_1 + R_2} \right) U_{0\sim} \qquad \text{(Gl. 4.39)}$$

Setzt man Gleichheit der ohmschen Widerstände voraus ($R_1 = R_2$), so wird aus Gleichung 4.39:

$$\Delta U_\sim = \frac{X_2 - X_1}{X_2 + X_1} \cdot \frac{U_{0\sim}}{2} = \frac{C_1 - C_2}{C_1 + C_2} \cdot \frac{U_{0\sim}}{2} \qquad \text{(Gl. 4.40)}$$

Ohne Differenzdruck sind die beiden Abstände zwischen Membrane und Elektroden auf den Gehäusewänden gleich: $d_1 = d_2 = d$. Liegt dagegen unterschiedlicher Druck an, so wird die Membrane ausgelenkt; d_2 vergrößert sich beispielsweise um den gleichen Betrag δ, um den sich d_1 verringert:

$$\begin{aligned} d_2 &= d + \delta \\ d_1 &= d - \delta \end{aligned} \qquad \text{(Gl. 4.41)}$$

Daraus folgt:

$$\Delta U_\sim = \frac{d_2 - d_1}{d_2 + d_1} \cdot \frac{U_{0\sim}}{2} = \frac{\delta}{d} \cdot \frac{U_{0\sim}}{2} \qquad \text{(Gl. 4.42)}$$

Die Brückenspannung ist also direkt proportional zur Auslenkung δ, und wegen Gleichung 4.15 bzw. 4.17 besteht ein linearer Zusammenhang zwischen Signalspannung $\Delta U_\sim$ und Druckdifferenz Δp.

4.8.2 Technische Ausführung von kapazitiven Druckmeßumformern

Bei den marktgängigen Druckmeßumformern für die verfahrenstechnische Industrie findet man drei grundlegende Prinzipien:

a) Ein symmetrischer Aufbau als Zweikammer-Version mit innenliegender Trennmembrane, dessen Prinzip in Bild 4.35 und 4.37 dargestellt ist. Die Flüssigkeitsvolumina unter den äußeren Membranen sind sehr klein: Bei einseitiger Überlastung legt sich die Wellmembrane an entsprechend geformte Konturen des massiven Gehäusekörpers an, so daß sie keine bleibende Verformung erleidet. Man kann auch die Trennmembrane nach Bild 4.38 bei Überlastung durch das sphärisch gestaltete Kapselgehäuse auffangen. Damit überstehen die Zellen unbeschadet auch eine mehr als hundertfache Überlast.

b) Bild 4.39 zeigt eine symmetrische Einkammer-Version aus Keramik mit 2 außenliegenden Keramikmembranen. Die beiden Membranen sind auf der Innenseite metallisiert (Bild 4.39a), der Gehäusekörper trägt auf den jeweils gegenüberliegenden Seiten Metallisierungen. Die Füllflüssigkeit verbindet beide Membranen. Ein Differenzdruck bewirkt eine Auslenkung beider Membranen, die Kapazitäten C_1 und C_2 werden antisymmetrisch verändert. Bild 4.39b zeigt die Zelle in richtigen Relationen.

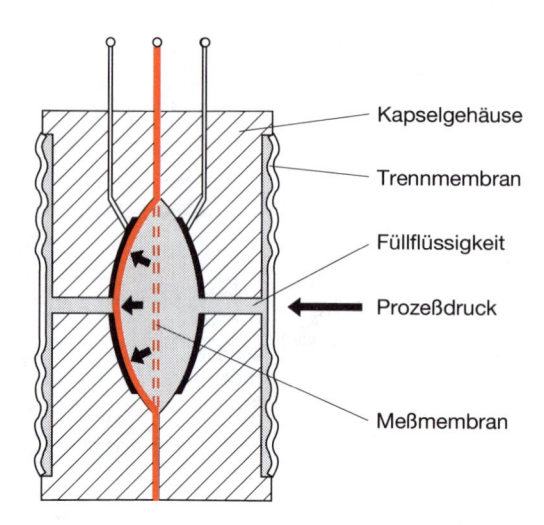

Bild 4.38 Membrane einer kapazitiven Druckmeßzelle bei Überlast

c) Ein unsymmetrischer Aufbau in Einkammerversion mit einer einzelnen Membrane, ebenfalls in Keramikausführung (Bild 4.40). Eine auf der Innenseite metallisierte Keramikmembrane steht durch einen Aktivlotring getrennt dem massiven Keramikkörper in einem Abstand von etwa 20...50 µm gegenüber (Bild 4.40a, b). Der Körper trägt außer der zentralen Metallschicht noch einen konzentrischen Ring, so daß zwischen der beschichteten Membrane und dem Körper zwei Kondensatoren entstehen. Die Zelle hat keine Ölfüllung, sie eignet sich bei entsprechender Modifikation sowohl für Absolut- als auch für Differenzdruck.

Aufgrund des sehr kleinen Membranweges ist auch diese Zelle überlastsicher.

4.8.3 Temperaturkompensation

Temperatureinflüsse können einerseits auf das Gehäuse wirken und dort mechanische Dehnungen hervorrufen, die zu Fehlmessungen führen. Andererseits ist ein Einfluß auch auf die Ölfüllung der Kammern zu erwarten, die zu einer Aufblähung der Zellen führt. Symmetrisch aufgebaute Kammern werden durch Wärmeausdehnung des Keramikkörpers nur

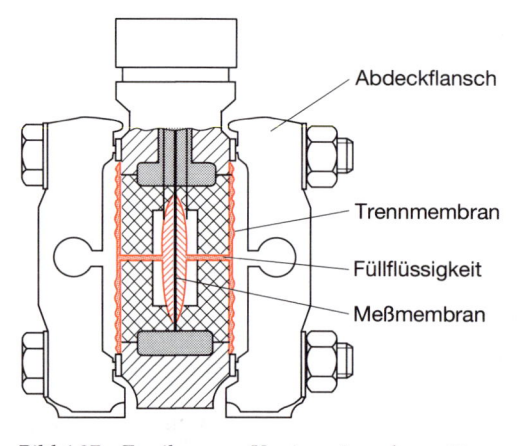

Bild 4.37 Zweikammer-Version eines kapazitiven Druckmeßumformers

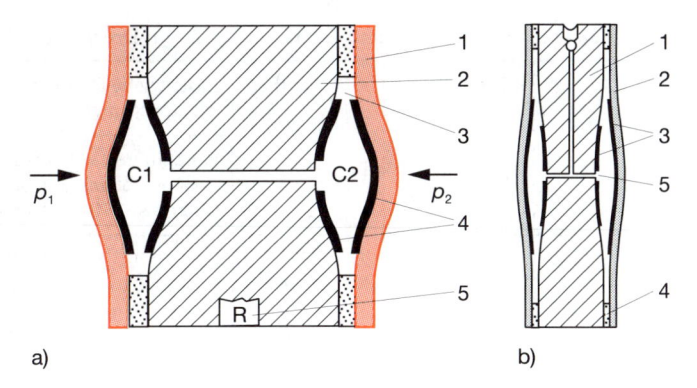

Bild 4.39 Symmetrische Einkammer-Version einer keramischen, kapazitiven Druckmeßzelle [4.12]
a) Funktionsprinzip
1 Keramikmembrane
2 Keramikkörper
3 Druckmittler-Flüssigkeit
4 Elektroden
5 integrierter Temperaturfühler

b) maßstäbliche Darstellung
1 Keramikkörper
2 Keramikmembrane
3 Elektroden
4 Lotring
5 Ölfüllung

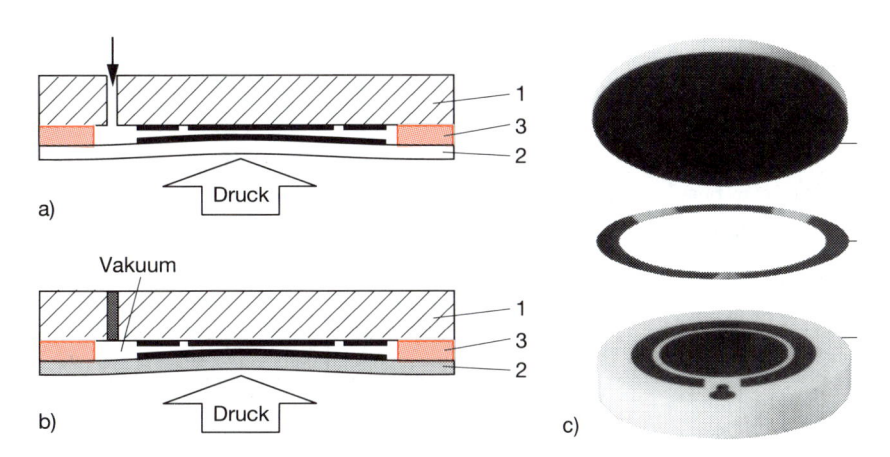

Bild 4.40 Unsymmetrische kapazitive Einkammer-Druckmeßzelle aus Keramik
a) Differenzdruck-Version
b) Absolutdruck-Version
1 Keramikkörper
2 Keramikmembrane
3 Aktivlotring

c) Aufbau der Zelle. Deutlich ist die Struktur der Metallschichten zu erkennen. Eine kreisförmige Schicht und ein Ring auf dem Keramikkörper stehen der Schicht auf der Membrane gegenüber.

gering beeinflußt, allerdings dehnt sich die Füllflüssigkeit merklich aus.

In der Version a) hat eine Zunahme des Füllvolumens keinen Einfluß auf die Lage der Trennmembrane gegen die beiden anderen Elektroden. Die Volumenausdehnung wird von den äußeren Wellmembranen aufgenommen.

In Version b) verringern sich die Kapazitäten C_1 und C_2 gleichsinnig, so daß sich die Wirkung nach Gleichung 4.40 aufhebt. Ein Hersteller nutzt die Änderung der Kapazitäts-

Tabelle 4.3 Technische Daten von piezoresistiven und kapazitiven Silizium-Druckmeßzellen

Kennwerte	Maßeinheit	Zielvorgaben	industrielle Differenzdruckmeßumformer	
			kapazitives Si-Sensorelement (micro-K [13])	piezoresistives Si-Sensorelement (audapas-SK [14])
Differenzdruck	[bar]	0,005...20	0,001...20	0,002...40
statischer Druck	[bar]	100...400	≤ 0,032: 32 sonst: 160 o. 420	≤ 0,06: 100 sonst: 100, 250, 400
Umgebungstemperatur	[°C]	−40...+80	−40...+85	−40...+80
Ausgangssignal	[mA]	4−20	4−20 HART-Protokoll (digitale Elektronik)	4−20 0−20 (analoge Elektronik)
Einschwingzeit bei RT (kleinster Meßbereich)	T_E [s]	0,1...2	1,3	0,5
Kennlinienübereinstimmung (Linearitätsfehler)	F_L [10^{-3}]	1...3	1	2
Hysteresefehler	F_H [10^{-3}]	< 1	< 1	< 1
TK-Übertragungsfaktor	α_B [10^{-3}/10 K]	0,5...2	1	2
TK-Nullpunkt	α_N [10^{-3}/10 K]	0,5...2	1	2
Einfluß d. statischen Drucks auf Nullpunkt (MB: 60 bar)	FS [10^{-3}/100 bar]	2...6	$2 \cdot 10^{-3}/32$ bar	3
druckinduzierter Zufallsfehler	$F_Z(\Delta p)$ [10^{-3}]	< 1	< 1	< 1
temperaturinduzierter Zufallsfehler	$F_Z(\delta)$ [10^{-3}]	2	−	2
zeitabhängiger Zufallsfehler (Langzeitdrift)	$F_Z(t)$ [$10^{-3}/T_M$]	< 1/Monat	1 T_M = 6 Monate	2 T_M = 6 Monate

summe $C_1 + C_2$ zur Bestimmung der Prozeßtemperatur und vergleicht sie mit einer direkten Temperaturmessung über ein Pt 100. Stimmen beide nicht überein, erfolgt Alarm.

Zellen der Version c) besitzen keine Ölfüllung, es wird nur die Materialdehnung wirksam. Hier läßt sich der Temperatureinfluß durch die besondere Struktur der beiden Teilelektroden auf dem Körper erreichen. Während eine Durchbiegung der Membran infolge von Druck im wesentlichen nur die mittlere Kapazität beeinflußt, wirkt eine Materialausdehnung oder eine Änderung der dielektrischen Eigenschaften in der Referenzkammer der Zelle gleichermaßen auf die zentrale wie auf die ringförmige Kapazität und erlaubt die Trennung von Meßeffekt und Temperatureinfluß.

Eine weitere Entwicklungsrichtung sind kapazitive Silizium-Druckmeßzellen. Hier nutzt man die hervorragenden elastischen Eigenschaften monokristallinen Siliziums und die Vorzüge einer kapazitiven Meßtechnik. Tabelle 4.3 vergleicht die Prozeßanforderungen mit real erzielbaren Werten anhand von piezoresistiven und kapazitiven Silizium-Meßzellen [4.13].

4.8 4 Einsatzbereiche der kapazitiven Meßzellen

Kapazitive Druckaufnehmer in symmetrischer Bauweise eignen sich besonders zur Messung von Differenzdruck. In Bauformen mit großen Membranen lassen sich insbesondere kleine und kleinste Druckmeßbereiche bis in den Sub-mb-Bereich abdecken. Auf den Membranen sind keine störenden Strukturen nötig wie etwa Dehnungsmeßstreifen, was besonders bei dünnen Membranen für kleine Meßbereiche Vorteile bringt. Keramikzellen zeichnen sich ferner durch ihre Resistenz gegen die verschiedensten Prozeßmedien aus. Die einfach zu realisierende Überlastfestigkeit der kapazitiven Zellen macht sie bei entsprechenden Einsatzfällen geeignet, auch Druckschläge stellen keine Probleme dar.

Nachteilig ist andererseits das kleine Meßsignal, was in elektrisch problematischer Umgebung zu Meßfehlern führen kann. Ferner führt die Temperatur bei nicht vollkommen symmetrisch aufgebauten Zellen zu mechanischen Spannungen und damit zu Fehlmessungen, vorwiegend zu Verschiebungen des Nullpunktes. Als Abhilfe dienen sog. schwimmende Zellen, bei denen die Ölfüllung der Meßkammern den zu messenden Druck auf einen frei aufgehängten Aufnehmer überträgt, wie aus Bild 4.41 hervorgeht.

Auf dem Markt werden Meßumformer angeboten, die wahlweise mit piezoresistiv oder kapazitiv arbeitenden Aufnehmern bestückt

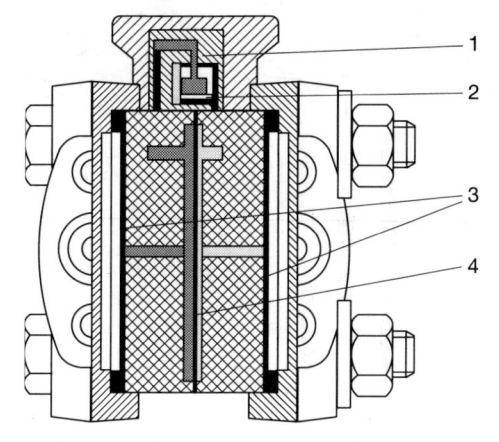

Bild 4.41 Differenzdruck-Meßumformer mit schwimmender Meßzelle [4.12]
1 Meßelement
2 Silizium-Membrane
3 Trennmembranen
4 Überlastschutz

werden können. Bild 4.42 zeigt einen Weg zur Auswahl des geeigneten Meßprinzips.

4.9 Druckmessung mit induktivem Abgriff

Bei induktiven Druckaufnehmern wird die Auslenkung des federelastischen Meßgliedes auf einen Weicheisenkern übertragen und dessen genaue Position mit einem Differentialtransformator erfaßt (Bild 4.43). Bei symmetrischer Lage des Eisenkerns ist die Kopplung

Bild 4.42
Auswahl eines geeigneten Druckmeßprinzips [4.12]

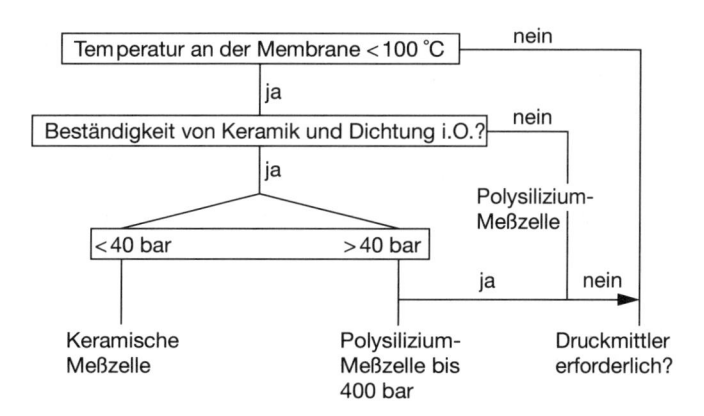

98 Druckmessung

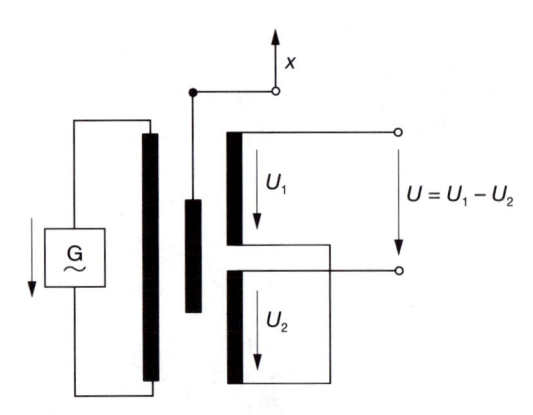

Bild 4.43 Prinzip eines Differentialtransformators zur Messung kleinster Wege

von Primär- zu den beiden Sekundärspulen gleich, die Ausgangsspannung ist Null. Man benötigt eine phasensensitive Gleichrichtung des Ausgangssignals, da man ansonsten eine positive Auslenkung nicht von einer gleich großen negativen unterscheiden kann. Aufnehmer nach diesem Differentialprinzip lassen sich für Wege von wenigen µm herstellen, induktive Druckaufnehmer sind für Druck- und Differenzdruckmessungen lieferbar.

4.10 Weitere Meßverfahren für Druck

Generell bieten Sensoren mit frequenzanalogem Signal die Vorteile einer sehr hohen Auflösung und störsicheren Übertragung. Im folgenden sollen einige Sensoren mit Frequenzausgang vorgestellt werden.

4.10.1 Resonanzdraht-Prinzip

Beim Resonanzdraht-Druckaufnehmer (Bild 4.44) wirkt der zu messende Druck auf einen Federbalg und spannt damit mehr oder weniger stark den Draht als federelastisches Meßelement. Dies verändert seine Eigenfrequenz. Bekanntlich gilt für die Eigenfrequenz einer Schwingsaite:

$$f_{\text{res}} = \frac{1}{2L} \sqrt{\frac{F}{A_S \cdot \varrho}} \qquad \text{(Gl. 4.43)}$$

F auf die Saite wirkende Spannkraft
A_S Querschnittsfläche der Saite
ϱ Dichte der Saite
L Länge der Saite

Meist wird der Resonanzdraht mit einer Kraft F_0 vorgespannt, so daß die durch den Druck auf die Membrane der Fläche A_M hervorgerufene Kraft $F_M = p \cdot A_M$ zusätzlich wirkt. Aus Gleichung 4.43 wird dann

$$f_{\text{res}}^* = \frac{1}{2L} \cdot \sqrt{\frac{F_0 + F_M}{A_S \cdot \varrho}} \qquad \text{(Gl. 4.44)}$$

also gilt:

$$\left(\frac{f_{\text{res}}^*}{f_{\text{res},0}}\right)^2 = \frac{F_0 + F_M}{F_0} \qquad \text{(Gl. 4.45)}$$

d.h.:

$$p = \frac{F_M}{A_M} = \frac{F_0}{A_M}\left[\left(\frac{f_{\text{res}}^*}{f_{\text{res}}}\right)^2 - 1\right] \qquad \text{(Gl. 4.46)}$$

Die Saite selbst wird in einem von Permanentmagneten erzeugten Feld durch eine elektrische Oszillatorschaltung zur Schwingung in der jeweiligen Eigenfrequenz angeregt. Sie liegt im Bereich einiger kHz.

4.10.2 Druckmessung mit Schwingquarzen

Auch die Eigenfrequenz von Quarzresonatoren kann durch äußere Kräfte beeinflußt werden. Über einen Balg oder eine Bourdonfeder übt der zu messende Druck eine Kraft auf den Resonator aus und verschiebt dessen Frequenz. Schwingquarz-Druckaufnehmer bieten eine hervorragende Genauigkeit und Langzeitstabilität, erfordern allerdings erheblichen Aufwand und sind entsprechend teuer.

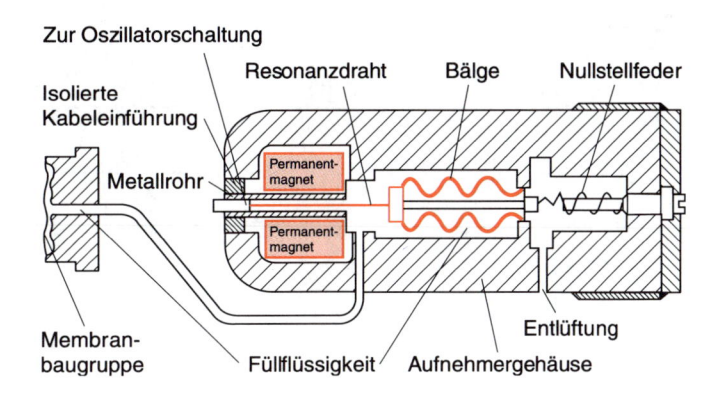

Bild 4.44
Resonanzdraht-Druckaufnehmer
[Quelle: Foxboro]

4.10.3 Oberflächenwellen

Die Vorteile der Hysteresefreiheit und Langzeitstabilität monokristallinen Siliziums kommen auch Resonanzsensoren zugute. Die Zellen werden wie die piezoresistiven Zellen mittels mikromechanischer Verfahren und epitaktischer Wachstumsprozesse hergestellt, haben aber statt Widerstandsbahnen Resonanzkörper nach Bild 4.45 in der Membran integriert. Der etwa 0,5 mm lange und 5 µm dicke H-förmige Streifen schwingt im evakuierten Hohlraum mit einer Frequenz von ca. 60...80 kHz.

Die aufgrund von Druckdifferenzen an der Membrane induzierten Spannungen verschieben die Resonanzfrequenz. Zwei Resonatoren auf der Membrane erlauben die Messung von Zug- und Schubspannung, der absolute Druck läßt sich aus der Überlagerung der beiden Resonanzfrequenzen bestimmen. Der Sensor ist schwimmend in einer Zweikammer-Meßzelle untergebracht.

Nach Herstellerangaben besteht ferner keine Notwendigkeit der Temperaturkompensation, die Hysterese liegt unter der Nachweisgrenze. Hervorgehoben wird ferner noch die extrem niedrige Nullpunktsdrift.

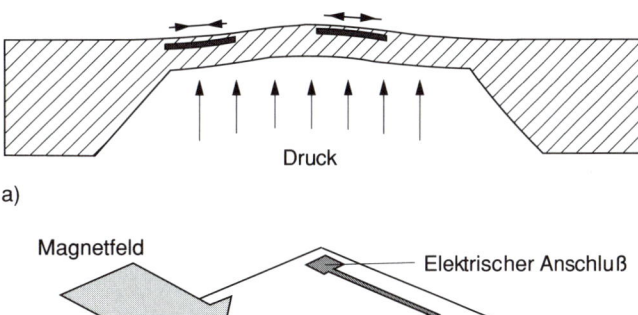

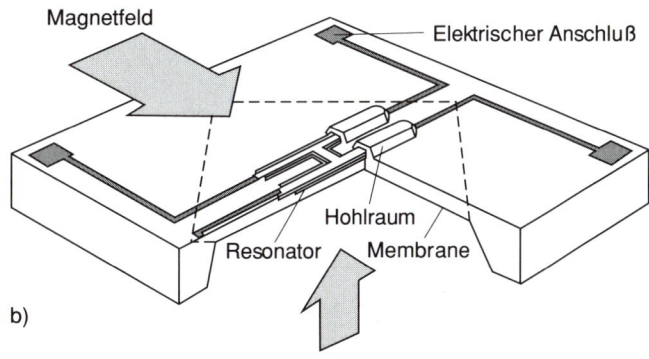

Bild 4.45
Resonator-Druckaufnehmer auf monokristallinem Silizium
[Quelle: Yokogawa]
a) Schnittdarstellung des Sensors
b) Schematische Darstellung des Resonators

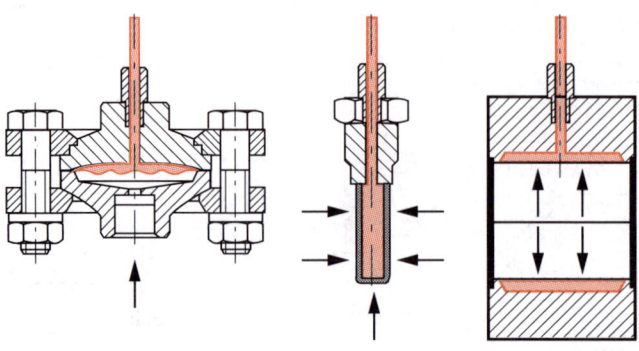

Bild 4.46
Bauformen von Druckmittlern

Membrandruckmittler Zungendruckmittler Rohrdruckmittler

4.11 Druckmittler

Druckmittler, auch als Druckvorlagen oder Trennvorlagen bezeichnet, werden dann eingesetzt, wenn der Meßstoff nicht mit der Meßzelle in Berührung kommen soll.

Ein Druckmittler besteht aus einer Membrane mit dahinterliegender, flüssigkeitsgefüllter Kammer. Der Druck wird über eine Kapillarleitung auf die Druckmeßzelle übertragen. Bild 4.46 zeigt einige Druckmittler-Bauformen.

Druckmittler werden u. a. eingesetzt:

❏ zum Schutz der Meßzelle/des Meßumformers vor kritischen Medien (aggressiv, hochviskos, polymerisierend, hohe Temperaturen, toxisch) oder starken Vibrationen,
❏ zur Dämpfung schneller Meßdruckschwankungen und Druckschläge,
❏ zur Erzielung totraumfreier Meßanordnungen, insbesondere bei Lebensmitteln und Pharmazeutika,
❏ bei schwer zugänglichen Meßorten.

Druckmittler verursachen zusätzliche Meßfehler aufgrund der Eigensteifigkeit der Vorlagemembrane und durch Temperatureinfluß. Der hydrostatische Druck der Füllflüssigkeit ist zu berücksichtigen, wenn bei Differenzdruckmessungen die Druckmeßstellen auf unterschiedlicher Höhe sind (z. B. bei Füllstandsmessungen – Bild 4.47!).

Druckmittler sind integraler Bestandteil von Aufnehmern zur Messung des Werkzeug-

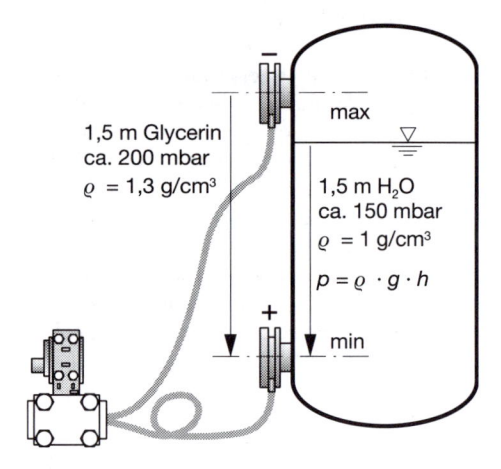

1,5 m Glycerin
ca. 200 mbar
$\varrho = 1{,}3$ g/cm³

1,5 m H$_2$O
ca. 150 mbar
$\varrho = 1$ g/cm³

$p = \varrho \cdot g \cdot h$

Bild 4.47 Einsatz von Kapillar-Druckmittlern. Bei unterschiedlichen Montagehöhen ist der hydrostatische Druck der Ölfüllung zu beachten. [4.12]

innendruckes von Kunststoffspritzmaschinen (Extrudern). Mit den nachgeschalteten DMS-Meßzellen können Drücke bis 2000 bar und einer Temperatur von bis zu 400 °C gemessen werden. Auf dem Markt werden für Hochtemperaturanwendungen ferner piezoresisitive Aufnehmer mit vorgelagertem Druckmittler angeboten. Die Wasserkühlung der piezoresistiven Zelle gestattet Einsatztemperaturen bis 350 °C, etwa zur Überwachung von Heißdampfkreisläufen, chemischen Reaktionsüberwachungen und Motorenprüfständen.

Bild 4.48
Funktionsprinzip eines pneumatischen Druckmeßumformers

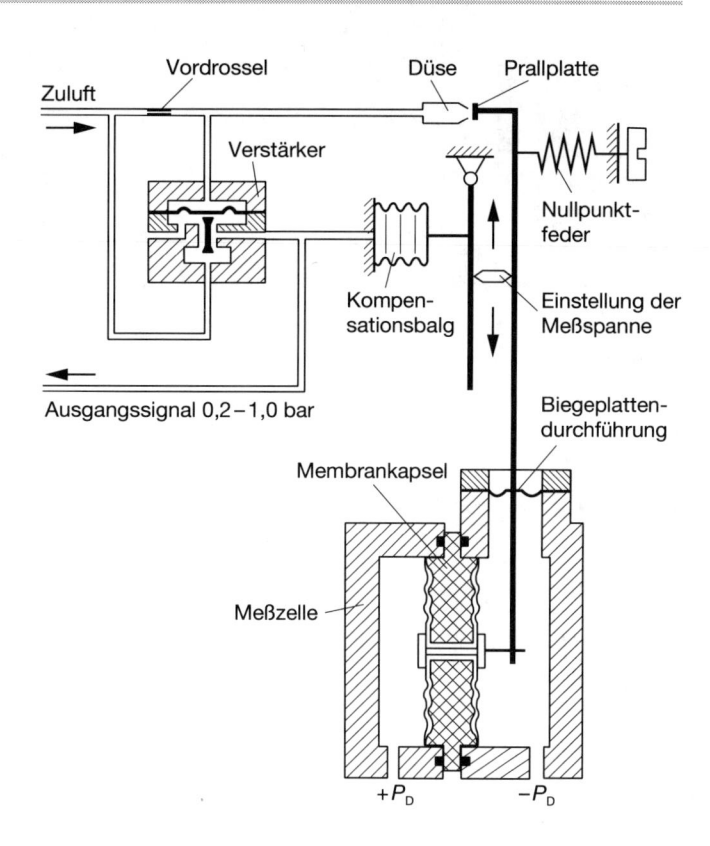

4.12 Pneumatische Druckmeßumformer

Erwähnt seien schließlich noch pneumatisch arbeitende Druckmeßumformer (Bild 4.48), die in der Vergangenheit sehr zahlreich vertreten waren, heute aber wegen des nichtelektrischen Ausgangssignals (0,2…1 bar) und der geringeren Genauigkeit nicht mehr in Neuanlagen verwendet werden, sondern nur noch als Ersatz in bestehenden Anlagen dienen.

4.13 Hinweise zum Einbau von Druckmeßeinrichtungen

Hohe Sorgfalt ist vonnöten zur Vermeidung von Meßfehlern durch unsachgemäßen Einbau der Druckmeßumformer. Hier kann nur beispielhaft auf wenige wichtige Punkte eingegangen werden (Bild 4.49).

Bei der Druckmessung an durchströmten Rohren muß die Entnahmebohrung senkrecht zur Rohrwand angesetzt werden, innen bündig und entgratet. Sie darf keinesfalls an Rohrkrümmern liegen, Ein- und Auslaufstrecken von einigen Rohrdurchmessern D sind einzuhalten. Die Druckentnahmestutzen sollten mit Hähnen versehen sein, um ohne Abschaltung der Anlage die Meßeinrichtung prüfen zu können. Für Differenzdruckmessungen sind bereits fertige Blöcke aus 3 oder besser noch 5 Hähnen erhältlich, die direkt an die Meßumformer angeflanscht werden können (DIN 19 213 – Bild 4.50).

Druckmeßumformer für flüssige Medien sind unterhalb der Rohrleitung anzubringen, damit mitgeführte Gasblasen sich nicht im Stutzen sammeln. Drucktransmitter an gasführenden Leitungen sind dagegen über der Rohrleitung anzuordnen, damit Kondensat oder Flüssigkeitströpfchen in die Leitung zurückfließen können (s. Bild 6.25).

Bild 4.50 Hahnkombinationen zur leichteren Instandhaltung von Druckmeßstellen

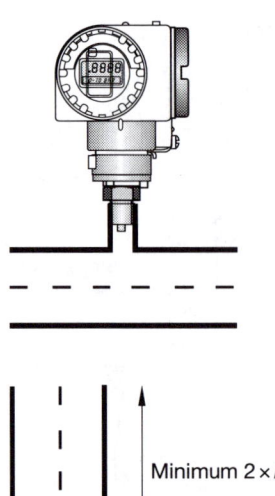

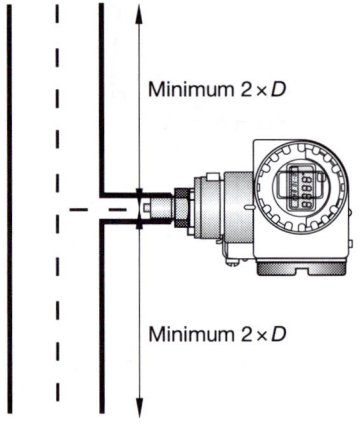

Bild 4.49 Einbauhinweise für Druckmeßumformer

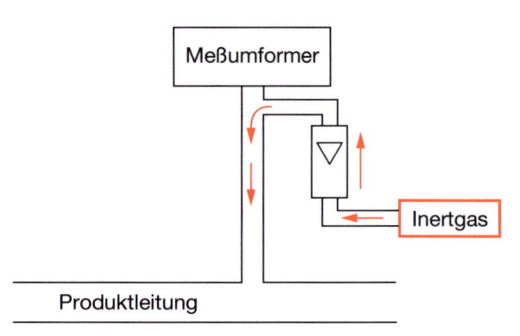

Bild 4.51 Spülung der Meßleitung zur Vermeidung von Kondensation oder Sublimation

Bei Meßaufgaben an heißen Anlagenteilen oder Differenzdruckmessungen mit weit auseinanderliegenden Entnahmestellen können Probleme bei längeren Meßleitungen auftreten. Ist etwa ein gas- oder dampfförmiges Produkt stark korrosiv oder neigt es zur Sublimation mit der Gefahr der Verstopfung der Meßleitungen, so können diese mit Inertgas gespült werden (Bild 4.51). Der Druckabfall aufgrund der Gasströmung in der Meßleitung geht in die Messung ein. Er sollte vernachlässigbar klein sein oder aber durch eine konstant gehaltene Inertgasströmung wenigstens nicht schwanken.

Auf besondere Gegebenheiten, wie sie z. B. bei Differenzdruckmessungen an Blenden oder zur Bestimmung von Füllständen auftreten können, wird bei den entsprechenden Meßaufgaben näher eingegangen werden.

5 Füllstandsmessung

5.1 Aufgaben der Füllstandsmessung

Die Messung des Füllstandes in offenen und geschlossenen Behältern ist in der Verfahrenstechnik ebenfalls von fundamentaler Bedeutung. Einrichtungen zur Bestimmung der Standhöhe erfüllen vielfältige Aufgaben: Außer dem Niveau von Flüssigkeiten ist oft auch die Lage einer Trennschicht zwischen nicht mischbaren Medien unterschiedlicher Dichte oder auch die Höhe fester Schüttgüter in Silos und Bunkern zu erfassen. Neben der kontinuierlichen Bestimmung des Füllstandes, die oft zur Bilanzierung genutzt wird, ist auch die Grenzstanderfassung wichtig, um beispielsweise eine Überfüllung oder Leerlaufen von Behältern zu vermeiden.

Demzufolge ist zunächst zu unterscheiden zwischen Füllstandsmessungen für Schüttgüter und für Flüssigkeiten, bei den Meßverfahren zwischen kontinuierlichen und punktuellen Messungen sowie berührenden und berührungslos arbeitenden Methoden.

5.1.1 Anforderungen an Füllstands-Meßeinrichtungen

Auch die Ansprüche an Funktionssicherheit und Genauigkeit von Füllstands-Meßeinrichtungen sind hoch: Bei Überfüllsicherungen an Behältern für brennbare oder wassergefährdende Medien verlangen behördliche Vorschriften wie etwa VbF (**V**erordnung für **b**rennbare **F**lüssigkeiten) oder WHG (**W**asser**h**aushalts**g**esetz) sogar eine Bauartzulassung der Geräte, um eine zuverlässige Funktion zu gewährleisten. Meßabweichungen von weniger als einigen Zehntel Promille werden von Standmeßeinrichtungen an Tanks und Lagerbehältern gefordert, zumal wenn es sich um solche für den eichpflichtigen Verkehr handelt. Niveaumessungen an Behältern und Apparaten (z. B. Verdampfern, Kolonnen usw.) verfahrenstechnischer Produktionsanlagen müssen dagegen vor allem zuverlässig arbeiten und dürfen sich nur geringfügig von widrigen Produkteigenschaften beeinflussen lassen, etwa von hohen Temperaturen und Drücken, korrosiven Inhalten, aber auch von Ablagerungen, Verkrustungen oder Schaumbildung. Dafür sind bei letzteren die Forderungen an die Genauigkeit weniger eng.

5.1.2 Verfahren der Füllstandsmessung

Die Größe Füllstand stellt physikalisch eine Länge dar (oft ist aber nicht die Standhöhe in Metern, sondern der Inhalt in Kilogramm die eigentlich interessante Größe). Eine Kategorie von Meßgeräten bestimmt die Standhöhe einer Flüssigkeit **unmittelbar** über eine Längenmessung, z. B. Peilstäbe, Schaugläser, Schwimmermeßgeräte und mechanische Lotgeräte. **Mittelbare** Verfahren benötigen dagegen Produkteigenschaften zur indirekten Bestimmung der Standhöhe, etwa die Dichte bei der Messung des hydrostatischen Bodendruckes. Da vor allem in Chargenbetrieben die Flexibilität der verfahrenstechnischen Anlagen für die Herstellung verschiedener Produkte stark an Bedeutung gewinnt, sind zunehmend Niveaumeßverfahren gefordert, die (zumindest weitgehend) produktunabhängig arbeiten. Dazu gehören Laufzeitmessungen von Ultraschall oder von Radarsignalen, die gute Reflexionseigenschaften des Mediums voraussetzen. Auch kapazitive Standmessungen sind praktisch produktunabhängig, wenn das Medium eine elektrische Mindestleitfähigkeit besitzt.

Dieser Trend wird deutlich an der Absatzentwicklung eines der führenden Hersteller von Niveaumeßgeräten zwischen 1990 und 1995. Wie nach [5.1; 5.2] aus Bild 5.1 hervorgeht, wuchs in diesem halben Jahrzehnt der relative Anteil nichtberührender, produktneutral arbeitender Meßverfahren mit Ultraschall und Mikrowellen stark an, während kapazi-

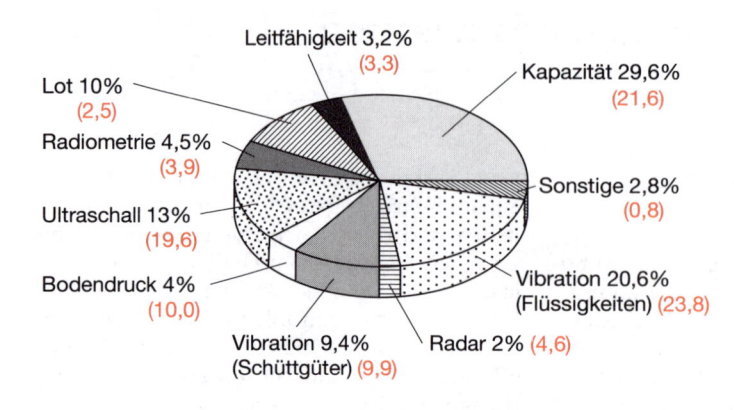

Bild 5.1 Aufteilung der Produktgruppe Füllstandmeßgeräte eines großen Herstellers [5.5] Werte in Klammern: 1995

Leitfähigkeit 3,2% (3,3)
Lot 10% (2,5)
Radiometrie 4,5% (3,9)
Ultraschall 13% (19,6)
Bodendruck 4% (10,0)
Vibration 9,4% (Schüttgüter) (9,9)
Radar 2% (4,6)
Vibration 20,6% (Flüssigkeiten) (23,8)
Sonstige 2,8% (0,8)
Kapazität 29,6% (21,6)

tive Meßprinzipien abnahmen. Dieser relative Rückgang kapazitiver Verfahren mag herstellerspezifisch sein, doch könnte auch die Abkehr von berührenden Meßverfahren eine Rolle spielen. Auffallend ist ferner die steigende Bedeutung hydrostatischer Standmessungen. Grund dafür ist wohl ihr einfacher Meßaufbau mit marktüblichen Drucktransmittern und die in vielen Fällen bekannte oder verhältnismäßig einfach zu bestimmende Produktdichte. Tabelle 5.1 gibt eine Übersicht über gängige Möglichkeiten der Füllstandsmessung.

Tabelle 5.1 Meßmethoden für Füllstand

Füllgut/ Meßart	Kontinuierliche Messung	Grenzstand
Flüssigkeit	mechanisch hydrostatisch Wägung kapazitiv konduktiv Ultraschall Mikrowellen radiometrisch	Schwimmer Vibrationsschalter kapazitiv konduktiv Kaltleiter optisch Mikrowelle Ultraschall radiometrisch
Schüttgut	Wägung elektromech. Lotsystem (kapazitiv) Ultraschall Mikrowellen radiometrisch	Vibrationsschalter kapazitiv Mikrowelle Ultraschall radiometrisch

5.2 Einfache Meßverfahren

Die einfachen, klassischen Füllstands-Meßverfahren sollen im folgenden nur kurz dargestellt werden zugunsten der moderneren, universell einsetzbaren Methoden.

5.2.1 Peilstäbe

Einfache Peilstäbe wie in Bild 5.2 sind im laufenden Betrieb meist nicht brauchbar, da sie (zumindest zur eigentlichen Messung) eine Verbindung des Tankraumes zur Atmosphäre erfordern. Sie werden daher in der Regel nur

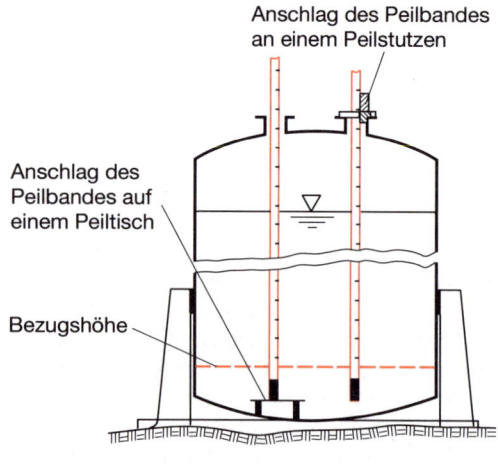

Anschlag des Peilbandes an einem Peilstutzen
Anschlag des Peilbandes auf einem Peiltisch
Bezugshöhe

Bild 5.2 Füllstandsmessung mit Peilstäben zur Ausliterung von Behältern

zur Eichung oder Ausliterung von Behältern mit Wasser genutzt, d.h. zur Gewinnung eines Zusammenhangs zwischen Standhöhe und Volumeninhalt. Peilstab oder Maßband werden dabei auf ein Bezugspodest am Behälterboden aufgesetzt oder an einer Peilmarke oben am Behälter angelegt.

Ebenso wie Peilstäbe sind Schaugläser nur rein örtlich anzeigend. Um sie reinigen zu können, ohne den Tank entleeren zu müssen, wählt man meist Parallelgefäße wie in Bild 5.3. Nach dem Prinzip kommunizierender Röhren ist im Schauglas die Standhöhe gleich der im Tank. Meßfehler können jedoch bei beheizten oder gekühlten Behältern auftreten: In den Parallelgefäßen hat das Produkt meist Raumtemperatur, im Tank ist die Temperatur dagegen höher oder niedriger. Daraus resultieren Dichteunterschiede, die zu unterschiedlichen Standhöhen in Tank und Parallelgefäß führen. Die Lage von Trennschichten kann mit Parallelgefäßen aus ähnlichen Gründen nicht angezeigt werden.

Bei Glasausführung besteht ferner wegen der Möglichkeit des Bruches die Gefahr des Austretens gefährlicher Stoffe. Man bevorzugt daher ganzmetallische Parallelgefäße. Ein Beispiel dafür ist der Magnetklappenanzeiger nach Bild 5.4. Durch einen mit Permanentmagneten bestückten Schwimmer wird der Stand auf eine Reihe magnetischer Metallklappen übertragen, die auf der Vorder- und Rückseite unterschiedliche Farben tragen. Je nach Lage des Niveaus werden unterschiedlich viele da-

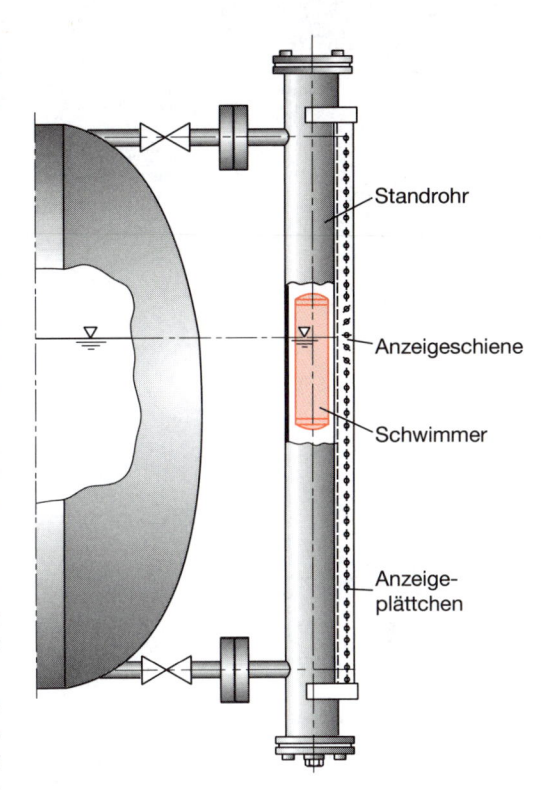

Bild 5.4   Magnetklappen-Füllstandsanzeiger [Quelle: Kobold]

von gekippt, so daß man aus der Höhe des Farbbandes sofort die Standhöhe erkennen kann (Bild 5.5). Derartige Anzeigegeräte sind auch mit Ketten magnetischer Reedkontakte erhältlich, so daß eine Fernübertragung der Standinformation möglich ist.

5.2.2   Schwimmermeßgeräte

Bei dieser Klasse von Meßgeräten folgt ein Schwimmer der Oberfläche des Meßgutes. Er bedarf einer Führung, um nur senkrechte Bewegungen ausführen zu können, damit die im Tank oft beträchtlichen Strömungen das Meßergebnis nicht verfälschen. Im einfachsten Fall gleitet er dazu an einem senkrechten Führungsrohr, dem sog. Gleitrohr, auf und ab, in dem auch das Übertragungssystem enthalten ist und das gleichzeitig das Innere des Tanks gegen die

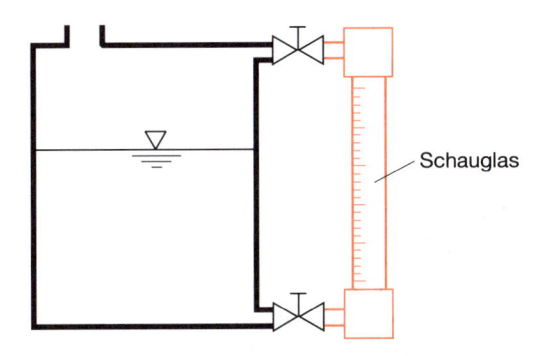

Bild 5.3   Prinzip der Füllstandsmessung mit Schauglas

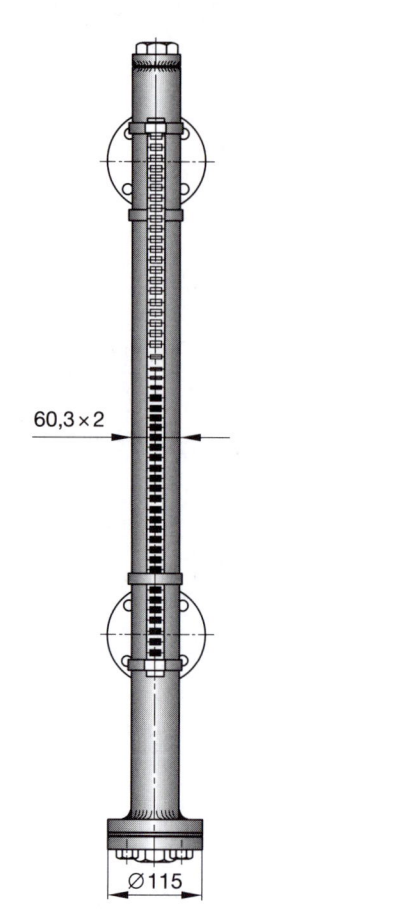

Bild 5.5 Umgeklappte Felder erzeugen ein Farbband proportional zur Füllhöhe

Bild 5.6
a) Schwimmer-Füllstandsmesser mit Gleitrohr
b) Reedkontakt-Kette zur Übertragung der Schwimmerposition

Außenwelt abdichtet (Bild 5.6a). Die Information über die Höhe des Schwimmers kann über Permanentmagnete und ein Seilzugsystem auf eine örtliche Anzeige übertragen werden. Ohne mechanischen Seilzug arbeitet eine Widerstands-Reedkontakt-Kombination nach Bild 5.6b. Das Führungsrohr enthält eine Kette aus Widerständen und magnetischen Reedkontakten, der Schwimmer einen Permanentmagneten in Ringform. Je nach Position des Schwimmers wird der entsprechende Reedkontakt geschlossen, so daß der Gesamtwiderstand der Kette ein Maß für die Standhöhe darstellt. Das elektrische Signal erlaubt eine einfache Fernübertragung.

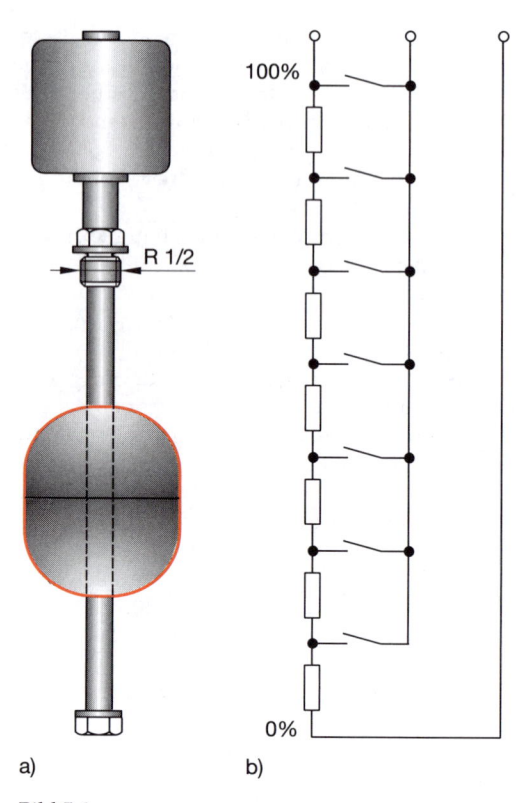

Den Vorteil der leichteren Instandhaltung bietet ein Schwimmersystem in einem Parallelgefäß zum Tank, das ähnlich wie der Magnetklappenanzeiger in Bild 5.4 mit Hähnen abgesperrt werden kann. Wie bei den Schaugläsern führen aber Dichteunterschiede (aufgrund unterschiedlicher Temperaturen zwischen Behälter und Parallelgefäß) auch bei Schwimmern zu Meßfehlern.

Die Übertragung der Schwimmerposition kann mit dem entsprechenden Aufwand auf Bruchteile von Millimetern genau erfolgen. Allerdings darf das Produkt nicht zu Anbackungen oder Verkrustungen am Führungsrohr neigen oder klebrig wirken, was die freie Bewegung des Schwimmers behindern würde.

Schwimmersysteme sind abhängig von der Dichte des Produktes, in die der Schwimm-

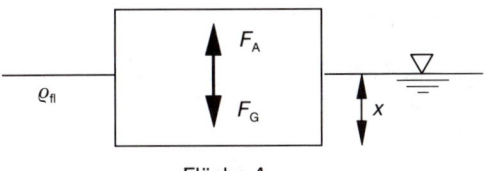

Bild 5.7 Kräfte am eintauchenden Schwimmer

körper mehr oder weniger tief eintaucht, wie Bild 5.7 schematisch zeigt. Aus der Forderung, daß die Gewichtskraft $F_G = m_S \cdot g$ des Schwimmers gleich der Auftriebskraft F_A ist, folgt:

$$F_A = A \cdot \varrho_{fl} \cdot g \cdot x = m_s \cdot g \qquad \text{(Gl. 5.1)}$$

A Querschnitt des Schwimmers
x seine Eintauchtiefe
ϱ_{fl} Dichte des Fluids

(Anmerkung: Eigentlich wäre auch die Auftriebskraft der Gasatmosphäre für den nicht eintauchenden Teil des Schwimmers zu berücksichtigen. Ist die Atmosphäre, z. B. Luft, unter Normaldruck, kann man den Auftrieb vernachlässigen. Das gilt aber nicht mehr, wenn die Atmosphäre ein Gas unter hohem Druck ist!)

Daraus folgt für die Eintauchtiefe:

$$x = \frac{m_S}{\varrho_{fl} \cdot A} \qquad \text{(Gl. 5.2)}$$

Die relative Änderung der Eintauchtiefe $\Delta x/x$ bei einer relativen Dichteänderung $\Delta \varrho_{fl}/\varrho_{fl}$ ergibt sich zu

$$\frac{\Delta x}{x} = -\frac{\Delta \varrho_{fl}}{\varrho_{fl}} \qquad \text{(Gl. 5.3)}$$

Δx ist der (absolute) Fehler der angezeigten Standhöhe, wenn sich die Produktdichte gegenüber dem Wert ändert, auf den der Schwimmer eingestellt wurde. Der Fehler Δx ist also proportional zur Eintauchtiefe x des Schwimmers:

$$\Delta x = -\frac{\Delta \varrho_{fl}}{\varrho_{fl}} \cdot x \qquad \text{(Gl. 5.4)}$$

Die Meßabweichung der Standhöhe aufgrund von Dichteänderungen des Produktes ist um so kleiner, je kleiner die Eintauchtiefe des Schwimmers ist: Taucht beispielsweise ein zylindrischer Schwimmkörper der Gesamthöhe $h = 60$ cm zur Hälfte ein, so verursacht nach Gleichung 5.4 eine Dichteänderung $\Delta \varrho_{fl}/\varrho_{fl}$ von 10% eine Meßabweichung der Standhöhe $\Delta x = -30$ cm $\cdot$ 0,1 $= -3$ cm; bei einem Schwimmkörper von nur 10 cm Gesamthöhe und ebenfalls halber Eintauchtiefe führt die gleiche Dichteänderung nur zu einer Meßabweichung von $-0,5$ cm. Bei Flüssigkeiten mit schwankender Dichte ergeben also flache Schwimmer geringere Meßfehler!

5.2.3 Elektromechanische Lotsysteme

Bei elektromechanischen Lotsystemen wird ein Meßband, das durch ein Fühlgewicht beschwert ist, durch einen Servomotor in den Tank hinabgelassen. Berührt das Gewicht die Füllgutoberfläche, läßt die Zugkraft am Meßband nach, der Motor wird umgeschaltet. Das Fühlgewicht läuft in die Ausgangslage zurück. Während der Abwärts- oder Aufwärtsbewegung des Fühlgewichtes werden vom Meßband Impulse abgenommen, die mit einem elektromechanischen Zähler erfaßt werden.

Je nach Fühlgewicht kann der Füllstand in Bunkern oder Silos mit staubförmigen, feinkörnigen oder grobkörnigen Schüttgütern wie in Bild 5.8 oder in Tanks mit Flüssigkeiten gemessen werden. Möglich sind Meßwege bis zu 70 m, unabhängig von den Füllguteigenschaften. Standardmäßig betragen die Impulsabstände auf dem Meßband 1 dm, 0,5 dm oder 1 cm. Eine Schrittweite von 1 cm bedeutet bei einem Meßweg von 10 m eine Auflösung von 1 Promille! Eine höhere Auflösung ist bei Feststoffen wegen der Bildung von Schüttkegeln ohnehin nicht sinnvoll. Der Montageort des Servomotors auf der Silodecke ist dabei so zu wählen, daß herabstürzendes Füllgut beim Befüllen oder einstürzende Wächten das Fühlgewicht nicht verschütten und das Meßband nicht beschädigen können. Bild 5.9 zeigt ein gebräuchliches Fühlgewicht für Schüttgüter, bei Flüssigkeiten reichen einfache Schwimmer aus.

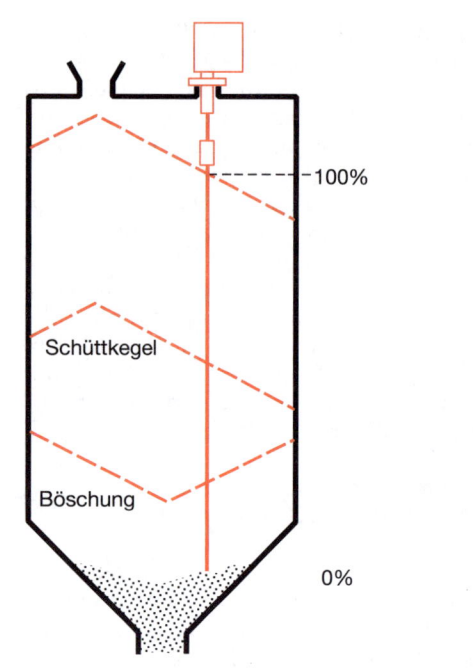

Bild 5.8 Elektromechanisches Lotsystem für Schüttgüter [5.5]

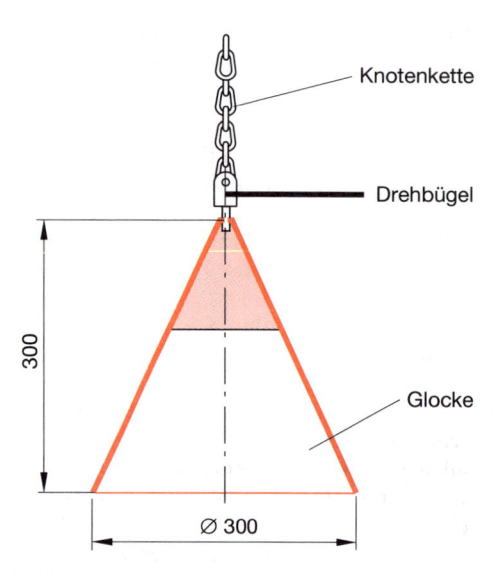

Bild 5.9 Die Glocke, ein typisches Fühlgewicht für Schüttgüter [5.5]

5.2.4 Tastplattenmessung

Für große Lagerbehälter, insbesondere im eichpflichtigen Verkehr, sind übliche Lotsysteme zu ungenau, da die Eintauchtiefe des Fühlkörpers (Schwimmer) bei wechselndem Inhalt und Dichte schwanken kann. Für diesen Fall stehen hochgenaue Tastplattensysteme für Flüssigkeiten zur Verfügung. Sie arbeiten prinzipiell ähnlich wie die elektromechanischen Lotsysteme, als Fühlgewicht dient eine dünne kreisförmige Scheibe aus Metall an einem Stahlseil, das auf eine Trommel aufgewickelt wird, wie Bild 5.10 zeigt. Über eine Magnetkupplung ist die Meßtrommel mit einem Servomotor und einem Getriebeblock verbunden. Bei Aufsetzen der Tastplatte auf der Flüssigkeitsoberfläche taucht die Servoregelung diese nur soweit ein, daß ein bestimmter Auftrieb F_A erzielt wird: Es stellt sich an der Trommel das Last-Drehmoment M_L ein:

$$M_L = R \cdot (F_S + F_{TP} - F_A) \qquad \text{(Gl. 5.5)}$$

R Radius der Trommel
$F_{TP} = m \cdot g$ Gewichtskraft der Tastplatte
$F_A = A \cdot \varrho_{fl} \cdot g \cdot x$ Auftriebskraft der Tastplatte
F_S Gewichtskraft des abgerollten Seiles
x Eintauchtiefe der Tastplatte

Nach Gleichung 5.4 ist für einen nur wenig eintauchenden Körper der Fehler Δx auch bei variierender Dichte klein, daher schwankt die Eintauchtiefe x der Platte nur unerheblich, wenn sich die Dichte des Mediums ändert.

Das Gegenmoment M_G zur Tastplatte wird an der Welle mit einer Schwingsaite aufgebaut, die über einen Oszillator mit ihrer Eigenfrequenz erregt wird. Steigt die Flüssigkeitsoberfläche z. B. beim Befüllvorgang an, so verkleinert sich durch den erhöhten Auftrieb F_A das Lastmoment M_L. Damit sinkt die Spannung an der Schwingsaite, ihre Resonanzfrequenz fällt (s. Gleichung 4.43). Der Servomotor regelt die Seiltrommel derart nach, daß die Sollfrequenz f_S der Saite wieder eingenommen wird und damit auch der Sollwert des Auftriebs. Die digitale Elektronik ist in der Lage, auch die Gewichtskraft des abgerollten

Bild 5.10
Präzisions-Füllstands-Meßsystem
mit Tastplatte [Quelle: Enraf]

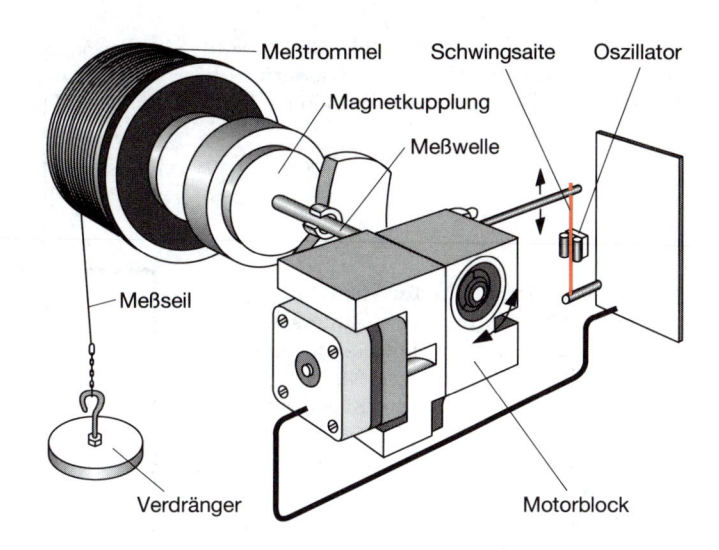

Seiles aus der Standhöhe zu bestimmen und die zugehörige Sollfrequenz f_S der Saite zu korrigieren.

Ein anderes Fabrikat nutzt das Stahlseil selbst als Schwingsaite, wie Bild 5.11 im Prinzip zeigt: Zwischen zwei Führungen A, B in festem Abstand wird das Seil durch einen Oszillator zu Eigenschwingungen angeregt. Die Resonanzfrequenz gestattet die Berechnung der Saitenspannung und damit die Einstellung eines bestimmten Auftriebs am Füllkörper, d.h. einer definierten Eintauchtiefe.

Bei ruhigen Füllgutoberflächen im Tank ist eine Führung des Tastkörpers bzw. des Seiles nicht erforderlich. Liegt dagegen merkliche Strömung vor, etwa beim Befüllen oder Entleeren, so muß der Fühlkörper bzw. die Tastplatte durch perforierte Rohre oder Seilkäfige geführt werden, um sich nicht an Einbauten zu verfangen.

Zur Erzielung einer hohen Genauigkeit ist beim Lotverfahren ein großer technischer Aufwand erforderlich, der nur mit digitaler Elektronik realisierbar ist. Mit der Digitaltechnik lassen sich aber ohne Hardware-Aufwand weitere Größen ermitteln:

a) die **Flüssigkeitsdichte**: Senkt man die Tastplatte ganz in das Medium ein, so kann man aus dem verbleibenden Lastmoment die

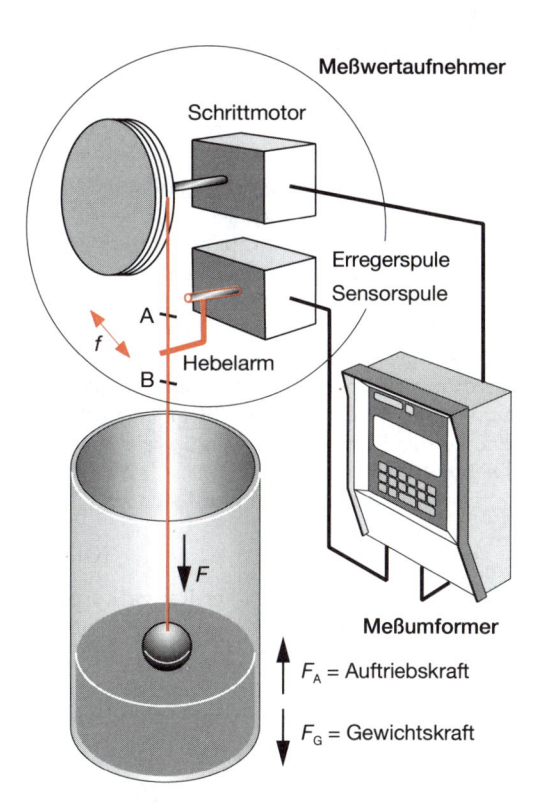

Bild 5.11 Schwingsaitensystem zur genauen Füllstandsmessung in Tanks [Quelle: Krohne]

Auftriebskraft F_A und bei bekanntem Volumen der Tastplatte V_T daraus wiederum die Dichte ϱ_{fl} der Flüssigkeit bestimmen nach

$$\varrho_{fl} = \frac{F_A}{V_T \cdot g} \qquad \text{(Gl. 5.6)}$$

b) **Lage einer Trennschicht**: Auch die Lage der Trennschicht zwischen zwei unterschiedlich dichten Flüssigkeiten läßt sich mit der Meßeinrichtung bestimmen. Man regelt die Tastplatte nicht auf die Oberfläche der Flüssigkeit ein, sondern auf die sprunghafte Dichte- und damit Auftriebsänderung an der Grenzschicht.

c) **Inhaltsberechnungen**: Aus der Standhöhe und der Behälterform (Kugel, liegender oder stehender Zylinder usw.) kann schließlich der Inhalt in m³, kg oder in jeder anderen gewünschten Form berechnet werden.

5.3 Verdrängergeräte

VDI/VDE 2182 beschreibt die Füllstandsmessung mit Verdrängerkörpern.

Meßgeräte mit Verdrängerkörpern ermitteln den Füllstand indirekt durch die Messung der Auftriebskraft F_A, die ein langer, zylinderförmiger Körper mit einer Dichte größer als die der Flüssigkeit erfährt wie in Bild 5.12. Der Verdrängerkörper ist meist ein dicht verschweißtes Edelstahlrohr mit einer mittleren Dichte des Körpers nicht allzu weit über der Dichte der Flüssigkeit.

Die Auftriebskraft bestimmt sich zu

$$F_A = \varrho_{fl} \cdot A \cdot g \cdot h \qquad \text{(Gl. 5.7)}$$

A Querschnittsfläche des Verdrängerkörpers
ϱ_{fl} Dichte der Flüssigkeit
h Eintauchtiefe des Verdrängerkörpers

Bei der Standmessung nach dem Verdrängerprinzip geht also stets die Dichte des Mediums mit ein! Die Genauigkeit dieses Meßverfahrens ist nicht allzu hoch, dafür ist es aber zuverlässig und robust und gut geeignet zur Standmessung an Apparaten und

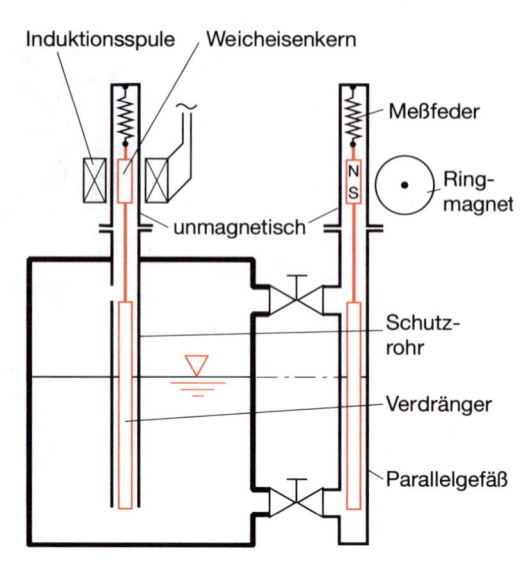

Bild 5.12 Füllstandsmessung mit Verdrängerkörper

Behältern in laufenden verfahrenstechnischen Anlagen. An Lagerbehältern wird man Verdrängermessungen dagegen selten finden.

Verdrängermeßgeräte eignen sich auch gut zur Messung und Regelung von Trennschichten zwischen Flüssigkeiten unterschiedlicher Dichte. Hierbei muß der Verdrängerkörper ganz eintauchen oder Gesamtstandhöhe muß konstant sein bzw. durch eine zweite Meßeinrichtung erfaßt werden.

Die Auftriebskraft wirkt, wie in Bild 5.12 zu sehen, gegen eine Feder, so daß bei Füllstandsänderung der Verdrängerkörper einen geringen Weg im mm-Bereich zurücklegt. Dieser Weg kann induktiv oder magnetisch auf einen Ringmagneten oder eine Hall-Sonde berührungslos übertragen werden, so daß ein hermetischer Abschluß zwischen Behälter und Signalabgriff kein Problem ist. Es eignen sich aber auch Torsionsrohre, -stäbe oder Biegebalken zur Übertragung der kleinen Meßwege.

Verdrängerkörper in Parallelgefäßen haben die Vorteile der leichten Instandhaltung und bieten gleichzeitig eine ruhige Meßbasis z. B. bei turbulenten Behälterfüllungen. Die Standmessung mit Verdrängerkörpern ist zwar abhängig von der Dichte der Flüssigkeit, durch Parallelgefäße entstehen aber keine weiteren

5.4 Hydrostatische Füllstandsmessungen

Einrichtungen zur Messung des hydrostatischen Druckes am Boden von Behältern gehören zu den häufigsten Methoden der Füllstandsbestimmung, da sie zuverlässig, relativ preiswert und auch gut zu warten sind. Der Bodendruck p hängt ab von der Standhöhe h der Flüssigkeit, deren Dichte ϱ_{fl} und dem Gasdruck p_0 über der Flüssigkeit. Mißt man bei offenen Behältern den Bodendruck p gegen die Atmosphäre, so gilt:

$$p = \varrho_{fl} \cdot g \cdot h \qquad \text{(Gl. 5.10)}$$

Der Bodendruck führt eigentlich nicht auf die Standhöhe h, sondern das Produkt $\varrho \cdot h$, also praktisch auf die Masse der Flüssigkeitssäule.

In der Regel haben Behälter in verfahrenstechnischen Anlagen keine Verbindung zur Atmosphäre, sondern weisen einen Druck p_0 im Gasraum über der Flüssigkeit auf. Für den Bodendruck gilt dann:

$$p = p_0 + \varrho_{fl} \cdot g \cdot h \qquad \text{(Gl. 5.11)}$$

Zur Bestimmung der Standhöhe h ist damit die Differenz zwischen Boden- und Gasdruck zu bilden:

$$h = \frac{p - p_0}{\varrho_{fl} \cdot h} \qquad \text{(Gl. 5.12)}$$

5.4.1 Differenzdruckmessung

Bei hohem Überlagerungsdruck p_0 ist eine getrennte Messung von Boden- und Gasdruck unzweckmäßig, da bereits kleine Meßfehler der beiden Transmitter große Fehler des Ergebnisses der Standmessung nach sich ziehen. Besser ist eine Differenzdruckmessung $\Delta p = p - p_0$ zwischen Gasraum und Boden. Dazu ist der Gasdruck über der Flüssigkeit an die Minusseite des Differenzdrucktransmitters heranzuführen, wie in Bild 5.14a schematisch dargestellt ist.

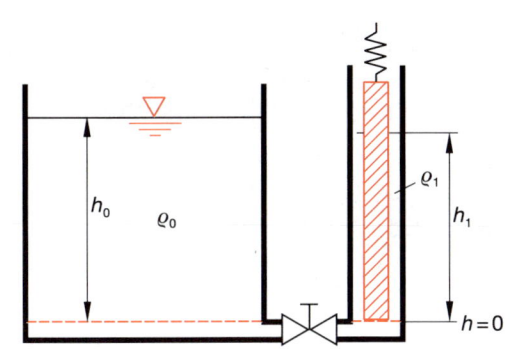

Bild 5.13 Standmessung mit Verdrängerkörper im Parallelgefäß

Meßfehler, falls die Dichte der Flüssigkeit hier von der Dichte im Behälter abweicht. Mit den Bezeichnungen nach Bild 5.13 gilt für die Standhöhen h_0 und h_1 in den beiden kommunizierenden Röhren:

$$\varrho_0 \cdot h_0 = \varrho_1 \cdot h_1 \qquad \text{(Gl. 5.8)}$$

Die Auftriebskraft F_A nach Gleichung 5.7 führt mit Gleichung 5.8 auf:

$$F_A = \varrho_1 \cdot A \cdot g \cdot h_1 = \varrho_0 \cdot A \cdot g \cdot h_0 \qquad \text{(Gl. 5.9)}$$

F_A ist im Parallelgefäß also genauso groß, wie wenn der Verdrängerkörper im Behälter selbst montiert wäre. Voraussetzung ist allerdings, daß die Unterkante des Verdrängerkörpers auf gleicher Höhe liegt wie die Verbindung zwischen Behälter und Parallelgefäß.

Bei hohlen Schwimmer- und Verdrängerkörpern können Leckagen ein großes Problem darstellen: Die Hohlräume füllen sich langsam mit Produkt, so daß schleichend Fehlmessungen auftreten. Wird dann der Fehler erkannt und der Körper ausgebaut, so kann der eingedrungene Inhalt zu Gefahren führen, etwa bei Flüssiggasen zur Explosion oder bei toxischen Stoffen später in der Reparaturwerkstatt, wenn sie vor Ort nicht erkannt und entfernt wurden!

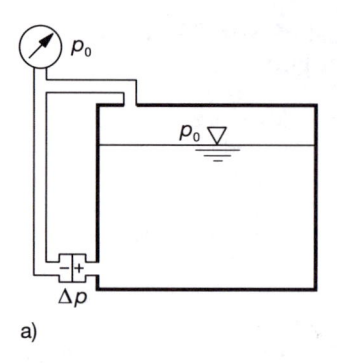

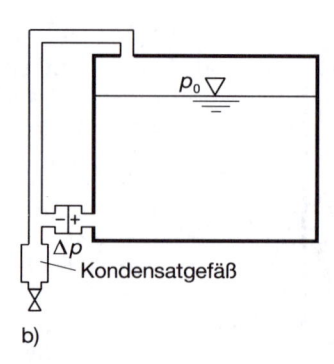

Bild 5.14
Differenzdruckmessung zur Bestimmung des Füllstandes in drucküberlagerten Behältern
a) Grundschaltung
b) Variante bei Kondensatanfall in der Gasleitung

a)
b) Kondensatgefäß

Genaugenommen mißt man mit dieser Anordnung den Differenzdruck zwischen Flüssigkeitssäule an der Pluskammer und der Gassäule in der Minusleitung:

$$\Delta p = (\varrho_{fl} - \varrho_g) \cdot g \cdot h \qquad \text{(Gl. 5.13)}$$

Bei hohem Überlagerungsdruck kann ϱ_g nicht gegen ϱ_{fl} vernachlässigt werden, im allgemeinen spielt aber die Gassäule keine Rolle. Problematisch ist in dieser Anordnung, daß Produktdämpfe in der Minusleitung kondensieren und damit zu großen Meßfehlern führen können. Bei geringem Kondensatanfall genügt ein unterhalb des Meßumformers montiertes Kondensatgefäß wie in Bild 5.14b, das von Zeit zu Zeit geleert wird. Ist eine starke Kondensation in der Minusleitung zu erwarten oder handelt es sich beim Tankinhalt um gefährliche und/oder toxische Stoffe, so füllt man die Minusleitung vollständig mit Kondensat wie in Bild 5.15. Das Niveaugefäß

Niveaugefäß
Kondensat

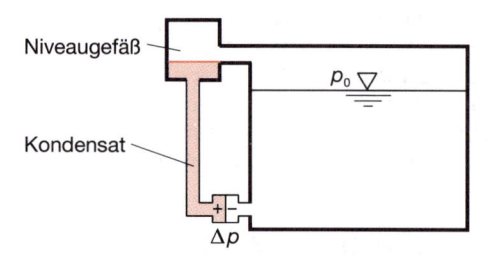

Bild 5.15 Meßanordnung bei starkem Kondensatanfall

dient der Konstanthaltung des Referenzdruckes, im Niveaugefäß kondensierende Dämpfe können ungehindert in den Behälter zurückfließen, Gasblasen in der Meßleitung steigen auf.

Plus- und Minuskammer des Transmitters sind hier vertauscht, doch ist die Inversion der Kennlinie elektronisch kein Problem. Das Kondensat in der Minusleitung ist in der Regel auf Umgebungstemperatur und hat damit eine andere Dichte als der Behälterinhalt. Bei Freianlagen besteht ferner die Gefahr des Einfrierens im Winter!

Die Gefahr der Verstopfung der Leitung zwischen Transmitter und Tank durch Ablagerungen am Behälterboden wird vermieden durch Meßumformer mit vornliegender Membrane wie in Bild 5.16a. Im Einbauzustand Bild 5.16b schließt die Membrane mit der Behälterinnenwand ab. Allerdings wird bei dieser Ausführung die Wartung und Prüfung der Transmitter erschwert.

Auch Differenzdruck-Transmitter mit Druckmittlern wie in Bild 4.47 eignen sich gut zur Standmessung bei problematischen Produkten. Die über Kapillarleitungen angeschlossenen Druckvorlagen haben eine Frontmembrane und können nötigenfalls auch bündig mit der Behälter-Innenwand montiert werden.

5.4.2 Messung mit Spülgasen

Verträgt sich der Tankinhalt mit Inertgasen, etwa N_2, so kann man durch einen Spülgasstrom die Meßleitungen vollkommen pro-

Bild 5.16
a) Meßumformer mit vornliegender Membrane [Quelle: Labom]
b) Einbaubeispiel

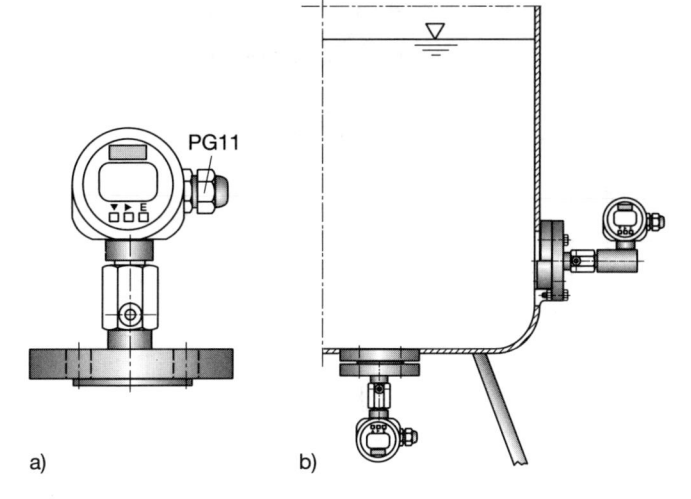

duktfrei halten. Das als **Einperlmessung** bezeichnete Verfahren ist in Bild 5.17a schematisch dargestellt und erlaubt auch Differenzdruckmessungen (Bild 5.17b). Die Plusleitung wird innerhalb des Tanks nahe an den Boden herangeführt, die Minusleitung führt in den Gasraum. Das Perlrohr ist schräg angeschnitten, um einen gleichmäßigen Strom kleiner Gasblasen und damit möglichst geringe Druckpulsationen zu erhalten. Der Spülgasstrom liegt typischerweise bei 10 bis 20 l/h. Bei mehrfacher Einperlung in unterschiedlicher Behältertiefe können auch Trennschicht- oder Dichtemessungen durchgeführt werden. Statt N_2 eignen sich je nach Produkt auch andere Spülgase, etwa Methan bei Kohlenwasserstoffen.

Zu beachten ist bei der Messung mit Spülgasen:

❑ Der strömungsbedingte Druckabfall des Spülgases in den Meßleitungen geht in den Meßwert ein. Daher muß der Gasstrom konstant gehalten werden.
❑ Der Versorgungsdruck des Spülgases muß deutlich über dem hydrostatischen Druck am Behälterboden liegen.
❑ Bei hohem Überdruck im Behälter darf auch die Dichte des Gases in der Einperlleitung nicht vernachlässigt werden.
❑ Der Meßumformer wird zweckmäßigerweise über dem Behälter angebracht, damit bei Ausfall des Spülgases kein Produkt in das Meßgerät gelangen kann.
❑ Es wird der Tankatmosphäre ständig ein Inertgas zugeführt. Bei brennbaren Inhaltsstoffen kann diese Inertisierung sogar erwünscht sein. Andererseits führt dies bei Lagerbehältern zu einem ständigen Austrag von Dämpfen in die Umgebung und kann unerwünscht sein.

5.4.3 Dichtekorrektur

Alle in diesem Abschnitt beschriebenen Verfahren der Niveaumessung sind abhängig von der Dichte des Mediums. Man erhält damit wie bereits festgestellt genaugenommen nicht die Standhöhe, sondern vielmehr die «Massensäule» $\varrho_{fl} \cdot h$.

In großen Lagerbehältern variiert außerdem die Temperatur und damit auch die Dichte des Mediums mit der Höhe, so daß eine deutliche Schichtung vorliegen kann.

Ist die Dichte im Behälter konstant, so ist mit etwas Aufwand eine Korrektur der Messung möglich. Wie in Bild 5.18 kann man aus dem Differenzdruck Δp_k am definierten Höhenunterschied h_k auf die Dichte ϱ_{fl} des Mediums schließen und aus der Bodendruckmessung Δp (die selbst wieder eine Differenzdruckmessung sein kann) auf die korrekte Standhöhe h:

Einperlmethode am drucklosen Behälter

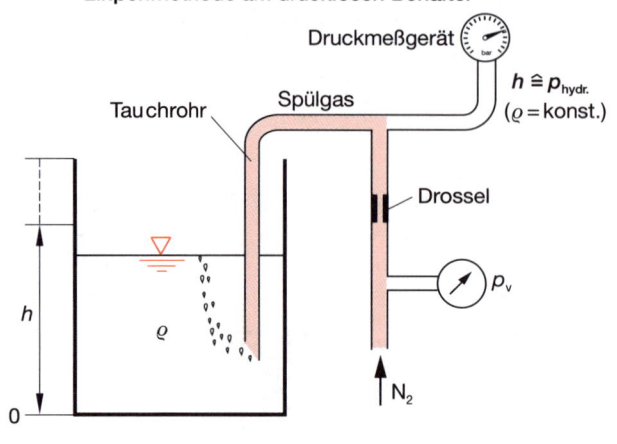

$h \cong p_{hydr.}$
(ϱ = konst.)

Bild 5.17
a) Einperlmessung zur Bestimmung des Füllstandes
b) bei drucküberlagertem Behälter

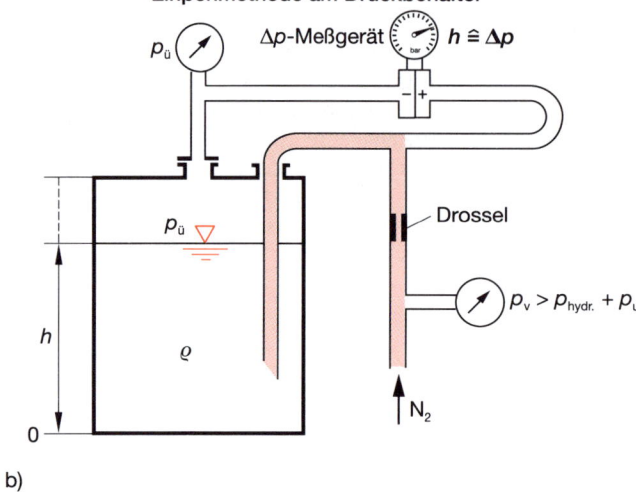

a)

Einperlmethode am Druckbehälter

$h \cong \Delta p$

$p_v > p_{hydr.} + p_ü$

b)

Bild 5.18
Hydrostatische Füllstandsmessung mit Dichtekorrektur

$$\Delta p_k = \varrho_{fl} \cdot g \cdot h_k \qquad \text{(Gl. 5.14)}$$

$$\varrho_{fl} = \frac{\Delta p_k}{g \cdot h_k} \qquad \text{(Gl. 5.15)}$$

$$h = \frac{\Delta p}{\varrho_{fl} \cdot g} = \frac{\Delta p}{\Delta p_k} \cdot h_k \qquad \text{(Gl. 5.16)}$$

Der Quotient der beiden Meßsignale liefert also dichteunabhängig ein zur Standhöhe proportionales Signal. In der Praxis nutzt man dazu eine Rechenschaltung aus [5.3].

Bei der hydrostatischen Standmessung können Meßfehler in gerührten Behältern durch den Strömungsdruck und die Trombenbildung auftreten. Während man den Einfluß der Trombenbildung durch geeignete Montage der Druckentnahme unterdrücken kann, ist der Strömungseinfluß schwieriger zu kompensieren.

5.4.4 Spezialausführungen der hydrostatischen Füllstandsmessung

Für Tiefbrunnenmessungen können hermetisch gekapselte Druckaufnehmer am Tragekabel in die Tiefe abgelassen werden. Die Aufnehmer enthalten meist piezoresistive oder keramische, kapazitiv arbeitende Druckaufnehmer und reichen bis zu Wassertiefen von 200 m. Derartige versenkbare Aufnehmer mit kleineren Meßbereichen werden u.a. auch zur Erfassung der Stauhöhe vor Überströmwehren in der Abwassertechnik verwendet.

5.5 Behälterwägungen

Eine weitere Möglichkeit der Inhaltsbestimmung von Behältern ist die Wägung. Sie eignet sich für Flüssigkeiten und Feststoffe gleichermaßen. Dazu setzt man den Behälter auf Kraftmeßdosen oder bringt DMS-Zellen an der Tragekonstruktion an.

Auch hierbei erhält man nicht die Standhöhe im Behälter, sondern die Masse des Behälters plus Inhalt [5.4]. Das Meßverfahren ist unabhängig von irgendwelchen Vorgängen im Behälter, allerdings muß darauf geachtet werden, daß fest angeschlossene Rohrleitungen infolge thermischer Ausdehnungen keine Kräfte auf den Behälter einleiten. Auch Windkräfte auf Behälter im Freien können zu Meßfehlern führen. Näheres ist in der VDI/VDE-Richtlinie 3519 zu finden.

5.6 Kapazitive Meßverfahren

5.6.1 Grundlagen

Kapazitive Füllstands-Meßverfahren finden wegen ihrer universellen Einsatzmöglichkeiten zunehmende Verbreitung. Sie eignen sich für Schüttgüter und Flüssigkeiten gleichermaßen, und zwar sowohl für kontinuierliche Meßaufgaben als auch zur Grenzstandsdetektion. Beim kapazitiven Meßprinzip bildet ein metallischer Sondenstab in Verbindung mit der Behälterwand einen elektrischen Kondensator, das Medium wirkt als Dielektrikum. Die Kapazität (genauer gesagt die Impedanz) läßt sich mit Hilfe einer hochfrequenten (20 kHz…2 MHz) Wechselspannung in einer Brückenschaltung messen.

Das Funktionsprinzip läßt sich leicht an einem Plattenkondensator erläutern (Bild 5.19). Bekanntlich ist dessen Kapazität C gegeben durch

$$C = \varepsilon_0 \cdot \varepsilon_r \cdot \frac{A}{d} \qquad \text{(Gl. 5.17)}$$

ε_0 8,87 · 10^{-12} F/m (Elektrische Feldkonstante)
A Fläche der Platten
d Abstand der Platten

ε_r ist die relative Dielektrizitätskonstante (DK) des Mediums, in der Praxis des Füllgutes. Ist dessen DK größer als die von Luft, so steigt mit dem Füllstand auch die Kapazität des Kondensators.

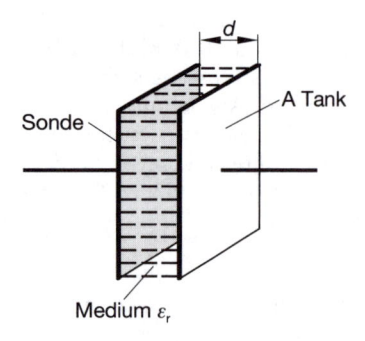

116 Füllstandsmessung

Bild 5.19 Kondensator mit Dielektrikum ε_r

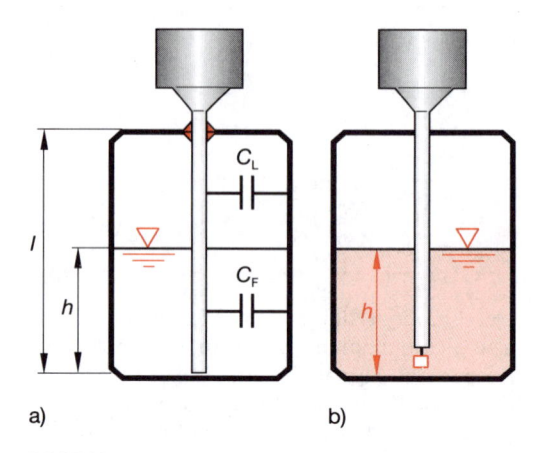

Bild 5.20
a) Funktionsprinzip einer kapazitiven Füllstandsmessung
b) Hilfskapazität zur Bestimmung von ε_r

5.6.2 Nichtleitfähige Füllgüter

Ein stehender zylindrischer Metallbehälter ist wie in Bild 5.20a mit einer blanken metallischen, axial ausgerichteten Stabsonde ausgestattet. Die gegen den Tank isolierte Sonde bildet mit den Behälterwänden einen Zylinderkondensator, dessen Kapazität C sich berechnet zu:

$$C = \frac{2\pi l\, \varepsilon_0 \varepsilon_r}{\ln\left(\dfrac{R_a}{R_S}\right)} \quad \text{(Gl. 5.18)}$$

l ist die Länge, R_a der Radius des Tanks und R_s der Radius des Sondenstabes. Die Gesamtkapazität des teilgefüllten Behälters ergibt sich aus der Parallelschaltung des von der Luft (C_L) und vom Füllgut (C_F) bestimmten Anteils ($\varepsilon_{rL} \approx 1$):

$$C_{ges} = C_L + C_F = \frac{2\pi \varepsilon_0}{\ln\left(\dfrac{R_a}{R_S}\right)} \cdot [l + (\varepsilon_{rF} - 1) \cdot h] \quad \text{(Gl. 5.19)}$$

wobei ε_{rF} die Dielektrizitätskonstante des Füllgutes ist. l ist die Gesamtlänge der Sonde und h die Standhöhe der Flüssigkeit, gemessen von der Sondenunterkante aus. Die Gesamtkapazität besteht bei $h = 0$ aus der Anfangskapazität $2\pi\varepsilon_0 l / \ln(R_a/R_s)$, was der mit Luft gefüllten Anordnung entspricht und einem Zusatzterm, der proportional zur Standhöhe h ist. Aus Gleichung 5.19 folgt, daß das kapazitive Standmeßverfahren produktabhängig ist, da die jeweilige Dielektrizitätskonstante ε_{rF} eingeht.

Zur Bestimmung des Füllstandes muß die DK des Produktes bekannt sein oder gemessen werden. Dazu bringt man wie in Bild 5.20b am unteren Stabende ein kleines Meßsegment definierter Länge an. Dieses bildet mit der Tankwand eine Kapazität C', aus der sich ε_{rF} berechnen läßt. Die korrekte Standhöhe folgt dann aus Gleichung 5.19.

Dies setzt allerdings voraus, daß eine erforderliche Mindesthöhe des Füllstandes gesichert und das Produkt im Tank homogen ist (keine Ablagerungen am Behälterboden!). Außerdem läßt sich für den unteren Bereich des Tanks der Füllstand dann natürlich nicht ermitteln.

5.6.3 Leitfähige Füllgüter

Für vollkommen nichtleitendes Füllgut kann eine metallische, unisolierte Sonde verwendet werden. Ist das Medium jedoch leitfähig, so ist die Kapazität aufgrund des Produktes korrekterweise durch eine Impedanz gemäß Bild 5.21

Kapazitive Meßverfahren

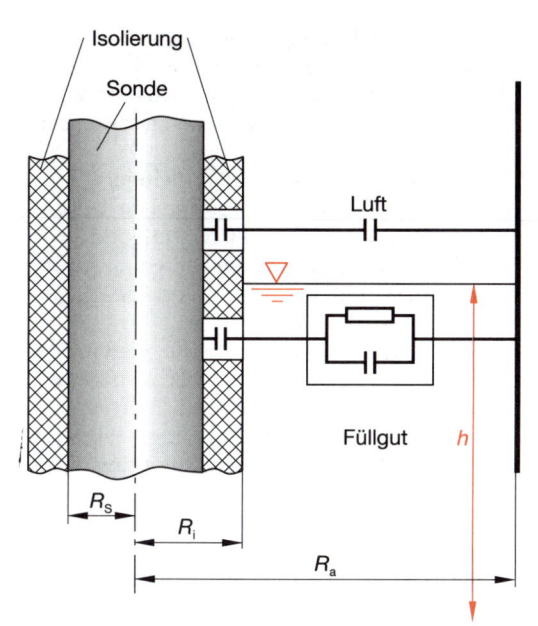

Bild 5.21 Elektrisches Ersatzschaltbild für isolierte Sonde und leitfähiges Medium

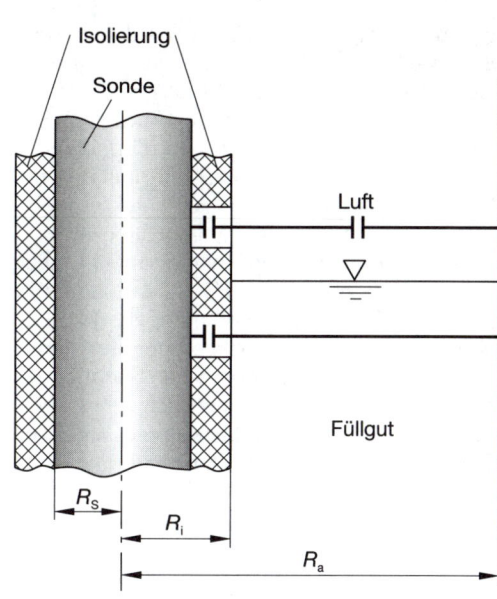

Bild 5.22 Elektrisches Ersatzschaltbild für gut leitfähiges Medium

zu ersetzen. Es wird außerdem eine Sondenisolierung notwendig, um Kurzschlüsse zwischen Sonde und Behälter zu vermeiden. Da die Sondenisolierung gleichzeitig ein Dielektrikum darstellt, entsteht zusammen mit dem Produkt elektrisch eine Serienschaltung zweier Kapazitäten, die sich berechnen läßt nach

$$C_F = \frac{2\pi h\, \varepsilon_0}{\frac{1}{\varepsilon_{rF}} \cdot \ln\left(\frac{R_a}{R_i}\right) + \frac{1}{\varepsilon_{ri}} \cdot \ln\left(\frac{R_i}{R_S}\right)} \quad \text{(Gl. 5.20)}$$

R_i Radius des Sondenstabes einschließlich Isolierung (die Kunststoffisolation hat die Dicke $d = R_i - R_S$)
ε_{ri} DK der Isolierschicht

Liegt die Leitfähigkeit des Füllgutes über einem Mindestwert, üblicherweise einige 100 µS/cm, so kann man den kapazitiven Anteil an der Impedanz des Mediums vernachlässigen. In diesem Fall bildet das Medium anstelle der Behälterwand die zweite Elektrode, somit ist nur noch das Dielektrikum der Sondenisolierung wirksam. Der Beitrag des Füllgutes zur Gesamtkapazität berechnet sich dann nach Bild 5.22 zu:

$$C_F = \frac{2\pi h\, \varepsilon_0 \varepsilon_{ri}}{\ln\left(\frac{R_i}{R_S}\right)} \quad \text{(Gl. 5.21)}$$

h Standhöhe

Dieser Ausdruck ist nicht mehr vom Medium abhängig, sondern nur noch vom Isolationsmaterial der Stabsonde! Für leitfähige Produkte ist die kapazitive Standmessung also stoffunabhängig.

5.6.4 Meßsonden

So einfach die kapazitive Meßmethode auch erscheint, sie wirft in der Praxis eine Reihe von Schwierigkeiten auf. Die zu detektierenden Kapazitätsänderungen sind meist sehr klein: Nach Gleichung 5.19 ist die Kapazität um so geringer, je größer der Radius R_a des Behälters ist. Bei Messung in Flüssigkeiten läßt sich die Situation durch ein metallisches Rohr verbessern, das als Gegenelektrode koaxial um die Stabsonde angeordnet ist (sog. Masserohr), bzw. einen zweiten metallischen Stab parallel zur Sonde. Diese Maßnahme ist bei Behältern mit nichtleitenden Wänden ohnehin notwendig und verleiht der Sonde gleichzeitig höhere mechanische Stabilität. Es muß natürlich gewährleistet sein, daß keine Verklebungen bzw. Verbackungen zwischen Stab und Masserohr auftreten.

Die Kapazität der Sondendurchführung durch den Tank liegt mit etwa 30 pF in der Größenordnung der Anfangskapazität, d.h. der Kapazität des leeren Tanks. Tabelle 5.2 zeigt einige typische Zahlenwerte.

Häufig besteht das Problem, daß insbesondere an den Durchführungen der Sonde Kondensatbildung oder Produktablagerungen einen großen Fehlereinfluß verursachen. Abhilfe bringen Sonden mit passiver oder aktiver Ansatzkompensation. Erstere bedient sich ausschließlich konstruktiver Details (z.B. auf Tankpotential liegender Abschirmungen), letztere nutzt eine spezielle Abschirmelektrode, die elektronisch auf Sondenpotential gehalten wird (sog. «driven shield»). Besonders bei Überfüllsicherungen nach dem WHG müssen Einflüsse von Anbackungen wirksam unterdrückt werden.

Bei kapazitiven Meßaufnehmern zur Grenzstand-Detektion kann auch in leitfähigen Medien eine nur teilisolierte Sonde verwendet werden, da nur der Impedanzsprung erfaßt wird und ein kontinuierliches Signal nicht erforderlich ist.

Problematisch sind Produkte, deren Leitfähigkeit im Betrieb starken Schwankungen unterworfen ist: Wie Tabelle 5.2 für Wasser zeigt, kann dabei je nach Leitfähigkeit die Kapazität der Meßeinrichtung stark schwanken, so daß im Übergangsbereich eine zuverlässige Messung nicht möglich ist.

Für das breite Spektrum an Aufgabenstellungen werden zahlreiche Bauformen von Sonden angeboten. Standardmäßig werden Betriebstemperaturen bis 200 °C und Drücke bis 50 bar beherrscht. Für große Standhöhen sind Seilsonden lieferbar, für kleinste Standhöhen an Versuchsapparaturen dünne Miniatursonden. Sehr aufwendig gestaltete Sonden mit mehreren Segmenten sind auch weitgehend tolerant gegen Anbackungen entlang des Sondenstabes. Tabelle 5.3 gibt eine Übersicht über die Auswahl geeigneter Sonden,

Tabelle 5.2 Kapazitätswerte einer typischen Meßanordnung für folgende Parameter:

Füllgut		Luft	Wasser demin.	Wasser leitf.	Produkt mit $\varepsilon_r = 3$
mit Masserohr	Sonde isoliert Sonde unisoliert	12 pF/m 12 pF/m	311 pF/m 978 pF/m	445 pF/m –	35 pF/m 36 pF/m
ohne Masserohr	Sonde isoliert Sonde unisoliert	100 pF/m 80 pF/m	427 pF/m 6500 pF/m	445 pF/m –	207 pF/m 241 pF/m

Tabelle 5.3 Einsatzbereiche der kapazitiven Sonden

Sonde ohne Masserohr – leitfähige Flüssigkeiten – hochviskose Flüssigkeiten – Schüttgüter	Sonde mit Masserohr – nicht leitfähige Flüssigkeiten – Behälter mit Rührwerk
Sonde mit passiver Ansatzkompensation – Kondensation an der Behälterdecke – Ansatzbildung	Sonde mit aktiver Ansatzkompensation – starke (leitfähige) Ansatzbildung

Bild 5.23 [5.5]
a) Kapazitive Seilsonde, unisoliert
b) Kapazitive Sonde mit Masserohr

a)

b)

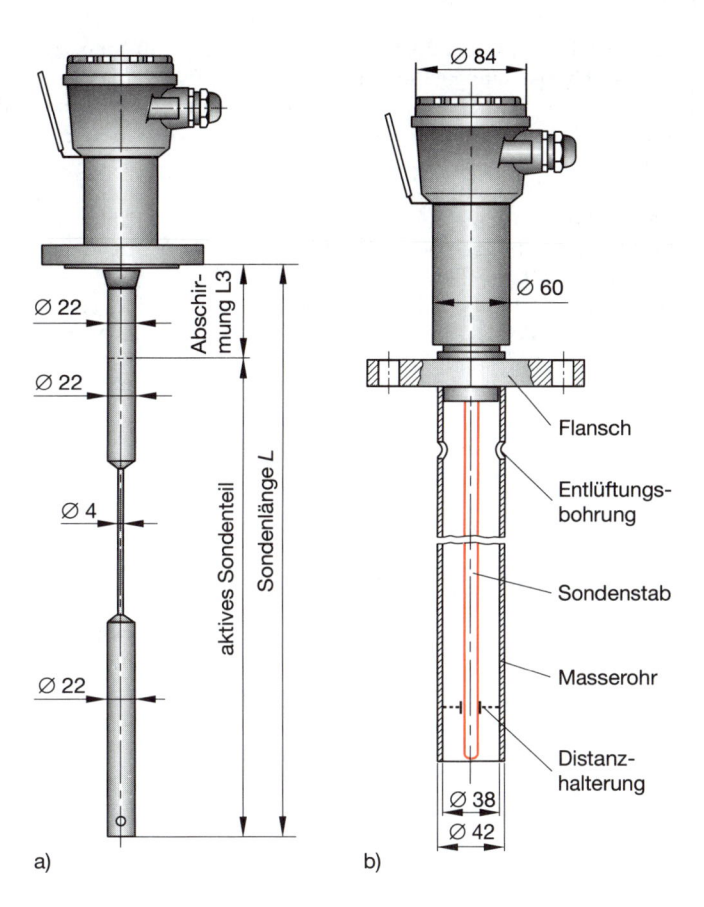

Bild 5.23 zeigt eine Seilsonde (a), sie ist lieferbar in Längen bis zu etwa 25 m, daneben eine Sonde mit Masserohr (b).

5.7 Konduktive Füllstandsmessung

Das konduktive Meßprinzip basiert auf der elektrischen Leitfähigkeit des Füllgutes, die üblicherweise mindestens etwa 5 µS/cm betragen muß. Zwischen zwei stabförmigen, parallelen Elektroden bildet die Flüssigkeit je nach Standhöhe eine mehr oder weniger gut leitfähige Verbindung. Wählt man das Sondenmaterial selbst hochohmig, so ist das Meßverfahren ab einer gewissen Mindestleitfähigkeit des Füllgutes nahezu produktunabhängig, nur die Standhöhe ist maßgebend.

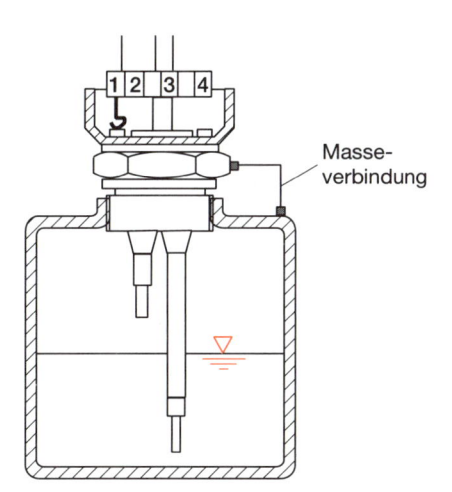

Bild 5.24 Potentiometrische Zweipunkt-Füllstandsmessung [5.5]

Zur Vermeidung von Polarisationseffekten ist eine Wechselstromspeisung zu wählen.

Auf das konduktive Meßprinzip greift man meist bei Aufgaben der Grenzstandüberwachung oder Zweipunktregelung des Füllstandes an Behältern zurück, wie Bild 5.24 zeigt. Die Elektroden sind dann isoliert bis auf die Spitzen und unterschiedlich lang. Sie sind gegen die leitfähige Behälterwand verschaltet, bei nicht leitfähigen Behälterwänden, z.B. Kunststofftanks, ist ein dritter Stab als Gegenelektrode nötig.

5.8 Radiometrische Füllstandsmessung

5.8.1 Allgemeines

Manchmal stellen die Prozeßbedingungen extreme Anforderungen an die Meßeinrichtungen, etwa

❏ hohe Drücke und/oder Temperaturen,
❏ abrasive, klebende, anbackende oder auskristallisierende Medien,
❏ aggressive, korrodierende oder stark toxische Stoffe.

Man greift unter diesen Prozeßbedingungen auf berührungslos arbeitende Meßverfahren zurück. Mit zu den ältesten berührungslosen Meßverfahren gehört die radiometrische Meßmethode. Sie beruht auf der Schwächung von Gammastrahlen beim Durchgang durch Materie. Die Durchdringungsfähigkeit hängt von der Energie der Strahlung ab, ihre Schwächung in Materie ist um so höher, je größer deren Dichte und die zu durchdringende Materialstärke ist. Bild 5.25 zeigt die prinzipiell mit γ-Strahlen lösbaren Meßaufgaben:

❏ Grenzstand-Detektion (1),
❏ kontinuierliche Füllstandsmessung (2),
❏ Messung der Trennschicht zweier Flüssigkeiten (3),
❏ Dichtemessung (4).

5.8.2 Quantitative Beschreibung

Bekanntlich nimmt die Intensität der Strahlung eines punktförmigen Präparates mit dem Quadrat des Abstandes zum Präparat ab. Die auf einen Detektor der Fläche A_D im Abstand R vom Strahler auftreffende Intensität I_{D0} ist gegeben durch (Bild 5.26a)

$$I_{D0} = \frac{I_0 \cdot A_D}{4\pi R^2} \qquad (Gl.\ 5.22)$$

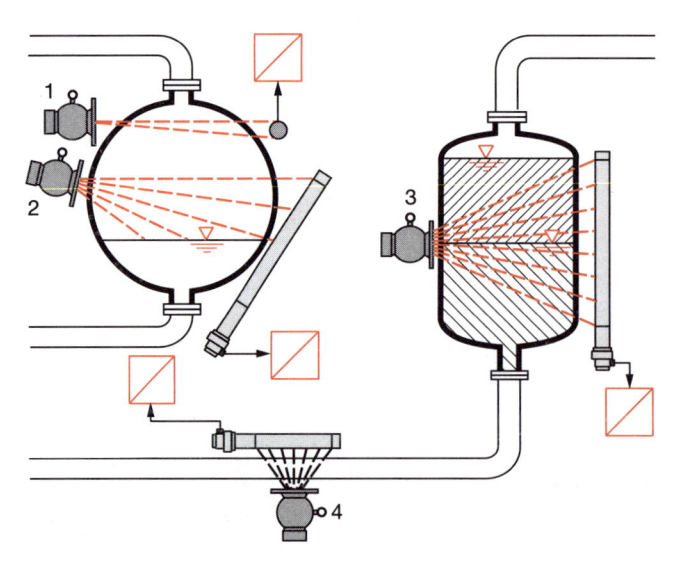

Bild 5.25
Anwendungsgebiete für radiometrische Meßverfahren
1 Grenzstand-Detektion
2 Kontinuierliche Füllstandsmessung
3 Trennschichtmessung
4 Dichtemessung

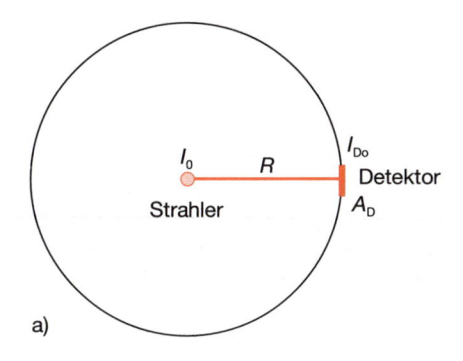

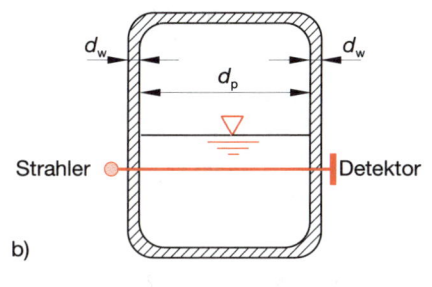

Radiometrische Standmessung

$$I_D = I_{D0} \cdot e^{-\mu(2\varrho_w \cdot d_w + \varrho_p \cdot d_p)} \quad \text{(Gl. 5.24)}$$

ϱ_w ist die Dichte der Behälterwand, d_w deren Dicke, ϱ_p die Dichte des Produktes und d_p die von den γ-Strahlen im Produkt durchlaufene Strecke.

Der erste Exponentialfaktor beschreibt die Absorption in der Behälterwand.

Er ist für volle und leere Behälter gleich, so daß mit

$$I_{\text{leer}} = I_{D0} \cdot e^{-2\mu\varrho_w \cdot d_w} \quad \text{(Gl. 5.25)}$$

und Gleichung 5.24 folgt:

$$\frac{I_D}{I_{\text{leer}}} = e^{-\mu \cdot \varrho_p \cdot d_p} \quad \text{(Gl. 5.26)}$$

Dieses Ergebnis gilt auch für eine produktgefüllte Rohrleitung. Das Verhältnis I_D/I_{leer} hängt dann nur von der Produktdichte ϱ_p ab und erlaubt daher prinzipiell die Messung der Dichte (s. Bild 5.25, Beispiel 4). Das exponentielle Schwächungsgesetz kann in der Meßpraxis allerdings nur bei kleinen Schichtdicken herangezogen werden. Sind große Schichtdicken zu durchdringen, so wird die Restintensität zu klein, zumindest bei Einsatz von Präparaten mit nicht zu hoher Aktivität.

Bei Füllhöhenmessungen (Grenzstand oder auch kontinuierlich) in großen Behältern wählt man die Art des Strahlers und dessen Aktivität so, daß die Strahlung schon von dünnen Produktschichten praktisch vollständig absorbiert wird: Nur die durch leere Behälterzonen laufende Strahlung kommt in genügender Intensität am Detektor an (Bild 5.25, Beispiel 2). So wird die Standmessung vornehmlich durch die Geometrie der Anordnung bestimmt und ist praktisch unabhängig von der Produktdichte.

Bei Trennschicht- oder Dichtemessungen muß natürlich auch nach Durchgang durch das Produkt noch genügend Intensität am Detektor ankommen. Das erfordert Präparate hoher Aktivität und durchdringungsfähige γ-Strahlen.

Bild 5.26
a) Berechnung der Intensität radioaktiver Strahlung als Funktion des Abstandes vom Präparat
b) Schwächung radioaktiver Strahlung durch Absorption

wobei I_0 die Aktivität des Präparates ist. Die Einheit der Aktivität ist das Bequerel (Bq); 1 Bq = 1 Zerfall pro Sekunde. Eine alte, heute ungebräuchliche Einheit ist das Curie (Ci): 1 Ci = 3,7 · 10^{10} Bq.

Befindet sich ein Absorber im Strahlengang, so wird die Intensität geschwächt nach einem Exponentialgesetz:

$$I_D = I_{D0} \cdot e^{-\mu\varrho d} \quad \text{(Gl. 5.23)}$$

I_{D0} ist die Intensität unmittelbar vor dem Absorber, I_D die noch verbleibende Intensität nach Durchlaufen der Dicke d, μ eine für die Energie der γ-Quanten charakteristische Konstante, ϱ ist die Dichte des Absorbers und d dessen Dicke. Durchdringt die Strahlung einen Behälter wie in Bild 5.26b, so addiert sich die absorbierende Wirkung von Wänden und Inhalt. Für die Intensität I_D am Detektor gilt:

Radioaktive Zerfallsprozesse sind statistische Ereignisse, die Meßgenauigkeit eines Gammasystems ist daher von den statistischen Schwankungen der radioaktiven Emissionsprozesse abhängig. Zählt man unter konstanten Bedingungen mehrfach die Anzahl der am Detektor während eines Zeitintervalles $\Delta\tau$ eintreffenden Quanten, so erhält man eine bestimmte Streubreite. Für die relative Streuung $\Delta N/N$ der Zählereignisse innerhalb des Zeitintervalles $\Delta\tau$ gilt:

$$\frac{\Delta N}{N} = \frac{1}{\sqrt{N}} \qquad \text{(Gl. 5.27)}$$

Ein **Beispiel** mag dies erläutern:
Angenommen, in einer Zeit von $\Delta\tau = 10$ s treffen genau 500 Impulse am Detektor ein. Würde man die Messung wiederholen, könnten z.B. 520 Ereignisse gezählt werden, also um 4% mehr. Im statistischen Mittel erhält man nach Gleichung 5.27 bei sehr vielen Wiederholungen eine Streubreite der Ergebnisse von $\Delta N/N = 1/\sqrt{500} = 4,47\%$. Will man beispielsweise bei einer Messung einen statistisch bedingten relativen Fehler von maximal $\Delta N/N = 1\%$ erreichen, so muß $(1/\sqrt{N}) < 0,01$, d.h., $N > 10000$ sein. Man muß also bei Verwendung des gleichen Präparates das Zeitintervall $\Delta\tau$ auf über 3 Minuten vergrößern, bis mehr als 10000 γ-Quanten erfaßt werden. Die Zeit $\Delta\tau$, auch Integrationszeit genannt, muß um so länger sein, je geringer die Zählrate bzw. je niedriger die Aktivität des Präparates ist. Eine große Integrationszeit $\Delta\tau$ bedeutet aber eine langsame Messung: Im Zahlenbeispiel oben muß man über 3 Minuten auf einen neuen Meßwert warten.

Je schneller die Messung bei einer geforderten Genauigkeit ansprechen soll, desto mehr γ-Quanten pro Zeiteinheit sind nötig und damit eine um so höhere Aktivität des Präparates. Das bedeutet, daß für große Absorptionsstrecken sehr durchdringende Präparate mit hohen Aktivitäten gefordert sind. In der verfahrenstechnischen Praxis finden sich bei Füllstandsmessungen Integrationszeiten bis zu 30 Sekunden.

5.8.3 Radioaktive Präparate und Abschirmungen

In der Standmeßtechnik sind vor allem zwei radioaktive Präparate gebräuchlich:

a) ^{137}Cs als ein verhältnismäßig «weicher» γ-Strahler (γ-Energie 662 keV), dessen Durchdringungsvermögen relativ begrenzt ist. Seine Halbwertszeit beträgt 32 Jahre (d.h., nach 32 Jahren hat sich die anfängliche Aktivität des Präparates auf die Hälfte reduziert).

b) ^{60}Co ist ein harter Strahler, dessen γ-Strahlung (γ-Energie 1332 keV) ein hohes Durchdringungsvermögen hat. Die Halbwertszeit von ^{60}Co beträgt ca. 5,3 Jahre.

Demnach setzt man ^{137}Cs bevorzugt bei normalen Behältern mit dünnen Wänden ein. Wegen der relativ hohen Halbwertszeit braucht innerhalb der üblichen Nutzungsdauer der Prozeßmeßgeräte von etwa 15 Jahren das Präparat in der Regel nicht ausgewechselt werden, allerdings ist von Zeit zu Zeit wegen der natürlich abnehmenden Intensität eine Nachkalibration des Gerätes nötig.

^{60}Co wird vor allem bei großen und/oder dickwandigen Behältern mit großen Absorptionsstrecken benutzt. Die kurze Halbwertszeit erfordert einen Austausch des Präparates in verhältnismäßig kurzen Abständen.

Ein deutscher Hersteller bietet z.B. beide Präparate standardmäßig mit Aktivitäten zwischen 1,85 MBq und 18,5 GBq (entsprechend 0,5 mCi bis 500 mCi) an [5.5].

Die Gammastrahlung breitet sich vom radioaktiven Präparat isotrop aus. Man benötigt sie jedoch nur in Richtung Detektor durch den Tank hindurch. Die übrigen Anteile der Strahlung müssen abgeschirmt werden. Dies erreicht man durch Strahlenschutzbehälter mit Blei als Absorber, eingeschweißt in ein Edelstahlgehäuse wie in Bild 5.27. Selbst wenn im Brandfall das Blei schmelzen sollte, kann es nicht entweichen, so daß der Strahlenschutz auch in diesem Fall gewährleistet bleibt. Der Schutzbehälter dient gleichzeitig auch als Transportbehälter. Er ist nur mit einem Schließmechanismus zu öffnen und zu schließen, der ausschließlich von speziell autorisier-

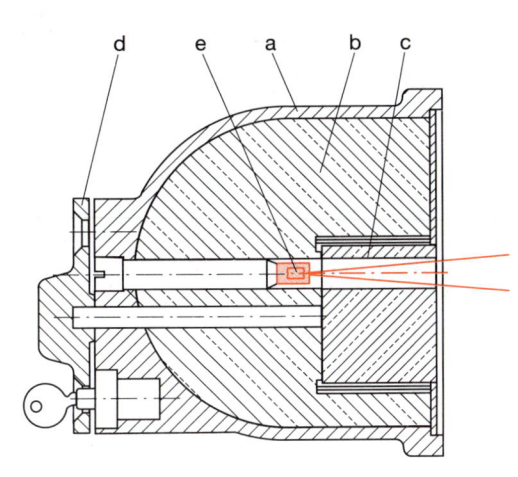

Bild 5.27 Abschirmbehälter für radioaktive Präparate
a Stahlmantel, b Bleifüllung, c Bleidrehblende, d Verschluß, e Punktstrahler

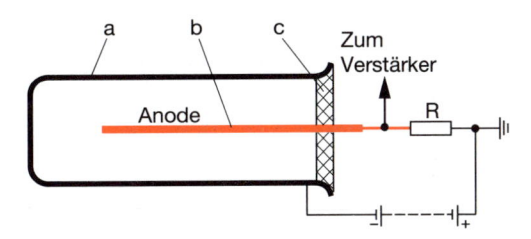

Bild 5.28 Geiger-Müller-Zählrohr
a dünnes Metallgehäuse, b Zähldraht, c Isolator

ten Personen (Strahlenschutzbeauftragten) betätigt werden darf.

5.8.4 Detektoren

Ein idealer Detektor meldet jedes einzelne γ-Quant, das ihn trifft. Reale Detektoren weisen jedoch typabhängig nur einen mehr oder weniger großen Teil der Quanten nach, der Rest entgeht ihnen, u.a. weil Quanten z.B. ohne Wechselwirkung einfach durch sie hindurchgehen. Das trifft natürlich besonders auf gasgefüllte Detektoren zu.

Unter der Empfindlichkeit eines Detektors versteht man den Bruchteil der auftreffenden Strahlung, den er tatsächlich nachweist. Je empfindlicher ein Detektor, desto geringere Aktivitäten radioaktiver Präparate sind erforderlich für eine bestimmte Meßgenauigkeit.

In der industriellen Praxis finden zwei Typen von Detektoren Anwendung: das **Geiger-Müller-Zählrohr** und der **Szintillationszähler**.

Herzstück des Zählrohres ist eine mit Gas gefüllte Röhre; ein axialer Draht bildet mit dem metallischen Mantel einen Zylinderkondensator nach Bild 5.28. Der Isolator trennt die beiden Elektroden gegeneinander und ist gleichzeitig durchlässig für die gewünschte Strahlung. Zwischen Draht und Zylindermantel liegt eine hohe Gleichspannung an, typischerweise ca. 1000…1200 V. Tritt ein γ-Quant in das Gasvolumen ein, so können Gasatome entlang seiner Bahn ionisiert werden. Aufgrund der hohen Feldstärke werden die dabei freiwerdenden Elektronen zum Draht hin beschleunigt, wobei sie auf ihrem Weg weitere Moleküle durch Stoß ionisieren. Von einem γ-Quant wird also eine Ladungslawine ausgelöst, die als Stromimpuls über den Arbeitswiderstand R in einen Spannungsimpuls umgesetzt und ausgewertet wird. Geiger-Müller-Zählrohre können klein gebaut werden, sie sind allerdings relativ unempfindlich. Ihr Konversionsfaktor liegt bei etwa 10%, d.h., sie weisen im statistischen Mittel nur jedes zehnte γ-Quant nach, das sie durchquert. Ein ähnliches Funktionsprinzip liegt auch Ionisationskammern zugrunde. Hier fließt allerdings ein kontinuierlicher Strom, der proportional zur Intensität der Strahlung ist. Ionisationskammern sind noch unempfindlicher als Zählrohre.

Der Szintillationszähler besteht aus einem transparenten organischen oder anorganischen Kristall (durchsichtig klar oder milchig trüb), meist NaJ, Polyvinyltoluen (PVT); auch diverse Gläser sind geeignet. Bild 5.29 zeigt den prinzipiellen Aufbau.

In den Kristall oder Kunststoffblock eindringende γ-Quanten regen auf ihrer Bahn Atome des Festkörpers an, die die Anregungsenergie im sichtbaren Bereich des Spektrums anschließend wieder abstrahlen. Der aus ei-

5.8.5 Meßanordnungen

Zur Füllstandsmessung sind Strahler und Detektor an gegenüberliegenden Seiten des Behälters bzw. der Rohrleitungen anzuordnen. Während bei Grenzstandüberwachungen ein punktförmiger Strahler und Detektor wie in Bild 5.30 (1) ausreicht, kombiniert man bei kontinuierlichen Standmessungen einen Stabstrahler mit einem punktförmigen Detektor

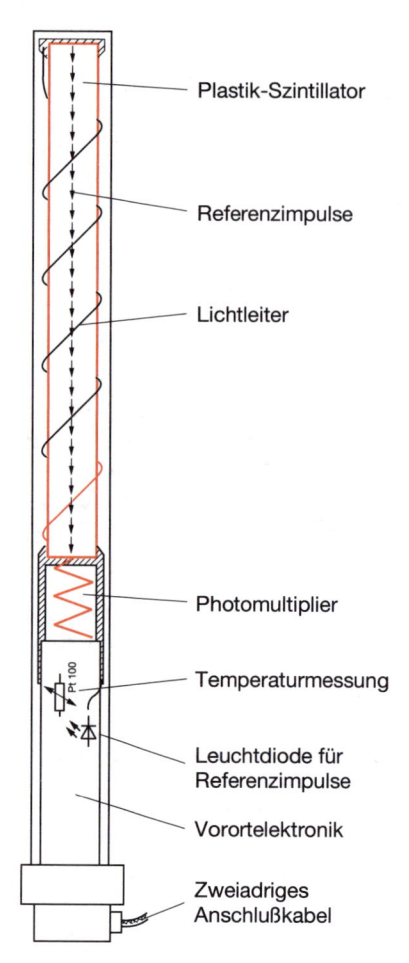

Bild 5.29 Stab-Szintillationszähler

nem γ-Quant entstehende Lichtblitz mit zahlreichen Photonen im sichtbaren Bereich des elektromagnetischen Spektrums wird von einem Photomultiplier verstärkt und von der Elektronik ausgewertet. Zur Kontrolle der Langzeitstabilität des Szintillators und des Photomultipliers dient eine Leuchtdiode, die über Lichtwellenleiter einen optischen Referenzimpuls auf die Spitze des transparenten Blocks abgeben kann. Szintillationszähler sind wesentlich empfindlicher als Zählrohre und erlauben somit den Einsatz von Präparaten geringerer Aktivität.

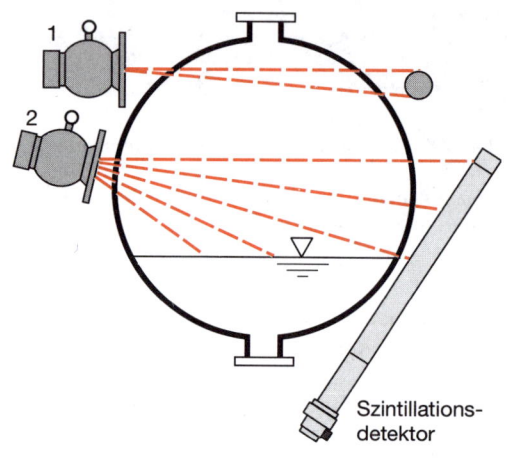

Bild 5.30 Kombinationen radioaktiver Strahler und Detektoren [5.5]
1 Punktstrahler und punktförmiger Detektor
2 Punktstrahler mit stabförmigem Detektor

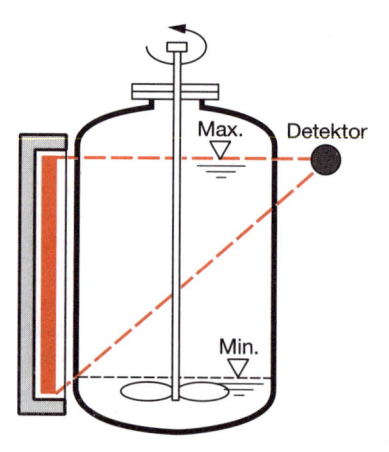

Bild 5.31 Kombination eines Stabstrahlers mit punktförmigem Detektor

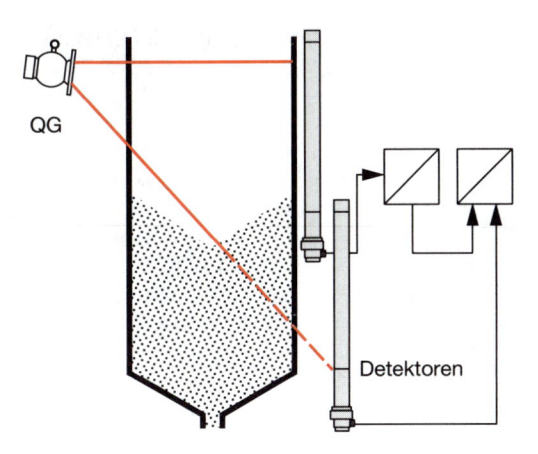

Bild 5.32 Bei großen Füllhöhen können mehrere Stabdetektoren kaskadiert werden [5.5]

(Bild 5.31) oder einen Punktstrahler mit stabförmigem Detektor (Bild 5.30, Beispiel 2), bei großen Standhöhen >2 m evtl. auch mehrere Detektoren wie in Bild 5.32.

Bei kontinuierlichen Standmessungen kommt nur Strahlung durch die nicht produktgefüllte Zone des Behälters am Detektor an. Dies führt zu einer stark nichtlinearen Kennlinie zwischen Zählrate und Standhöhe (Bild 5.33).

In einer Anordnung aus einem homogenen stabförmigen Strahler der Länge H und punktförmigen Detektor wie in Bild 5.31 gilt für die Intensität am Detektor:

$$I(h) = \frac{I_W}{4\pi H \cdot d} \cdot \arctan\left(\frac{H-h}{d}\right) \quad \text{(Gl. 5.28)}$$

Dabei ist

$$I_w = I_0 \cdot e^{-2\mu \varrho_w d_w} \quad \text{(Gl. 5.29)}$$

die bei leerem Behälter eintreffende Intensität, I_0 ist die Aktivität, H die maximale Standhöhe, h die momentane Standhöhe und d der Innendurchmesser des Behälters.

Die arctan-förmige Kennlinie läßt sich linearisieren, indem man die Aktivität des Präparates entlang des Stabes geeignet verändert. Dies gelingt z. B. mit einem homogenen ^{60}Co-Draht, der mit variierender Steigung um einen Trägerstab gewickelt wird. Durch geschickte Wicklungsführung kann man auch für kugelförmige Tanks lineare, inhalts- oder füllhöhen-proportionale Signale erhalten, wie Bild 5.34 dokumentiert.

5.8.6 Meßumformer

Linearisierungen nahezu beliebiger Kennlinien sind kein Problem mit mikroprozessorgestützten Meßumformern. Die Digitalelektronik kann außerdem (bewegliche) Einbauten im Tank kompensieren (z. B. auch laufende Rührwerke), die den Roh-Meßwert periodisch verfälschen, und sogar die exponentiell mit

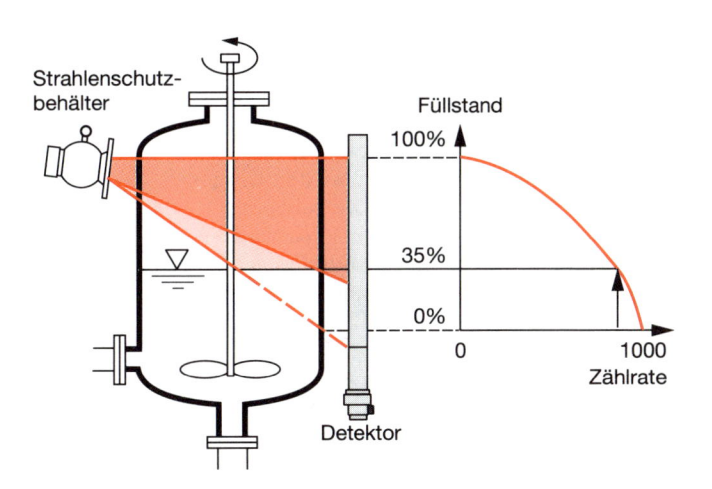

Bild 5.33
Nichtlineare Kennlinie einer radiometrischen Füllstandsmessung [5.5]

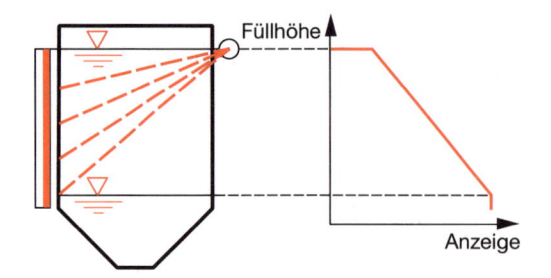

Bild 5.34 Linearisierung der Kennlinie durch geeignetes Design des Strahlers

der Zeit schwindende Aktivität des Präparates automatisch ohne Bedienereingriff korrigieren. Bei unzureichender Präparateaktivität warnt der Meßumformer außerdem vor Fehlmessungen. Wird eine kurze Integrationszeit gewählt, so folgt die Anzeige schneller dynamischen Veränderungen, allerdings mit reduzierter Genauigkeit. Faßt man rechnerisch mehrere aufeinanderfolgende Integrationsintervalle zusammen, läßt sich daraus ein genauerer Meßwert gewinnen, der aber langsamer aktualisiert wird.

5.8.7 Rechtliche Bestimmungen

Radiometrische Standmessungen unterliegen der Strahlenschutz-Verordnung. Das bedeutet, daß sie regelmäßig geprüft und auf Dichtigkeit kontrolliert werden müssen. Ferner ist ein Strahlenschutzbeauftragter zu ernennen, der entsprechend geschult ist und für die Einhaltung aller einschlägigen Vorschriften verantwortlich zeichnet. Es muß gewährleistet sein, daß Menschen durch die Strahlung nicht zu Schaden kommen. Dazu sind in der Umgebung der Meßeinrichtung Kontrollbereiche, d.h. Bereiche mit merklich über dem natürlichen Hintergrund liegender radioaktiver Belastung, deutlich zu kennzeichnen. Sie dürfen nur kurz betreten werden, also keineswegs Dauerarbeitsplätze sein! Bei geschickter Strahlführung, geeigneter Abschirmung und Verwendung empfindlicher Szintillationszähler läßt es sich meist einrichten, daß γ-Quanten ausschließlich auf dem Detektorbereich landen und der Streuanteil der Strahlung (beim Durchgang der Strahlung durch Materie werden einige γ-Quanten auch gestreut!) so gering ist, daß keinerlei Kontrollbereich um den Tank herum notwendig wird. So ist die Bewegungsfreiheit in einer Anlage durch radiometrische Meßanordnungen nicht beeinträchtigt, wenn man vom Einsteigen in den leeren Tank selbst einmal absieht. Behälter, an denen radiometrische Messungen installiert sind, dürfen nur bei abgeschlossenem Strahlenschutzbehälter und nur mit schriftlicher Erlaubnis des Strahlenschutzbeauftragten betreten werden. Über jede einzelne Aktion ist Buch zu führen!

Wegen der Behördenvorschriften, insbesondere was das besonders autorisierte Personal und den Aufwand bei Beschaffung und Umgang mit den Präparaten betrifft, entscheidet man sich in der Betriebspraxis trotz meßtechnischer Vorteile meist erst dann für die Radiometrie, wenn alle anderen Meßverfahren nicht geeignet sind.

5.9 Laufzeitmessungen

5.9.1 Allgemeines

Eine weitere bedeutende Gruppe berührungslos arbeitender Meßverfahren sind die Laufzeitmessungen. Ihnen ist gemeinsam ein Geber an der Decke eines Silos oder Tanks, der – durch einen elektrischen Oszillator angeregt – einen kurzen Impuls nach unten in Richtung Füllgutoberfläche sendet (Bild 5.35).

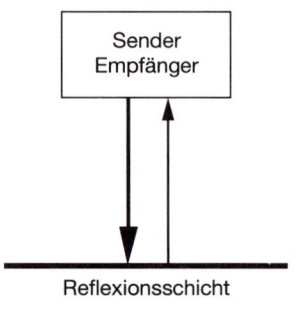

Bild 5.35 Berührungslose Füllstandsmessung

Der Impuls wird dort zum Teil reflektiert, von dem inzwischen als Empfänger geschalteten Geber als Echo empfangen und in ein elektrisches Signal zurückgewandelt. Bei dem Impuls kann es sich um Ultraschall handeln oder um elektromagnetische Wellen, vornehmlich im Mikrowellenbereich (Radar). Auch Laser eignen sich prinzipiell, sie sind in der Prozeßtechnik jedoch seltener zu finden.

Die Zeit zwischen Senden und Empfangen des Impulses, die Laufzeit, ist direkt proportional zum Abstand D zwischen Sender und Füllgutoberfläche. Da der Impuls hin und zurück laufen muß, gilt mit Bild 5.36:

$$2 \cdot D = c \cdot t \qquad \text{(Gl. 5.30)}$$

c Ausbreitungsgeschwindigkeit
t Laufzeit des Impulses

Für den Abstand D folgt daraus:

$$D = \frac{1}{2} c \cdot t \qquad \text{(Gl. 5.31)}$$

Bei Ultraschall ist c die Schallgeschwindigkeit (in Luft etwa 340 m/s), bei Mikrowellen die Lichtgeschwindigkeit.

Meist interessiert man sich nicht für die Distanz D, sondern für die Füllhöhe L. Aus Gleichung 5.31 wird dann:

$$L = E - \frac{1}{2} c \cdot t \qquad \text{(Gl. 5.32)}$$

E Nullpunkt der Messung (Empty)

Laufzeitmessungen sind erst durch die moderne Mikroelektronik und vornehmlich die Digitaltechnik zu genauen und zuverlässigen Betriebsverfahren herangereift. Bei einem Abstand zwischen Sender und Empfänger von $D = 5$ m liegen die zu messenden Laufzeiten bei Ultraschall im Bereich von 30 ms, bei Mikrowellen bei etwa 30 ns! Um Höhendifferenzen von 2 cm aufzulösen, muß die Elektronik bei Ultraschall etwa 0,1 ms auflösen, bei Radar sogar ca. 0,1 ns!

In der Praxis lassen sich Impulse keineswegs mit idealen, unendlich steilen Flanken erzeugen, so daß die genaue Messung der Laufzeit durchaus ein Problem darstellt. Darüber hinaus sind eine Reihe von Störmöglichkeiten auszuschalten, etwa Reflexionen an Tankeinbauten, Vibrationen, Kondensatbildung, Staub, Verkrustungen am Geber u. v. m.

Standmessungen nach dem Laufzeitprinzip sind für Flüssigkeiten und Schüttgüter gleichermaßen geeignet und gewinnen im Betrieb stark an Bedeutung, da sie weitgehend unabhängig von den Produkteigenschaften sind. Sie erfordern nur einen Impedanzsprung zwischen Tankatmosphäre und Füllgut.

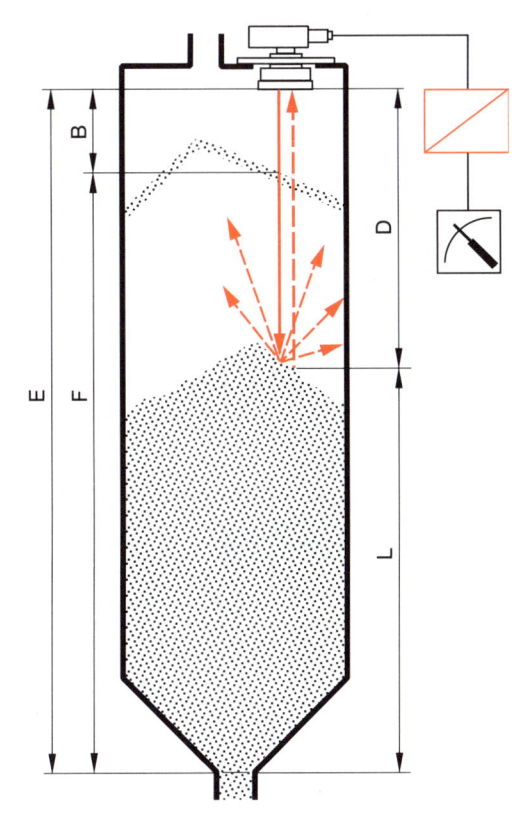

Bild 5.36 Füllstandsmessung am Schüttgutsilo; Meßeinrichtung und Funktion [5.5]
B Blockdistanz
D Distanz vom Sensor bis zur Füllgutoberfläche
L Füllstand im Silo (Level)
F maximale Füllhöhe (100%, Full)
E Nullpunkt der Messung (0%, Empty)

5.9.2 Messungen mit Ultraschall

Bei Ultraschall nutzt man die Gasatmosphäre in Silos und Tanks zur Übertragung der Schwingungsenergie. Das bedeutet, daß diese Methode im Vakuum nicht anwendbar ist.

5.9.2.1 Ultraschallsender und -empfänger

Für industrielle Anwendungen sind Lautsprecher als Schallgeber ungeeignet, da sie den rauhen Umgebungsbedingungen nicht widerstehen. Man verwendet daher Piezokeramiken bzw. -oxide, für spezielle Anwendungen auch Quarze. Ihr Wirkungsgrad ist geringer als bei Lautsprechern, und der große Sprung der Schallimpedanz zwischen Piezooxid und Luft erlaubt nur relativ geringe Auskopplungsenergien. Bild 5.37 zeigt schematisch einen Ultraschallgeber mit Piezooxiden, auch kurz als Piezos bezeichnet [5.8]. Der Piezo ändert periodisch seine Dicke mit der anliegenden elektrischen Erregerfrequenz, die gleich seiner Eigenfrequenz gewählt wird. Da sich das Resonanzverhalten z. B. durch Kondensatbildung oder Produktanhaftung an der Membrane ändern kann, muß die Erregerfrequenz nötigenfalls nachgeregelt werden. In Richtung der gewünschten Schallabstrahlung befindet sich eine $\lambda/4$-Schicht zur Verbesserung der Energieauskopplung, d.h., die Dicke d des Materials entspricht bei der Erregerfrequenz f_E genau dem Viertel einer Wellenlänge:

$$d = \frac{1}{4}\lambda = \frac{1}{4}\frac{c_M}{f_E} \qquad (Gl.\ 5.33)$$

c_M Schallgeschwindigkeit im Material

Die Dämpfungsmasse auf der Rückseite der Piezooxide unterdrückt eine Schallabstrahlung in Gegenrichtung.

5.9.2.2 Meßanordnung

Die Meßanordnung in Bild 5.36 ist typisch für ein Schüttgutsilo. Auch bei schrägem Schüttkegel hat das Streuecho zurück zum Geber noch eine ausreichende Intensität, wenn die Oberflächenrauhigkeit des Produktes größer als etwa 5…10 mm ist (Bild 5.38). Der Wert hängt im wesentlichen ab von der verwendeten Wellenlänge des Ultraschallimpulses. Tabelle 5.4 zeigt die Mindestkorngröße in Abhängigkeit von der gewählten Ultraschallfrequenz. Typische Schüttgüter, die diese Bedingung in der Regel erfüllen, sind Schotter, Kohle, Erz usw. Bei pulvrigen oder feinkörnigen Schüttgütern, etwa Sand, Zement, Mehl u.a. ist dagegen eine waagrechte Oberfläche des Füllgutes erforderlich, da das Verfahren dann auf «spiegelnde» Reflexion angewiesen ist. Auch bei flüssigen Produkten muß das Ultraschallsignal senkrecht auf die Oberfläche

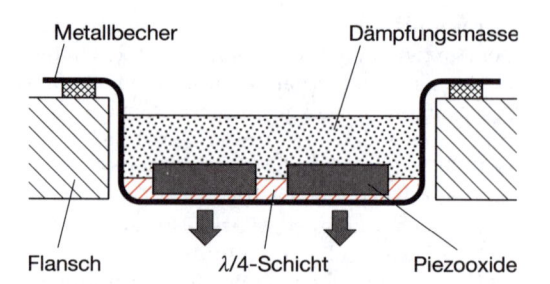

Bild 5.37 Ultraschall-Geber mit Piezokeramik

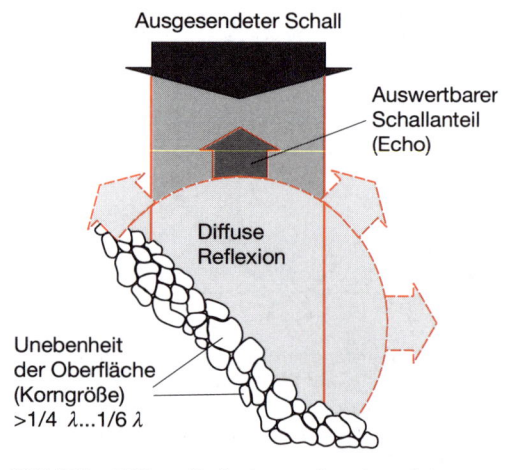

Bild 5.38 Diffuse Reflexion an körnigen Schüttgütern

Tabelle 5.4 Mindestkorngröße ca. $1/4\,\lambda \ldots 1/6\,\lambda$

Frequenz	15 kHz	25 kHz	35 kHz	45 kHz
Mindestkorngröße	5 mm	3 mm	2 mm	1 mm

auftreffen, die Oberfläche darf ferner nicht von einer geschlossenen Schaumschicht bedeckt sein.

5.9.2.3 Signalauswertung

Das typische Bild eines idealen Ultraschall-Signalverlaufs ist in Bild 5.39 zu sehen [5.8]. In Phase 0 beginnt die Erregung des Piezos für einen Impuls. Aufgrund seiner Trägheit benötigt der Schwinger einige Perioden, bis er bei 1 die maximale Amplitude erreicht hat. Nach Abschalten der elektrischen Erregung schwingt der Piezo zeitlich nach einer Exponentialfunktion abfallend aus (Phase 2). Die Zeitdauer des gesamten Impulses liegt typischerweise bei $t_{imp} \approx 1\ldots 3$ ms.

Während dieser Zeitdauer ist der Geber blind für Echos. Ist das Füllgut sehr nahe am Sensor, kommt das Impulsecho zurück, bevor der Sensor ganz ausgeschwungen ist. Es ist daher ein Mindestabstand D_{min} zwischen Füllgut und Ultraschallsensor einzuhalten, der sich in Luft näherungsweise errechnet zu:

$$D_{min} = c \cdot \frac{1}{2} t_{imp} = 340 \text{ m/s} \cdot 1{,}50 \cdot 10^{-3} \text{ s} = 0{,}51 \text{ m}$$

(Gl. 5.34)

D_{min} bezeichnet man als Blockdistanz. Bei handelsüblichen Echolotgeräten liegt er zwischen 0,7…1 m. Will man die Füllhöhe eines Tanks oder Silos vollständig nutzen, muß man den Geber auf einem Rohrstutzen über der Tankdecke montieren, wie Bild 5.40 zeigt. Bei beengten Platzverhältnissen über dem Silo kann auch eine Lösung nach Bild 5.41 weiterhelfen: Die Blockdistanz ist horizontal angeordnet, ein Reflektor lenkt Impuls und Echo auf das Füllgut. Natürlich sind hier Vorkehrungen gegen Benetzung des Gebers bei Überfüllung des Tanks notwendig!

Digitale Meßumformer können die Kennlinien nahezu beliebig geformter Behälter speichern, so daß je nach Wunsch ein füllhöhen- oder inhaltsproportionales Einheitssignal zur Verfügung steht. Sie gestatten auch eine variable Blockdistanz. Ausgehend von der Idee, daß bei geringem Abstand zwischen Sensor und Füllgut die Intensität des Echos sehr hoch ist, kann man auf das vollständige Ausschwingen des Gebers verzichten und ihn schon vorher empfangsbereit schalten, wenn die erwartete Echoamplitude höher als die ausklingende Impulsamplitude ist, wie schematisch in Bild 5.42 zu sehen ist.

Mikroprozessorgestützte Meßumformer stellen die Blockdistanz automatisch ein:

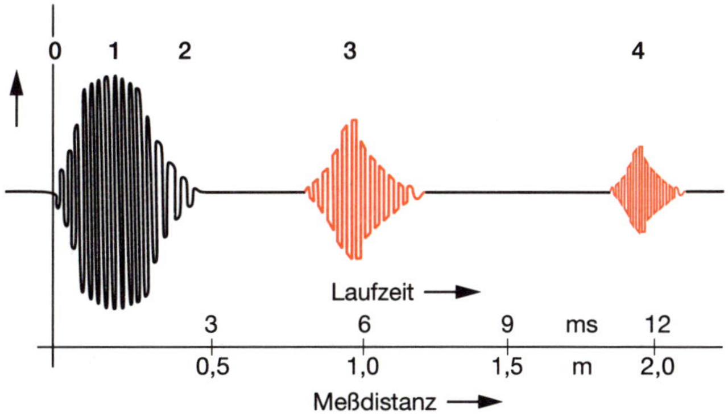

Bild 5.39
Oszillogramm eines Ultraschall-Signalverlaufs

Bild 5.40 Einhaltung der Blockdistanz

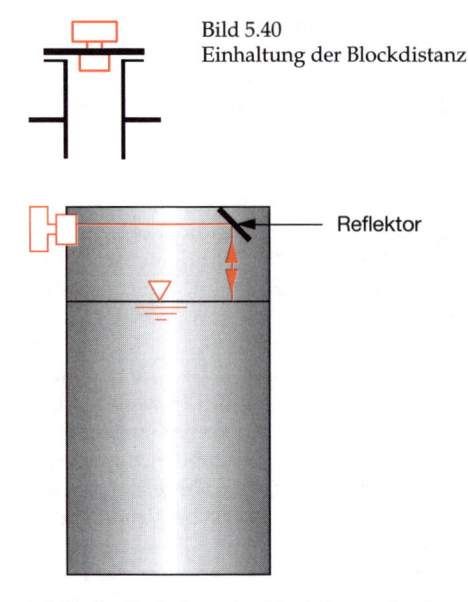

Bild 5.41 Einhalten der Blockdistanz bei beengten Einbauverhältnissen

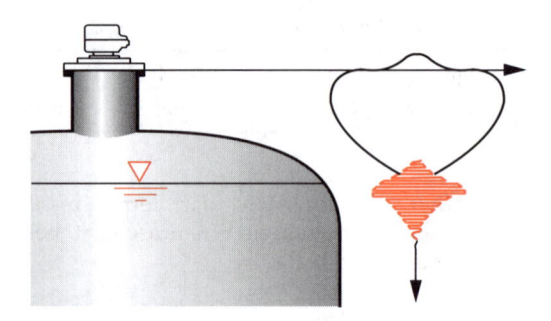

Bild 5.42 Variable Blockdistanz

– Hoher Füllstand = hohe Echointensität = kurze Blockdistanz,
– Niedriger Füllstand = niedrige Echointensität = große Blockdistanz.

Im idealen Oszillogramm nach Bild 5.39 trifft das Echo mit seinem Intensitätsmaximum nach etwa 6 ms beim Geber ein (Phase 3) und ist gut auswertbar. Bezogen auf die Maxima von Sende- und Echoimpuls ergibt sich eine Laufzeit von $t = (6 - 1)$ ms = 5 ms. In Luft folgt daraus ein Abstand zwischen Sensor und Füllgut von

$D = 340$ m/s $\cdot$ 2,5 ms = 0,85 m   (Gl. 5.35)

Im Oszillogramm von Bild 5.39 tritt bei 12 ms ein weiteres Echo auf, das eine Mehrfachreflexion darstellt: Echo 3 wurde vom Deckel des Tanks zur Füllgutoberfläche reflektiert und von dort wieder Richtung Sensor zurückgeworfen. Ist seine Intensität noch hoch genug, kann es zu Fehlinterpretationen Anlaß geben. Man darf den nächsten Meßvorgang erst dann starten, wenn die Intensität der Mehrfachechos genügend weit abgeklungen ist.

5.9.2.4 Reichweite der Meßeinrichtung

Der maximal erzielbare Meßbereich wird außer durch die gewählte Schallenergie auch durch die Dämpfung der Schallintensität in Luft und durch die Rückstreueigenschaften der Füllgutoberfläche begrenzt. Bild 5.43 gibt den Verlauf der Dämpfung der Schallintensität in Luft wieder [5.8]. Mit wachsender Frequenz nimmt die Dämpfung stark zu, die Reichweite wird kleiner. Hohe Frequenzen gestatten zwar eine hohe Auflösung und lassen bei Schüttgutkegeln kleinere Korngrößen zu (s. Tabelle 5.4), sind aber nur für kurze Meßdistanzen geeignet.

Auch die Oberfläche des Füllgutes bestimmt die erzielbare Reichweite. Hier werden die Ultraschallimpulse durch eine sprunghafte Änderung der Schallimpedanz Z zwischen Tankatmosphäre und Füllgut mehr oder weniger stark reflektiert. Z ergibt sich zu [5.9]:

$Z = \varrho \cdot c$ (Gl. 5.36)

ϱ Dichte
c Schallgeschwindigkeit im Medium

Der Reflexionskoeffizient R ist gegeben durch

$$R = \frac{(Z_2 - Z_1)^2}{(Z_2 + Z_1)^2}$$ (Gl. 5.37)

Bild 5.43
Dämpfung von Ultraschall als Funktion der Frequenz

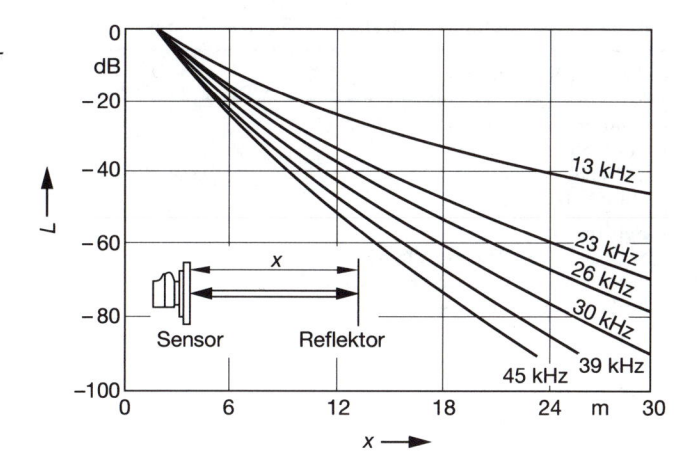

Beim Übergang von Luft ($\varrho_1 = 1{,}2$ kg/m³, $c_1 = 340$ m/s) auf Wasser ($\varrho_2 = 1000$ kg/m³, $c_2 = 1400$ m/s) ergibt sich $Z_1 = 408$ kg/m²s und $Z_2 = 1{,}4 \cdot 10^6$ kg/m²s und damit ein Reflexionskoeffizient von $R = 0{,}999$, d. h. etwa 1. Ist die Flüssigkeit mit Schaum bedeckt, so variiert Z beim Übergang zwischen Tankatmosphäre und Füllgut weit weniger, d. h., der Reflexionsfaktor R wird kleiner, es wird weniger Schallenergie zurückreflektiert.

Außer durch Dämpfung und Reflexion am Füllgut wird die Reichweite auch noch beeinträchtigt vom Hintergrund-Störpegel, z. B. Befüllgeräuschen des Tanks und Störechos an Tankeinbauten. Auf letztere ist später noch gesondert einzugehen.

Zur Erzielung einer möglichst großen Reichweite sollte auf folgende Punkte geachtet werden:

❑ Die Unterkante des Sensors (d. h. die Metallmembrane) sollte in den Tank hineinragen.
❑ Während der Messung sollten keine Befüllvorgänge stattfinden.
❑ Die Oberfläche von Flüssigkeiten sollte ruhig und ohne Schaum sein.
❑ In der Tankatmosphäre sollten keine kondensierenden Dämpfe, Nebel oder Staubschwaden vorliegen.
❑ Es sollten nur geringe Temperaturdifferenzen im Tank herrschen.

Mit Hilfe von Tabelle 5.5 und Bild 5.44 läßt sich die Reichweite für konkrete Einsatzfälle abschätzen. Für einen speziellen Geber [5.5] beträgt die theoretische Nachweisgrenze –120 dB. Die ideale Kurve in Bild 5.44 stellt die Echodämpfung als Funktion der Meßentfernung dar. Ein üblicher Störpegel mit Außengeräuschen, Befüll- und Entleerungsgeräuschen usw. ist mit 20 dB anzusetzen, so daß die effektive Nachweisgrenze in der Praxis bei ca. –100 dB liegt. Um die Reichweite im Einzelfall abzuschätzen, entnimmt man Tabelle 5.5 die Störgrößen, summiert diese auf und verschiebt die ideale Kurve entsprechend nach unten. Der Schnittpunkt dieser Kurve mit der 100-dB-Linie liefert die maximale Reichweite des Echolotes.

5.9.2.5 Meßgenauigkeit und Fehlereinflüsse

Die mit Ultraschall-Meßverfahren erzielte Auflösung liegt typischerweise bei 1…2 cm. Die Absolutgenauigkeit wird durch mehrere Einflüsse begrenzt.

Für die Schallgeschwindigkeit c, die laut Gleichung 5.32 in die Bestimmung der Standhöhe eingeht, liefert die Thermodynamik eine Temperaturabhängigkeit der Form

$$c = \sqrt{\frac{\varkappa \cdot R_m \cdot T}{M}} \qquad \text{(Gl. 5.38)}$$

Tabelle 5.5 Dämpfung durch störende Einflüsse im Silo

Einflüsse in Schüttgutsilos		Dämpfung dB
Temperaturschichtung		
Lufttemperaturdifferenz	bis 20 °C	0
zwischen Sensor und	bis 40 °C	5…10
Füllgutoberfläche	bis 60 °C	10…20
Befüllstrom		
außerhalb des Detektionsbereichs		0
geringe Mengen im Detektionsbereich		5…10
große Mengen im Detektionsbereich		10…20
Staub		
keine Staubentwicklung		0
geringe Staubentwicklung		5
starke Staubentwicklung		5…10
Schüttgutoberfläche		
hart, rauh		20
weich		20…40

Dabei ist $\varkappa$ der Isentropenexponent, R_m = 8,315 J/K mol die universelle Gaskonstante, T die absolute Temperatur und M die Molmasse des Gases. Aufgrund des Isentropenexponenten und der Molmasse hängt c auch von der Gaszusammensetzung ab, ändert sich also, wenn in der Tankatmosphäre Dampfkonzentrationen auftreten. Beide Einflüsse lassen sich durch eine Referenzmessung eliminieren, wie sie beispielhaft in Bild 5.45 zu sehen ist.

Ein schmaler Bügel B befindet sich in bekanntem Abstand d_R vom Geber, so daß die Messung der Laufzeit t_R des davon herrührenden Referenzechos die Bestimmung der Schallgeschwindigkeit erlaubt. D läßt sich bestimmen nach:

$$D : d_R = t : t_R$$
$$D = d_R \cdot \frac{t}{t_R} \qquad (Gl.\ 5.39)$$

Ist bei einer Meßeinrichtung in Luft nur störender Einfluß durch Temperaturänderung zu erwarten, kann auch eine herkömmliche Temperaturkompensation mit einem T-Fühler eingesetzt werden. Beide Verfahren der Korrektur setzen allerdings in der gesamten Tankatmosphäre gleiche Verhältnisse voraus, insbesondere darf keine Temperaturschichtung auftreten.

Es lassen sich mit geeigneter Kompensation der genannten Einflüsse durchaus Genauigkeiten von 1 % erzielen; treten Temperaturschichtungen oder inhomogene Verteilung von Dämpfen auf, so muß deren Einfluß geschätzt werden. So steigt die Schallgeschwindigkeit beispielsweise um 1 %, wenn man das Inertgas N_2 statt Luft als Tankatmosphäre einsetzt.

Die Theorie sagt nach Gleichung 5.38 keine Abhängigkeit der Schallgeschwindigkeit vom Druck voraus. In der Praxis findet man tatsächlich einen Druckeinfluß von unter 0,1 %.

5.9.2.6 Unterdrückung von Störsignalen

Der bestechende Vorteil von Ultraschall muß erkauft werden wie bei fast allen berührungslosen Messungen durch hohen Aufwand für die Unterdrückung vieler Störquellen. Die vom Sender ausgesandte Schallintensität bildet eine Schallkeule wie in Bild 5.46. Jeder Gegenstand in diesem Bereich sendet ein Störecho zurück, das – als Nutzecho interpretiert – zu einer falschen Füllstandsinformation wird.

Laufzeitmessungen 133

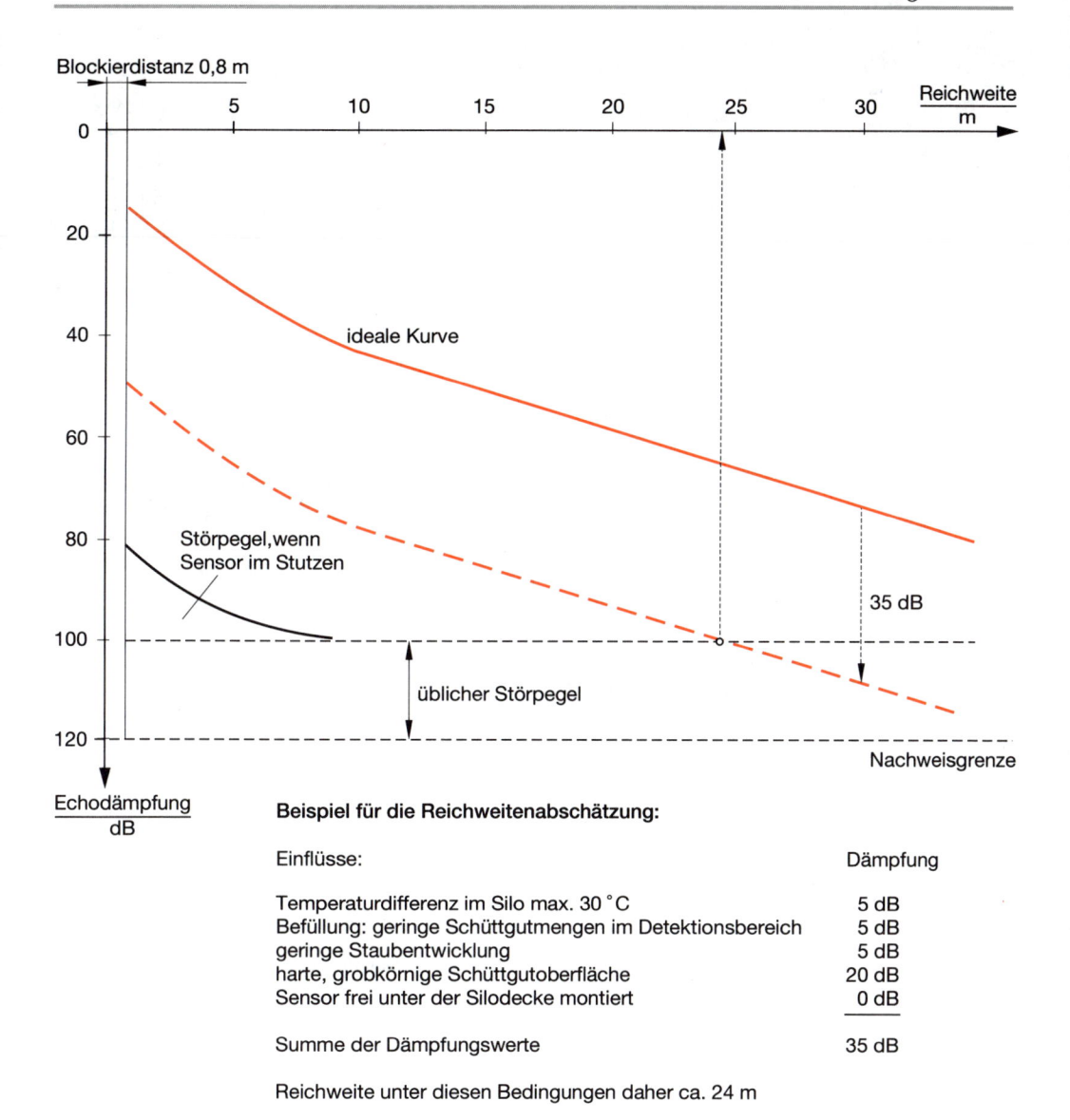

Beispiel für die Reichweitenabschätzung:

Einflüsse:	Dämpfung
Temperaturdifferenz im Silo max. 30 °C	5 dB
Befüllung: geringe Schüttgutmengen im Detektionsbereich	5 dB
geringe Staubentwicklung	5 dB
harte, grobkörnige Schüttgutoberfläche	20 dB
Sensor frei unter der Silodecke montiert	0 dB
Summe der Dämpfungswerte	35 dB

Reichweite unter diesen Bedingungen daher ca. 24 m

Bild 5.44 Zur Ermittlung der maximalen Reichweite [5.5]

Am kritischsten sind dabei Einbauten im ersten Drittel des Meßbereiches, da hier die Schallenergie hoch ist. Bereits kleine Flächen verursachen so hohe Störechos, daß sie mit dem Nutzecho einer weit entfernten Füllgutoberfläche vergleichbar werden.

Einbauten in der Mitte des Strahls (im Radius ≤2 m) erzeugen wesentlich stärkere Störechos als Flächen, die vom Außenbereich der Schallkeule getroffen werden. Weniger kritisch sind dagegen Kanten und Flächen im unteren Bereich der Schallkeule, da sich hier die Schallenergie auf relativ große Flächen verteilt.

a) Störsignale von festen Objekten lassen sich manchmal durch konstruktive Maßnah-

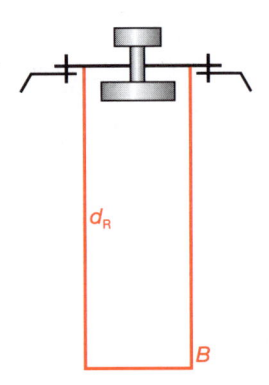

Bild 5.45 Referenzstrecke zur Bestimmung der Schallgeschwindigkeit

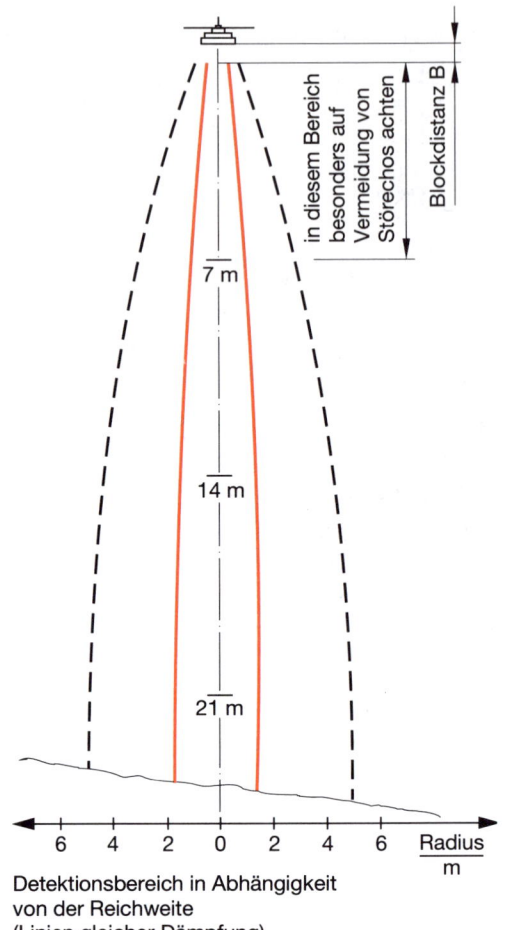

Detektionsbereich in Abhängigkeit von der Reichweite
(Linien gleicher Dämpfung)

Bild 5.46 Intensitätsverteilung eines Ultraschall-Feldes [5.5]

Bild 5.47 Ausblendung störender Einbauten

men ausblenden, z.B. schräg montierte Verkleidungen über den Einbauten, die wie in Bild 5.47 den Schallimpuls seitlich weglenken. Vielfach ist auch der Stutzen, der zur Einhaltung der Blockdistanz dient (Bild 5.40), eine Quelle für Störechos, da sich am unteren Rand häufig Produktanbackungen bilden. Dies ist absolut zu vermeiden. Auch ohne Anbackungen stellt die sprunghafte Querschnittserweiterung vom Stutzen auf den Tank eine Diskontinuität der Impedanz Z dar und führt zu Störechos, die nah am Geber und daher besonders intensiv sind. Der Stutzen ist daher so zu gestalten, daß die Querschnittserweiterung nicht sprunghaft, sondern kontinuierlich erfolgt. Bild 5.48 zeigt dafür einige Lösungswege.

Digitale Signalauswertung erlaubt weitere softwaremäßige Maßnahmen zur Festzielausblendung. Häufig genutzt wird die automatische Anpassung der Detektionsgrenzen an das Störechoprofil. Die typische Echoanalyse eines Silos in Bild 5.49 enthält starke Störechos aus dem oberen Bereich des Tanks [5.10]. Eine feste Detektionsgrenze könnte u.a. auch Störechos erfassen und zu falschen Meßwerten führen. Man bildet daher den gleitenden Mittelwert (floating average – gestrichelte Kurve in Bild 5.49) und interpretiert das diese Kurve am weitesten überschreitende Signal als Nutzsignal. Es werden mittlerweile Meßumformer angeboten, die mit Hilfe von Fuzzy logic auch Mehrfachreflexionen ausblenden [5.10].

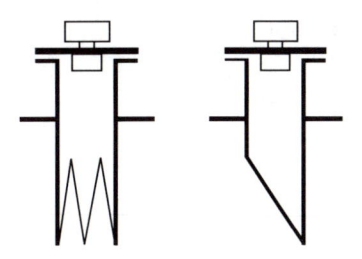

Bild 5.48 Vermeidung von Reflexionen am Stutzenende

Eine weitere Möglichkeit der Festzielausblendung ist eine Echoanalyse [5.5] des leeren Behälters wie in Bild 5.50. Über die Störechokurve legt man eine Hüllkurve und speichert diese ab. Alle Signale unter dieser Hüllkurve rühren von Störechos her und werden verworfen. Das Nutzecho muß diese Hüllkurve überschreiten.

b) Neben festen Einbauten rufen natürlich auch bewegte Hindernisse, besonders Rührwerksflügel, sporadische Störechos hervor (Bild 5.51). Befindet sich der Geber zu nah an der Rührwerksachse, ergibt sich ein ständiges Störecho, das nach den unter a) beschriebenen Methoden zu unterdrücken ist. Zur Unterdrückung sporadischer Störechos durch Rührwerksblätter bietet sich eine Synchronisation des Ultraschallgebers mit der Rührerwelle an, so daß Schallimpulse nur noch zwischen die Rührerblätter fallen. Eine weitere Möglichkeit ist eine Gradientenüberwachung. Sie basiert

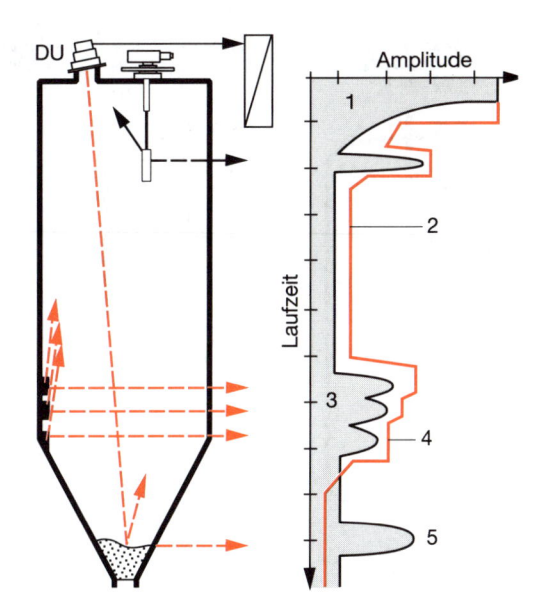

Bild 5.50 Methode der Festzielausblendung [5.5]
1 Ausschwingen des Sensors
2 Zeitabhängige Schwelle
3 Störechos
4 Ausblendung der Störechos durch die Schwelle
5 Nutzecho

auf der Überlegung, daß der Füllstand im Behälter nur mit einer bestimmten maximalen Geschwindigkeit steigen oder fallen kann (Bild 5.52). Der Meßumformer setzt dazu ein Zeitfenster, innerhalb dessen er das Echo erwartet. Dieses Zeitfenster wird den Standän-

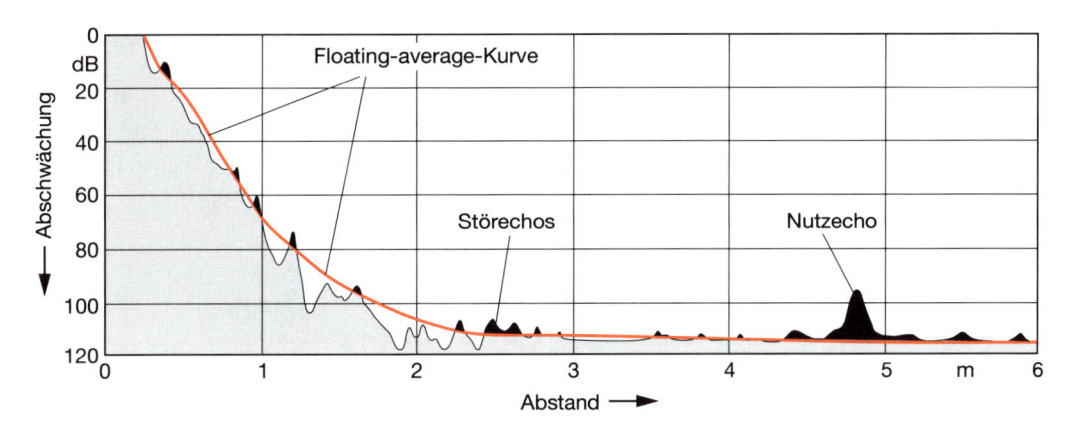

Bild 5.49 Gleitende Mittelwertbildung zur Identifikation des Nutzechos

schwaches, sporadisches Signal, keine Probleme

sporadisches Signal, Positionierung wichtig

ständige Störechos, Sensor zu nah an der Achse

Bild 5.51
Störechos durch Rührwerke [5.5]

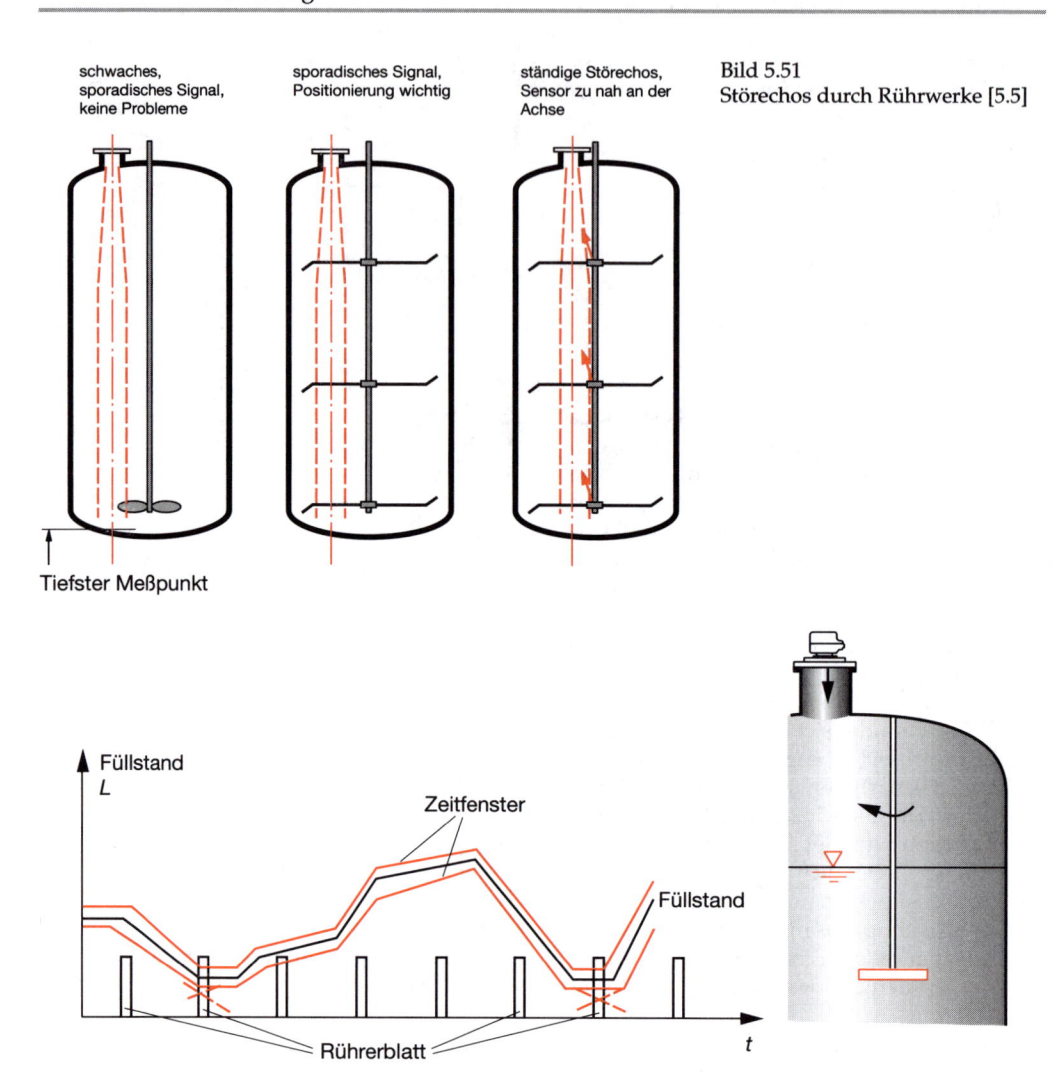

Tiefster Meßpunkt

Bild 5.52 Gradientenüberwachung mit Zeitfenster

derungen nachgeführt. Ein plötzlich in den Schallkegel tretendes Rührerblatt erzeugt dagegen ein Echo außerhalb des Zeitfensters und wird somit ignoriert.

c) Lassen sich Störechos nicht beherrschen bzw. reißt das Signal wegen Schaumbedeckung der Flüssigkeitsoberfläche ab, kann man den Piezogeber auch unten am Tank montieren, so daß der Schallweg durch das Produkt verläuft. Aber auch hier besteht das Problem, daß die Schallgeschwindigkeit c von äußeren Einflüssen abhängen kann. Für eine Flüssigkeit errechnet sich c nach

$$c = \frac{1}{\sqrt{\varkappa \cdot \varrho}} \qquad \text{(Gl. 5.40)}$$

wobei $\varkappa$ die Kompressibilität und ϱ die Dichte der Flüssigkeit ist. Daraus folgt eine Temperaturabhängigkeit nach

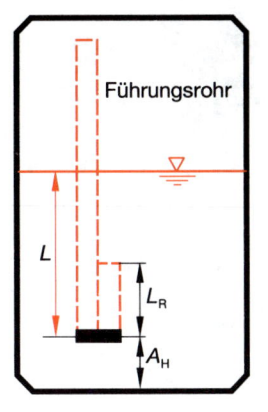

Bild 5.53 Ultraschallmessung im Füllgut

$$c = c_0 \cdot \sqrt{1 + \gamma \cdot \Delta T} \qquad \text{(Gl. 5.41)}$$

γ Volumenausdehnungskoeffizient der Flüssigkeit

Außer von der Temperatur hängt die Schallgeschwindigkeit noch von der Zusammensetzung der Flüssigkeit, dem Gehalt an gelösten Gasen u. a. ab, so daß eine Referenzmessung wie in Bild 5.53 unbedingt erforderlich wird. Zur Vermeidung von Störungen werden Meß- und Referenzstrahl je in einem Führungsrohr geführt. Die Füllhöhe L ergibt sich damit analog zu Gl. 5.39:

$$L = L_R \cdot \frac{t}{t_R} + A_H \qquad \text{(Gl. 5.42)}$$

A_H Montagehöhe der Piezos

5.9.2.7 Weitere Einsatzmöglichkeiten der Ultraschall-Meßverfahren

Außer der kontinuierlichen Inhaltsmessung von Behältern wird das Ultraschall-Meßverfahren auch zur Grenzstandüberwachung eingesetzt. Manche Meßanordnungen können außen an den Behälter angesetzt werden und durch die Wand hindurch messen.

Häufig wird Ultraschall auch zur Messung der Belegung von Förderbändern nach Bild

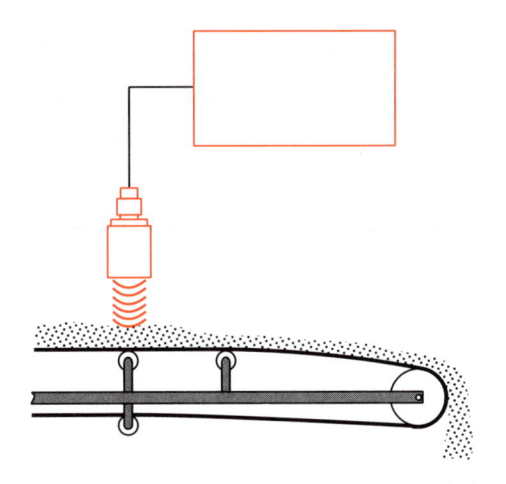

Bild 5.54 Messung der Belegung von Förderbändern mit Ultraschall [5.5]

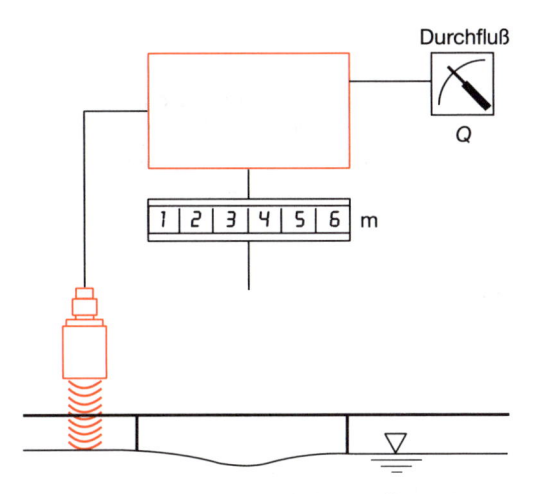

Bild 5.55 Messung der Stauhöhe an offenen Gerinnen mit Ultraschall [5.5]

5.54 oder zur Messung an offenen Gerinnen genutzt, z. B. für Stauhöhen an Wehren wie in Bild 5.55 oder an Grobgutrechen in der Abwassertechnik (Bild 5.56). Bei dem schwierigen Medium Abwasser bietet die berührungslose Ultraschallmessung besondere Vorteile, da die Aufnehmer nicht verschmutzen. Allerdings sind sie der Witterung ausgesetzt und bedürfen daher eines Wetterschutzes.

Da die Schallgeschwindigkeit c von der Zusammensetzung der Flüssigkeit abhängt, las-

138 Füllstandsmessung

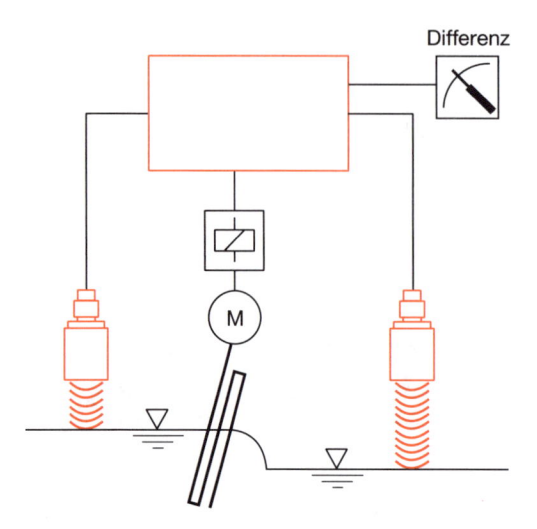

Bild 5.56 Messung an Rechenanlagen in der Abwasserreinigung [5.5]

sen sich analog zur Radiometrie auch Dichte oder Konzentrationen in Flüssigkeiten über die Schallgeschwindigkeit bestimmen. Darauf soll hier aber nicht näher eingegangen werden.

5.9.3 Füllstandsmessung mit Mikrowellen

5.9.3.1 Eigenschaften der Mikrowellen

Mikrowellen gehören ebenso wie Ultraschall zu den berührungslos arbeitenden Meßverfahren. Ihr Einsatzgebiet ist bevorzugt dort, wo Ultraschall seine Grenzen hat (Bild 5.57):

- Nebel oder Dampfschwaden in der Tankatmosphäre,
- wechselnde Zusammensetzung der Dämpfe und Gase in der Tankatmosphäre,
- starke Temperaturgradienten oder -turbulenzen in der Atmosphäre,
- Staubwolken über dem Schüttgut in Silos,
- starke Befüllgeräusche des Silos,
- starker Über- oder Unterdruck (Vakuum) im Behälter,
- leichter Schaum auf der Flüssigkeitsoberfläche,

Bild 5.57 Füllstandsmessungen mit Mikrowellen [5.5]

- Produkt neigt zu Anbackungen auch am Stutzen,
- beengte Platzverhältnisse, Blockdistanz nicht tolerierbar.

Mikrowellen breiten sich im Vakuum und praktisch auch in Luft mit Lichtgeschwindigkeit aus und sind damit nahezu 1 Million mal so schnell wie Schallwellen in Luft. Damit ergeben sich bei Behältern mit Abmessungen von einigen Metern Signallaufzeiten im Bereich von 30 ns, was die Meßtechnik wie bereits erwähnt vor enorme Probleme stellt.

Das Reflexionsverhalten von Mikrowellen an Füllgütern wird bestimmt vor allem durch deren elektrische Leitfähigkeit und Dielektrizitätskonstante ε_r. Leitfähige Flüssigkeiten und Schüttgüter reflektieren Mikrowellen gut und eignen sich daher für dieses Meßprinzip. Aber in der Praxis sind auch nichtleitende

Flüssigkeiten mit $\varepsilon_r > 2$ mehr oder weniger gut zu erfassen.

Die Ausbreitungsgeschwindigkeit c_i elektromagnetischer Wellen in einem Medium hängt von dessen Dielektrizitätskonstanten ε_r und relativen Permeabilität μ_r ab nach:

$$c_i = \frac{c_0}{\sqrt{\varepsilon_r \cdot \mu_r}} \qquad \text{(Gl. 5.43)}$$

c_0 Lichtgeschwindigkeit im Vakuum

Der Wellenwiderstand Z errechnet sich zu:

$$Z = \sqrt{\frac{\varepsilon_0 \cdot \varepsilon_r}{\mu_0 \cdot \mu_r}} \qquad \text{(Gl. 5.44)}$$

wobei die mit 0 indizierten Werte für Vakuum gelten. Für den Reflexionskoeffizienten am Übergang zweier nichtmagnetischer Medien 1 und 2 ($\mu_1 = \mu_2 = 1$) folgt daraus:

$$R = \left(\frac{Z_1 - Z_2}{Z_1 + Z_2}\right)^2 = \left(\frac{1 - \sqrt{\frac{\varepsilon_2}{\varepsilon_1}}}{1 + \sqrt{\frac{\varepsilon_2}{\varepsilon_1}}}\right)^2 \qquad \text{(Gl. 5.45)}$$

5.9.3.2 Ausführungsformen und Meßanordnungen

Mikrowellengeber sind Sender und Empfänger zugleich. Bild 5.58 zeigt verschiedene Ausführungen [5.11]. Grundformen sind die klassische Hornantenne (a), die den Strahl gut bündelt; die Stabantenne (b) eignet sich für beengte Platzverhältnisse und aufgrund der Ausführung mit PTFE-Ummantelung zum Einsatz in korrosiven Atmosphären. Mikrowellen durchdringen Kunststoffe und Glas nahezu ungehindert. Dies macht sich die Unterflanschantenne (c) zunutze. Sie ist eigentlich eine Hornantenne, eingebaut in einen Stutzen, der unten mit einer Kunststoffplatte verschlossen ist. Dadurch wird der Tank hermetisch abgeschlossen ohne tote Ecken, was besonders in der Lebensmitteltechnik von Vorteil ist. Schließlich dient die Rohrantenne (d) auf Schwall- oder Bypaßrohren zur Messung an Tanks mit sehr heftigen Füllgutbewegungen. Das Rohr wirkt wie ein Hohlleiter und führt die Mikrowellen, gleichzeitig sorgt es für eine beruhigte Meßstrecke.

Wie bei Ultraschall erfolgt die Ausbreitung der Mikrowellenintensität in Form einer Keule. Damit gelten analoge Aussagen zu Störreflexionen und deren Vermeidung.

Beschränkt man sich mit der Arbeitsfrequenz auf die freigegebenen ISM-Bänder (ISM = **I**ndustrial, **S**cientific and **M**edical), etwa bei 5,8 GHz oder 24 GHz, so kann das Gerät mit der Typzulassung des Herstellers in jeder Anlage, z.B. auch in Kunststofftanks, eingesetzt werden. Außerhalb dieser Bänder operierende Geräte dürfen nur in metallischen oder anderweitig total abgeschirmten Behältern genutzt werden, um keine Funkstörung zu erzeugen.

Die von den Geräten abgestrahlte Leistungsdichte liegt bei wenigen Mikrowatt/cm^2, etwa um den Faktor 1000 unter der zulässigen Grenze [5.10]. Daher ist also keine Gefährdung der Umwelt zu befürchten, nicht einmal im direkten Strahl.

Bild 5.58
Bauformen von Mikrowellengebern
a) Hornantenne
b) Stabantenne
c) Unterflanschantenne
d) Rohrantenne

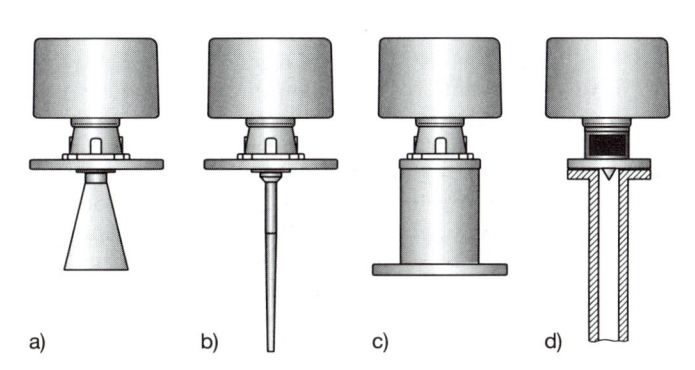

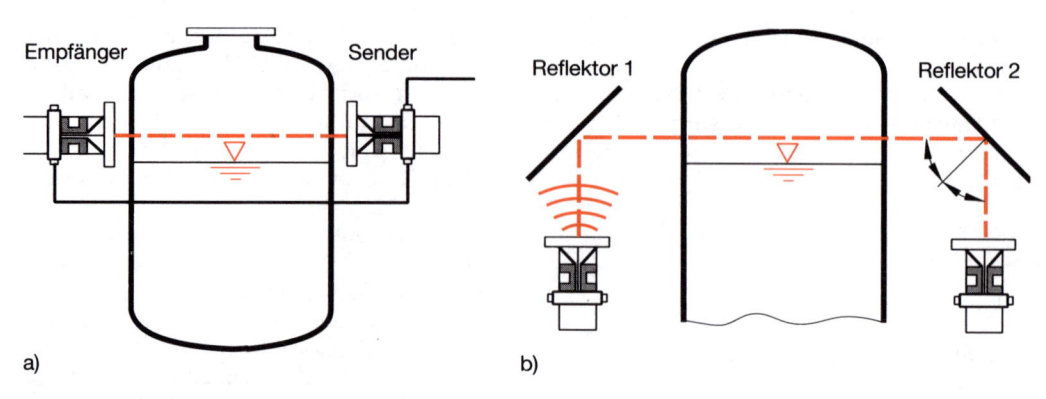

Bild 5.59 Grenzstanderfassung mit Mikrowellen an Kunststofftanks [5.5]

Mikrowellen können sowohl zu kontinuierlichen Füllstandsmessungen eingesetzt werden als auch zur Grenzstandsdetektion, wie in Bild 5.59a beispielhaft an einem Kunststofftank gezeigt ist, der eine Messung durch die Tankwand hindurch zuläßt. Bei beengten Verhältnissen ist auch die Verwendung von Reflektoren möglich wie in Bild 5.59b. Bei metallischen Tanks sind seitliche Flansche vorzusehen, evtl. mit Fenstern aus Kunststoff (PVC, PTFE, auch glasfaserverstärkt).

Bild 5.60a...d zeigt noch einige spezielle Anwendungen [5.11].

Eine spezielle Methode stellt die geführte Mikrowelle dar, auch als Mikro-Impulsreflektometrie oder «**t**ime **d**omain **r**eflectometry – tdr» bezeichnet. [5.9] Hier werden die Mikrowellen durch einen metallischen Leiter geführt. Dazu dient ein Metallseil, das zwischen Boden und Decke des Behälters gespannt wird wie in Bild 5.61 oder frei mit einem Gewicht beschwert im Tankraum hängt. Im strengen Sinne ist diese Variante zwar produktberührend, doch ist der Leiter eigentlich ein passives Element, das nicht empfindlich gegen Anhaftungen von Produkt ist. Die durch einen Draht geführte elektromagnetische Energie bleibt eng beisammen und läßt damit große Reichweiten zu. Die Energie kann sogar nicht allzu starke Dielektrika durchdringen und ist damit auch zur Messung von Trennschichten geeignet [5.9]. Aus der Intensität des am Übergang zwischen Luft und oberem Dielektrikum reflektierten Signals kann der Reflexionskoeffizient R und damit aus Gleichung 5.45 die Dielektrizitätskonstante ε_1 bestimmt werden, woraus schließlich die Lichtgeschwindigkeit im Dielektrikum aus Gleichung 5.43 folgt. Die Laufzeit zwischen 1. und 2. Reflexion erlaubt dann die Berechnung der Dicke des oberen Dielektrikums.

5.9.3.3 Meßverfahren

Laufzeitmessungen stellen bei Mikrowellen wegen der Größe der Lichtgeschwindigkeit extrem hohe Forderungen an die Elektronik. Bild 5.62 zeigt ein ideales Mikrowellen-Echosignal. Die Wellengruppe 1 stellt den Sendeimpuls dar, die folgende kleinere Wellengruppe 2 ist das Nutzecho. Bei einem Abstand von 5 m zwischen Sender und Füllgut beträgt die Laufzeit 33 ns. Wünscht man eine Auflösung des Füllstandes von 1 cm, so müßte man die Laufzeit auf 66 ps auflösen, d.h., der Auswertequarz müßte mindestens mit einer Frequenz von 15 GHz (entsprechend einer Periodendauer von 66 ps) schwingen. Dies ist mit momentanen elektronischen Bauelementen nicht möglich, so daß man auf spezielle Methoden ausweichen muß.

Hinzu kommt, daß auch die Impulsflanken nicht ideal steil sind.

Zwei Konzepte von Mikrowellen-Meßverfahren haben sich auf dem Markt etabliert [5.12, 5.13]:

Bild 5.60
Einige Beispiele zur Füllstandsmessung mit Mikrowellen
a) Hornantenne im Vakuum, z.B. an einer Kristallisationsanlage
b) Lagertank beheizt, diverse Gasschichtungen über dem Medium
c) Schwallrohr (Rohrantenne)
d) Unterflanschantenne am gummierten Säurebehälter

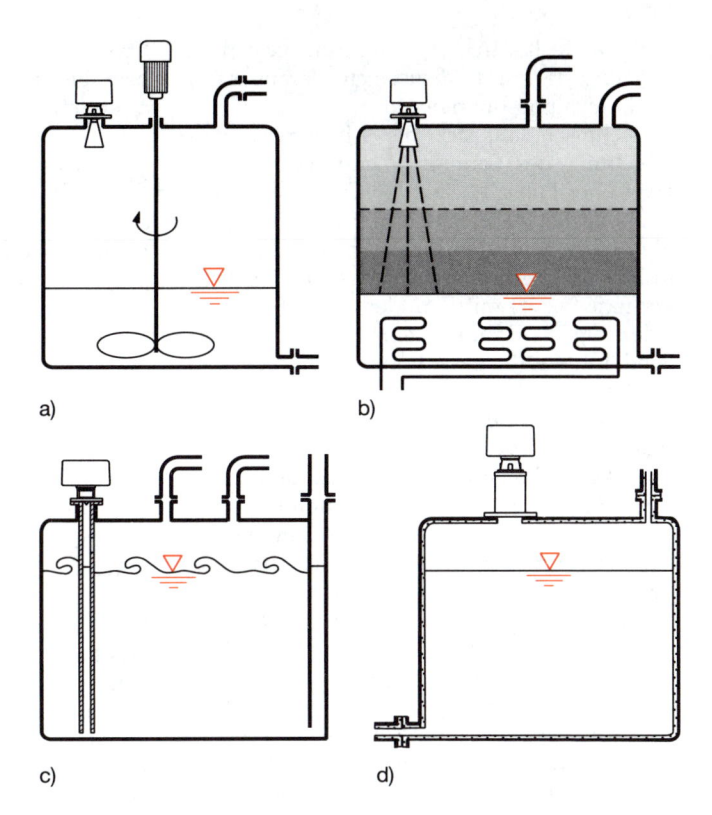

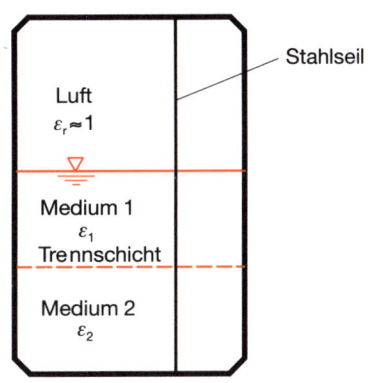

Bild 5.61 Geführte Mikrowelle zur Füllstands- und Trennschichtbestimmung

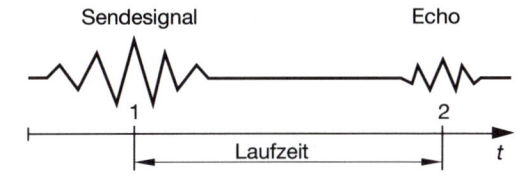

Bild 5.62 Mikrowellenpuls mit Echo

Dieses Verfahren funktioniert eigentlich nur bei periodischen Signalen. Das Signalmuster aus Bild 5.62 wird periodisch, wenn man den Sendeimpuls in einem festen Zeittakt mit Periodendauer T aussendet: Bei konstanten Verhältnissen im Tank ist dann der Signalverlauf immer gleich.

Beim Sequential sampling nimmt man aus jedem Signalzug jeweils nur einen einzigen Meßwert, und zwar derart, daß die zeitliche Lage des Meßpunktes jedesmal um einen kleinen Zeitbetrag Δt weiterwandert, bis das Ende des Signalmusters erreicht ist. Die einzelnen

Sequential-sampling-Verfahren
Mit dem Verfahren des Sequential sampling läßt sich die Zeitachse dehnen, so daß eine genügend genaue Messung möglich wird.

Meßpunkte lassen sich dann zum gesamten Signalmuster zusammensetzen; daraus kann die Laufzeit bestimmt werden.

Technisch läßt sich die schrittweise Verschiebung des Sampling-Zeitpunktes durch zwei über Phase Locked loop aneinander gekoppelte Rechtecksignale mit ganz geringfügig unterschiedlicher Frequenz erreichen, wie in Bild 5.63 schematisch dargestellt. Die Triggerfrequenz (a) mit Periodendauer T löst bei jeder Anstiegsflanke einen Mikrowellen-Sendeimpuls (b) aus (T muß mindestens so groß sein, daß das Echosignal auch bei weitestmöglich entfernter Füllgutoberfläche vor Aussendung des nächsten Sendeimpulses zurückgekommen ist!). Die geringfügig niedrigere Samplingfrequenz (c) bestimmt mit ihrer Anstiegsflanke jeweils den Zeitpunkt der Messung (in Wirklichkeit ist die Differenz zwischen Sampler- und Triggerfrequenz viel kleiner als dargestellt; um das Signal abzutasten, sind etwa 100000 Einzelpunkte nötig). Wie aus Bild 5.63 hervorgeht, wandert der Meßzeitpunkt mit jedem Sendeimpuls weiter und hat nach einer gewissen Anzahl von Zyklen das gesamte Signal mit einer Schrittweite Δt abgetastet. Δt ist aber genau die Zeit, um die die Periodendauer der Samplingfrequenz größer ist als die der Triggerfrequenz:

$$\Delta t = T_{\text{Sampl}} - T_{\text{trigger}} \qquad \text{(Gl. 5.46)}$$

Da die Trigger- und Samplingfrequenz nahezu gleich sind, läßt sich das Abtastintervall Δt errechnen nach:

$$\Delta t = d\left(\frac{1}{f}\right)\Delta f = -\frac{1}{f^2} \cdot \Delta f \qquad \text{(Gl. 5.47)}$$

In der Praxis werden pro Sekunde mehrere Millionen Sendeimpulse emittiert, der gesamte Signalverlauf wird dabei etwa 50mal pro Sekunde ermittelt (konkretes Anwendungsbeispiel siehe weiter unten). Selbst bei bewegten Füllgutoberflächen ist diese Methode schnell genug, um den Bewegungen zu folgen.

Da mit dem Sequential sampling im Prinzip der zeitliche Ablauf gedehnt wird, bezeichnet man es auch als **Zeitdilatationsverfahren**.

FMCW-Verfahren

Das **F**requency-**M**odulated-**C**ontinuous-**W**ave-Verfahren nutzt keinen Impuls, sondern ein Mikrowellen-Dauersignal, dessen Sendefrequenz f_S zeitlich linear periodisch zwischen zwei Grenzfrequenzen F_1 und F_2 hin und her gefahren («gewobbelt») wird, wie Bild 5.64 zeigt. Die Änderung der Sendefrequenz df_S/dt mit der Zeit ist gegeben durch:

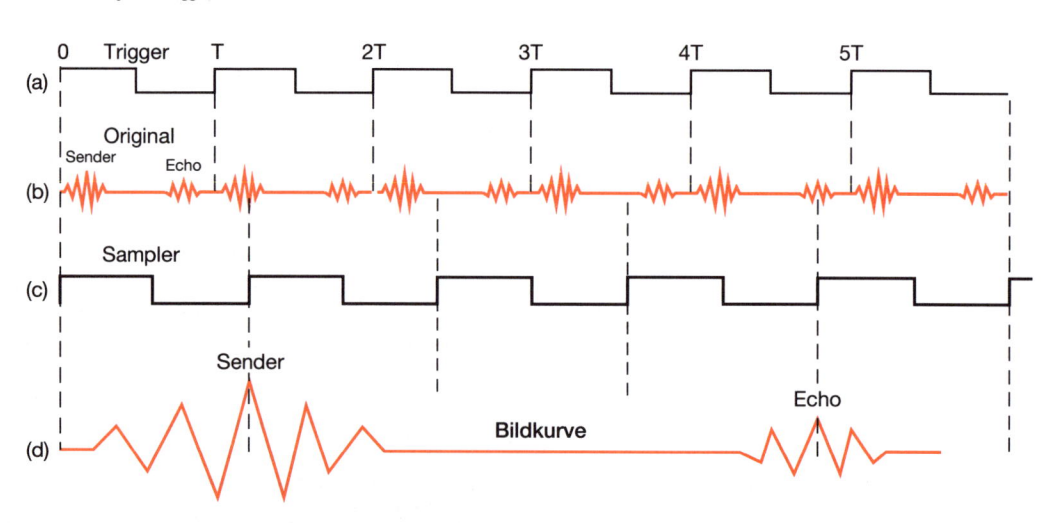

Bild 5.63 Mikrowellen-Meßverfahren der Zeitdehnung

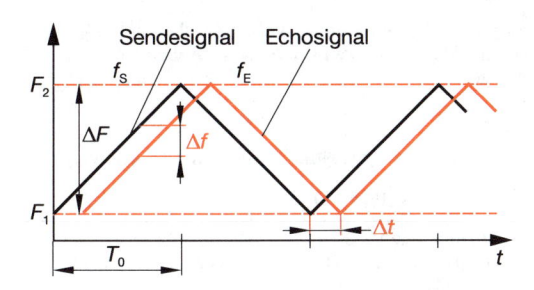

Bild 5.64 Frequenzverlauf beim FMCW-Verfahren

$$\frac{df_S}{dt} = \frac{\Delta F}{T_0} \qquad (Gl.\ 5.48)$$

In der Praxis liegt T_0 bei 0,25…0,5 s. Für den Weg zum Füllgut und zurück braucht das Echosignal die Zeit Δt, es stimmt bei der Rückkehr in seiner Frequenz f_E nicht mehr mit dem momentanen Sendesignal f_S überein. Die Mischung von Sende- und Echosignal ergibt eine Schwebungsfrequenz Δf gleich der Differenz aus Sende- und Echofrequenz:

$$\Delta f = f_S - f_E \qquad (Gl.\ 5.49)$$

Laut Bild 5.64 ist

$$\Delta f = \Delta t \cdot \frac{df_S}{dt} \qquad (Gl.\ 5.50)$$

Analog zu Gleichung 5.30 ist die Laufzeit $\Delta t = 2D/c$, so daß für die Schwebungsfrequenz Δf folgt:

$$\Delta f = \frac{2D}{c} \cdot \frac{df_S}{dt} \qquad (Gl.\ 5.51)$$

Damit ergibt sich die Füllhöhe zu:

$$L = E - \frac{c \cdot \Delta f}{2 \cdot \frac{df_S}{dt}} \qquad (Gl.\ 5.52)$$

Zusammen mit Gleichung 5.48 folgt schließlich:

$$L = E - \frac{c \cdot \Delta f \cdot T_0}{2\ \Delta F} \qquad (Gl.\ 5.53)$$

Zur Messung der Frequenzverschiebung Δf steht laut Bild 5.64 die Zeit $T_0 - \Delta t$ zur Verfügung. Nach dem Abtasttheorem ist die kleinste Schwebungsfrequenz Δf_{min}, die in einer beliebigen Meßzeit T noch aufgelöst werden kann, gegeben durch:

$$\Delta f_{min} = \frac{1}{T} \qquad (Gl.\ 5.54)$$

Wegen $\Delta t \ll T_0$ ergibt sich hier:

$$\Delta f_{min} \approx \frac{1}{T_0} \qquad (Gl.\ 5.55)$$

Setzt man Δf_{min} für Δf in Gleichung 5.53 ein, so folgt für die theoretische Auflösungsgrenze der Füllhöhe L:

$$\Delta L \approx \frac{c}{2 \cdot \Delta F} \qquad (Gl.\ 5.56)$$

Gleichung 5.56 bezeichnet man auch als Radargleichung. Sie stellt fest, daß die Distanzauflösung umgekehrt proportional zum Frequenzhub ist und insbesondere unabhängig davon, wie schnell man die Sendefrequenz mit der Zeit variiert. Würde man die Arbeitsfrequenz bei der FMCW-Methode beschränken auf das ISM-Band 24…24,25 GHz, so wäre $\Delta F = 250$ MHz und damit nach Gleichung 5.56 $\Delta L = 0,6$ m.

Dies ist nicht ausreichend für eine Präzisionsmessung. FMCW-Geräte mit genügend hoher Auflösung benötigen höhere Bandbreiten ΔF und lassen sich damit nicht auf die freigegebenen schmalen Frequenzbänder beschränken. Sie sind daher nur an metallischen Tanks einsetzbar oder erfordern anderweitige Abschirmungen.

Außer dem Füllgut verursachen natürlich auch Einbauten im Behälter Reflexionen, so daß man ein ganzes Gemisch von Schwebungsfrequenzen erhält. Das komplexe Signal ist im Zeitbereich nicht mehr auswertbar, vielmehr führt man mittels einer Fourieranalyse eine Auswertung im Frequenzbereich durch. Bild 5.65 zeigt ein typisches Frequenzspektrum für einen Behälter mit Rührwerk. Jedes einzelne Objekt liefert eine ganze Gruppe von Frequenzen. Der Abstand zwischen den Frequenzen entspricht der Auflösung $\Delta f_{min} = 1/T_0$ des Meßverfahrens.

In Bild 5.65 gehört die linke Gruppe zu Reflexionen am Rührwerk, die rechte stammt von der (unruhigen) Flüssigkeitsoberfläche. Das Füllgut verursacht hier die größten Amplituden, so daß die Echos gut zuzuordnen sind. Aus der Bestimmung des Schwerpunktes einer Liniengruppe läßt sich der Wert Δf gewinnen, der nach Gleichung 5.53 die Bestimmung der Füllhöhe L gestattet.

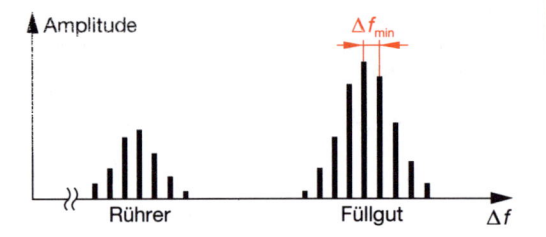

Bild 5.65 Auswertung beim FMCW-Meßverfahren

Im folgenden werden Sequential-sampling- und FMCW-Verfahren anhand eines typischen Beispiels verglichen.

Beispiel
Ein Hersteller eines **Gerätes mit Messung der Impulslaufzeit** wählt als Frequenz 5,8 GHz im freigegebenen ISM-Band. Die einzelnen Impulse haben eine Dauer von 1 ns, enthalten also rechnerisch ca.

$5,8 \cdot 10^9 \, s^{-1} \cdot 10^{-9} \, s = 6$ Perioden und haben bei der Wellenlänge

$\lambda = 3 \cdot 10^8 \, m/s / 5,8 \cdot 10^9 \, s^{-1} = 5,2$ cm

eine Impulslänge von 30 cm.

Als Triggerfrequenz wählt der Hersteller $f_{Tr} = 3,6$ MHz, d.h., zwischen zwei Sendeimpulsen liegen

$1/3,6 \cdot 10^6 \, s = 0,28 \, \mu s$,

während der die Mikrowellen eine Strecke von

$3 \cdot 10^8 \, m/s \cdot 0,28 \cdot 10^{-6} \, s = 84$ m

zurücklegen.
Es ist also ein Meßbereich von maximal 42 m möglich.
Die Samplingfrequenz liegt um 44 Hz unter der Triggerfrequenz. Für das Zeitintervall Δt, um das der Meßpunkt jeweils weiterwandert, ergibt sich nach Gleichung 5.47:

$|\Delta t| = 1/f^2 \, \Delta f = [1/(3,6 \cdot 10^6 \, s^{-1})^2] \cdot 44 \, s^{-1} = 3,4 \cdot 10^{-12}$ s
$= 3,4$ ps

Dies entspricht theoretisch einer Auflösung der Füllhöhe von

$\Delta h = c \, \Delta t / 2 = 3 \cdot 10^8 \, m/s \cdot 1,7 \cdot 10^{-12} \, s = 5,1 \cdot 10^{-4}$ m
$= 0,5$ mm

Man kann das Sequential-sampling-Verfahren auch als Multiplikation des Zeitablaufs mit dem Faktor

$\Delta f / f_{Tr} = 44/3,6 \cdot 10^6 = 1,222 \cdot 10^{-5}$

d.h. als Zeitdehnung, interpretieren.
Das Ergebnis wäre damit das gleiche, als würde die Mikrowellenfrequenz statt 5,8 GHz nur

$5,8 \cdot 10^9 \cdot 1,222 \cdot 10^{-5} = 71$ kHz

betragen.
Die Impulsdauer beträgt dann

$1 \cdot 10^{-9} \, s / 1,222 \cdot 10^{-5} = 81,8 \, \mu s$

und die «Lichtgeschwindigkeit»

$3 \cdot 10^8 \, m/s \cdot 1,222 \cdot 10^{-5} = 3666$ m/s

Dies entspricht also einer Transformation in den akustischen Bereich mit einer Impulsfolge von 44 Hz.

Ein **FMCW-Meßgerät** arbeitet mit den Eckfrequenzen $F_2 = 15$ GHz und $F_1 = 10$ GHz. Der Frequenzhub $\Delta F = F_2 - F_1$ beträgt also $\Delta F = 5$ GHz.
Er wird in der Zeit $T_0 = 0,5$ s durchfahren, so daß sich die Wobbelgeschwindigkeit ergibt zu:

$df_S/dt = \Delta F / T_0 = 5 \cdot 10^9 \, Hz / 0,5 \, s = 10^{10}$ Hz/s

Damit ergibt sich der Abstand zur Oberfläche des Füllgutes für das beschriebene Gerät nach Gleichung 5.52 und 5.53:

$D \, [m] = 0,015 \cdot \Delta f \, [Hz]$

Stellt man also z.B. eine Schwebungsfrequenz $\Delta f = 300$ Hz fest, so ist die Füllgutoberfläche $D = 4{,}5$ m weit entfernt. Die Auflösungsgrenze ist nur vom Frequenzhub abhängig und beträgt

$\Delta D = c/2\Delta F = 3 \cdot 10^8$ m/s$/10^{10}$ s^{-1} = 3 cm

Beschränkt man sich auf das ISM-Band von 24…24,25 GHz, wäre $\Delta F = 250$ MHz und die Auflösung

$\Delta D = 3 \cdot 10^8$ m/s$/5 \cdot 10^8$ s^{-1} = 0,6 m

5.9.3.4 Reichweiten und Fehlereinflüsse

Die Reichweite von kommerziellen Mikrowellen-Standmessungen liegt standardmäßig bei 20 m, 35 m sind optional. Es lassen sich also in der Verfahrenstechnik übliche Meßbereiche gut abdecken.

Allerdings ist die Dielektrizitätskonstante ε des Mediums wesentlich: Sie sollte bei großen Abständen möglichst größer sein als 5, da sonst die reflektierte Intensität zu gering wird. Bild 5.66 zeigt die Abhängigkeit der reflektierten Mikrowellenleistung als Funktion von ε.

Im Bereich von $2 < \varepsilon < 5$ ist jeweils durch Versuch am konkreten Objekt zu prüfen, ob das Gerät die nötige Aufgabe erfüllt. Geringe Reichweiten werden sich sicher problemlos realisieren lassen, größere hängen von den möglichen Hintergrundstörungen ab.

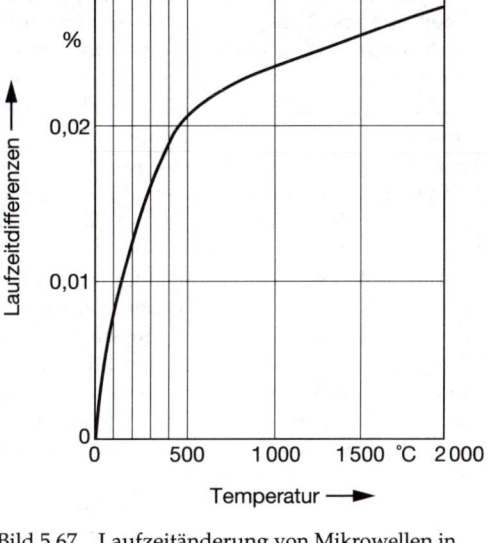

Bild 5.67 Laufzeitänderung von Mikrowellen in Luft durch Temperatureinfluß

Prinzipiell wird die Ausbreitungsgeschwindigkeit auch vom Brechungsindex der Luft beeinflußt, der von Temperatur und Druck abhängen kann. Bild 5.67 zeigt die Abhängigkeit der Laufzeitdifferenzen von der Temperatur. Der Temperatureinfluß ist mit 0,02 % zwischen 0 und 500 °C vernachlässigbar klein. Ähnlich gering ist auch der Druckeinfluß.

Bild 5.66
Reflexionsdämpfung von Mikrowellen

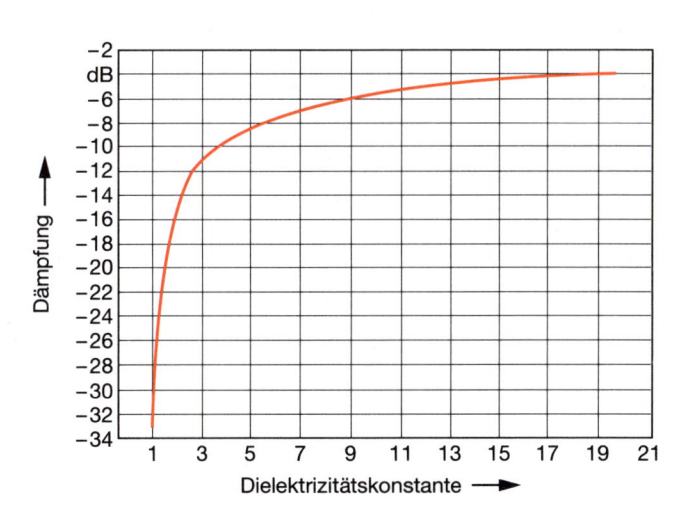

146 Füllstandsmessung

Zusammenfassend läßt sich feststellen:
Mikrowellen sind für Füllstands-Meßaufgaben universell anwendbar. Sie arbeiten produktunabhängig, vorausgesetzt wird nur eine Dielektizitätskonstante $\varepsilon > 5$. Mikrowellen sind unempfindlich gegen Temperatur- und Druckänderungen, auch Temperaturschichtungen in der Tankatmosphäre machen keine Schwierigkeiten. Dämpfe und Nebel stören nicht, auch nicht Anbackungen, sogar leichter Schaum wird durchdrungen. Störende Reflexionen an den Einbauten werden mit den gleichen Mitteln beherrscht wie bei Ultraschall. Bei Kunststofftanks ist eine Messung durch die Wand möglich. Mit Scheiben aus Kunststoff, Glas o. ä. kann die Meßeinrichtung vom Tankinneren getrennt werden. Nachdem inzwischen die elektronischen Komponenten und die Geräte zu vertretbaren Preisen zur Verfügung stehen, beginnen sich Mikrowellen-Meßverfahren auf breiter Front in der Verfahrenstechnik durchzusetzen.

5.10 Füllstands-Grenzüberwachungen

Wie bereits festgestellt, kommt der Grenzstand-Detektion in der Prozeßtechnik eine besondere Bedeutung zu: Das Leerlaufen und mehr noch das Überfüllen von Behältern muß sicher vermieden werden. Dies gilt gleichermaßen für Schüttgüter und für Flüssigkeiten. Behördliche Vorschriften wie VbF und WHG verlangen außerdem den Einsatz bauartgeprüfter Geräte als Überfüllsicherungen an Tanks mit kritischen, etwa brennbaren und/oder wassergefährdenden Flüssigkeiten.

Wie bei den kontinuierlichen Standmeßeinrichtungen unterscheidet man zwischen berührenden und berührungslosen Meßverfahren.

5.10.1 Berührende Meßverfahren

5.10.1.1 Vibrationsgrenzschalter

Neben Schwimmerschaltern wie in Bild 5.68 sind zur Grenzstand-Detektion die Vibrations-

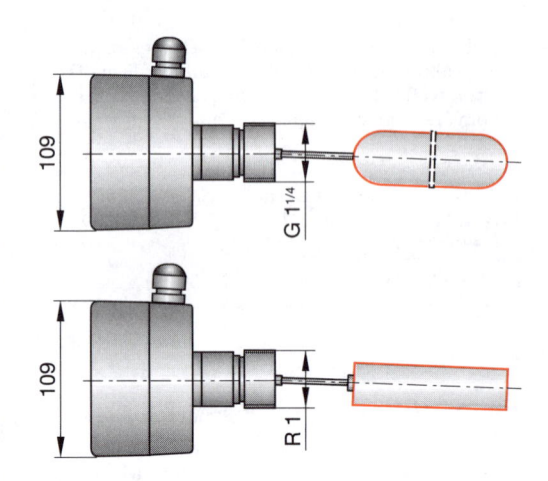

Bild 5.68 Schwimmer-Grenzschalter

grenzschalter nach Bild 5.69 am weitesten verbreitet. Letztere eignen sich je nach Ausführungsform für Flüssigkeiten (a) und Schüttgüter (b). Es handelt sich dabei im wesentlichen um Stimmgabeln mit paddelartigen Verbreiterungen an den Enden, die mit ihrer Resonanzfrequenz von etwa 400 Hz angeregt werden. Tauchen sie in eine Flüssigkeit ein oder bedeckt sie das Schüttgut, tritt eine Verschiebung der Resonanzfrequenz, verbunden mit einer starken Dämpfung, auf, was zur Bildung des Grenzsignals genutzt wird. Vibrationsgrenzschalter arbeiten sehr zuverlässig, die marktgängigen Geräte besitzen die Zulassung nach WHG und VbF. Es werden auch Geräte für den Einsatz an Flüssiggasen nach DIN V 19250 angeboten.

Vibrationsgrenzschalter können allerdings bei anbackenden staubförmigen Produkten (Kohlestaub) oder groben Füllgütern Probleme aufwerfen. Anbackungen fallen nach Freiwerden des Fühlers oft nicht ab und täuschen damit ständig Grenzstand-Überschreitung (bzw. bei Leerlaufschutz noch Produkt im Behälter) vor. Lockeres Pulver kann von kräftigen Schwinggabeln beiseite gedrückt werden, so daß sie im Leeren schwingen. Bei größeren brockigen Füllgütern kann ein zwischen die Gabeln eingeklemmter Brocken ebenfalls ständig Grenzstand melden. Ausführungen mit nur einem Schwingstab helfen

Füllstands-Grenzüberwachungen 147

hier ggf. weiter. Schwingsonden sollten senkrecht oder zumindest schräg nach unten geneigt eingebaut werden, wie die Beispiele in Bild 5.70 zeigen.

5.10.1.2 Kaltleiter-Meßfühler

Kaltleiter-Meßfühler sind zur Grenzstandüberwachung an Flüssigkeiten vorgesehen. Der Meßfühler ist ein PTC-Widerstand, der in einer Gasatmosphäre vom Meßstrom über die Sprungtemperatur beheizt wird und somit hochohmig ist [5.14]. Beim Eintauchen in eine Flüssigkeit wird die entstehende Wärme gut abgeleitet, der Fühler kühlt sich ab und wird niederohmig, was das Grenzstandsignal auslöst. Bild 5.71 zeigt eine Grenzstand-Überwachungseinrichtung mit Kaltleiterfühler.

5.10.1.3 Optoelektronische Grenzschalter

Diese Geräte nutzen die unterschiedlichen Brechungsindizes von Flüssigkeiten und Ga-

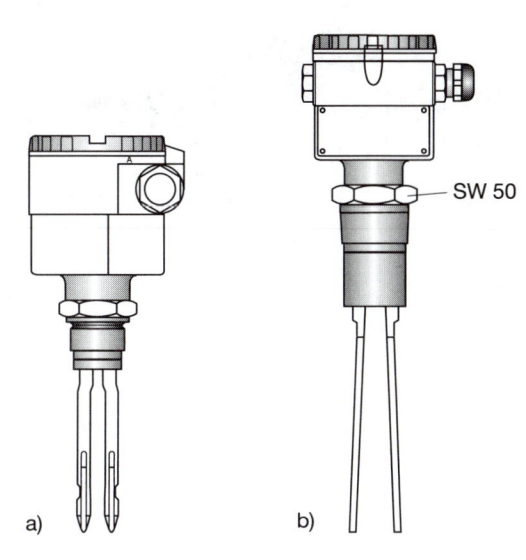

Bild 5.69 Vibrations-Grenzschalter [5.5]
a) für Flüssigkeiten
b) für Schüttgüter

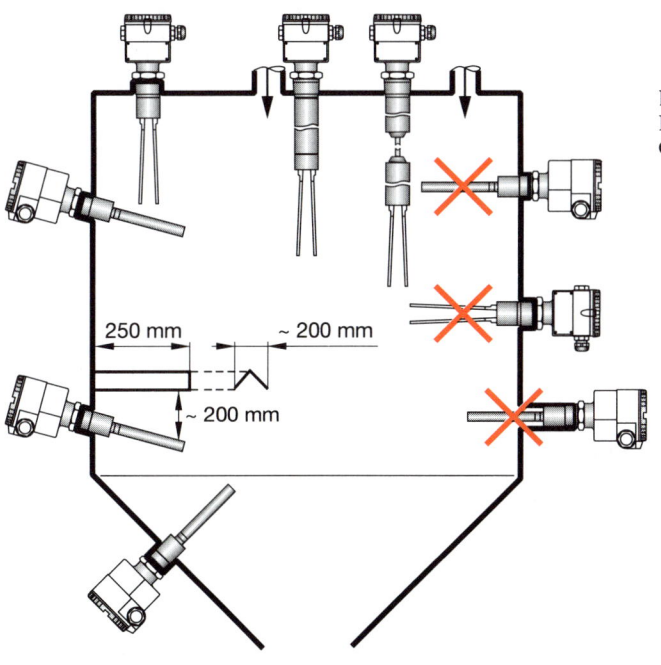

Bild 5.70
Einbauhinweise für Vibrations-Grenzschalter [5.5]

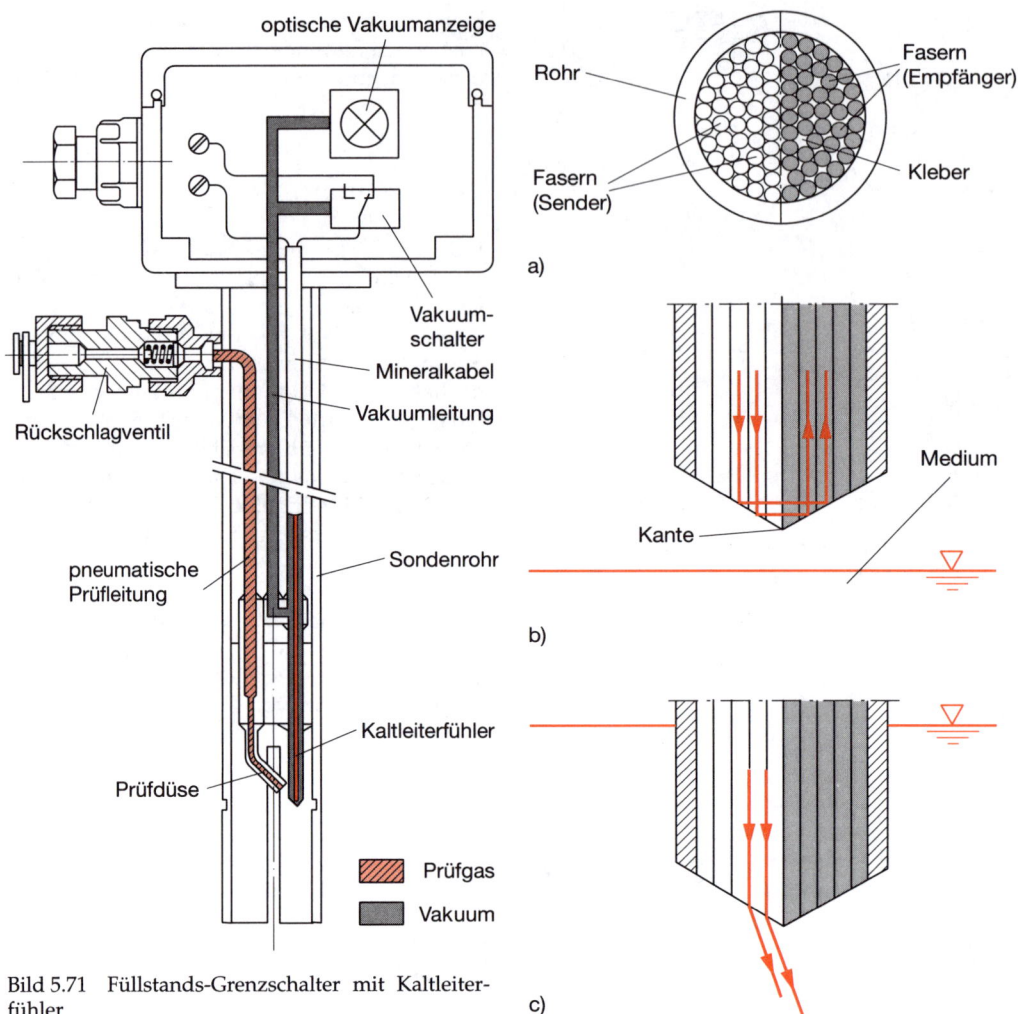

Bild 5.71 Füllstands-Grenzschalter mit Kaltleiterfühler

Bild 5.72 Grenzstandüberwachung mit Faseroptik

sen. Bild 5.72 zeigt eine mögliche Ausführungsform: Zwei Bündel von Lichtleitfasern sind an der Flüssigkeitsseite dachkantenförmig angeschliffen (a). In eines der Bündel wird mit einer Leuchtdiode Licht eingestrahlt. Taucht der Fühler nicht in Flüssigkeit ein (b), wird wegen des großen Sprunges im Brechungsindex an der Grenzfläche Glas–Luft das Licht total reflektiert und durch das zweite Bündel zurück zum Empfänger geführt. Taucht der Fühler dagegen in Flüssigkeit ein (c), reicht der Sprung im Brechungsindex nicht aus für die Totalreflexion, das Licht wird ausgekoppelt, der Empfänger erhält kein Licht mehr.

5.10.2 Berührungslos arbeitende Grenzstand-Detektoren

Berührungslos arbeitende Grenzstandmelder sind dann zu wählen, wenn es sich um kritische Produkte oder Prozeßbedingungen handelt – beispielsweise hohe Temperaturen und

Füllstands-Grenzüberwachungen 149

Drücke, toxische Füllgüter – oder wenn Sterilbedingungen möglichst dichte und totwinkelarme Behälter fordern. Die klassischen Methoden der Grenzstand-Detektion auf Basis von Radiometrie, Ultraschall oder Mikrowellen wurden bereits zusammen mit den kontinuierlichen Meßverfahren behandelt.

5.10.2.1 Ultraschall-Abklingzeit

Relativ neu ist ein Verfahren, das die Abklingzeit von Ultraschallimpulsen an Behälterwänden zur Grenzstand-Detektion nutzt [5.15]. Ein Piezogeber schickt einen kurzen Impuls auf die Behälterwand. Die Dämpfung der Erregung bzw. die Nachschwingzeit hängt davon ab, ob hinter der Wand Luft oder Flüssigkeit ist (Bild 5.73). Der Vorteil ist, daß der Geber auch noch nachträglich mit einem Spannband am Tank befestigt werden kann. Allerdings ist das Verfahren ungeeignet bei Schüttgütern, bei Kunststofftanks oder Tanks mit innerer Gummierung.

5.10.2.2 Ultraschall-Mehrzwecksensor

Schließlich sei noch auf eine Möglichkeit hingewiesen, mit Ultraschall eine nahezu universelle Messung zu realisieren. Das in Bild 5.74 dargestellte Konzept besteht aus einer kompletten Meßstrecke, die nach unten geneigt montiert wird. Ist die Meßstrecke in Luft (1),

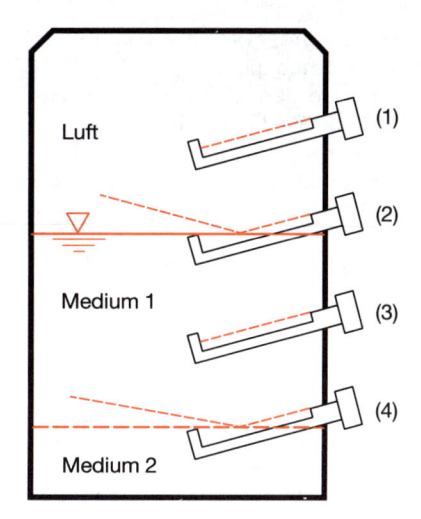

Bild 5.74 Ultraschall-Meßeinrichtung für Grenzstand und Trennschicht

so empfängt der Piezo das Echo vom Reflektor. Bei teilweise eintauchender Sonde (2) wird der Impuls aus der Meßstrecke wegreflektiert. Bedeckt die Flüssigkeit die Meßstrecke völlig (3), so wird wieder ein Echo empfangen, allerdings ist die Laufzeit des Impulses wesentlich kürzer als in Luft. Die Meßanordnung gestattet außer einer Grenzstanderkennung auch die Einregelung des Flüssigkeitsspiegels auf Sondenhöhe wie in (2). Tritt eine deutliche Trennschicht im Behälter auf, so wird auch die Trennschicht damit meßbar (4) bzw. ihre Lage auf Höhe der Sonde regelbar, wenn sich die Schallgeschwindigkeiten in den beiden Medien genügend gut unterscheiden.

5.10.3 Spezielle Sicherheitsaspekte bei Füllstands-Grenzschaltern

Überfüllsicherungen nach VbF und WHG sind zusätzliche Meßeinrichtungen, die bei bestimmungsgemäßem Betrieb des Behälters oft jahrelang nicht ansprechen müssen. Damit werden aber auch Defekte nicht erkannt, so daß die Geräte bei auftretender Überfüllgefahr versagen können. Beispielsweise können hohle Schwimmerkörper durchkorrodieren,

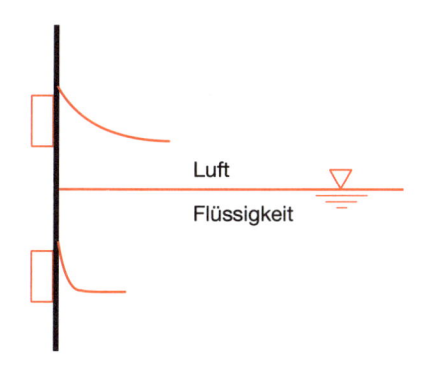

Bild 5.73 Grenzstandüberwachung mit Ultraschalldämpfung [Quelle: Nivopuls]

sie laufen bei steigendem Füllgut voll und erfahren keinen Auftrieb mehr.

Die Behörden fordern daher eine Failsafe-Technik für derartige Geräte und schreiben außerdem regelmäßige Funktionsüberprüfungen möglichst realitätsnah vor. Failsafe-Geräte müssen bei Defekten ihre Fehler selbst melden.

Beim optischen Grenzstandschalter in Bild 5.72 erhält im Gutzustand, d.h. nicht eingetauchtem Faserbündel, der Empfänger Lichtintensität. Alle denkbaren Fehler wie Ausfall der Lichtquelle oder des Detektors, Bruch des Faserbündels oder Spannungsausfall führen zu einem Nullsignal des Detektors und damit zur Meldung einer «gefährlichen Füllhöhe». Findet man im Tank daraufhin den Füllstand im zulässigen Bereich, wird man sofort auf einen Fehler im Meßgerät schließen.

Beim Kaltleiterschalter nach Bild 5.71 befindet sich der PTC in einem evakuierten Edelstahlröhrchen. Tritt Korrosion und in Folge davon ein Leck auf, geht das Vakuum verloren, und der Fehler wird sowohl am Gerät selbst angezeigt als auch per Vakuumschalter fernübertragen. Die pneumatische Prüfleitung erleichtert zudem den Funktionstest: Über den außenliegenden Anschluß kann man mit der Prüfdüse Luft oder Inertgas auf den Kaltleiter blasen und diesen abkühlen, so daß er anspricht.

Bei mikroprozessorgestützten Geräten können noch weitere Selbsttest-Routinen ausgeführt werden.

6 Mengen- und Durchflußmessung

Auch die Messung von Menge und Durchfluß zählt zu den fundamentalen Meßaufgaben in der Verfahrenstechnik. Die betrieblichen Anforderungen an Durchflußmeßeinrichtungen können sehr komplex sein, demzufolge wird eine Vielfalt physikalischer Meßprinzipien zur Lösung der Meßaufgaben genutzt.

Die Begriffe Menge und Durchfluß sind eng miteinander verknüpft. Beide können sich beziehen auf das Volumen oder die Masse eines Produktes (Bild 6.1).

Meßtechnisch gesehen ist eine Menge q eine integrale Größe. Je nachdem, ob man sie auf das Volumen (q_V) oder auf die Masse (q_m) bezieht, gibt man sie in m³ oder kg an:

$$[q_V] = m^3 \\ [q_m] = kg \qquad (Gl.\ 6.1)$$

Der Durchfluß $\dot{q}$ ist eine differentielle, zeitbezogene Größe. Er gibt an, welche Menge pro Zeiteinheit durch einen bestimmten Querschnitt strömt. Man spricht daher auch von einem

Volumenstrom $\dot{q}_V = dq_V/dt$ = Volumen/Zeiteinheit

bzw.

Massenstrom $\dot{q}_m = dq_m/dt$ = Masse/Zeiteinheit.

Demnach ergeben sich für den Volumen- und Massenstrom die Dimensionen

$$[\dot{q}_V] = \frac{m^3}{s} \\ [\dot{q}_m] = \frac{kg}{s} \qquad (Gl.\ 6.2)$$

Masse und Volumen sowie deren Ströme sind über die Dichte ϱ des Produktes miteinander verknüpft:

$$\dot{q}_m = \varrho \cdot \dot{q}_V \qquad (Gl.\ 6.3)$$

Menge q und Durchfluß $\dot{q}$ lassen sich durch Differentiation bzw. Integration ineinander überführen. So ist Durchfluß = Menge/Zeit oder – wenn der Durchfluß nicht konstant ist:

$$\frac{q}{t} \rightarrow \dot{q} = \frac{dq}{dt} \qquad (Gl.\ 6.4)$$

Die Menge läßt sich als ein aufsummierter oder integrierter Durchfluß darstellen:

$$q = \int \dot{q}\ dt \qquad (Gl.\ 6.5)$$

In der meßtechnischen Praxis greift man häufig auf diese Zusammenhänge zurück: Aus einer Mengenmessung erhält man den Durchfluß, indem man nach Gleichung 6.4 die Mengenänderung pro Zeiteinheit bildet. Umge-

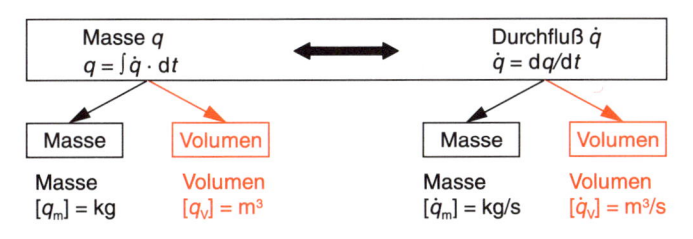

Masse q $q = \int \dot{q} \cdot dt$		Durchfluß $\dot{q}$ $\dot{q} = dq/dt$	
Masse	Volumen	Masse	Volumen
Masse $[q_m] = kg$	Volumen $[q_V] = m^3$	Masse $[\dot{q}_m] = kg/s$	Volumen $[\dot{q}_V] = m^3/s$

Bild 6.1
Übersicht Mengen- und Durchflußmessung

kehrt kann man eine Menge durch Aufsummieren bzw. Aufintegrieren des Durchflusses nach Gleichung 6.5 gewinnen.

6.1 Mengenmessungen

Mengenmessungen dienen in der Verfahrenstechnik bevorzugt zur Bilanzierung und Abrechnung im eichpflichtigen Verkehr, aber auch zu Dosierungen und zum präzisen Ansatz von Chargen. Zunächst sollen nur direkt arbeitende Verfahren und Geräte zur Mengenmessung beschrieben werden; auf die Mengenbestimmung durch Integration des Durchflusses wird später eingegangen.

Obwohl bei Bilanzierungen meist die Masse die Zielgröße ist, werden Mengen in der Verfahrenstechnik sowohl bei Flüssigkeiten als auch bei Gasen nahezu ausschließlich über das Volumen erfaßt. Je nach Wirkungsweise unterscheidet man unmittelbare und mittelbare Volumenzähler.

6.1.1 Unmittelbare Volumenzähler für Flüssigkeiten

6.1.1.1 Kipp- und Trommelzähler

Unmittelbare Volumenzähler grenzen periodisch ein bekanntes Volumen ab. Besonders augenfällig wird dies beim Kippzähler in Bild 6.2a, bei dem sich alternierend eines von zwei Teilvolumina füllt. Auch beim Trommelzähler in Bild 6.2b fließt die Flüssigkeit jeweils in eine Kammer, während eine andere sich leert. Die Menge wird aus der Anzahl der Kippbewegungen bzw. Umdrehungen bestimmt.

Mit unmittelbaren Volumenzählern sind Genauigkeiten von 0,2...0,5% erreichbar. Es werden auch kleinste Strömungsmengen erfaßt, allerdings sinkt die Genauigkeit bei hohem Durchfluß, da die Kammern dann schnell kippen und sich nicht mehr vollständig füllen oder leeren. Dies ist besonders bei hochviskosen Medien der Fall. Kipp- oder Trommelzähler sind wegen ihres aufwendigen Aufbaus und des Verschleißes heute allerdings nur noch selten im Einsatz.

6.1.1.2 Hubkolbenzähler

Hubkolbenzähler mit Umsteuerventilen finden vor allem in der Mineralölindustrie zur Mengenmessung Verwendung. Sie lassen sich gleichzeitig auch zum Fördern der Flüssigkeiten nutzen. Bild 6.3 zeigt das Arbeitsprinzip eines Einkolben-Hubzählers. Synchron zur Bewegung des Kolbens wird ein Umschaltventil gesteuert, so daß sich die beiden Kammern abwechselnd füllen und leeren. Hubkol-

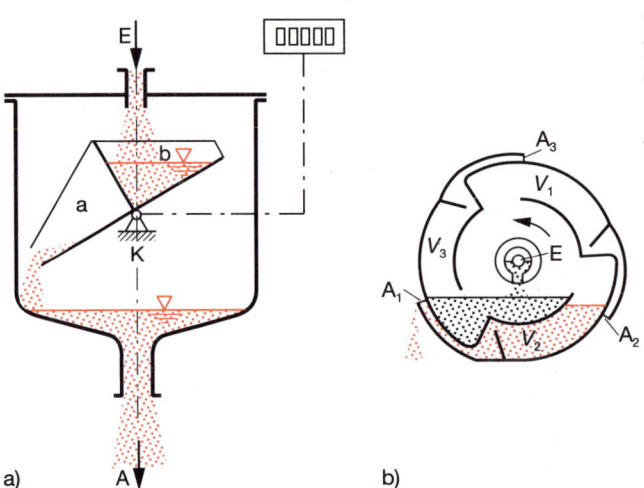

Bild 6.2
Unmittelbare Volumenzähler
a) Kippzähler
   E Eintritt, A Austritt, K Kippachse, a, b Meßkammern
b) Trommelzähler
   E Flüssigkeitseintritt
   A_1, A_2, A_3 Ausflußöffnungen
   V_1, V_2, V_3 Meßvolumina

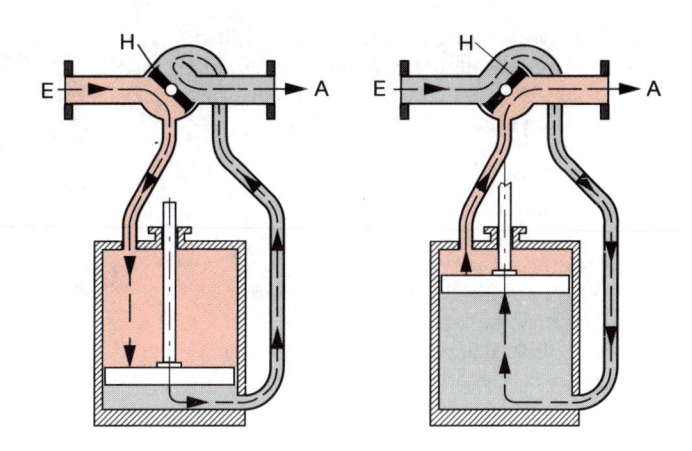

Bild 6.3
Zweikammer-Hubkolbenzähler
H Umsteuerventil
E Eintritt
A Austritt

benzähler sind in Zwei- und Vierkammer-Ausführungen erhältlich.

6.1.1.3 Ringkolbenzähler

Eine weite Verbreitung hat der Ringkolbenzähler (Bild 6.4) gefunden. Bei ihm werden zwei sichelförmige Volumina V_1 und V_2 durch Ein- bzw. Austrittsschlitze von unten her befüllt und entleert. Der ringförmig ausgeführte geschlitzte Kolben wird an einem Zapfen im Kreis geführt. Er schmiegt sich an das zylindrische Innen- und Außengehäuse an und gleitet außerdem an einer feststehenden Trennwand im Gehäuse entlang. Eine Umsteuerung des Flüssigkeitsstromes wie beim Hubkolbenzähler erfolgt prinzipbedingt von selbst. Bild 6.4 zeigt die Funktion in einzelnen Phasen:

Stellung 1: Der linke Teil des inneren Volumens V_2 wird durch E gefüllt, der rechte durch A geleert. Strömungskurzschluß vom Eingang zum Ausgang wird dadurch verhindert, daß der Ringkolben am inneren Kreis des Gehäuses anliegt. Das äußere Volumen V_1 ist in dieser Stellung vollständig abgeschlossen.
Stellung 2: Das innere Volumen V_2 ist fast vollständig vom Austrittsspalt getrennt, während der Inhalt des großen Volumens V_1 ausgetragen wird.
Stellung 3: Das innere Volumen V_2 ist maximal gefüllt und gegen Ein- und Austrittsspalt abgegrenzt. Der linke Teil von V_1 wird gefüllt, der rechte entleert.
Stellung 4: Während sich das äußere Volumen V_1 vollends füllt, wird das innere Volumen V_2 entleert.

Pro Bewegungszyklus des Kolbens fließt also das Gesamtvolumen $V_{ges} = V_1 + V_2$. Auf-

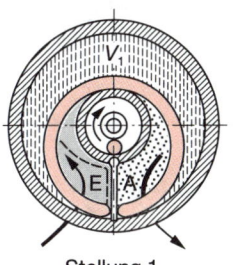

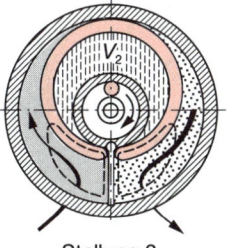

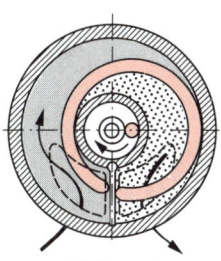

Stellung 1   Stellung 2   Stellung 3   Stellung 4

Bild 6.4   Meßzyklen des Ringkolbenzählers

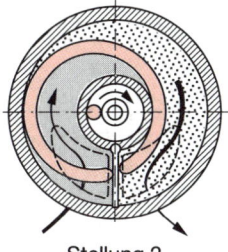

grund der Versetzung der beiden sichelförmigen Volumina besitzt der Zähler keinen Totpunkt: Er läuft auch bei beliebiger Zwischenstellung einwandfrei wieder an.

6.1.1.4 Ovalradzähler

Der Ovalradzähler enthält zwei oval geformte Kolben, die durch ihre Verzahnung in definierter Weise geführt werden. Wie die Phasen in Bild 6.5 zeigen, werden zwischen Kolben und Gehäuse Teilvolumina abgetrennt und weitergeführt. Durch die vollständige Kapselung der Drehkolben treten keine Dichtigkeitsprobleme auf, der Zähler ist auch für toxische Flüssigkeiten geeignet. Bauformen mit korrosionsfesten Kolben, z.B. Graphit, Tantal usw., gestatten den Einsatz in korrosiven Medien. Je nach Verzahnungsform (Bild 6.6) kann außerdem ein sehr weiter Bereich von Viskositäten abgedeckt werden. Lagerschmierung erfolgt durch das Produkt, das demzufolge eine bestimmte Viskosität besitzen muß. Für Flüssiggase ist das Gerät wegen deren geringer Viskosität und fehlender Schmiereigenschaften nicht geeignet, ebensowenig für Gase.

Die Umdrehungen werden als magnetische Pulse nach außen übertragen. Die Drehkolben enthalten kleine Permanentmagnete, außen am Gehäuse befindet sich ein Reed-Relais. Manche Hersteller nutzen zur Übertragung auch magnetische Wiegand-Drähte.

Ovalradzähler finden sich in der Industrie häufig zusammen mit Vorwahlzählwerken wie in Bild 6.7 für Dosierungen. Nach Durch-

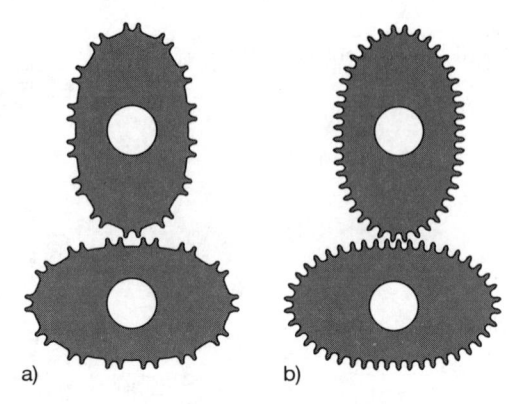

Bild 6.6 Verzahnungen von Ovalrädern
a) Sonderverzahnung
b) Evolventenverzahnung

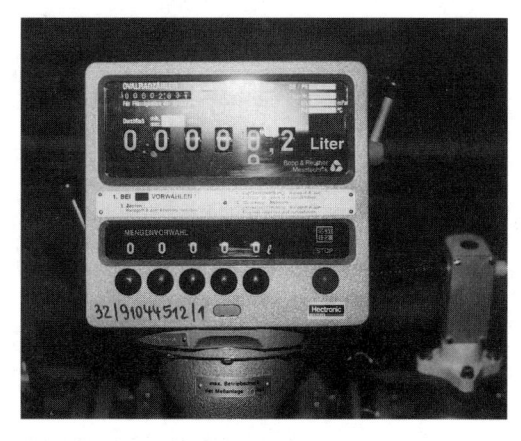

Bild 6.7 Ovalradzähler mit Voreinstellung für Dosierzwecke [Quelle: Bopp & Reuther]

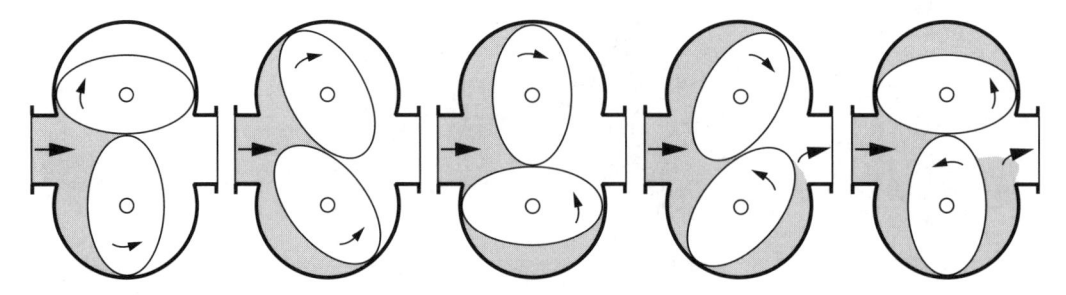

Bild 6.5 Die Arbeitsphasen eines Ovalradzählers [Quelle: Bopp & Reuther]

lauf einer voreingestellten Menge schließt das mechanische Zählwerk selbsttätig ein Ventil.

6.1.1.5 Drehschieberzähler

Besonders für größere Flüssigkeitsströme in der Mineralölindustrie wird der Dreh- oder Treibschieberzähler angewandt. Wie in Bild 6.8 zu sehen ist, besteht er aus einem exzentrischen Rotor mit vier darin beweglichen Schiebern, von denen je zwei gegenüberliegende durch Federn miteinander gekoppelt sind. Sie werden dadurch stets an die Gehäusewand gedrückt und trennen somit das strömende Fluid in diskrete Volumina.

Treibt man den Rotor von außen an, so kann man das Fluid fördern. Das Arbeitsprinzip wird in der Vakuumtechnik bei Drehschieberpumpen genutzt.

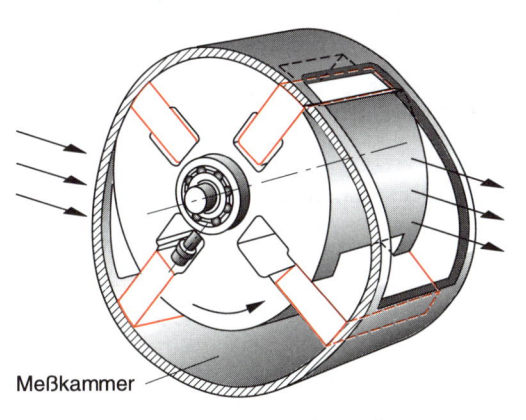

Bild 6.8   Prinzip des Treibschieberzählers

6.1.1.6 Weitere unmittelbare Volumenzähler

Schließlich sei noch der **Birotorzähler** nach Bild 6.9 genannt, der sich vor allem für hochviskose Flüssigkeiten eignet. Er enthält zwei ineinandergreifende Rotoren, die ebenfalls Teilvolumina abgrenzen.

Natürlich gibt es noch weitere Kolbenformen, die sich für spezielle Medien und/oder Meßbereiche eignen und mehr oder weniger eigenwillige Rotorformen besitzen, etwa der Doppel-T-Kolbenzähler, der Zahnradzähler u.a. Da diese eher selten anzutreffen sind, soll hier nicht weiter darauf eingegangen werden.

6.1.2   Unmittelbare Zähler für Gase

Beim **Drehkolbenzähler** (Bild 6.10) drehen sich zwei Drehkolben gegeneinander und fördern jeweils ein Teilvolumen in Flußrichtung. Der Drehkolbenzähler kann ohne Umschalten in beiden Richtungen betrieben werden (z.B. zu Lieferung und Bezug von Gasen). Die Kolben sind so geformt, daß sie in jeder beliebigen Stellung einander bzw. das Gehäuse berühren und definierte Volumina gegeneinander abschließen. Im Gegensatz zu Ovalradzählern sind zur Koordination der Drehkolben Zahnräder nötig, die aus Gründen der Schmierung außerhalb des Fluidstromes liegen. Die Durchführungen der Kolbenachsen können Dichtigkeitsprobleme nach sich ziehen, bei kritischen Medien werden daher auch die außerhalb des Gasstromes liegenden Verzahnungen hermetisch gekapselt.

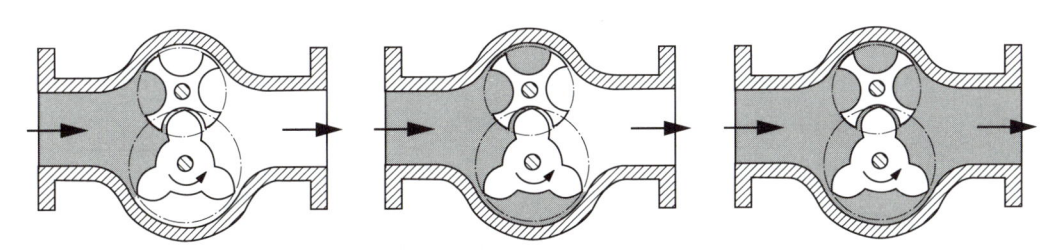

Bild 6.9   Arbeitsperioden eines Birotorzählers [Werkbild Bopp & Reuther]

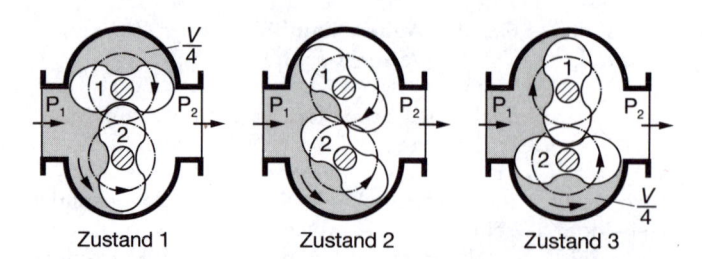

Bild 6.10
Drehkolben-Gaszähler

Zustand 1   Zustand 2   Zustand 3

Das Konzept bietet den Vorteil, daß die Kolben über die äußeren Verzahnungen angetrieben werden können und so gleichzeitig mit der Erfassung des Durchflusses auch eine Pumpwirkung erzielt wird. Dieses Prinzip wird bei der Gasförderung mit sog. Roots-Gebläsen ausgenutzt.

Trockene Gaszähler, vor allem Balgengaszähler, und Gasuhren mit Sperrflüssigkeiten werden bevorzugt zur Mengenmessung und Verbrauchsermittlung von Erdgas eingesetzt. Auf sie wird hier nicht näher eingegangen, verwiesen sei statt dessen auf spezielle Literatur, z. B. [6.1, 6.2].

6.1.3 Genauigkeit der unmittelbaren Volumenmesser

Volumenzähler für Flüssigkeiten und Gase sind in ihrer Genauigkeit davon abhängig, wie klein die Spaltbreite zwischen den Kolben und dem Gehäuse gehalten werden kann, da hiervon die Schleich- oder Leckmengen abhängen. Die Schleichmengen fallen insbesondere dann stark ins Gewicht, wenn die Zähler weit unter ihrem Nennwert betrieben werden (z. B. bei nur 10% ihres Maximaldurchflusses). Mit zunehmender Betriebsdauer und wachsendem Verschleiß werden die Spalte größer, so daß insbesondere bei Flüssigkeiten niedriger Viskosität und bei Gasen die Zähler im unteren Teil ihres Meßbereiches große Meßabweichungen haben.

6.1.4 Mittelbare Volumenzähler

Während unmittelbare Volumenzähler den Durchfluß in Teilmengen zerlegen und diese aufaddieren, messen mittelbare Volumenzähler die Strömung z. B. mit Meßflügeln. Die Menge ergibt sich aus der Anzahl der Umdrehungen des Rotors. Mittelbare Volumenzähler sind stets auf ein bestimmtes Medium zu kalibrieren. Mit der spezifischen Mediums- und Gerätekonstanten K gilt der lineare Zusammenhang:

$$\dot{q}_V = K \cdot A \cdot s \qquad \text{(Gl. 6.6)}$$

A freier Strömungsquerschnitt
s mit Meßflügeln ermittelter zurückgelegter Strömungsweg

Dabei hängt K vor allem von der Dichte und der Zähigkeit des Meßmediums ab.

6.1.4.1 Flügelradzähler

Typische mittelbare Volumenzähler beruhen auf dem einfachen Prinzip des Wind- bzw. Wasserrades. Beim Flügelradzähler werden die Schaufeln tangential angeströmt. Bild 6.11 zeigt mehrere Varianten, und zwar Ein- (a) und Mehrstrahlzähler (b).

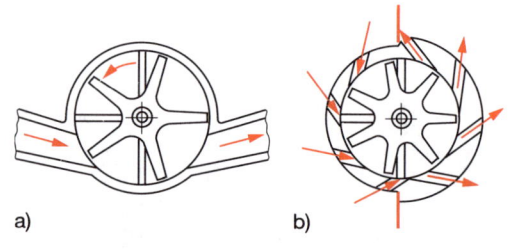

a)   b)

Bild 6.11   Flügelradzähler
a) Einstrahlzähler
b) Mehrstrahlzähler

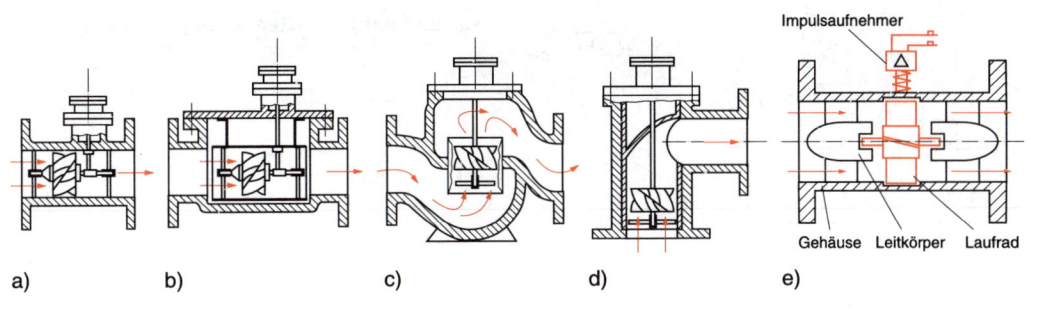

Bild 6.12   Verschiedene Formen von Turbinenzählern mit und ohne Umlenkung der Strömung

6.1.4.2   Turbinenradzähler

Beim Turbinenmesser wird ein Schaufelrad axial angeströmt. Seine Drehzahl ist proportional zur Strömung und wird in Form von Impulsen von einem induktiven Abgriff außen aufgenommen (Bild 6.12a bis e). Ein typischer Turbinenmesser ist der sog. Woltmann-Zähler nach Bild 6.12c, der besonders in Wasseruhren häufig eingesetzt wird. Es gibt eine ganze Reihe unterschiedlicher Bauformen, mit oder ohne Umlenkung der Strömung; die Umdrehung des Flügelrades wird induktiv oder auch mechanisch nach außen übertragen.

6.1.4.3   Genauigkeit der mittelbaren Volumenmesser

Mittelbare Volumenzähler sind besonders anfällig gegen Schleichmengen.

Zur Erzielung akzeptabler Genauigkeiten sind genügend große Ein- und Auslaufstrecken nötig (d.h., die Rohrleitung vor und hinter dem Zähler muß auf eine bestimmte Länge gerade sein, ohne Bögen, Verengungen usw.).

Turbinenmesser und Flügelradzähler sind zwar einfach und billig, aber nur für unproblematische Flüssigkeiten ohne Verschmutzungen bei nicht allzu hoher Genauigkeitsforderung geeignet, u.a. auch für Flüssiggase. Nachteilig ist, daß sie aufgrund der bewegten Teile einem gewissen Verschleiß unterliegen.

6.1.4.4   Wirbelzähler

Ohne bewegte Teile arbeitet dagegen der Wirbelzähler (engl.: vortex meter). Er nutzt die Wirbel, die sich an einem Störkörper in einem strömenden Fluid bilden. Bild 6.13a zeigt das Meßprinzip: Ein scharfkantiger, feststehender Störkörper wird vom Medium angeströmt. Dahinter entstehen abwechselnd auf beiden Seiten sehr regelmäßige Wirbel durch den Abriß der Strömung an den scharfen Kanten, es bildet sich eine **Kármánnsche Wirbelstraße** aus. Sie ist repräsentativ für die turbulente Strömung, die Frequenz der Wirbelablösung ist proportional zur mittleren Fließgeschwin-

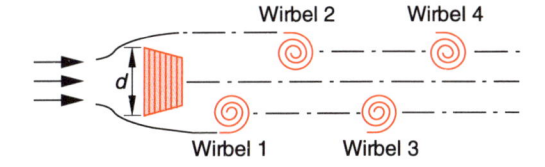

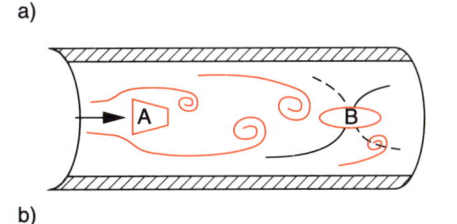

Bild 6.13   Prinzip des Wirbelzählers (Vortexmeter)
a) Meßprinzip
b) Detektion der Wirbel
   A Wirbelkörper
   B Abtaster [Quelle: Danfoss]

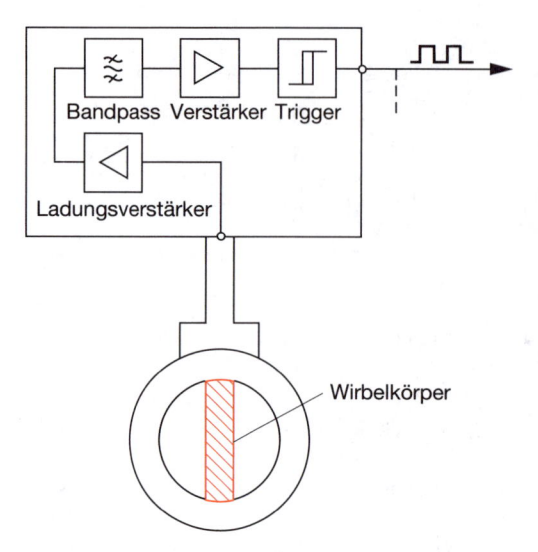

Bild 6.14 Wirbeldurchflußmesser in einer Rohrleitung

digkeit des Mediums und damit zum Volumendurchfluß. Bild 6.14 zeigt schematisch die Anordnung eines derartigen Staukörpers in der Rohrleitung.

Der Zusammenhang zwischen der Wirbelfrequenz f und der Strömungsgeschwindigkeit v_fl des Mediums ist durch die Struhal-Zahl S gegeben:

$$S = \frac{f \cdot d}{v_\text{fl}} \qquad \text{(Gl. 6.7)}$$

d Querabmessung des Störkörpers

Für die Frequenz f der Wirbel folgt also:

$$f = \frac{S}{d} \cdot v_\text{fl} = K \cdot v_\text{fl} \qquad \text{(Gl. 6.8)}$$

Mit $\dot{q}_\text{v} = dq_\text{v}/dt = A v_\text{fl}$ ist die Wirbelfrequenz f proportional zum Durchfluß:

$$f = \frac{K}{A} \dot{q}_\text{v} \qquad \text{(Gl. 6.9)}$$

In einem weiten Bereich turbulenter Strömung mit Reynolds-Zahlen >4000 ist die Struhal-Zahl S konstant und hängt nur von der Geometrie der Meßanordnung ab. Sie ist insbesondere unabhängig von Stoffeigenschaften wie Viskosität oder Dichte. In Tabelle 6.1 sind einige typische marktgängige Meßgeräte verschiedener Nennweite zur Messung von Luft und Wasser mit ihren Wirbelfrequenzen angegeben [6.21].

Ein Wirbel, d. h. eine starke Turbulenzzone, stellt einen lokalen Unterdruck im Medium dar. Die Wirbelfolge hinter dem Störkörper läßt sich daher mit einer zweiten Sonde hinter dem Störkörper (s. Bild 6.13b) durch einen piezoelektrischen Drucksensor oder Membranen mit Dehnungsmeßstreifen erfassen. Gut geeignet ist auch ein empfindlicher Thermistor, der durch den Meßstrom über die Temperatur des Mediums hinaus aufgeheizt wird. Die starke Turbulenz der Wirbel hat eine höhere Wärmeabfuhr zur Folge und kühlt den Thermistor momentan geringfügig ab. Auch faser-

Tabelle 6.1 Nennweiten von Wirbelzählern mit unterschiedlichen Meßbereichen und Wirbelfrequenzen

DN DIN	Luft bei 0 °C, 1013 mb [m³/h]			Wasser bei 20 °C [m³/h]		
	q_min	q_max	F-Bereich [Hz]	q_min	q_max	F-Bereich [Hz]
DN 15	4,0	25,4	455,4…2903,5	0,151	4,99	15,9…529,8
DN 25	10,6	150	183,6…25404,2	0,38	18,0	6,7…283,8
DN 40	27,7	394	112,8…1586,9	0,998	47,3	4,8…189,3
DN 50	44,3	630	87,4…1251,3	1,6	75,6	3,2…139
DN 80	102	1448	56,7…801,7	3,65	173	2,1…89
DN 100	171	2432	43,7…621,5	6,16	292	1,6…69,3
DN 150	379	5381	29,5…418,4	13,6	646	1,1…46,6

optische Sensoren und Ultraschallaufnehmer sind zur Detektion der Wirbel gebräuchlich. Neuerdings appliziert man die Aufnehmer in Bohrungen an der strömungsabgewandten Seite des Störkörpers. Dies spart eine zweite Sonde und schützt die Sensoren gleichzeitig vor Druckschlägen und Temperaturschocks.

Die Größe der Sensorsignale hängt von der Dichte des Mediums ab. Natürlich liefern Flüssigkeiten stärkere Turbulenzen als Gase. Die Signale bei Gasen sind meist sehr schwach und müssen aus dem Rauschpegel herausgefiltert werden.

Entscheidend für eine ausreichende Meßgenauigkeit ist vor allem ein ungestörtes Strömungsprofil, das durch genügend große Ein- und Auslaufstrecken gewährleistet wird. Hersteller fordern als Einlaufstrecken 10...30 × DN (DN = Nennweite der Rohrleitung), als Auslaufstrecken mindestens 5 × DN (Bild 6.15). Selbstverständlich muß die Rohrleitung die gleiche Nennweite wie der Wirbelzähler besitzen. Krümmer, Reduktions- und Erweiterungsstücke, Stellventile und weitere Meßfühler z. B. für Druck und Temperatur sind also genügend weit vom Wirbelzähler zu montieren, möglichst dahinter. Ist dies aus beengten Platzverhältnissen heraus nicht möglich, so sind Strömungsgleichrichter erforderlich. Bei Flüssigkeiten muß der Strömungsquerschnitt immer vollständig gefüllt sein, wozu man den Aufnehmer zweckmäßigerweise in einer steigenden Leitung verlegt.

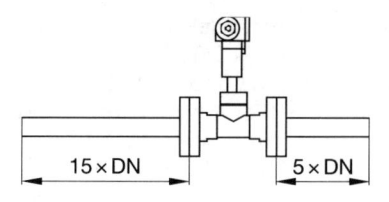

Bild 6.15 Erforderliche gerade Ein- und Auslaufstrecken bei Wirbelzählern

Bild 6.16 Meßabweichungen an Wirbelzählern, bedingt durch Kantenunschärfen [6.1]

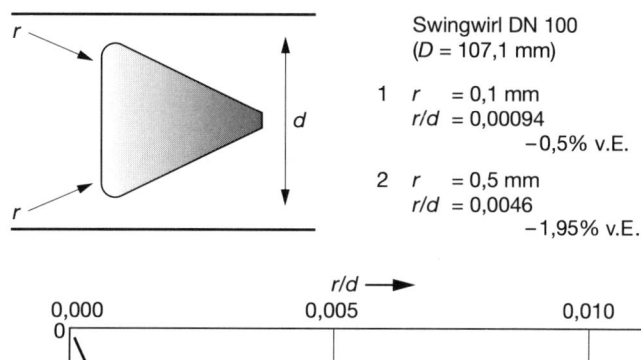

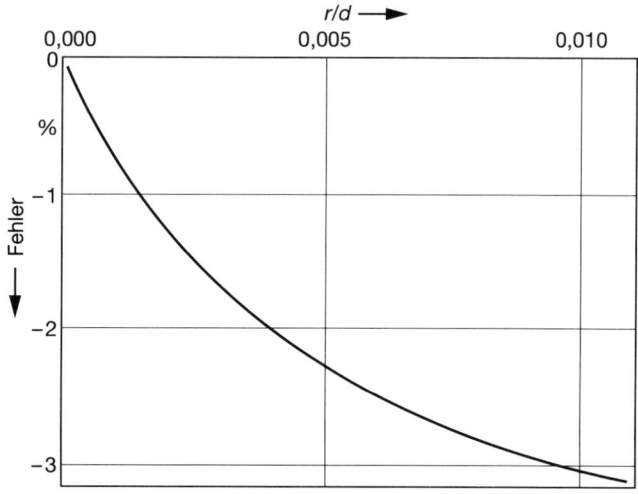

Swingwirl DN 100
(D = 107,1 mm)

1   r = 0,1 mm
    r/d = 0,00094
            −0,5% v.E.

2   r = 0,5 mm
    r/d = 0,0046
            −1,95% v.E.

Die erzielbaren Meßgenauigkeiten liegen bei Gas und Dampf besser als 1% v.M., bei Flüssigkeiten besser als 0,75% v.M. Entscheidend für die Genauigkeit sind scharfe Abrißkanten der Störkörper. Führt das Medium abrasive Schwebstoffe, so kann die Kantenschärfe der Störkörper mit der Zeit zerstört werden, was zu (schleichend eintretenden!) Meßabweichungen führt. In Bild 6.16 ist der Meßfehler aufgrund von Kantenunschärfen dargestellt.

Bild 6.17 zeigt eine Anzahl verschiedener Störkörperformen.

Hervorzuheben ist beim Wirbelzähler besonders die hohe Meßdynamik von bis zu 1 : 45 und der weite Arbeitstemperaturbereich von typischerweise $-200...+400\,°C$.

Ein weiterer Vorteil ist, daß der Meßaufnehmer mit dem volumenproportionalen Frequenzausgang ein quasi-digitales Meßsignal liefert.

Medien, die wegen mangelnder Schmiereigenschaften eine Anwendung von Ovalradzählern und Turbinenzählern nicht zulassen, machen den Wirbelzähler als Alternative interessant.

Zwei Probleme begrenzen den Einsatz. Das eine ist die relativ hohe Schmutzempfindlichkeit: Schmutzbeladene oder zur Kristallisation neigende Medien können insbesondere die Bohrungen im Staukörper zusetzen, die zu den Aufnehmern führen. Einsatzgrenzen bilden ferner Druckstöße in den Leitungen und vor allem Vibrationen, wie sie häufig von Pumpen verursacht werden und besonders in schwingenden Rohrleitungen auftreten. Sie sind tunlichst zu vermeiden. Moderne Geräte können die Vibrationen allerdings bis zu einem gewissen Grad unterdrücken.

Besonders häufig wird der Wirbelzähler eingesetzt zur Messung von Sattdampf und überhitztem Dampf in der Energietechnik und Wärmeversorgung sowie für flüssige und gasförmige Kohlenwasserstoffe in der Petrochemie. Ein Hersteller bietet ein Prozeßgerät an, das die Höhe der Signalamplituden zur Bestimmung der Dichte des Fluids nutzt und aus der Wirbelfrequenz und Dichte den Massendurchfluß berechnet.

6.2 Durchflußmessungen

Wie bei den Mengen unterscheidet man auch bei der Messung des Durchflusses zwischen Volumen- und Massenstrom. Für die moderne Digitaltechnik ist es aber gleichwertig, ob man Menge oder Durchfluß mißt, da die digitale Signalauswertung problemlos die Umrechnung gestattet.

6.2.1 Wirkdruckmessungen

Ein wichtiges physikalisches Prinzip für Durchflußmessungen stellen Wirkdruckmessungen dar. Wie eine Markterhebung aus 1990 in Bild 6.18 zeigt, bilden sie mehr als ein Viertel der Meßstellen, in der chemischen Technik arbeiten vermutlich sogar bis zu 50% der Durchflußmessungen nach dem Wirkdruckprinzip. Wirkdruckverfahren nutzen zur Ermittlung des Durchflusses von Gasen und Flüssigkeiten in Rohrleitungen den Druckabfall an einer speziell geformten Drosselstelle

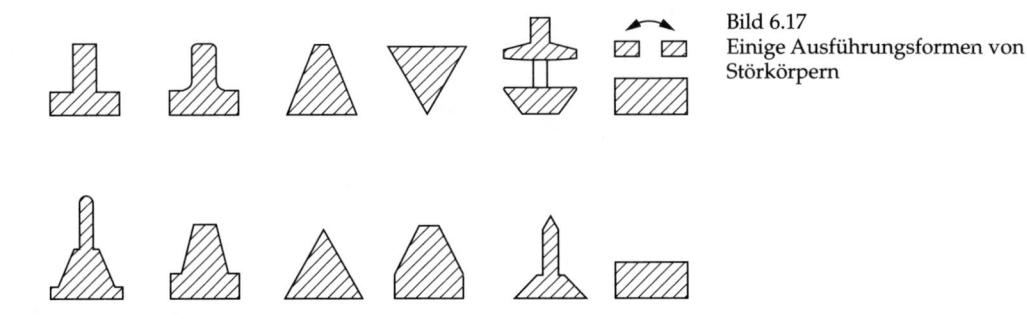

Bild 6.17
Einige Ausführungsformen von Störkörpern

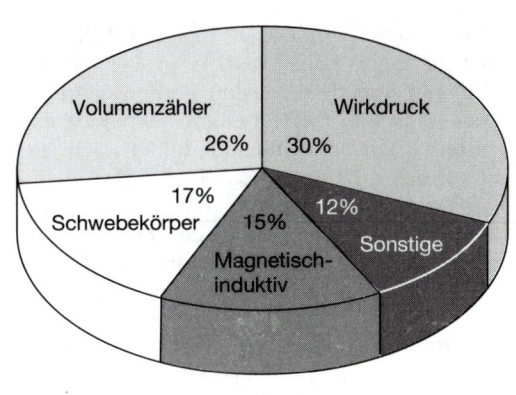

Bild 6.18 Verteilung der Meßprinzipien auf dem europäischen Markt der Durchflußmessung [6.3]

im Rohr. Für die Anwendung von Wirkdruckverfahren gelten verschiedene Normen und Richtlinien, etwa die DIN 1952, die mittlerweile von der internationalen Norm ISO 5167 abgelöst wurde. Die VDI/VDE-Richtlinie 2040 enthält zusätzliche Hinweise und Berechnungsbeispiele. Wirkdruckgeber sind beschrieben in der DIN 19201.

Bild 6.19 gibt die allgemeinste Form einer Drosselstelle wieder. Ausgehend davon, daß für ein Massenelement dM, das von Bereich 1 nach Bereich 2 strömt, die Gesamtenergie konstant bleiben muß, gilt mit den Benennungen nach Bild 6.19:

$$dW_{kin1} + dW_{pot1} + dW_{druck1} =$$
$$= dW_{kin2} + dW_{pot2} + dW_{druck2} \quad \text{(Gl. 6.10)}$$

oder

$$\frac{1}{2} dM v_1^2 + dM \cdot g \cdot h_1 + dM \frac{p_1}{\varrho_1} = \quad \text{(Gl. 6.11)}$$
$$= \frac{1}{2} dM \cdot v_2^2 + dM \cdot g \cdot h_2 + dM \frac{p_2}{\varrho_2}$$

Unter der vereinfachenden Annahme, daß kein Höhenunterschied zwischen Ort 1 und 2 besteht, und für inkompressible Fluide (Flüssigkeiten) $\varrho_1 = \varrho_2 = \varrho$ wird aus Gleichung 6.11:

$$\frac{1}{2} v_1^2 + \frac{p_1}{\varrho} = \frac{1}{2} v_2^2 + \frac{p_2}{\varrho} \quad \text{(Gl. 6.12)}$$

Da kein Produkt von 1 nach 2 verlorengeht, gilt noch die Kontinuitätsgleichung:

$$v_1 \cdot A_1 = v_2 \cdot A_2 \quad \text{(Gl. 6.13)}$$

oder

Bild 6.19
Berechnung des Differenzdruckes an einer Drosselstelle

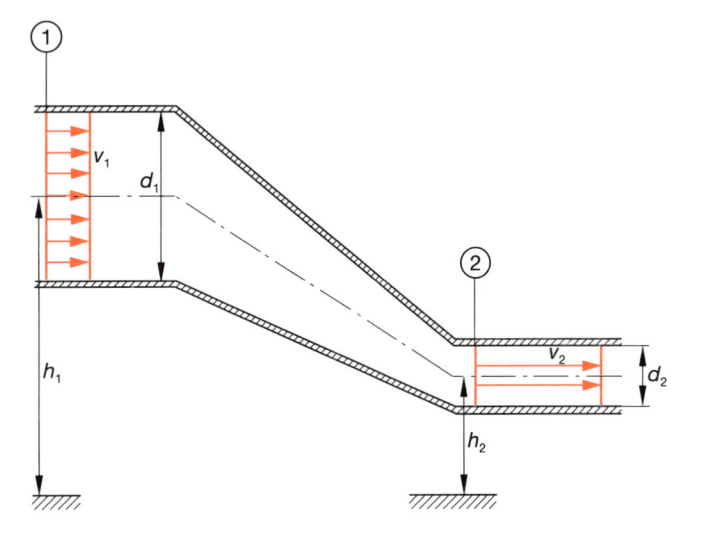

$$v_1 = v_2 \cdot \left(\frac{d_2}{d_1}\right)^2 = v_2 \cdot m \qquad \text{(Gl. 6.14)}$$

mit dem Öffnungsverhältnis $m = A_2/A_1 = (d_2/d_1)^2$.

Einsetzen in die Energiegleichung (Gl. 6.12) liefert

$$v_2^2 \,(1 - m^2) = \frac{2\,(p_1 - p_2)}{\varrho} \qquad \text{(Gl. 6.15)}$$

also folgt für v_2:

$$v_2 = \sqrt{\frac{2 \cdot \Delta p}{\varrho\,(1 - m^2)}} \qquad \text{(Gl. 6.16)}$$

Für den Volumenstrom $\dot{q}_v = dq_v/dt = A_2 \cdot v_2$ ergibt sich somit

$$\dot{q}_V = A_2 \cdot \sqrt{\frac{2 \cdot \Delta p}{\varrho\,(1 - m^2)}} \qquad \text{(Gl. 6.17)}$$

Bisweilen benutzt man auch statt des Öffnungsverhältnisses $m = A_2/A_1$ das Verhältnis der Durchmesser $\beta = d_2/d_1$. Damit gilt:

$$\dot{q}_V = A_2 \cdot \sqrt{\frac{2 \cdot \Delta p}{\varrho\,(1 - \beta^4)}} \qquad \text{(Gl. 6.18)}$$

Die theoretische Betrachtung bisher setzt eine reibungsfreie Strömung voraus. Die in der Praxis stets vorhandene Reibung führt daher zu mehr oder weniger großen Abweichungen von dem idealen Bernoulli-Ansatz. Dies ist in Bild 6.20 an einer Meßblende dargestellt: Vor der Blende bildet sich der Staudruck p_1; unmittelbar hinter der Blende wird die Strömung auf einen Querschnitt kleiner als die Blendenöffnung eingeschnürt, was einen erhöhten Druckabfall zur Folge hat. Weiter stromab erholt sich der Druck wieder, wobei die Höhe des bleibenden Druckverlustes von der Art des Drosselorgans abhängt. Wesentlich für eine zuverlässige Messung ist demnach der genaue Ort der Druckentnahme vor und hinter dem Wirkdruckgeber.

Um die realen Gegebenheiten zu berücksichtigen, führt die Norm ISO 5167 den **Durchflußkoeffizienten** C ein. Er hängt vom Durchmesserverhältnis β, der Reynolds-Zahl Re, der Art des Drosselorgans, der Art der Druckentnahme und der Reibung durch die Rohrrauhigkeit ab. Bei kompressiblen Fluiden muß man die Entspannung an der Drosselstelle noch mit der Expansionszahl ε berücksichtigen. Die ISO-Norm enthält Informationen sowohl über den Durchflußkoeffizienten C als auch Tabellen für den Expansionskoeffizienten ε. Bild 6.21 zeigt exemplarisch ein Nomogramm zur Bestimmung von ε für verschiedene Drosselorgane und Öffnungsverhältnisse [6.4].

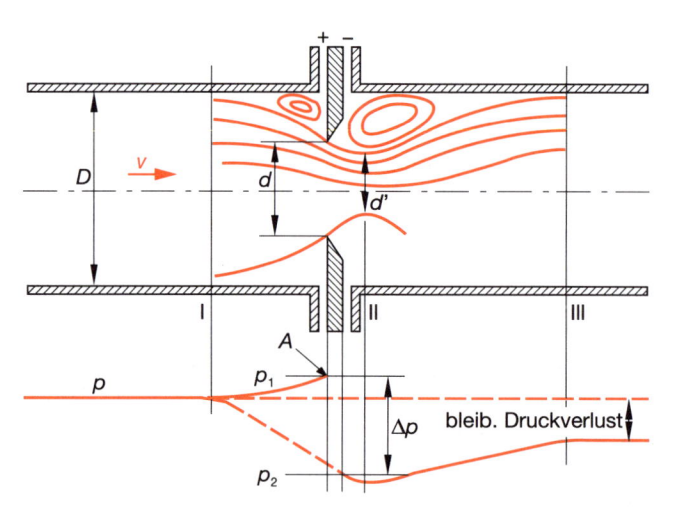

Bild 6.20
Druckverlauf an einer Blende

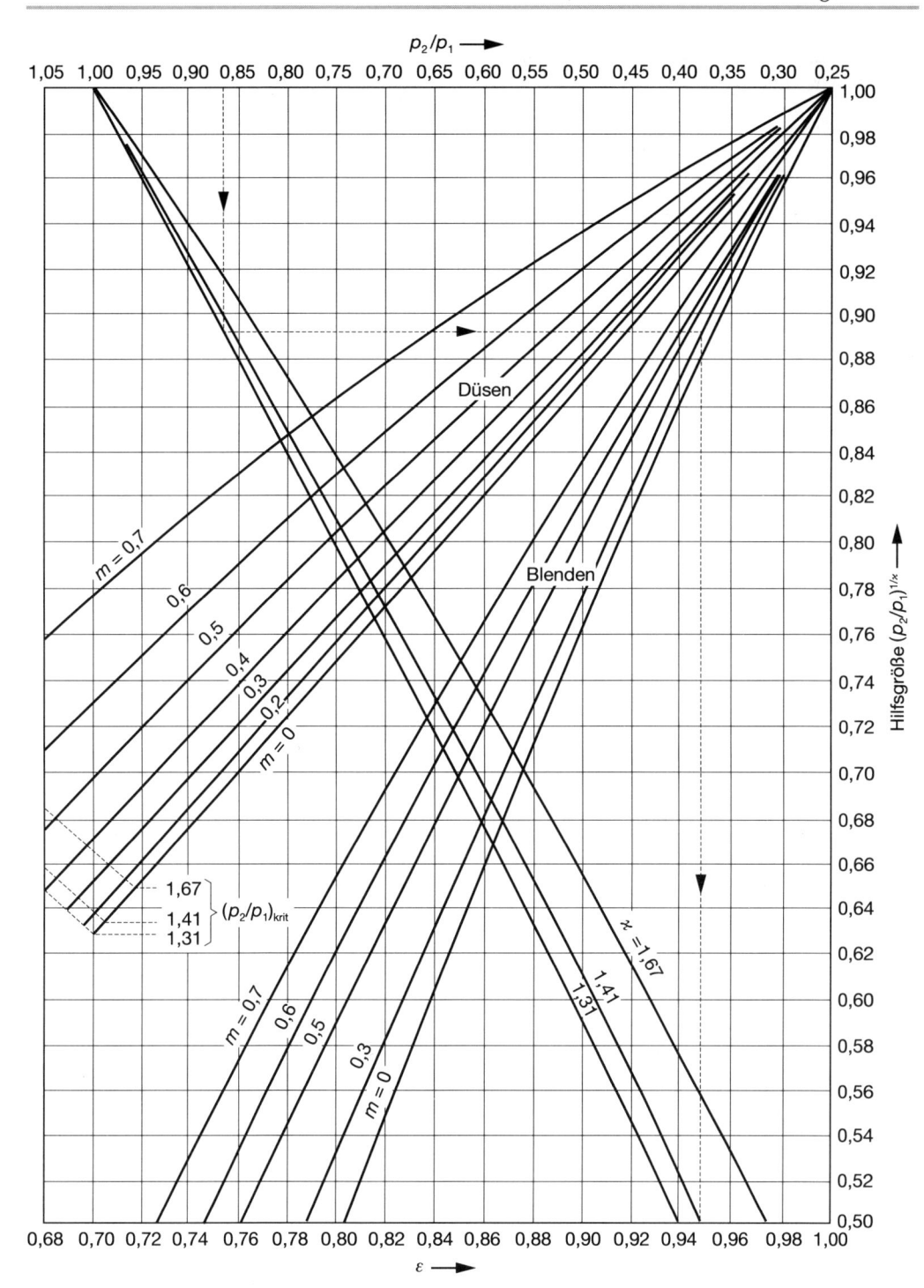

Bild 6.21 Nomogramm zur Ermittlung der Expansionszahl ε für einige Drosselorgane

Mit diesen Korrekturen erhält man schließlich für den Volumenstrom

$$\dot{q}_V = A_2 \cdot \frac{C}{\sqrt{(1-\beta^4)}} \cdot \varepsilon \cdot \sqrt{\frac{2\Delta p}{\varrho}} \qquad \text{(Gl. 6.19)}$$

oder für den Massenstrom dq_m/dt wegen $\dot{q}_m = \varrho \dot{q}_V$:

$$\dot{q}_m = A_2 \cdot \frac{C}{\sqrt{(1-\beta^4)}} \cdot \varepsilon \cdot \sqrt{2\varrho\Delta p} \qquad \text{(Gl. 6.20)}$$

also ist

$$\dot{q}_m \sim \sqrt{\Delta p} \qquad \text{(Gl. 6.21)}$$

Der Zusammenhang zwischen Druckabfall und Massenstrom nach Gleichung 6.21 gilt grundsätzlich für alle üblichen Drosselgeräte.

6.2.2 Wirkdruck-Meßanordnungen

DIN 1952 bzw. ISO 5167 unterscheidet bei den Drosselorganen zwischen Blenden, Düsen, Venturirohren und Venturidüsen, von denen einige in Bild 6.22 dargestellt sind. Die unterschiedlichen Ausführungsformen erlauben eine optimale Anpassung der Geber an die Betriebsbedingungen, z.B. hinsichtlich der erreichbaren Genauigkeit, der Herstellungskosten oder des bleibenden Druckverlustes (Bild 6.23), der unter energetischen Gesichtspunkten eine wichtige Rolle spielt.

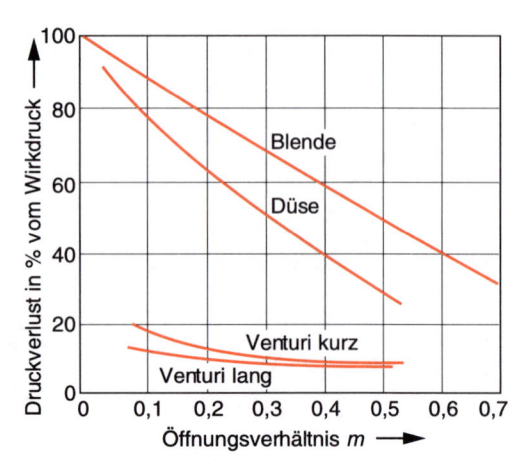

Die ISO-Norm schreibt auch den Entnahmeort für den Druck genau vor, wie in Bild 6.24 dargestellt. Blenden mit Flanschentnahme (a) oder Eckentnahme (b) lassen sich recht einfach herstellen. Bei D-D/2-Entnahmen liegt die zweite Entnahmestelle etwa im Druckminimum, die Entnahmestelle vor der Blende wird vom Staudruck nur geringfügig beeinflußt. Diese Druckentnahme hängt also weniger stark von den Rohrrauhigkeiten ab,

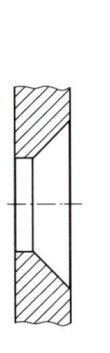

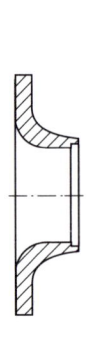

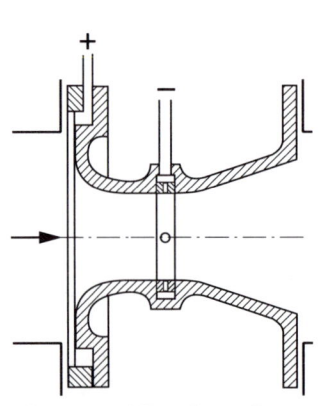

Bild 6.23 Bleibender Druckverlust für einige Drosselorgane

Bild 6.22 Einige gebräuchliche Formen von Drosselorganen

Normblende   Normdüse   Normventuridüse, kurze Bauart

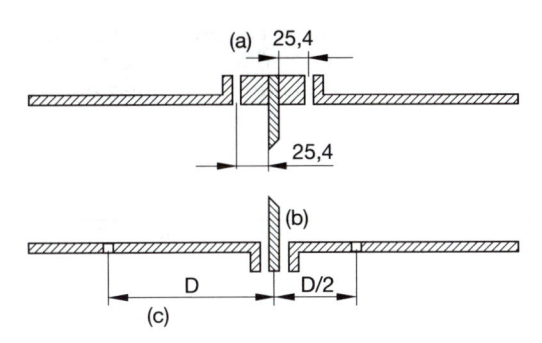

Bild 6.24 Verschiedene genormte Möglichkeiten der Wirkdruckentnahme an einer Blende
a) Flanschentnahme
b) Eckentnahme
c) D-D/2-Entnahme

erfordert aber mehr Aufwand bei der Herstellung.

Eine vollständige Anordnung zur Durchflußmessung mit Wirkdruckverfahren besteht aus

❑ Wirkdruckgeber (Drosselgerät),
❑ Wirkdruckleitungen (+ und −),
❑ Differenzdruck-Meßumformer.

Um auch bei laufendem Betrieb einer Anlage Wartungsarbeiten an dem Meßsystem durchführen zu können, empfiehlt sich der Einbau verschiedener Absperrorgane an den Anschlußarmaturen bzw. Wirkdruckleitungen.

Bild 6.25
Anordnung der Differenzdruck-Transmitter an Blenden für Flüssigkeiten, Gase und Dampf (nach [6.14])
a) Drosselorgan
b) Anschlußarmatur Blende
c) Wirkdruckleitung
d) Anschlußarmatur Meßumformer
e) Differenzdruck-Meßumformer
f) Kondensatgefäß

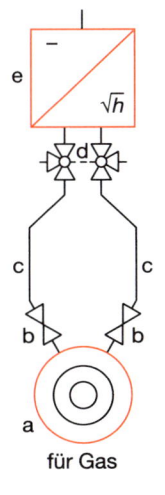

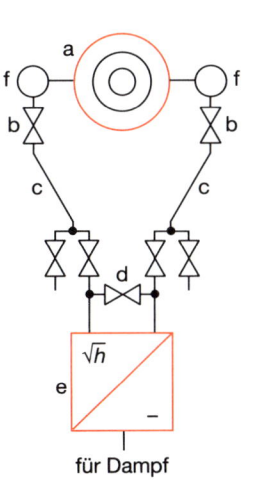

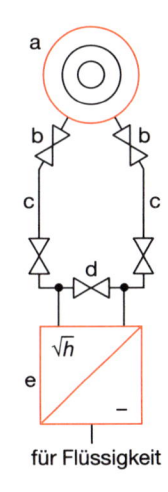

Bild 6.25 zeigt einige typische Meßanordnungen:

Das linke Teilbild ist für Durchflußmessungen von Gasen geeignet. Der Differenzdruck-Meßumformer ist über der Produktleitung montiert. Somit können evtl. vom Gas mitgeführte Flüssigkeitströpfchen oder in den Meßleitungen kondensierende Begleitkomponenten ins Produktrohr zurückfließen.

Umgekehrt könnten bei Messungen von Flüssigkeitsströmen Gasblasen in den Wirkdruckleitungen die Messung verfälschen. Man bringt daher den Meßumformer wie im rechten Teilbild gezeigt unterhalb der Produktleitung an und füllt die Leitungen mit der zu messenden Flüssigkeit. Sollten sich in den Wirkdruckleitungen aus irgendwelchen Gründen Gasblasen bilden, so können diese ins Produktrohr aufsteigen.

Das mittlere Teilbild zeigt die günstigste Anordnung zur Messung von Dampf. Die Wirkdruckleitungen füllen sich mit Kondensat, das in den Kondensatgefäßen entsteht. Dies erlaubt, auf die Beheizung der Wirkdruckleitungen und des Meßumformers zu verzichten.

Für die Erfassung kleinster Durchflüsse von weniger als 2 l/h eignet sich eine Düsenmeßbrücke nach Bild 6.26. Ein U-förmiges Rohr, das eine enge Düse enthält, verbindet die Meßkammern eines Differenzdruck-Transmitters. Das zu messende Medium fließt nach-

166 Mengen- und Durchflußmessung

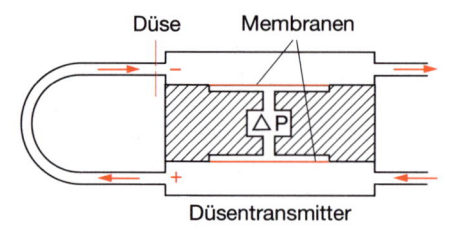

Bild 6.26 Schema einer Düsenmeßbrücke an einem Differenzdruck-Transmitter

den an Drosselorganen eingesetzt. Daher werden praktisch alle marktgängigen Δp-Transmitter mit Radizierfunktion angeboten, die bei Bedarf aktiviert werden kann.

Die Produktleitung führt oft hohen Überdruck. Der Differenzdruck-Meßumformer muß diesem statischen Druck standhalten, auch wenn der zu messende Differenzdruck nur wenige hPa beträgt.

6.2.3 Meßgenauigkeiten von Wirkdruckanordnungen

einander durch die beiden Meßkammern des Transmitters und verursacht an der Düse einen Druckabfall Δp, der vom Meßumformer direkt erfaßt wird. Bild 6.27 zeigt die Meßeinheit, die an die Normflansche der Transmitter angeschlossen werden kann. Die Düse läßt sich leicht wechseln. Weitere Sonderfälle von Meßanordnungen sind in der VDI/VDE-Richtlinie 3512 zu finden.

Δp-Druckmeßumformer haben die Aufgabe, den am Drosselgerät entstehenden Druckabfall in ein elektrisches Einheitssignal umzusetzen, das linear zum Volumen- oder Massenstrom sein soll. Aufgrund der Abhängigkeit zwischen Volumenstrom und Differenzdruck nach Gleichung 6.21 muß eine Radizierfunktion vorgesehen werden. Wohl die meisten Differenzdruck-Meßumformer wer-

Die theoretische Beschreibung der Strömung an Drosselstellen erlaubt trotz des sehr einfachen Meßaufbaus aufgrund der umfassenden Korrekturfaktoren für Meßmedium und -anordnung einschließlich Rohrleitung prinzipiell eine hohe Meßgenauigkeit.

Allerdings stellt das Wirkdruck-Meßverfahren sehr hohe Ansprüche an die Gleichmäßigkeit der Strömung und fordert daher vor und hinter dem Wirkdruckgeber sehr lange gerade Ein- und Auslaufstrecken. Tabelle 6.2 gibt die Empfehlungen der ISO 5167 bezüglich der geraden Rohrstrecken für unterschiedliche Einbauumgebungen wieder. Besonders kritisch sind Drallströmungen, d.h. schraubenförmig fließende Medien. Hier sind

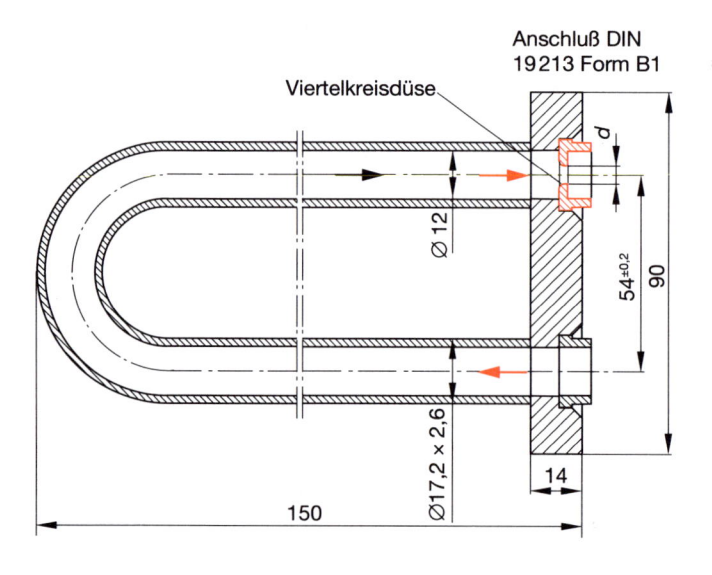

Bild 6.27 Montage der Düse

Tabelle 6.2 Empfehlungen für Einlaufstrecken (in Vielfachen der Rohrnennweite D) für gängige Drosselorgane bei diversen Rohreinbauten

	Blenden, Düsen, Venturidüsen Durchmesserverhältnis b				Klassisches Venturirohr Durchmesserverhältnis b		
	0,2	0,4	0,6	0,8	0,3	0,5	0,75
Einfacher 90°-Krümmer oder T-Stück	10	14	18	46	0,5	1,5	4,5
2 oder mehr 90°-Krümmer in verschiedenen Ebenen	34	36	48	80	0,5	8,5	29,5
Diffusor von 0,5 D auf D über eine Länge von 1…2 D	16	16	22	54			
Diffusor von 0,75 D auf D über eine Länge von 1 D					1,5	2,5	6,5
Schieber voll geöffnet	12	12	14	30	1,5	3,5	5,5
Auslaufseite	4	6	7	8	4	4	4

Strömungsgleichrichter vor die Drosselstelle einzubauen.

Bei Blenden spielt – ebenso wie bei Störkörpern an Vortexmetern – die Schärfe der Abrißkante für die Meßgenauigkeit eine entscheidende Rolle. Die Kantenschärfe kann durch mitgeführte abrasive Begleitstoffe oder korrosive Medien zerstört werden, was zu schleichend eintretenden Meßfehlern führt. Normdüsen (speziell Viertelkreisdüsen) und Venturirohre sind hiervon weniger betroffen. Natürlich kann auch eine Verschmutzung des Mediums, insbesondere durch vor der Blende sedimentierende Feststoffe, zu Meßfehlern führen. Tabelle 6.3 vergleicht die Eigenschaften der verschiedenen Drosselorgane.

Ein weiterer Schwachpunkt der Wirkdruckmessung ist der enge Meßbereich, innerhalb dessen sich eine vernünftige Genauigkeit erzielen läßt. Übliche Druckmeßumformer besitzen wie die meisten anderen Transmitter eine Meßspanne von typischerweise 1:10. Aufgrund der Radizierung des Differenzdruckes liegt die damit erzielbare Meßspanne

Tabelle 6.3 Vergleich der genormten Drosselorgane

	Blende	Normdüse	Venturirohr	Venturidüse
Herstellungsaufwand	sehr gering	mittel	aufwendig	sehr aufwendig
Baulänge des Drosselgerätes	sehr kurz	kurz	lang ca. 10 D	mittel ca. 5 D
Gesamte Einbaulänge (Ein- und Auslaufstrecke)	relativ groß bis 50 D	relativ groß bis 50 D	relativ klein	relativ groß
bleibender Druckverlust	hoch	mittel (ca. 40% Blende)	klein (20% von Blende)	klein (20% von Blende)
Strömungs-Energieaufwand	hoch	mittel	niedrig	niedrig
Anfälligkeit gegen Verschmutzung	relativ hoch (Sedimentation)	mittel	klein	klein
Standzeit bei korrosiven und abrasiven Medien	niedrig	mittel	hoch	hoch

für den Volumen- oder Massendurchfluß nur bei $1:\sqrt{10}$, d.h. bei etwas über 1:3. Viele Blenden (besonders für Dampf!) werden erfahrungsgemäß aus «Reservegründen» im unteren Bereich des Differenzdruckes betrieben und liefern daher oft stark fehlerbehaftete Resultate.

In kritischen Fällen kann man zwei oder mehr Differenzdruck-Meßumformer mit gestaffelten Meßbereichen parallel an einer Blende betreiben und von den beiden Signalen das jeweilig geeignete nutzen.

Soll beispielsweise eine Meßspanne von 1:10 realisiert werden, muß der erste Meßumformer eine Druckmeßspanne 1:10, der zweite von 10:100 haben, entsprechend einer Durchflußspanne $1:\sqrt{10}$ bzw. $\sqrt{10}:10$. Dies bedeutet aber für das Gerät mit der kleineren Meßspanne, daß es auch nach einer Überlast in Höhe des 10fachen seiner Nenndruckdifferenz anschließend wieder fehlerfrei ohne Offset arbeiten muß! Neuerdings bietet ein Hersteller einen Differenzdruck-Meßumformer mit einer Spanne von bis zu 1:2500 an. [6.5] Der typische Meßbereich für Durchfluß beträgt hier 1:30 mit der optionalen Erweiterung auf 1:50.

Bei Durchflußmessungen von Flüssigkeiten mittels Blenden muß natürlich der Querschnitt des Produktrohres vollständig gefüllt sein. Ist dies im Betrieb nicht sicher gewährleistet, sollte die Meßstrecke in senkrechter Leitung eingebaut sein, wobei der statische Druck aufgrund ungleicher Entnahmehöhe von Plus- und Minusseite zu berücksichtigen ist.

6.2.4 Überkritische Düsen

Ein Sonderfall des Wirkdruckverfahrens liegt vor, wenn der Differenzdruck an der Düse sehr hoch wird im Vergleich zum absoluten Druckwert. In Bild 6.28 ist p_1 der Eingangsdruck, p_2 der Ausgangsdruck an einer Venturidüse. Das Diagramm von Bild 6.28b zeigt den Durchfluß dq_m/dt eines bestimmten Mediums als Funktion des Verhältnisses p_2/p_1. Ohne Druckabfall, d.h. $p_2/p_1 = 1$, ist der Durchfluß Null, mit zunehmender Druckdifferenz steigt der Durchfluß entsprechend $\sqrt{\Delta p}$, ab einem bestimmten Wert von p_2/p_1 bleibt er konstant. Hier erreicht die Strömungsgeschwindigkeit des Mediums an der engsten Stelle der Düse Schallgeschwindigkeit. Diesen Wert von p_2/p_1 bezeichnet man als kritisches oder **Laval-Druckverhältnis** p_{krit}. Von da an hängt der Durchfluß nur noch vom Vordruck, nicht aber mehr vom Hinterdruck ab.

Das Laval-Verhältnis hängt wesentlich vom strömenden Medium ab und ist gegeben durch

$$\left(\frac{p_2}{p_1}\right)_{krit} = \left(\frac{2}{\varkappa+1}\right)^{\frac{\varkappa}{\varkappa-1}} \quad \text{(Gl. 6.22)}$$

Für Luft mit $\varkappa = 1{,}4$ ergibt sich beispielsweise der Wert $(p_2/p_1)_{krit} = 0{,}528$, für Wasserdampf $(p_2/p_1)_{krit} = 0{,}577$. Um im betrieblichen Einsatz bei Gasgemischen sicher zu gehen, daß überkritische Verhältnisse vorliegen, sollte man erst bei $p_2/p_1 < 0{,}5$ von Laval-Strömungen ausgehen.

Überkritische Düsen finden vor allem Anwendung zur präzisen Erzeugung von Gasgemischen, besonders zur Kalibration von Gasanalysatoren. Sie stellen in diesem Einsatzge-

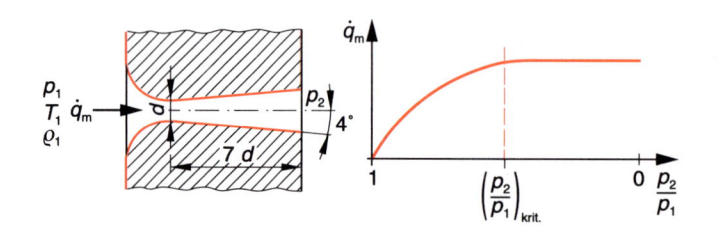

Bild 6.28
Durchflußmessung an einer überkritischen Düse
a) Schema der Düse
b) Durchflußkennlinie

6.2.5 Messung in offenen Gerinnen

Manche Anwendungsfälle, insbesondere in der Abwassertechnik, erfordern eine Durchflußmessung in offenen Kanälen bzw. Gerinnen. Standardmäßig verwendet man hier Überlaufwehre mit rechteckigem oder dreieckförmigem Auslaufquerschnitt (Bilder 6.29 und 6.30). Enthält das Wasser Schwebstoffe, wie es z. B. im Abwasser stets der Fall ist, so können diese sich wegen des Anstauens von Wasser vor dem Hindernis absetzen. In der Abwassertechnik eignen sich daher besser Venturikanäle. Eine Khafagi-Venturi-Meßeinrichtung nach Bild 6.32 hat einen ebenen Boden sowie eine kontinuierlich verlaufende seitliche Einschnürung, was die Absetzgefahr für Schwebstoffe reduziert.

Die Druckdifferenz zur Überwindung des Hindernisses muß sowohl beim Wehr als auch beim Venturieinsatz durch das strömende Medium selbst geliefert werden: Vor dem Hindernis bildet sich ein Stau aus.

Betrachten wir eine Anordnung eines Wehres nach Bild 6.29 und 6.30. Der Überlauf habe die Breite b, h sei die Stauhöhe vor dem Überlauf.

Zur Berechnung des Volumenstromes als Funktion der Stauhöhe geht man von der Annahme aus, daß vor dem Wehr die Strömungsgeschwindigkeit Null wird. Am Überlauf

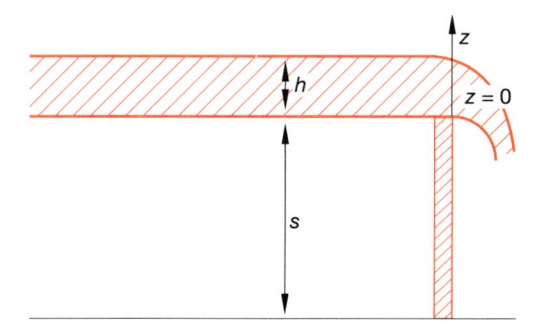

Bild 6.29 Berechnung des Durchflusses an einem Überfallwehr

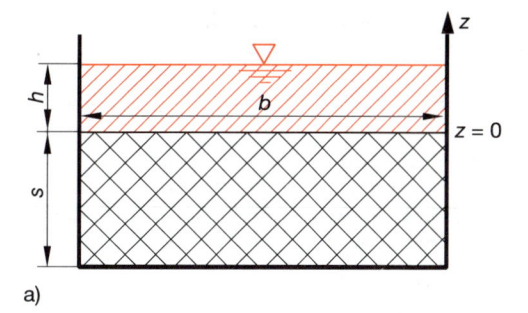

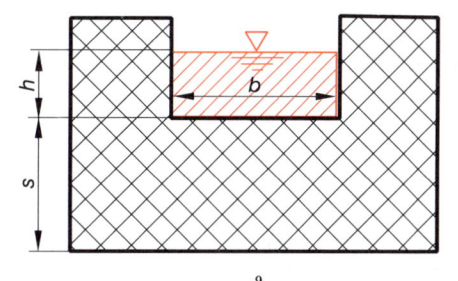

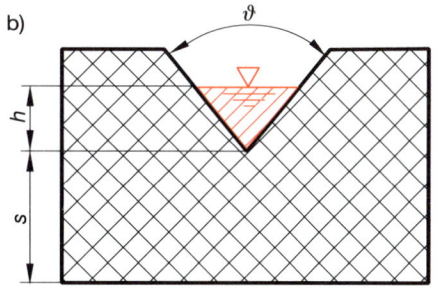

Bild 6.30 Typische Formen von Überfallwehren
a) Rechteckwehr über gesamte Breite des Kanals
b) Rechteckwehr über Teil des Kanals
c) Dreieckwehr

selbst hat die Flüssigkeit nur potentielle Energie, die beim Ausströmen vollständig in kinetische Energie umgesetzt wird. Für einen Stromfaden in der Höhe z über der Überlaufkante führt die Energieerhaltung auf

$$\frac{1}{2} v^2 = g \cdot z \qquad \text{(Gl. 6.23)}$$

Für die Ausströmgeschwindigkeit v folgt:

$$v = \sqrt{2g \cdot z} \qquad \text{(Gl. 6.24)}$$

Durch ein Flächenelement $dA = b \cdot dz$ tritt der Volumenstrom

$$d\dot{q}_V = dA \cdot v(z) = b(z) \cdot dz \cdot \sqrt{2g \cdot z} \qquad \text{(Gl. 6.25)}$$

Die Überlaufbreite kann im allgemeinen Fall von der Höhe z abhängen wie beispielsweise beim Dreieckswehr in Bild 6.30c. Den Gesamtfluß erhält man durch Integration über z:

$$\dot{q}_V = \int_0^h b(z) \cdot \sqrt{2g \cdot z} \cdot dz \qquad \text{(Gl. 6.26)}$$

Beim Rechteckwehr nach Bild 6.30a ist $b = \text{konst.} = \text{Kanalbreite}$, aus Gleichung 6.26 wird:

$$\dot{q}_V = b \cdot \sqrt{2g} \cdot \int_0^h z^{1/2} dz = \frac{2}{3} b \cdot \sqrt{2g} \cdot h^{3/2} \qquad \text{(Gl. 6.27)}$$

Um den in der Praxis auftretenden Energieverlusten Rechnung zu tragen, führt man den Überfallbeiwert μ ein und erhält schließlich:

$$\dot{q}_V = \frac{2}{3} \mu \cdot b \cdot \sqrt{2g} \cdot h^{3/2} \qquad \text{(Gl. 6.28)}$$

Der Überfallbeiwert μ ist empirisch zu bestimmen. Man findet etwa für ein Rechteckwehr über die gesamte Kanalbreite (Bild 6.30a) nach TH. REHBOCK:

$$\mu = 0{,}606 + \frac{1}{1000 \cdot h} + 0{,}08 \frac{h}{s} \qquad \text{(Gl. 6.29)}$$

h in m

Bei Rechteckwehren mit seitlicher Einschnürung nach Bild 6.30b gilt Gleichung 6.28 auch, jedoch ist μ gegeben durch:

$$\mu = 0{,}616 \left(1 - 0{,}1 \cdot \frac{h}{b}\right) \qquad \text{(Gl. 6.30)}$$

Beim Dreieckwehr ist die Breite des freien Durchflusses nicht konstant. Man findet hier für den Volumenstrom

$$\dot{q}_V = \frac{8}{15} \cdot \mu \cdot \sqrt{2g} \cdot \tan\left(\frac{\vartheta}{2}\right) \cdot h^{5/2} \qquad \text{(Gl. 6.31)}$$

ϑ ist der Öffnungswinkel des Dreieckwehres (Bild 6.30c). Das Diagramm in Bild 6.31 gibt den Überfallbeiwert μ für Dreieckwehre nach TH. REHBOCK.

Aus ähnlichen Überlegungen wie bei den Wehren findet man für Venturikanäle (s. Bild 6.32):

$$\dot{q}_V = \alpha_0 \cdot k \cdot g \cdot b_2^2 \cdot h^{3/2} \qquad \text{(Gl. 6.32)}$$

mit dem empirisch zu bestimmenden Beiwert α_0. h ist der Oberwasserpegel, und k be-

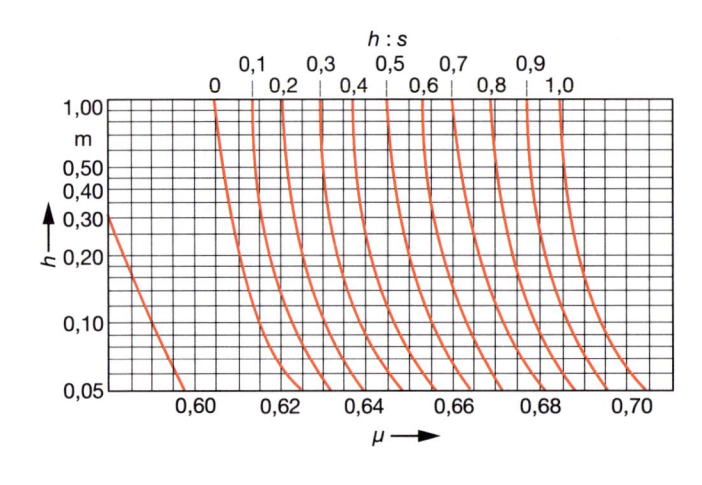

Bild 6.31
Nomogramm zur Bestimmung des Strömungsbeiwertes μ für Dreieckwehre

Bild 6.32
Venturikanal zur Messung in einem offenen Gerinne

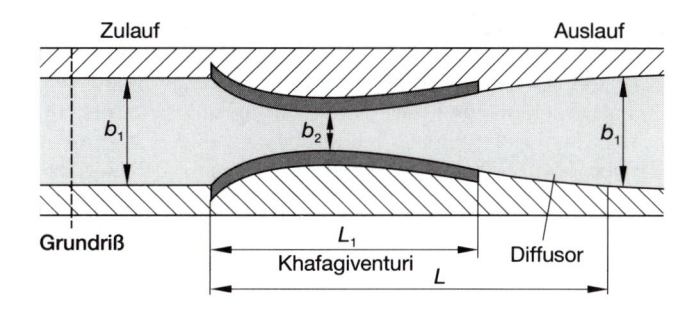

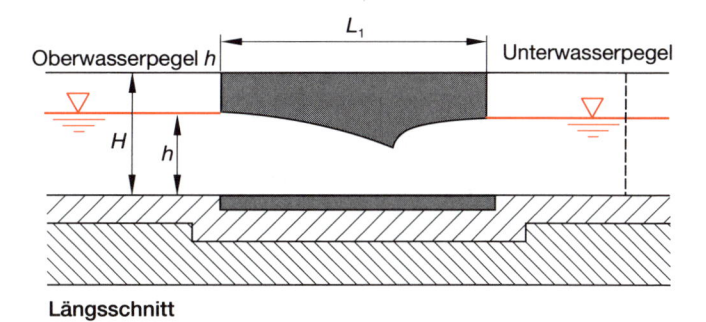

schreibt die Einengung am Venturikanal, ist also eine Funktion der Kanalbreite b_1 und der Breite b_2 an der engsten Stelle. Weitere Informationen über Venturirohre finden sich in DIN 19559.

Sowohl bei Wehren als auch an Venturikanälen kann man die Stauhöhe vor dem Engpaß prinzipiell mit allen Verfahren der Niveaumessung, etwa Schwimmer, hydrostatischer Druckmessung oder Einperlmethode, messen. In der Abwassertechnik hat sich jedoch die berührungslose und damit verschmutzungsunempfindliche Messung mit Echolot weitestgehend durchgesetzt, wie in Bild 6.33 dargestellt.

6.2.6 Arbeitsprinzip von Schwebekörper-Durchflußmessern

Mit Schwebekörper-Durchflußmessern läßt sich auf einfache Art und doch recht genau der Durchfluß von Gasen und Flüssigkeiten messen. Schwebekörpergeräte werden in den vielfältigsten Ausführungsformen angeboten: einfache und billige Glasausführungen für rein örtliche Anzeigen bis zu aufwendigen Ganzmetallgeräten in druck- und korrosionsfester Ausführung mit digitaler Signalgewinnung

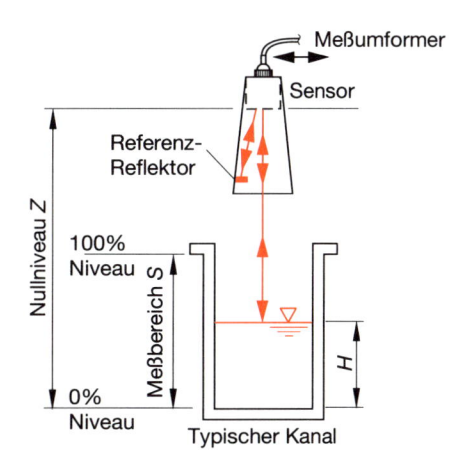

Bild 6.33 Messung der Stauhöhe mit einem Ultraschall-Echolot
S Meßbereich
H tatsächliches Niveau

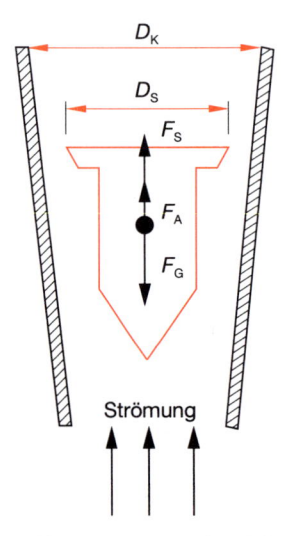

und Fernübertragung des Signals. Schwebekörper-Durchflußmesser benötigen i.a. keine Ein- und Auslaufstrecken, allerdings ist ein Einbau in senkrechte Rohrleitungen nötig.

Wie das Prinzipbild 6.34 zeigt, besteht ein Schwebekörper-Durchflußmesser aus einem sich nach oben konisch erweiternden Rohr, das einen freischwebenden Strömungskörper enthält. Dessen Querschnitt ist in etwa gleich dem kleinsten Querschnitt des konischen Rohres. Strömt Flüssigkeit oder Gas von unten nach oben, so wird der Schwebekörper angehoben. Mit zunehmender Höhe vergrößert sich der freie Spalt zwischen Rohrkonus und Schwebekörper. Der Gleichgewichts-Schwebezustand ist erreicht, wenn sich am Schwebekörper die Gewichtskraft F_G, die Auftriebskraft F_A und die Kraft F_S aufgrund des Strömungswiderstandes die Waage halten:

$$F_G = F_A + F_S \qquad \text{(Gl. 6.33)}$$

Da für gegebenes Meßmedium und Schwebekörper F_A und F_G unabhängig vom Mengenstrom sind, hängt die Schwebehöhe allein von dem Durchfluß ab. Aus der Höhe des Schwebekörpers ergibt sich also der momentane Durchfluß.

Der Schwebekörper-Durchflußmesser arbeitet umgekehrt wie eine Blende: Während man bei dieser das Öffnungsverhältnis konstant hält und den mit dem Durchfluß variierenden Druckabfall mißt, bleibt beim Schwebekörper-Durchflußmesser die Druckdifferenz konstant, dagegen ändert sich das Öffnungsverhältnis mit dem Durchfluß. Im folgenden sollen die Verhältnisse am Schwebekörper näher quantifiziert werden.

Die am Schwebekörper angreifenden Kräfte berechnen sich zu:

$$F_G = V_s \cdot \varrho_s \cdot g \qquad \text{Gewichtskraft}$$
$$F_A = V_s \cdot \varrho_b \cdot g \qquad \text{Auftriebskraft}$$
$$F_S = c_W \cdot A_s \cdot \varrho_b \cdot \frac{v^2}{2} \qquad \text{Strömungskraft}$$
$$\text{(Gl. 6.34)}$$

V_s Volumen des Schwebekörpers
ϱ_s Dichte des Schwebekörpers
ϱ_b Dichte des Betriebsmediums (Fluid)
c_W Strömungswiderstandszahl
A_s $D_s^2 \cdot \pi/4$ = Fläche des Schwebekörpers an der Ablesekante
v Strömungsgeschwindigkeit des Mediums
D_S größter Durchmesser des Schwebekörpers

Aus der Gleichgewichtsbedingung (Gleichung 6.33) folgt:

$$c_w \cdot A_s \cdot \varrho_b \cdot \frac{v^2}{2} = V_s \cdot g \cdot (\varrho_s - \varrho_b) \qquad \text{(Gl. 6.35)}$$

Aufgelöst nach v:

$$v = \sqrt{\frac{2 \cdot V_s \cdot g \cdot (\varrho_s - \varrho_b)}{c_w \cdot \varrho_b \cdot A_s}} \qquad \text{(Gl. 6.36)}$$

Mit der Masse des Schwebekörpers $m_S = \varrho_s \cdot V_S$ und dem Strömungsbeiwert $\alpha = 1/\sqrt{c_w}$ ergibt sich für v:

$$v = \alpha \cdot \sqrt{\frac{2 m_s \cdot g \cdot (\varrho_s - \varrho_b)}{\varrho_s \cdot \varrho_b \cdot A_s}} \qquad \text{(Gl. 6.37)}$$

Andererseits gilt mit

A_{eff} Fläche des Ringspaltes zwischen Schwebekörper und Rohr

Bild 6.34 Prinzip des Schwebekörper-Durchflußmessers

D_k Durchmesser des Konus in Höhe des Schwebekörpers
D_s Durchmesser des Schwebekörpers an der Ablesekante

für den Volumendurchfluß dq_{Vb}/dt des Mediums im Betriebszustand:

$$\dot{q}_{Vb} = v \cdot A_{eff} = \frac{\pi}{4}(D_k^2 - D_s^2) \cdot v \qquad \text{(Gl. 6.38)}$$

Mit v aus (Gleichung 6.37) ergibt sich schließlich:

$$\dot{q}_{Vb} = \frac{\pi}{4}(D_k^2 - D_s^2) \cdot \alpha \cdot \sqrt{\frac{2 m_s \cdot g}{\varrho_s \cdot A_s}} \cdot \sqrt{\frac{(\varrho_s - \varrho_b)}{\varrho_b}} \qquad \text{(Gl. 6.39)}$$

6.2.7 Umrechnung auf verschiedene Betriebsmedien

Schwebekörper-Durchflußmesser werden für die verschiedensten Fluide eingesetzt, sowohl Flüssigkeiten als auch Gase. Beim Hersteller werden sie ersatzweise mit den Standardmedien Wasser bzw. Luft unter Normbedingungen kalibriert und auf den jeweiligen Betriebsstoff umgerechnet. Auch der Anwender kann in Wasser bzw. Luft kalibrierte Geräte für andere Medien und Betriebszustände umrechnen.

Weicht die Viskosität des Betriebsmediums nämlich nicht allzu stark von der des Kalibriermediums ab, d.h. ist α annähernd konstant, so folgt aus Gleichung 6.39:

$$\frac{\dot{q}_{Vb}}{\dot{q}_{Ve}} = \frac{\sqrt{\frac{\varrho_s - \varrho_b}{\varrho_b}}}{\sqrt{\frac{\varrho_s - \varrho_e}{\varrho_e}}} \qquad \text{(Gl. 6.40)}$$

$\dot{q}_{Vb}, \dot{q}_{Ve}$ Volumenstrom des Betriebs- bzw. Ersatzmediums
ϱ_b, ϱ_e Dichte des Betriebs- bzw. Ersatzmediums
ϱ_s Dichte des Schwebekörpermaterials

Dies führt auf folgenden Zusammenhang zwischen Betriebs- und Ersatzmedium:

$$\dot{q}_{Vb} = \dot{q}_{Ve} \cdot \sqrt{\frac{(\varrho_s - \varrho_b) \varrho_e}{(\varrho_s - \varrho_e) \cdot \varrho_b}} \qquad \text{(Gl. 6.41)}$$

Bei Gasen ist $\varrho_s \gg \varrho_b, \varrho_e$. Damit vereinfacht sich Gleichung 6.41 zu

$$\dot{q}_{Vb} = \dot{q}_{Ve} \cdot \sqrt{\frac{\varrho_e}{\varrho_b}} \qquad \text{(Gl. 6.42)}$$

q_{Vb} ist der Volumenstrom des Betriebsmediums unter tatsächlichen Betriebsbedingungen (Druck p, Temperatur T), was von besonderer Bedeutung bei Gasen ist. Zur Bilanzierung bezieht man das Medium jedoch meist auf Normbedingungen ($p_0 = 1013$ mb, $T_0 = 273{,}15$ K).

Im einfachsten Fall erhält man den Zusammenhang zwischen Norm- (q_{Vn}) und Betriebswerten (q_{Vb}) aus der Gleichung für ideale Gase:

$$\dot{q}_{Vb} = \dot{q}_{Vn} \cdot \frac{p_0}{p_b} \cdot \frac{T_b}{T_0} \qquad \text{(Gl. 6.43)}$$

Setzt man dies in Gleichung 6.42 ein, so ergibt sich:

$$\dot{q}_{Vn} = f_L \cdot \dot{q}_{Ve} \qquad \text{(Gl. 6.44)}$$

mit

$$f_L = \sqrt{\frac{\varrho_{bn}}{\varrho_e} \cdot \frac{p_0 \cdot T_b}{p_b \cdot T_0}} \qquad \text{(Gl. 6.45)}$$

Der Kalibrierfaktor f_L für Luft kann auch grafisch aus Nomogrammen wie in Bild 6.35 bestimmt werden. [6.6] Zu beachten ist, daß für Gleichung 6.44 der Mengenstrom des Betriebsstoffes stets auf Normbedingungen umzurechnen ist!

Sind höhere Ansprüche an die Meßgenauigkeit zu stellen, so ist die Richtlinie VDI/VDE 3513 heranzuziehen.

174 Mengen- und Durchflußmessung

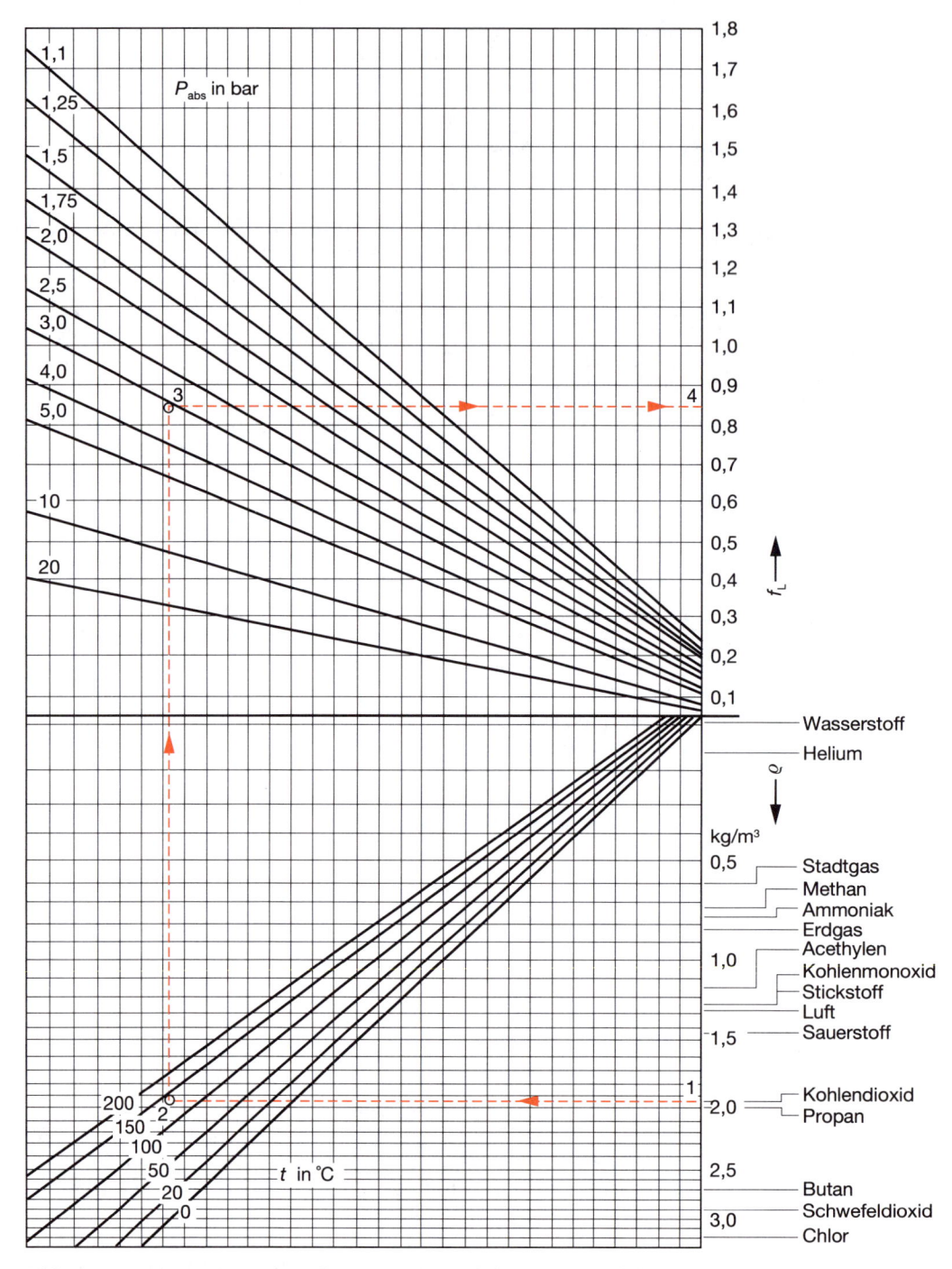

Bild 6.35 Nomogramm zur Umrechnung von Schwebekörper-Durchflußmessern auf Luftwerte [6.6]
q_n Gas · $f_L = q_n$ Luft (Volumen pro Zeiteinheit)

Durchflußmessungen 175

> **Beispiel** zum Nomogramm in Bild 6.35
> Gegeben: CO_2, $\varrho = 1{,}976$ kg/m³
> $t = 150\,°C$
> $p = 3$ bar, abs.
> 1. Ausgehend von der Dichte 1 nach links bis zum Schnittpunkt mit der Temperaturgeraden 2.
> 2. Von dort senkrecht nach oben bis zum Schnittpunkt mit der Druckgeraden 3.
> 3. Von diesem Punkt 3 waagerecht nach rechts zur Skale f_L 4 ergibt den Korrekturfaktor 0,867.
> Die Menge von 19,76 kg/h CO_2 entspricht im Normzustand gerade 10 m³/h. Bei $t = 150\,°C$ und $p = 3$ bar, abs ist die Gasmenge äquivalent zu 10 m³/h · 0,867 = 8,67 m³/h Luft.

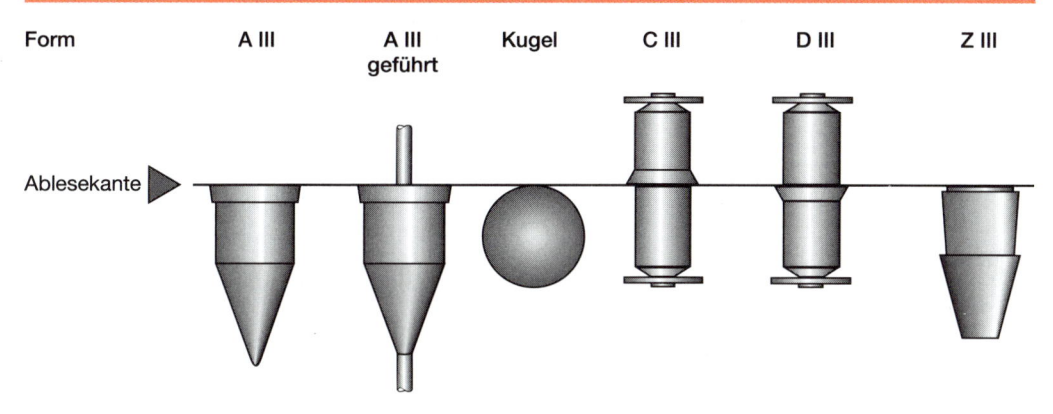

Bild 6.36 Verschiedene Ausführungen von Schwebekörpern [6.6]

6.2.8 Ausführungsformen von Schwebekörper-Durchflußmessern

Im einfachsten Fall genügt für eine rein örtliche Anzeige bereits ein konisches Glasrohr mit Skala und eine Stahlkugel als Schwebekörper. Meist ist der Schwebekörper jedoch als Kegel ausgebildet, die obere waagrechte Kante dient zur Ablesung. Bild 6.36 zeigt eine Übersicht gebräuchlicher Schwebekörperformen. Durch entsprechende Einkerbungen an der Oberkante des Schwebekörpers wird dieser von der Strömung in Rotation versetzt, was seine Stabilität erhöht. Bei Präzisionsgeräten in Ganzmetallausführung wird der Schwebekörper meist auch entlang der Längsachse geführt wie in Bild 6.37. Zur Fernübertragung der Meßwerte tastet ein Magnetfolgesystem die Position des Schwebekörpers ab.

Da die Position des Schwebekörpers nicht linear mit der Menge variiert, benötigen die Geräte eine Linearisierung mit Hilfe einer Kurvenscheibe; neuerdings wird statt dessen mittels digitaler Elektronik meist eine rechnerische Linearisierung vorgenommen.

Ganzmetallgeräte sind beheizbar bis ca. 400 °C und druckfest bis zu 700 bar lieferbar. Die Meßspanne von Schwebekörper-Durchflußmessern liegt typischerweise bei 1:10. Je nach Dichte und Viskosität des Meßstoffes sind auch unterschiedlich ausgeführte Konen erhältlich, die nach Herstellerangaben auszuwählen sind.

Einfache Schwebekörpermesser mit Glaskonus wie in Bild 6.38 werden in großer Anzahl für die Strömungsüberwachung von Meßgasen eingesetzt: Sie können mit einer Lichtschranke oder einem induktiven Abgriff versehen sein, der auf die Höhe des minimalen Strömungswertes eingestellt wird. Sinkt der Schwebekörper unter diese Schranke, so wird ein Alarm ausgelöst.

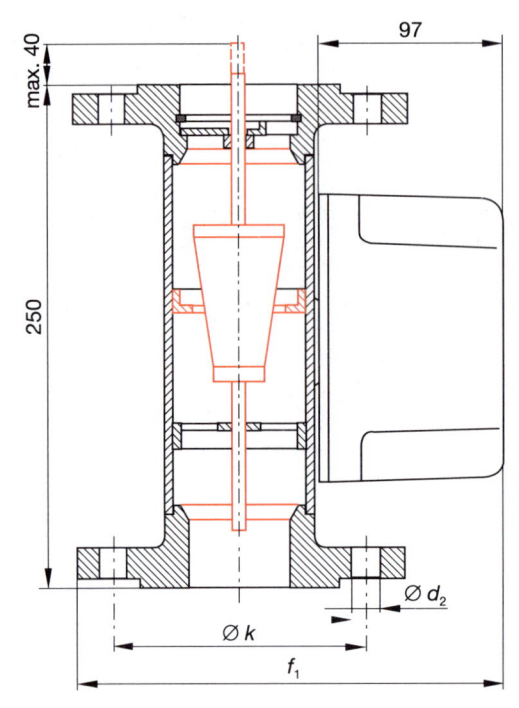

Bild 6.37 Ganzmetall-Schwebekörper-Durchfluß-messer

6.3 Rohrströmungen

Einige wichtige Durchfluß-Meßverfahren basieren auf der berührungslosen Messung der Strömungsgeschwindigkeit in einem geraden Rohrstück. Der Volumenstrom ergibt sich zu

$$\dot{q}_V = A \cdot <v_A> \quad \text{(Gl. 6.46)}$$

wobei A der Rohrquerschnitt und $<v_A>$ die über den Querschnitt gemittelte Strömungsgeschwindigkeit ist:

$$<v_A> = \frac{1}{A} \int_A v(r,\varphi) \, dA \quad \text{(Gl. 6.47)}$$

Zur Auswertung von Gl. 6.47 sind einige Gegebenheiten von Rohrströmungen notwendig, von denen die wichtigsten im folgenden dargestellt werden sollen. Für eine ausführliche Behandlung des Themas sei auf Literatur zur

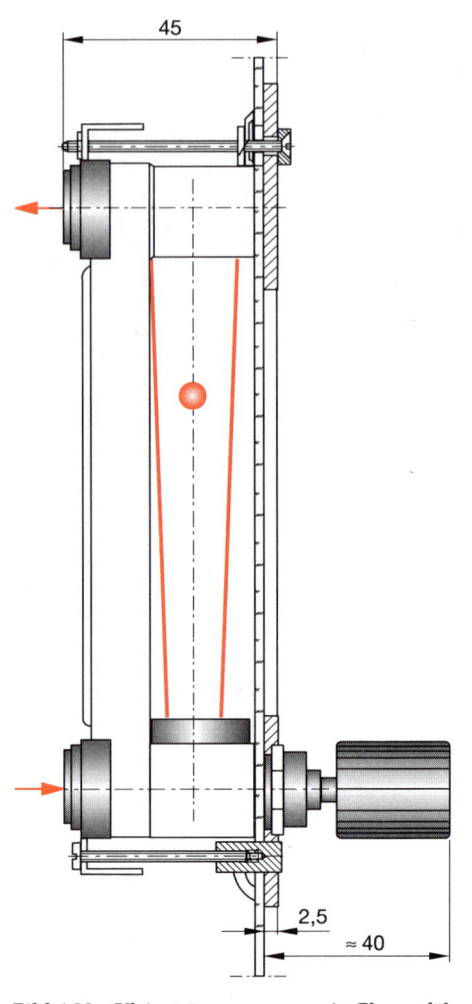

Bild 6.38 Kleinströmungsmesser in Glasausführung mit integriertem Einstellventil

technischen Strömungslehre verwiesen, beispielsweise [6.7].

Setzt man genügend lange Ein- und Auslaufstrecken voraus, so kann in einem Rohr mit kreisförmigem Querschnitt eine rotationssymmetrische Strömung angenommen werden. Damit wird die Strömungsgeschwindigkeit nur noch von r abhängen: $v = v(r)$.

Bild 6.39 zeigt schematisch einen Querschnitt des durchströmten Rohres. Auf dem infinitesimalen Kreisring der Fläche $dA = 2\pi r \, dr$ ist bei rotationssymmetrischer Strömung die

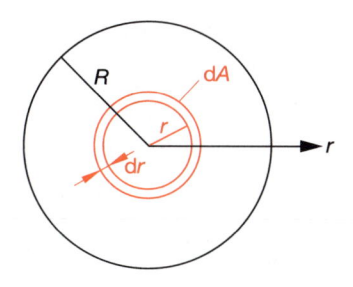

Bild 6.39 Mittelung der Strömungsgeschwindigkeit über den Rohrquerschnitt

Geschwindigkeit konstant. Aus Gleichung 6.47 wird:

$$<v_A> = \frac{1}{R^2\pi} \int_0^R v(r) \cdot 2\pi r \cdot dr = \frac{2}{R^2} \int_0^R r \cdot v(r) \, dr \quad \text{(Gl. 6.48)}$$

Bekanntlich sind bei Rohrströmungen zwei fundamentale Strömungsformen zu unterscheiden, nämlich die laminare und die turbulente Strömung.

a) Bei der laminaren Strömung liegt ein parabolisches Strömungsprofil nach Bild 6.40 vor. Es läßt sich schreiben als

$$v(r) = v_{max} \cdot \left(1 - \frac{r^2}{R^2}\right) \quad \text{(Gl. 6.49)}$$

v_{max} Maximalgeschwindigkeit in der Rohrmitte bei $r = 0$

Setzt man diesen Ausdruck in Gleichung 6.48 ein, so ergibt sich

$$<v_A>_{lam} = \frac{2v_{max}}{R^2} \cdot \int_0^R r \left(1 - \frac{r^2}{R^2}\right) dr \quad \text{(Gl. 6.50)}$$

Daraus folgt für die über den kreisförmigen Strömungsquerschnitt gemittelte Strömungsgeschwindigkeit $<v_A>$:

$$<v_A>_{lam} = \frac{1}{2} \cdot v_{max} \quad \text{(Gl. 6.51)}$$

bei laminarer Rohrströmung.

b) Bei einer turbulenten Strömung ist das Strömungsprofil stark abgeflacht wie in Bild 6.41. Zur Beschreibung eignet sich beispielsweise ein Potenzgesetz nach NIKURADSE [6.8]:

$$v(r) = v_{max} \cdot \left(1 - \frac{r}{R}\right)^{\frac{1}{n}} \quad \text{(Gl. 6.52)}$$

Der Zusammenhang zwischen der Reynolds-Zahl im turbulenten Bereich der Strömung und dem Exponenten $1/n$ ist in Gleichung 6.53 wiedergegeben: [6.9]

$$\frac{1}{n} = 0{,}25 - 0{,}023 \cdot \log(\text{Re}) \quad \text{(Gl. 6.53)}$$

Bild 6.42 zeigt die aus Gleichung 6.52 für einige Werte von n berechneten theoretischen Strömungsprofile. Damit folgt aus Gleichung 6.48 für den turbulenten Fall:

$$<v_A>_{turb} = \frac{2v_{max}}{R^2} \cdot \int_0^R r \left(1 - \frac{r}{R}\right)^{\frac{1}{n}} dr \quad \text{(Gl. 6.54)}$$

Die Auswertung führt auf

$$<v_A>_{turb} = \frac{2n^2}{(1+n) \cdot (1+2n)} \cdot v_{max} \quad \text{(Gl. 6.55)}$$

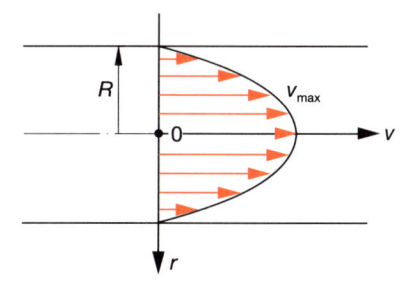

Bild 6.40 Parabolisches Strömungsprofil bei laminarer Strömung

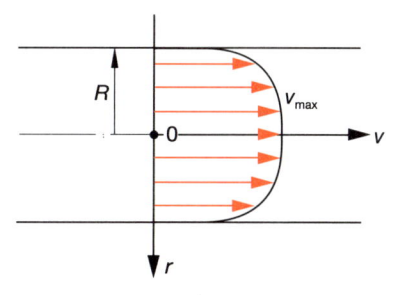

Bild 6.41 Strömungsprofil bei turbulenter Strömung

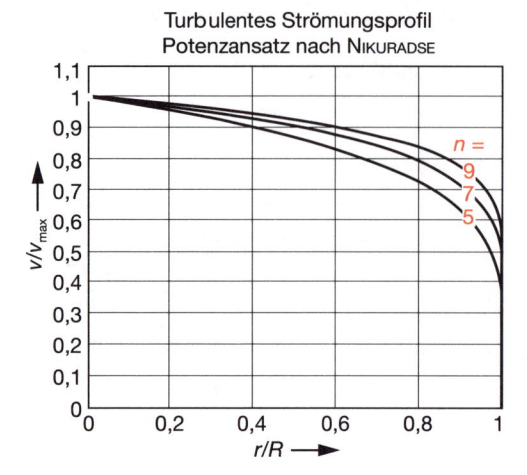

Bild 6.42 Turbulente Strömungsprofile nach dem Potenzansatz von NIKURADSE für einige Werte von n

Manche Durchfluß-Meßverfahren, insbesondere auf der Basis von Ultraschall, mitteln die Strömungsgeschwindigkeit jedoch nicht über den zweidimensionalen Rohrquerschnitt, sondern vielmehr eindimensional entlang des Meßpfades, z.B. über die Rohrmitte wie in Bild 6.43. Aus Symmetriegründen ist ein Meßpfad unter einem rechten Winkel zur Rohrachse dem Weg unter einem spitzen Winkel bei der Mittelung völlig äquivalent. Für die eindimensionale, lineare Mittelung gilt der Ansatz:

$$<v_L> = \frac{1}{L} \int_L v(r)\, dl = \frac{1}{R} \int_0^R v(r)\, dr \qquad \text{(Gl. 6.56)}$$

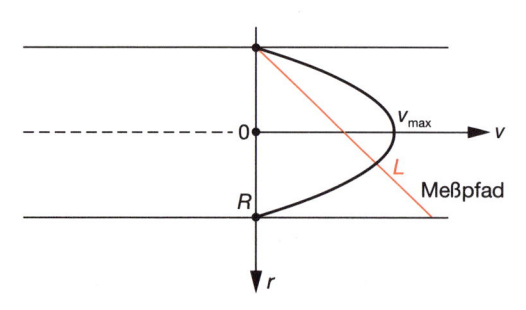

Bild 6.43 Mittelung über einen linearen Meßpfad durch die Symmetrieebene der Rohrleitung

Für laminare Strömungsprofile findet man mit Gleichung 6.49:

$$<v_L>_{lam} = \frac{2}{3} v_{max} \qquad \text{(Gl. 6.57)}$$

und für den turbulenten Fall mit Gleichung 6.52:

$$<v_L>_{turb} = \frac{n}{n+1} v_{max} \qquad \text{(Gl. 6.58)}$$

Zusammengefaßt gilt also folgender Zusammenhang zwischen den über die Querschnittsfläche und die entlang des Meßpfades gemittelten Strömungsgeschwindigkeiten:

$$<v_A> = k \cdot <v_L>$$
$$<v_A>_{lam} = \frac{3}{4} <v_L>_{lam} \qquad \text{(Gl. 6.59)}$$
$$<v_A>_{turb} = \frac{2n}{2n+1} <v_L>_{turb}$$

Unter Zuhilfenahme von Gleichung 6.53 läßt sich im turbulenten Fall näherungsweise für den k-Faktor folgender Zusammenhang mit der Reynolds-Zahl angeben:

$$k = \frac{2n}{2n+1} = 0{,}88 + 0{,}01 \cdot \log (\text{Re}) \qquad \text{(Gl. 6.60)}$$

Dies ist in Bild 6.44 in Anlehnung an die VDI/VDE-Richtlinie 2642 für einen kreisförmigen Rohrquerschnitt grafisch dargestellt.

Für den Volumendurchfluß folgt aus den Gleichungen 6.46 und 6.59:

$$\dot{q}_V = \frac{3}{4} R^2 \pi \cdot <v_L>_{lam}$$
$$\dot{q}_V = \frac{2n}{2n+1} R^2 \pi \cdot <v_L>_{turb} \qquad \text{(Gl. 6.61)}$$

Die Größe $<v_L>$ ist die direkt aus dem Meßsignal resultierende Strömungsgeschwindig-

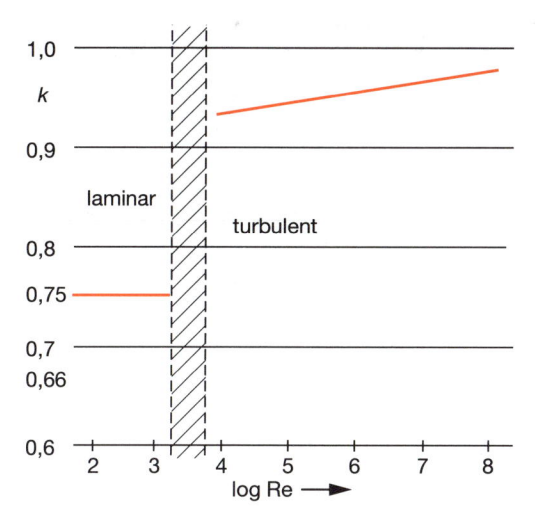

Bild 6.44 k-Faktor für laminaren und turbulenten Strömungszustand

keit. Nachdem man i. a. keine Information hat, ob in der Rohrleitung turbulente oder laminare Verhältnisse herrschen, muß man bei diesen Meßmethoden die Meßbereiche so wählen, daß sich die Strömung in einem bestimmten Bereich bewegt oder aber profilunabhängige Meßpfade wählen.

6.4 Durchflußmessungen mit Ultraschall

Ultraschall-Durchfluß-Meßverfahren für Flüssigkeiten werden in den letzten Jahren zunehmend in zahlreichen Gerätevarianten auf dem Markt angeboten und auch im Betrieb eingesetzt. Sie gehören zu den berührungslos arbeitenden Meßverfahren, kommen ohne störende Einbauten im Meßrohr aus und sind verschleißfrei und verschmutzungsunempfindlich. Im Gegensatz zu den konkurrierenden magnetisch-induktiven Meßverfahren eignen sie sich auch für nichtleitende Flüssigkeiten, etwa in der Mineralölindustrie. Wirtschaftliche Vorteile der Ultraschall-Durchflußmessungen kommen besonders bei hohen Durchflüssen bzw. Nennweiten zum Tragen. Neuerdings werden auch Geräte zur Messung von Gasdurchflüssen angeboten. Der Einsatz von Ultraschall-Durchfluß-Meßverfahren ist in der Richtlinie VDI/VDE 2642 ausführlich beschrieben.

Je nach Arbeitsprinzip werden kurze Ultraschallimpulse oder Dauersignale (cw) genutzt. Man unterscheidet vier prinzipielle Meßmethoden:

a) Beim **Laufzeitverfahren** wird ein Ultraschallimpuls in Strömungsrichtung und gegen Strömungsrichtung gesandt. Aus der unterschiedlichen Laufzeit für die beiden Richtungen kann die mittlere Strömungsgeschwindigkeit bestimmt werden. Mehrere Varianten dieses Prinzips werden eingesetzt.

b) Das **Dopplerverfahren** nutzt die Verschiebung der von einem bewegten Partikel zurückgestrahlten Frequenz.

c) Die **Driftmessung** erfaßt die seitliche Ablenkung eines rechtwinklig zur Strömung verlaufenden Ultraschallsignals.

d) Beim **Stroboskop-Verfahren** werden kurze Ultraschallimpulse in schneller Folge hintereinander abgesetzt und die von Partikeln zurückreflektierten Echos ausgewertet. Damit lassen sich deren Bewegungen in der Strömung verfolgen – ähnlich wie bei Stroboskopaufnahmen mit Licht.

6.4.1 Laufzeitverfahren

Dieses Prinzip beruht auf dem physikalischen Effekt, daß der Schall in einem strömenden Medium von der Strömung mitgenommen wird. Die effektive Schallgeschwindigkeit ist um die Strömungsgeschwindigkeit des Mediums größer (bzw. kleiner, wenn der Schall gegen die Strömung läuft) als im ruhenden Medium (Bild 6.45):

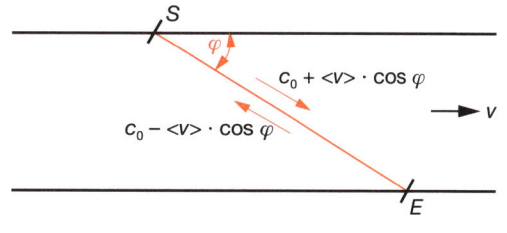

Bild 6.45 Laufzeitmessung mit Ultraschallimpulsen

$$c = c_0 \pm \langle v \rangle \cos\varphi \qquad \text{(Gl. 6.62)}$$

c_0 Schallgeschwindigkeit im ruhenden Medium
$\langle v \rangle$ mittlere Strömungsgeschwindigkeit
φ Winkel zwischen Schallweg und Strömung
c Schallgeschwindigkeit im bewegten Medium

Wegen des Strömungsprofils variiert die Strömungsgeschwindigkeit längs des Weges, daher enthält Gleichung 6.62 die über den Meßpfad gemittelte Strömungsgeschwindigkeit $\langle v \rangle$. Mißt man die Laufzeit t_L, die ein Schallimpuls für die Strecke L zwischen S und E braucht, so erhält man $\langle v \rangle$:

$$\langle v \rangle = \frac{\left(\dfrac{L}{t_L} - c_0\right)}{\cos\varphi} \qquad \text{(Gl. 6.63)}$$

In der Praxis ergeben sich mit dieser Meßgleichung jedoch gleich zwei Probleme:

1. Im Zähler der Bestimmungsgleichung steht mit $L/t_L - c_0$ eine kleine Differenz zweier großer Zahlen (z.B. ergibt sich für eine mittlere Strömungsgeschwindigkeit von $\langle v \rangle = 20$ m/s bei $c_0 = 1400$ m/s (Wasser) und $\varphi = 45°$ für die Schallgeschwindigkeit $c = 1414$ m/s. Der gesamte Meßeffekt liegt also bei ca. 1%), was sehr hohe Forderungen an die Genauigkeit der Zeitmessung stellt.
2. Die Schallgeschwindigkeit c_0 in ruhendem Medium reagiert empfindlich auf Änderungen in der Zusammensetzung des Meßmediums und der Temperatur. Bei bekannten Medien, etwa Wasser, kann man den Temperatureinfluß rechnerisch korrigieren. Ansonsten muß man c_0 in einer Referenz-Meßstrecke senkrecht zur Strömung bestimmen ($\cos\varphi = 0$) wie in Bild 6.46. Aus Gleichung 6.62 folgt dann die Schallgeschwindigkeit $c_0 = D/t_D$.

Da Piezokristalle als Sender und Empfänger zugleich verwendbar sind, kann man auf die Referenzstrecke verzichten, indem man nacheinander je einen Impuls in Strömungsrichtung und gegen diese schickt. Man erhält für die Laufzeiten t_1 in und t_2 gegen die Strömungsrichtung:

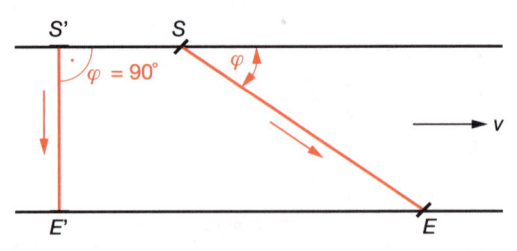

Bild 6.46 Referenzstrecke zur Messung der Schallgeschwindigkeit

$$t_1 = \frac{L}{c_0 + \langle v \rangle \cos\varphi}$$
$$t_2 = \frac{L}{c_0 - \langle v \rangle \cos\varphi} \qquad \text{(Gl. 6.64)}$$

Für die Differenz Δt der beiden Laufzeiten ergibt sich:

$$\Delta t = t_2 - t_1 = \frac{2L \langle v \rangle \cos\varphi}{c_0^2 \left(1 - \dfrac{\langle v \rangle^2}{c_0^2} \cos^2\varphi\right)} \qquad \text{(Gl. 6.65)}$$

Bei Flüssigkeiten ist die in Rohren vernünftig erzielbare Strömungsgeschwindigkeit $\langle v \rangle \ll c_0$. Damit gilt in sehr guter Näherung:

$$\Delta t \cong \frac{2L \langle v \rangle \cos\varphi}{c_0^2} \qquad \text{(Gl. 6.66)}$$

und für die Strömungsgeschwindigkeit $\langle v \rangle$ folgt:

$$\langle v \rangle \cong \frac{c_0^2}{2L \cos\varphi} \cdot \Delta t \qquad \text{(Gl. 6.67)}$$

Zahlenbeispiele
a) Bei Wasser mit $c_0 = 1400$ m/s, $\langle v \rangle = 1$ m/s, $\varphi = 45°$ ist $\langle v \rangle^2 \cos^2\varphi/c_0^2 = 0{,}25 \cdot 10^{-6} \ll 1$. Man erwartet für ein Rohr mit $D = 100$ mm eine Laufzeitdifferenz $\Delta t = 10^{-7}$ s.
b) Bei Gasen, etwa Luft mit $c_0 = 333$ m/s sind Strömungsgeschwindigkeiten von $\langle v \rangle = 100$ m/s durchaus möglich. In der gleichen Rohrleitung wie in a) wird der Term $\langle v \rangle^2 \cos^2\varphi/c_0^2 = 0{,}045$, was nicht mehr sehr klein gegen 1 angesehen werden kann.

Eine Auswertung nach Gleichung 6.67 erfordert also die Kenntnis von c_0. Ändert sich das Fluid in der Zusammensetzung nicht, so kann man c_0 aus den Stoffdaten und einer Temperaturmessung berechnen. Der Standardfall ist Wasser, für das $c_0(T)$ gut bekannt ist. Bei Wärmemengenzählern für Heißwasser benötigt man die Temperatur ohnehin zur Bilanzierung, somit ist Gleichung 6.67 direkt zur Bestimmung des Volumenstromes geeignet.

Ansonsten läßt sich c_0 eliminieren, wenn man statt Gleichung 6.65 die Differenz der reziproken Laufzeiten bildet:

$$\frac{1}{t_1} - \frac{1}{t_2} = \frac{2 <v> \cos\varphi}{L} \qquad \text{(Gl. 6.68)}$$

Daraus bestimmt sich die Strömungsgeschwindigkeit $<v>$ zu:

$$<v> = \frac{t_2 - t_1}{t_2 \cdot t_1} \cdot \frac{L}{2\cos\varphi} = \frac{\Delta t}{t_1 \cdot t_2} \cdot \frac{L}{2\cos\varphi} \qquad \text{(Gl. 6.69)}$$

Setzt man die direkt gemessenen Laufzeiten t_1 und t_2 in Gleichung 6.69 ein, so läßt sich die mittlere Strömungsgeschwindigkeit $<v>$ ohne Kenntnis von c_0 bestimmen.

Eleganter arbeitet das **Impulsfolge-Verfahren**. Dabei triggert das Eintreffen eines Meßimpulses am Empfänger sofort einen neuen Impuls des Senders. Es entsteht eine Impulsfolge, deren Frequenz gerade durch die reziproke Laufzeit gegeben ist: $f_1 = 1/t_1$ und $f_2 = 1/t_2$. Aus Gleichung 6.68 wird dann:

$$f_1 - f_2 = \Delta f = \frac{2 <v> \cos\varphi}{L} \qquad \text{(Gl. 6.70)}$$

Die Frequenzdifferenz Δf ist direkt proportional zur mittleren Strömungsgeschwindigkeit und damit zum Durchfluß:

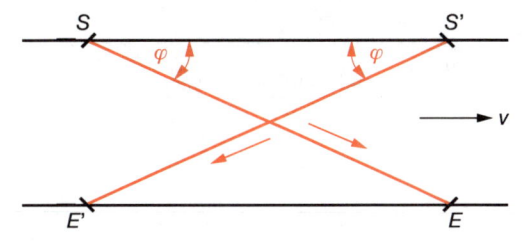

$$<v> = \frac{L}{2 \cdot \cos\varphi} \cdot \Delta f \qquad \text{(Gl. 6.71)}$$

Bild 6.47 Anordnung der Meßstrecken beim Sing-around-Prinzip

Man benutzt für das Impulsfolgeverfahren, das man auch als **Sing-around-Methode** bezeichnet, zwei gekreuzte Sende-Empfangs-Meßstrecken, und zwar eine stromauf, die andere stromab messend nach Bild 6.47. Damit kann man auch relativ schnellen Änderungen der Strömungsgeschwindigkeit gut folgen.

Allerdings hat die Methode auch einige *Nachteile*:

❏ Die Frequenzdifferenz Δf ist sehr klein gegen die Umlauffrequenzen f_1 und f_2, was bei der Messung hohen Aufwand erfordert. Im Falle einer Rohrleitung DN 50, in der Wasser mit 1 m/s strömt, liegen bei einem Winkel $\varphi = 45°$ die Frequenzen f_1 und f_2 bei nahezu 20 kHz, die Frequenzdifferenz beträgt nur 20 Hz!
❏ Zur genauen Messung der Differenzfrequenz sind mehrere Umläufe der Schallimpulse nötig. Wird ein Impuls gestört, muß der Zyklus erneut gestartet werden. Das Sing-around-Verfahren ist also wenig geeignet bei Feststoffpartikeln oder Gasblasen im Medium.

Besser ist die direkte Messung der Laufzeit, etwa durch das Leading-edge-Verfahren. Hier wird exakt gleichzeitig ein kurzer, aus wenigen Perioden bestehender Ultraschallknall stromauf und stromab gesendet, den der jeweils zugehörige Empfänger aufnimmt. Zur Detektion nutzt man die erste steile Flanke des ankommenden Impulses (Bild 6.48). Die Laufzeitdifferenz Δt ist die Zeit zwischen dem Eintreffen der beiden Impulse an den Empfängern und kann direkt gemessen werden. Mit Hilfe der Summe $t_1 + t_2$ läßt sich schließlich $<v>$ bestimmen:

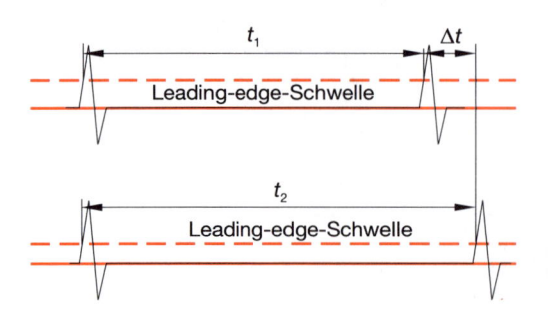

Bild 6.48 Zeitmessung beim Leading-edge-Prinzip

$$<v> = \frac{2L}{\cos\varphi} \cdot \frac{\Delta t}{(t_1 + t_2)^2} \qquad \text{(Gl. 6.72)}$$

Im oben bereits zitierten Beispiel betragen die Laufzeiten t_1 und t_2 etwa 50 μs, die Zeitdifferenz Δt liegt bei etwa 50 ns. Auch dies ist meßtechnisch schwierig zu bewältigen, so daß die beiden genannten Verfahren erst ab Rohrweiten von DN 50 Anwendung finden können.

Bei einer weiteren Variante, der **Phasendifferenzmessung**, strahlt ein Ultraschallsender ein Dauersignal stromauf und stromab zu zwei symmetrisch angeordneten Empfängern gemäß Bild 6.49. Für die Phasenwinkel δ_1 und δ_2 an E_1 und E_2 gilt:

$$\begin{aligned}\delta_1 &= 2\pi \cdot f \cdot t_1 \\ \delta_2 &= 2\pi \cdot f \cdot t_2\end{aligned} \qquad \text{(Gl. 6.73)}$$

f ausgesandte Ultraschallfrequenz
t_1 bzw. t_2 Laufzeiten stromauf und stromab

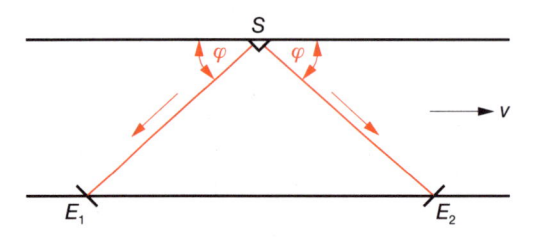

Bild 6.49 Messung der Phasendifferenz

Daraus folgt:

$$\frac{\Delta t}{t_1 t_2} = 2\pi \cdot f \frac{\Delta \delta}{\delta_1 \cdot \delta_2} \qquad \text{(Gl. 6.74)}$$

Setzt man dies in Gl. 6.69 ein, so erhält man:

$$<v> = \frac{2\pi \cdot f \cdot L}{2 \cdot \cos\varphi} \cdot \frac{\Delta \delta}{\delta_1 \cdot \delta_2} \qquad \text{(Gl. 6.75)}$$

Bei größeren Strömungsgeschwindigkeiten können dabei allerdings Mehrdeutigkeiten entstehen (Phasendifferenz größer als 2π), die entsprechenden Aufwand zur Erkennung und Kompensation erfordern.

Eine Abwandlung ist die Phasenregelung. Stromauf und stromab werden zwei Frequenzen f_1 und f_2 so geregelt, daß in beide Richtungen die Wellenlänge λ_0 im Medium und damit die Phasen an den Empfängern gleich sind. Dazu bedarf es allerdings spezieller piezoelektrischer Interdigitalwandler, die bündig mit der Rohrwand montiert werden und wie ein Beugungsgitter schräglaufende Wellenfronten erzeugen können. Wie Bild 6.50 zeigt, setzt man außerdem Reflektoren ein, um den Meßweg zu verlängern. Hierbei erweisen sich Meßrohre mit quadratischem Querschnitt von Vorteil. Man erhält die mittlere Strömungsgeschwindigkeit $<v>$:

$$<v> = \frac{\lambda_0}{2 \cdot \cos\varphi} \cdot (f_1 - f_2) \qquad \text{(Gl. 6.76)}$$

Das Phasenregelverfahren ist auch unter dem Namen «**lambda locked loop**» bekannt. Genaueres geht aus der VDI/VDE-Richtlinie 2642 hervor.

Ist im Falle dünner Rohrleitungen der Schallweg im Rohr zu kurz, um gut meßbare Zeit- oder Frequenzdifferenzen zu erzielen, kann man unter Einsatz von Reflektoren wie in Bild 6.50 den Meßweg verlängern. Ähnliche Wirkung erzielt man durch U-förmige Gestaltung der Meßstrecke nach Bild 6.51.

Bild 6.50
Lambda-locked-loop-Verfahren
mit Interdigitalwandlern

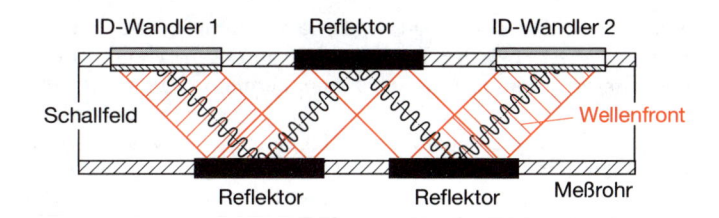

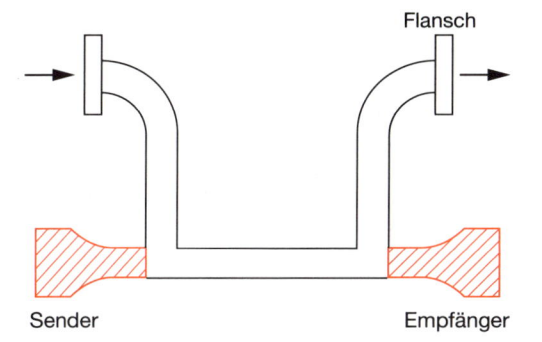

Bild 6.51 U-förmige Gestaltung des Meßrohres bei kleinen Nennweiten

Bild 6.52
Laminare und turbulente Strömungsprofile: Bei $(0{,}7-0{,}8)\,R$ ist $v(r) = \langle v_A \rangle$

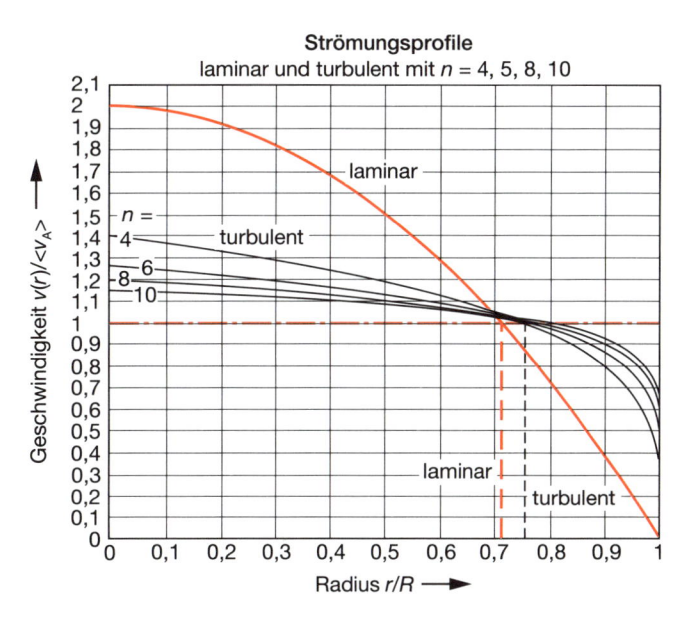

6.4.2 Berücksichtigung des Strömungsprofils

Aus Bild 6.44 geht hervor, daß der k-Faktor von der Reynolds-Zahl abhängt. Wegen des Zusammenhangs $\langle v_A \rangle = k \cdot \langle v_L \rangle$ wird die Meßabweichung besonders drastisch, wenn die Strömung im eingestellten Meßbereich zwischen laminarer und turbulenter Form variiert.

Der Einfluß eines variierenden Strömungsprofils läßt sich nun weitgehend reduzieren, wenn man den Meßpfad nicht in die Symmetrieebene des Rohres legt. Bild 6.52 zeigt die Strömungsgeschwindigkeit $v(r)$, bezogen auf die mittlere Geschwindigkeit $\langle v_A \rangle$ für laminare und turbulente Verhältnisse mit unterschiedlichen Exponenten n. Daraus ist ersichtlich, daß im turbulenten Fall über einen weiten Bereich von Reynolds-Zahlen bei $r = 0{,}75\,R$ die lokale Strömungsgeschwindigkeit $v(r)$

gleich dem über den Querschnitt gemittelten Wert $<v_A>$ ist. Bei der laminaren Strömung liegt dieser Punkt ganz in der Nähe, nämlich bei $r = 0{,}71\,R$.

Zur Erzielung einer höheren Meßgenauigkeit rüstet man daher die Geräte mit mehreren Meßpfaden aus, z.B. in zwei Ebenen im Abstand von etwa $R/2$ von der Rohrachse wie in Bild 6.53. Durch diese Maßnahme mittelt der Meßprozeß die Strömungsgeschwindigkeit $v(r)$ nicht über den gesamten Strömungsquerschnitt, sondern schwerpunktmäßig um $v(r) \sim <v_A>$. So führen auch laminare Strömungsprofile nur zu geringen Meßabweichungen.

Mit mehreren Meßebenen in und außerhalb der Rohrachse können sogar nicht rotationssymmetrische Strömungsprofile mit genügender Präzision gemessen werden. Näheres darüber in [6.9] oder der Richtlinie VDI/VDE

2642. Neuere Entwicklungen gehen andere Wege, um eine weitgehende Unabhängigkeit vom Strömungsprofil zu erzielen. So sind ringförmig in das Meßrohr integrierte Ultraschallwandler zumindest bei geringer Rohrnennweite sehr linear über einen weiten Bereich von Reynolds-Zahlen. [6.11] Ein anderes Konzept (Sitrans F, Siemens) nutzt einen quadratischen Rohrquerschnitt und führt den Meßweg über mehrere Reflexionen helixförmig durch das Rohr. Die Meßergebnisse sind dadurch unabhängig von Strömungsgeschwindigkeit und Viskosität des Mediums, vom laminaren bis weit in den turbulenten Bereich der Strömung. [6.12] Für einen Meßbereich von 1:25 wird eine Fehlergrenze von 0,5% garantiert, für den erweiterten Bereich von 1:100 immerhin noch 1%.

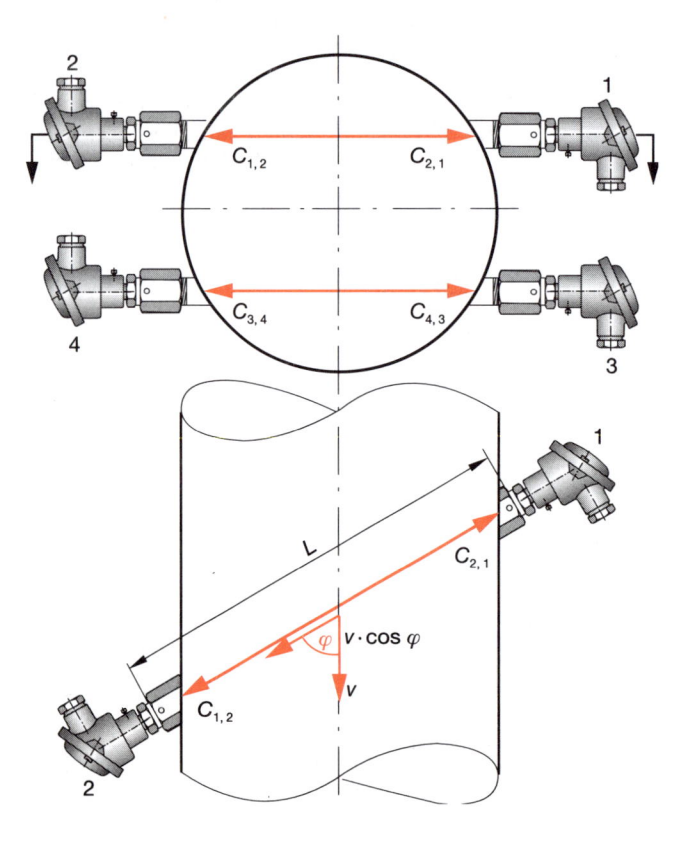

Bild 6.53
Ultraschall-Durchflußmessung mit mehreren Meßebenen
1–4 Numerierung der Ultraschallgeber

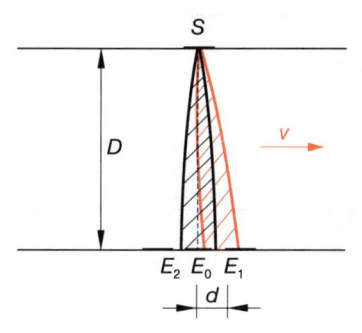

Bild 6.54   Das Driftverfahren der Ultraschall-Durchflußmessung

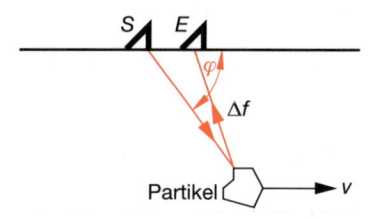

Bild 6.55   Prinzip des Dopplerverfahrens

6.4.3 Driftverfahren

Beim Driftverfahren wird ein kontinuierliches Ultraschallsignal senkrecht zur Strömung des Mediums abgestrahlt. Das Medium lenkt die Intensitätsverteilung in Strömungsrichtung ab (Bild 6.54). In erster Näherung ist:

$$\frac{<v>}{c_0} = \frac{d}{D} \quad \Rightarrow \quad <v> = \frac{d}{D} \cdot c_0 \qquad \text{(Gl. 6.77)}$$

Aus der relativen Intensitätsverteilung des Ultraschalles auf die Empfänger $E_0 \ldots E_2$ kann d und daraus die mittlere Strömungsgeschwindigkeit $<v_L>$ bestimmt werden.

Setzt man statt des kontinuierlichen Signals Ultraschallimpulse ein, kann zusätzlich noch die Laufzeit t_1 gemessen werden. Wegen $c_0 \cong D/t_1$ folgt aus Gleichung 6.77:

$$<v> = \frac{d}{t_1} \qquad \text{(Gl. 6.78)}$$

Änderungen der Schallgeschwindigkeit verfälschen die Messung also nicht.

6.4.4 Dopplerverfahren

Beim Dopplerverfahren nutzt man die Frequenzverschiebung des an mitströmenden Inhomogenitäten reflektierten Signals zur Bestimmung der Strömungsgeschwindigkeit aus. Seine Anwendbarkeit setzt also Feststoffpartikel oder Gasblasen in der Strömung voraus.

Ein kontinuierliches Ultraschallsignal mit der konstanten Frequenz f_0 verläuft wie in Bild 6.55 unter dem Winkel φ zur Strömung. Die dopplerverschobene Echofrequenz f_2 wird mit einem Teil der Sendefrequenz f_0 gemischt, die Schwebungsfrequenz Δf ist proportional zur Strömungsgeschwindigkeit des Partikels.

Die gesamte Frequenzverschiebung besteht aus zwei Anteilen:

1. Das mit der Geschwindigkeit v mitgeführte Partikel empfängt die gegenüber der Sendefrequenz f_0 verschobene Frequenz $f_1 = f_0 \, c_0/(c_0 + v \cdot \cos\varphi)$. Das Partikel ruht relativ zum schalltragenden Medium!
2. Der Sender/Empfänger nimmt eine durch die Partikelbewegung verschobene Frequenz $f_2 = f_1 (c_0 - v \cdot \cos\varphi)/c_0$ auf.

$$f_2 = f_0 \cdot \frac{c_0}{c_0 + v \cdot \cos\varphi} \cdot \frac{c_0 - v \cdot \cos\varphi}{c_0} \qquad \text{(Gl. 6.79)}$$

Für $v \ll c_0$ ergibt sich daraus:

$$f_2 \approx f_0 \left(1 - \frac{2v \cos\varphi}{c_0}\right) \qquad \text{(Gl. 6.80)}$$

bzw.

$$\frac{f_2 - f_0}{f_0} = \frac{\Delta f}{f_0} \approx \frac{2 \cdot \cos\varphi}{c_0} \cdot v \qquad \text{(Gl. 6.81)}$$

woraus für die Partikelgeschwindigkeit v folgt:

$$v = \frac{c_0}{2 \cdot \cos\varphi} \cdot \frac{\Delta f}{f_0} \qquad \text{(Gl. 6.82)}$$

$$<v> = \frac{1}{2 \cdot \text{N.A.}} \cdot \frac{<\Delta f>}{f_0} \qquad \text{(Gl. 6.85)}$$

Die zu messende relative Frequenzverschiebung ist sehr gering, wie das folgende Zahlenbeispiel für Wasser zeigt:

Mit $c_0 = 1400$ m/s, $v = 1$ m/s, $\varphi = 45°$, $f_0 = 2$ MHz ergibt sich $\Delta f = 2020$ Hz, $\Delta f/f_0 \approx 10^{-3}$!

Auch in Gl. 6.82 tritt die Schallgeschwindigkeit c_0 auf. Man kann sie eliminieren, indem man den Piezokristall in ein Gehäuse einbaut, das mit Material bekannter Schallgeschwindigkeit c_1 gefüllt ist wie in Bild 6.56. Der Abstrahlwinkel α ist durch den Aufbau festgelegt und bekannt. Beim Übergang in das Rohrinnere wird der Schallstrahl nach dem **Snelliusschen Gesetz** gebrochen:

$$\frac{\cos\varphi}{c_0} = \frac{\cos\alpha}{c_1} \qquad \text{(Gl. 6.83)}$$

Setzt man dies in Gleichung 6.82 ein, so ergibt sich:

$$v = \frac{c_1}{2 \cdot \cos\alpha} \cdot \frac{\Delta f}{f_0} \qquad \text{(Gl. 6.84)}$$

Es genügt also, die numerische Apertur **N.A.** $= \cos\varphi/c_0 = \cos\alpha/c_1$ durch das Gehäuse des Senders/Empfängers festzulegen.

Die mittlere Strömungsgeschwindigkeit $<v>$ ergibt sich aus der Mittelung über viele in der Strömung mitgeführte Partikel zu:

Die Methode der Dopplermessung erlaubt keine besonders hohe Genauigkeit, u.a. weil nicht bekannt ist, aus welcher Tiefe das jeweils empfangene Echo stammt.

Das Verfahren eignet sich jedoch gut zur Untersuchung von Strömungen in größeren Behältern wie etwa Schlaufenreaktoren oder in Blasensäulen.

6.4.5 Stroboskop-Verfahren

Beim Stroboskop-Meßverfahren werden ähnlich wie bei der Dopplermethode die von den mitgeführten Streuzentren (Feststoffpartikel, Gasblasen) reflektierten Echos zur Bestimmung der Partikelgeschwindigkeit genutzt. Allerdings wird hierbei nicht die Frequenzverschiebung des Ultraschalles herangezogen, sondern es wird die Zeit gemessen, die die Partikel zum Durchlaufen einer bestimmten Wegstrecke im Schallkegel benötigen.

Dafür werden in schneller Folge kurze Ultraschallimpulse unter einem Winkel φ zur Strömungsrichtung ausgesandt (Bild 6.57). Die Pulsrate ist so hoch, daß ein Partikel beim Passieren des Schallkegels vielfach getroffen wird und somit seine Geschwindigkeit aus der Echofolge berechnet werden kann. Der Empfänger akzeptiert nur Echos in einem vorgegebenen Zeitfenster, d.h., er wählt dadurch

Bild 6.56 Einkopplung des Ultraschalles in eine Rohrleitung

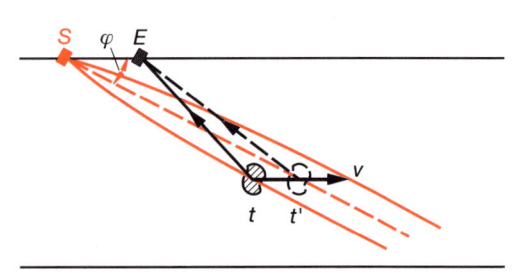

Bild 6.57 Prinzip des Stroboskop- oder Transflexion-Verfahrens

Partikel in einem bestimmten Tiefenbereich aus.

Varianten dieses Konzeptes werden von verschiedenen Herstellern als **Transflexionsverfahren** oder als «**speckle tracking**» bezeichnet. Prinzipiell ist damit sowohl die Vermessung von Strömungsprofilen möglich als auch die Messung von Strömungsgeschwindigkeiten in großen Behältern wie mit dem Dopplerprinzip.

6.4.6 Geräteausführungen

Ultraschall-Durchfluß-Meßeinrichtungen werden in zwei Ausführungsformen angeboten:

a) Bei der **Inline-Version** sind die Schallwandler in einem Meßrohrteil integriert, das in die Rohrleitung eingesetzt wird.

Die *Vorteile* sind:
❏ optimale Meßbedingungen (Meßpfade, -ebenen, Querschnittsformen),
❏ Garantieren der erforderlichen Ein- und Auslaufstrecken,
❏ Schall-Totzeiten aufgrund von Rohrwand usw. sind herstellerseitig kompensiert;

Nachteil:
❏ aufwendige Montage, da die Rohrleitung unterbrochen werden muß.

Höchste Meßgenauigkeiten sind nur mit Inline-Meßeinrichtungen erzielbar.

b) Bei **Clamp-on-Ausführungen** (Bild 6.58) werden die Ultraschallwandler außen auf die Rohrleitungen bzw. Behälter mit Spannbändern aufgeschraubt.

Vorteile:
❏ einfache Montage, flexibel, auch als temporäre Messung geeignet,
❏ geeignet für einen weiten Bereich von Rohrnennweiten und Betriebsdrücken;

Nachteile:
❏ Der Meßpfad kann grundsätzlich nur durch die Rohrachse verlaufen.
❏ Bei Laufzeitmessungen muß der Meßabstand der Schallwandler vom Anwender präzise vermessen werden.
❏ Das Rohrmaterial muß durchdrungen werden, dadurch treten Energieverluste und unbekannte Totzeiten auf.
❏ Eine Belagbildung auf der Innenwand verfälscht den Meßwert.

Hinsichtlich des Meßprinzips ist festzustellen, daß Laufzeitmessungen in beiden Ausführungen um Größenordnung bessere Ergebnisse erzielen als Dopplerverfahren. Letztere kommen im Betriebseinsatz nicht unter eine Fehlergrenze von 5%, in der Clamp-on-

Bild 6.58
Ultraschallmessung in Clamp-on-Ausführung [Quelle: Flexim GmbH]
a) Montage an der Rohrleitung
b) Verlängerung der Meßstrecke durch Reflexion

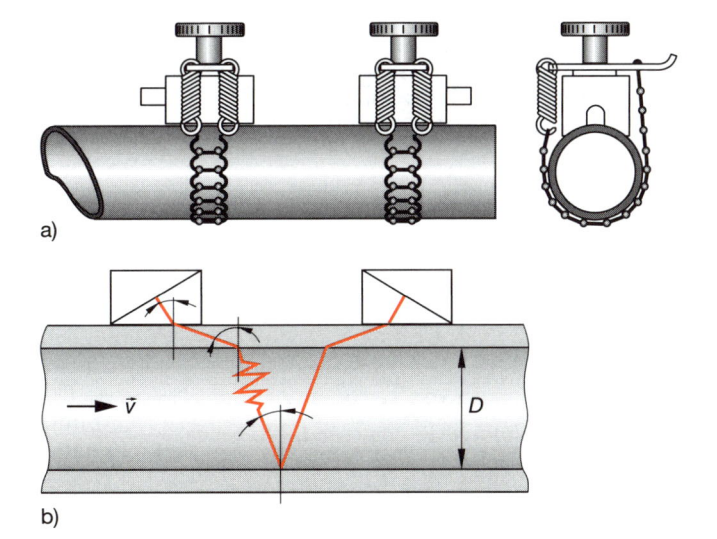

Ausführung kann der Fehler noch höher liegen.

Bei kleinen Nennweiten haben allerdings auch Laufzeitverfahren Probleme wegen der dafür nötigen hohen zeitlichen Auflösung. An einem Meßrohr mit DN 25 liegt für eine Anordnung nach Bild 6.45, bei dem die Schallwandler 50 mm gegeneinander versetzt sind ($\varphi = 26{,}6°$), in Wasser die Laufzeit des Schalles bei knapp 40 µs, der Laufzeitunterschied beträgt für eine mittlere Strömungsgeschwindigkeit $<v_L> = 0{,}2$ m/s nur $\Delta t \approx 10$ ns. Für eine Auflösung dieser Strömungsgeschwindigkeit auf 1% muß die Elektronik also etwa 100 ps auflösen können!

Bei geringen Nennweiten ist der Meßweg durch Mehrfachreflexionen zu verlängern. Wird eine hohe Meßgenauigkeit angestrebt, sollte außerdem das Gerät individuell kalibriert werden, möglichst unter originalen Einbaubedingungen.

Mittlerweile sind erste Geräte für Gasflußmessungen mit Hilfe von Ultraschall am Markt verfügbar. Eine Meßeinrichtung zur Messung der Strömungsgeschwindigkeit in Fackelgasen hat nicht nur eine besonders hohe Meßdynamik, sondern mißt auch die Schallgeschwindigkeit und das Molekulargewicht des Fackelgases auf 2 bis 5% genau. Damit sind Rückschlüsse auf die Gaszusammensetzung möglich.

6.5 Magnetisch-induktive Durchfluß-Meßverfahren

Nachdem es gelungen ist, die zahlreich auftretenden Störeinflüsse unter Kontrolle zu bringen, hat sich das Prinzip der magnetisch-induktiven Durchflußmessung in den letzten beiden Jahrzehnten praktisch zum Standard-Durchfluß-Meßsystem entwickelt. Es wird vor allem in der Abwassertechnik, der Wasseraufbereitung, der Verfahrenstechnik und der Nahrungsmittelindustrie eingesetzt, wo eine hochgenaue, berührungslose Messung auch von korrosiven und/oder feststoffbeladenen Flüssigkeiten wichtig ist, etwa von Säuren und Laugen, aber auch Pasten, Fruchtsaft, Milch usw.

6.5.1 Einsatzbereiche

Das induktive Meßprinzip ist grundsätzlich nur für Flüssigkeiten geeignet, die eine elektrische Leitfähigkeit von typischerweise mindestens etwa 5 µS/cm^2 besitzen. Das ist zwar bei den meisten der genannten Einsatzgebiete der Fall, aber die große Gruppe der flüssigen Kohlenwasserstoffe in der Petrochemie erfüllen diese Voraussetzung nicht, ebensowenig gas- oder dampfförmige Medien. Nachteilig ist ferner die generelle Forderung nach einem vollständig gefüllten Rohrquerschnitt, wenn auch mittlerweile Sonderausführungen für teilgefüllte Rohre erhältlich sind. Marktgängige induktive Durchfluß-Meßsysteme decken den enormen Nennweitenbereich von DN 2...DN 2000 ab.

Weitere Stärken des Meßprinzips sind:

❏ Strömungsgeschwindigkeiten von 10 mm/s bis zu 10 m/s mit einem Gerät erfaßbar,
❏ sehr hohe Meßdynamik bis 1:1000,
❏ Genauigkeiten bis zu ±0,25% vom Meßwert im Dynamikbereich von 1:10 möglich,
❏ pulsierende Strömungen bereiten keine Probleme,
❏ korrosionsfeste Ausführung, z.B. medienberührte Teile aus Al_2O_3,
❏ Prinzip ist unabhängig von der Leitfähigkeit des Mediums (es muß nur eine Mindestleitfähigkeit haben),
❏ glattes Rohr ohne Einbauten erlaubt Strömung ohne nennenswerten Druckverlust und ist leicht zu reinigen (Nahrungsmittelindustrie!),
❏ Unabhängigkeit vom Strömungsprofil durch geeigneten Signalabgriff,
❏ Durchflußmessung in beiden Richtungen möglich,
❏ schnellansprechende Geräte erlauben präzise Dosierungen auch bei Kleinstmengen (Abfüllen von Getränken und Nahrungsmitteln in Flaschen und Becher).

Tabelle 6.4 zeigt einige typische Anwendungsfälle für MIDs. Näheres zu magnetisch-induk-

Tabelle 6.4 Anwendungsbeispiele für magnetisch-induktive Durchflußmesser

Papier- und Zellstoffindustrie	Zellstoffbreie Zellulose Additive Chemikalien
Minenindustrie	Erzschlämme Kohlenschlämme
Baustoffindustrie	Zement, Beton, Pasten
Lebensmittelindustrie	Joghurt Fruchtmaische
Abwassertechnik	Dickschlamm

tiven Durchflußmessern enthalten die Richtlinie VDI/VDE 2641 und die internationale Norm DIN ISO 6817.

6.5.2 Arbeitsprinzip der induktiven Durchflußmessung

Basis dieses Durchfluß-Meßverfahrens ist das **Faradaysche Induktionsgesetz**: In einem elektrischen Leiter, der sich in einem Magnetfeld bewegt, wird ein elektrisches Feld E aufgebaut. Bekanntlich ergibt sich für einen Draht der Länge l, der sich wie in Bild 6.59 im homogenen Magnetfeld senkrecht zu den Feldlinien B bewegt:

$$\vec{E} \cdot e = -e \cdot \vec{v} \cdot \vec{B} \qquad \text{(Gl. 6.86)}$$

$\vec{B}$ magnetische Flußdichte
$\vec{v}$ Geschwindigkeit des Leiters
e Elementarladung
$\vec{E}$ elektrisches Feld

Das elektrische Feld $\vec{E}$ läßt sich über die Spannung U_E zwischen den Leiterenden messen:

$$|U_E| = E \cdot l = l \cdot v \cdot B \qquad \text{(Gl. 6.87)}$$

U_E am Leiterende anliegende Spannung
l Länge des Leiters

Bei der Nutzung dieses physikalischen Effektes strömt die zu messende leitfähige Flüssigkeit durch ein isolierendes Rohr, das senkrecht zur Strömungsrichtung von einem Magnet-

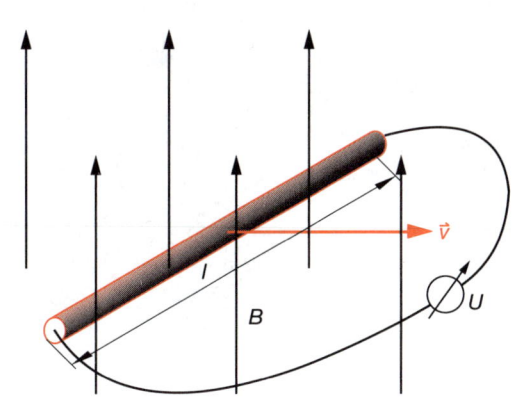

Bild 6.59 Faraday-Induktionsgesetz

feld B durchsetzt wird. In der Flüssigkeit entsteht quer zur Strömungsrichtung die Induktionsspannung U_E.

Bild 6.60 zeigt den prinzipiellen Aufbau eines **m**agnetisch-**i**nduktiven **D**urchflußmessers, kurz MID genannt. Die magnetische Flußdichte B parallel zur y-Achse wird von zwei stromdurchflossenen Spulen erzeugt. Zeigt die Rohrachse und damit die Strömungsgeschwindigkeit v in z-Richtung, so kann man an zwei auf der x-Achse einander gegenüberliegenden, gegen die Rohrwand isolierten Elektroden die Spannung U_E abgreifen, die gegeben ist zu:

$$U_E = K \cdot D \cdot B \cdot <v_A> \qquad \text{(Gl. 6.88)}$$

wobei D der Durchmesser des Rohres und $<v_A>$ die über den Querschnitt gemittelte Strömungsgeschwindigkeit der Flüssigkeit ist. K ist eine Konstante, die u.a. von der Elektrodenanordnung bestimmt wird.

Für den Volumendurchfluß gilt wegen Gleichung 6.46:

$$\dot{q}_V = \frac{\pi D^2}{4} \cdot <v_A> \qquad \text{(Gl. 6.89)}$$

Somit folgt:

$$\dot{q}_V = \frac{\pi D}{4} \cdot \frac{1}{K} \cdot \frac{U_E}{B} \qquad \text{(Gl. 6.90)}$$

190 Mengen- und Durchflußmessung

Magnetspule

Meßrohr in Elektrodenebene

Meßelektrode

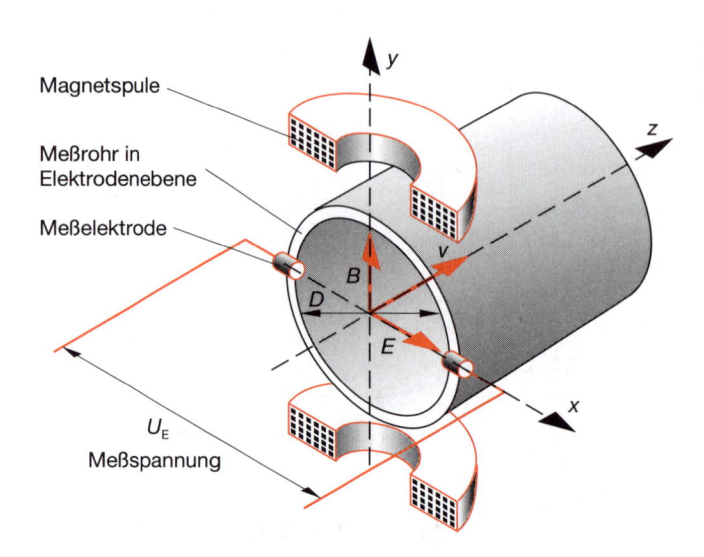

U_E Meßspannung

Bild 6.60
Prinzip der magnetisch-induktiven Durchflußmessung

also ist der Durchfluß zur gemessenen Spannung U_E direkt proportional:

$$\dot{q}_V \sim U_E \qquad \text{(Gl. 6.91)}$$

Damit das Magnetfeld das Rohr durchsetzen kann, muß dieses aus nichtmagnetischen Werkstoffen bestehen. Zur Erzielung der erforderlichen Druckfestigkeit verwendet man daher meist nichtmagnetischen, austenitischen Stahl als Rohrwerkstoff mit isolierender Innenauskleidung aus Kunststoffen (besonders PTFE), Gummi oder Keramik. Um die zu messende Spannung nicht kurzzuschließen, sind die Meßelektroden gegen das Rohr zu isolieren (Bild 6.61).

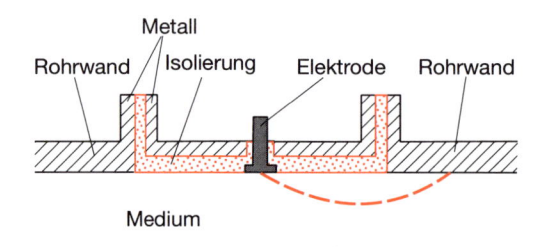

Bild 6.61 Entstehung der Störgleichspannung durch elektrochemische Prozesse zwischen Elektroden und Rohrleitung

6.5.3 Magnetfelderregung

Das Elektrodenmaterial und der Werkstoff der Rohrleitungen sind elektrolytisch über das Meßmedium verbunden und stellen somit eine galvanische Zelle dar (s. Bild 6.61), die für jede der beiden Elektroden eine Spannung zunächst unbekannter Höhe liefert. Diese Spannung ist nicht konstant, sondern hängt in unvorhersehbarer Weise von der Strömung und Zusammensetzung des Mediums ab. Daneben treten auch noch weitere Störspannungen auf. Die Trennung der Meß- und Störspannungen gelingt nur mit wechselnden Magnetfeldern, wozu sich prinzipiell nur stromdurchflossene Spulenpaare wie in Bild 6.60 eignen. Magnetische Gleichfelder mit Permanentmagneten sind also für den praktischen Einsatz nicht geeignet.

Vernünftigerweise mit Spulen erreichbare magnetische Flußdichten liegen etwa bei $B = 0{,}01$ T. In einem Rohr mit DN 50 folgt daraus nach Gleichung 6.88 eine Signalspannung in der Größenordnung von weniger als 1 mV bei einer Strömungsgeschwindigkeit $<v_A>$ von etwa 1 m/s. Störspannungen liegen oft um ein Vielfaches über diesem Wert. Man unterscheidet im wesentlichen folgende Störspannungen:

❑ elektrochemische Gleichspannungen zwischen Elektroden- und Rohrmaterial wie in Bild 6.61 dargestellt,

- kapazitive und induktive Einkopplung von Spannungs- bzw. Stromänderungen der Erregerspulen in die Signalleitung,
- Rauschspannungen durch Feststoffteilchen im Medium, die auf die Elektroden treffen; jeder Aufprall eines Teilchens auf die Elektrode führt zu einem Störsignal [6.13],
- Störungen bei fehlerhaftem Potentialausgleich.

Gebräuchlich sind für die Magnetfelderregung sinusförmige magnetische Wechselfelder, die an die Netzfrequenz von 50 Hz gekoppelt sind, und geschaltete Gleichfelder, die periodisch ein- und ausgeschaltet werden bzw. bei denen periodisch die Polarität geändert wird.

Die Felderregung mit sinusförmiger Wechselspannung besitzt den Vorteil einer hoch zeitaufgelösten Messung, da pro Sekunde 50 Meßwerte gewonnen werden können. Geräte mit diesem Prinzip werden bevorzugt bei pulsierenden Strömungen und in Dosierschaltungen eingesetzt, wo die hohe Zeitauflösung Vorteile bietet. Außerdem ist dieses Prinzip unempfindlich gegen Störungen durch Feststoffe im Medium (Pulpe, Slurries usw.).

Aufgrund der hohen Induktivität der Erregerspulen eilen bei der Wechselfelderregung der Strom I und der magnetische Fluß B der Spannung um 90° nach. Die Signalspannung folgt daher ebenfalls der Netzspannung um 90° verzögert.

Gleichspannungen galvanischen Ursprungs lassen sich leicht kapazitiv abblocken, induktiv und kapazitiv eingekoppelte Störspannungen sind mit dem Signal nicht in Phase [6.14] und lassen sich mit phasenselektiver Gleichrichtung abtrennen, ebenso alle außerphasigen Anteile von Störwechselspannungen, die von der Netzinstallation herrühren (sog. «Netzbrumm»). Zur Signalspannung gleichphasige äußere Störanteile können dagegen nicht eliminiert werden, sie führen zu Nullpunktinstabilitäten.

Man kann sie aber rechnerisch eliminieren, wenn Nulldurchfluß in der Rohrleitung herrscht, z. B. wenn bei Abfüllvorgängen das Dosierventil eindeutig geschlossen ist.

Bild 6.62 zeigt den Meßzyklus bei einem geschalteten Gleichfeld mit Polaritätsumkehr.

Teilbild (a) gibt die Spannung an den Erregerspulen, Teilbild (b) den zeitlichen Verlauf der magnetischen Flußdichte B wieder. Zur Zeit t_2 nimmt das Feld den Sättigungswert an, sicherheitshalber startet man die Meßzeit jedoch erst bei t_3 und bestimmt den Meßwert durch Mittelung über das Zeitintervall $\Delta t = t_4 - t_3$.

Bei t_4 wird die Spannung an den Erregerspulen umgepolt, die Flußdichte kehrt ebenfalls ihre Richtung um.

Teilbild (c) gibt den Verlauf der an den Elektroden gemessenen Spannung wieder. Sie steigt analog zur Flußdichte mit der Zeit, bei starker kapazitiver bzw. induktiver Einstreuung können in der Anstiegsphase Störspannungen auftreten (gestrichelter Verlauf zwischen t_1 und t_2). Letztere verschwinden im stationären Feld. Im Meßintervall Δt sind dann außer der Nutzspannung U_E nur noch die Störgleichspannung, die netzbedingten Einflüsse mit der Frequenz 50 Hz und ggf. Rauschen wirksam.

Rauschanteile kann man durch ein elektrisches Filter unterdrücken, ebenso die Netzeinflüsse. Letztere eliminieren sich aber auch einfach selbst durch Wahl einer Meßzeit Δt von 20 ms (oder einem Vielfachen davon, d.h. $\Delta t = n \cdot T_{netz}$), wie aus Teilbild (d) hervorgeht.

Die induzierte Spannung U_E läßt sich von der noch verbleibenden Störgleichspannung U_{St} rechnerisch trennen. In den Phasen A und B mißt man die Elektrodenspannungen U_A bzw. U_B:

$$U_A = U_E + U_{St}$$
$$U_B = -U_E + U_{St} \qquad \text{(Gl. 6.92)}$$

Die Differenz $U_A - U_B$ ergibt die gesuchte Nutzspannung U_E:

$$U_A - U_B = U_E + U_{St} + U_E - U_{St} = 2 \cdot U_E$$
$$\text{(Gl. 6.93)}$$

Mit dieser Methode erhält man einen virtuellen elektrischen Nullpunkt, da das Nullsignal nicht durch Messung, sondern durch Rechnung ermittelt wird. Voraussetzung ist dabei, daß sich die Störspannung während des etwa

Bild 6.62
Zeitlicher Verlauf von Flußdichte B und Meßspannung U beim geschalteten Gleichfeld

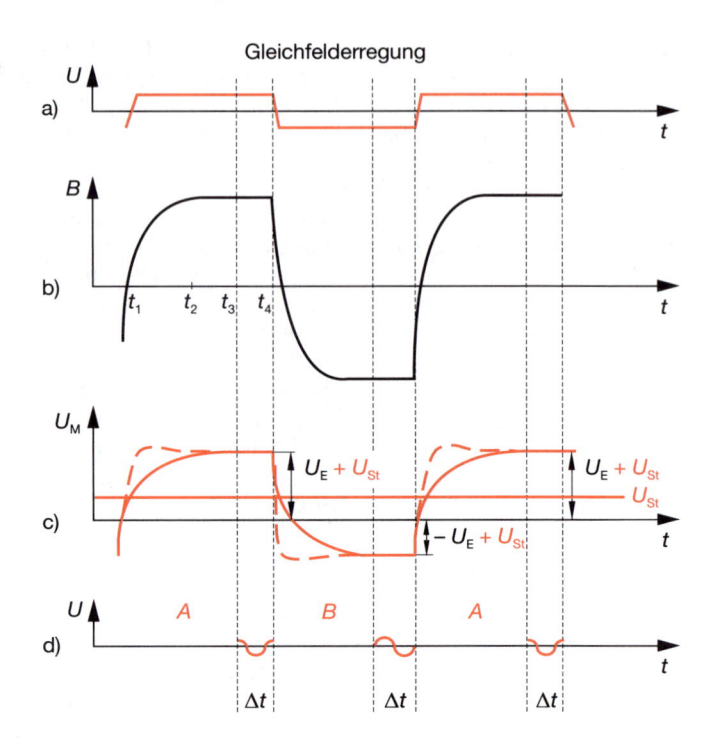

320 ms dauernden Meßzyklus nicht merklich ändert.

Eine Variante des geschalteten Gleichfeldes stellt zwischen dem Umschalten der Feldrichtung jeweils das Feld $B = 0$ ein, wie Bild 6.63 zeigt. Hier wird die Störgleichspannung bei $B = 0$ direkt gemessen und zur Korrektur genutzt. Der Hersteller bezeichnet diesen Weg als «Autozero».

Geschaltete Gleichfelder arbeiten in der Regel relativ langsam mit $f = 3\,^{1}/_{8}$ Hz. Sie können schnellen Flußänderungen (Pulsationen) also weniger gut folgen und sind auch für Dosieraufgaben nur bedingt geeignet. Da sich aber praktisch alle Störspannungen eliminieren lassen, ist die erzielbare Genauigkeit bei diesem Meßprinzip am höchsten.

Um die Nachteile der langsamen Meßfrequenz zu umgehen, werden verschiedene Wege bei Geräten mit geschaltetem Gleichfeld gegangen. So nutzt ein Konzept eine Folge von nieder- und hochfrequenten Feldänderungen gemäß Bild 6.64a. Das erhaltene Meßsignal wird in zwei Frequenzen aufgeteilt, und aus dem geeigneten Teil werden die jeweiligen Störgrößen eliminiert. Die Auswertemethode ist in Bild 6.64b dargestellt. Die Kombination von hoch- und niederfrequenter Anregung hat nach Herstellerangaben den

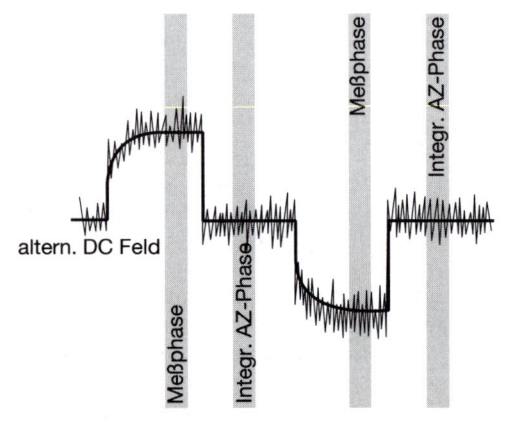

Bild 6.63 Autozero-Verfahren bei geschaltetem Gleichfeld

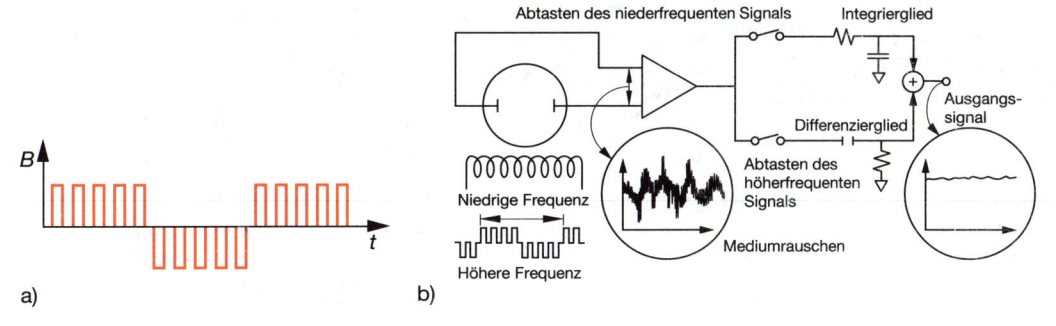

Bild 6.64 Geschaltetes Gleichfeld mit einer Kombination aus hoher und niedriger Frequenz
a) Feldverlauf
b) Auswerteprinzip

Vorteil einerseits der Nullpunktstabilität (aus der niederfrequenten Anregung) und andererseits der größeren Störunempfindlichkeit und des schnellen Ansprechverhaltens (durch die höhere Frequenz).

Eine Variante dieses Konzeptes verwendet eine serielle Folge von hoch- und niederfrequenten Impulsen wie in Bild 6.65 [6.1] zur Erzielung geringerer Ansprechzeiten.

6.5.4 Signalabgriff

Bisher wurde davon ausgegangen, daß die Meßelektroden mit dem Medium in galvanischem Kontakt stehen (Bild 6.66a). Da auch Flüssigkeiten geringer Leitfähigkeit gemessen werden müssen, muß der Eingangswiderstand des Folgeverstärkers sehr hoch sein.

Bilden sich im Betriebseinsatz isolierende Beläge auf den Innenwänden des Gerätes oder ist die Leitfähigkeit des Mediums zu gering,

Bild 6.65
Geschaltetes Gleichfeld mit abwechselnd hoher und niedriger Frequenz

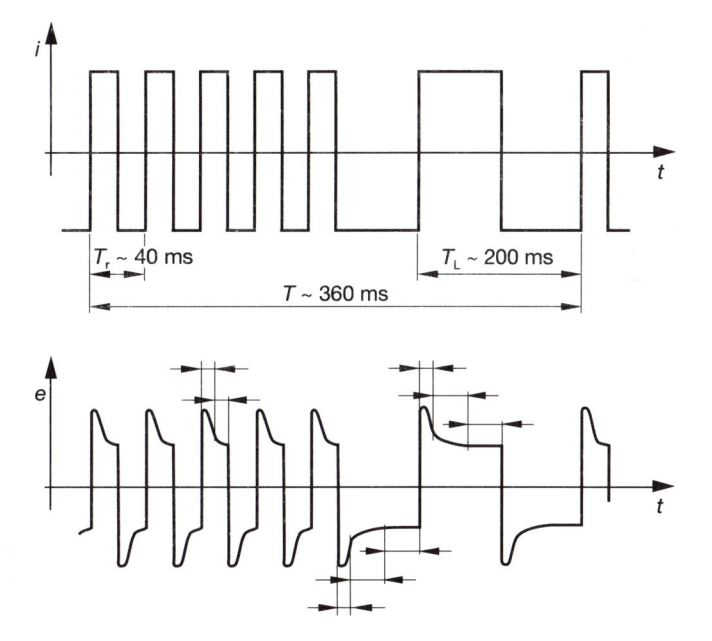

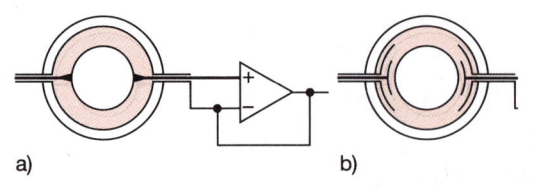

Bild 6.66 Prinzip des kapazitiven Abgriffs mit driven-shield
a) Herkömmlicher galvanischer Abgriff
b) Kapazitiver Abgriff

so fällt das Meßsignal aus. Dies tritt nicht auf bei kapazitivem Signalabgriff nach Bild 6.66b. Isoliert in der Auskleidung untergebrachte Elektroden bilden zusammen mit dem zu messenden Medium eine Kapazität, das Material der Auskleidung stellt das Dielektrikum dar. Bild 6.67 zeigt das Ersatzschaltbild der Anordnung.

Ein dünner, nichtleitender Belag auf der Innenfläche von nur wenigen μm Dicke verändert die Kapazität der Anordnung nicht wesentlich. Die äußere Elektrode wird über den Verstärker stets auf gleiches Potential wie die innere Meßelektrode gebracht. Somit lassen sich Störungen von außen gut abschirmen.

Eine Neuentwicklung [6.13] des kapazitiven Signalabgriffs verwendet mehrere Teilelektroden wie in Bild 6.68. Durch Auswertung der Einzelsignale ist es möglich, den Füllgrad der Rohrleitung zu bestimmen – ähnlich wie bei einer kapazitiven Niveaumessung. Geräte dieser Bauart erlauben auch die Durchflußmessung bei nur teilweise gefüllten Rohrquerschnitten. Damit lassen sich nach Herstellerangaben genaue Messungen des Volumenflusses selbst bei nur zu 10% gefüllten Rohrquerschnitten erzielen.

Auch mit direkt berührenden Elektroden ist die Messung teilgefüllter Rohre möglich.

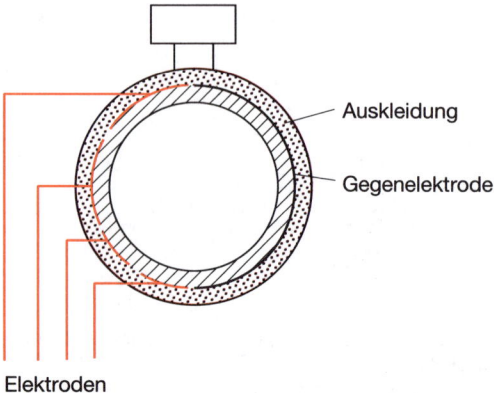

Bild 6.68 Kapazitiver Abgriff mit geteilten Elektroden zur Messung in teilgefüllten Rohren

Hierzu sind mehrere Elektrodenpaare in verschiedener Höhe der Rohrleitung integriert (Parti-Mag, Bailey-Fischer & Porter).

6.5.5 Form des Magnetfeldes

Das Induktionsgesetz nach Gleichung 6.87 gilt lokal für jedes Volumenelement bzw. jeden Stromfaden, das/der den Meßquerschnitt mit der Geschwindigkeit v durchströmt. Die an den Elektroden abgegriffene Spannung ist theoretisch die Summe aller Elementarspannungen des von der Flußdichte B durchsetzten Meßvolumens. Die Praxis zeigt jedoch, daß der Grad ihres Durchgriffs auf die Meßelektroden stark abhängig ist vom Ort, an dem das entsprechende Volumenelement den Meßquerschnitt passiert.

Bild 6.69 zeigt die reale Wertigkeitsverteilung für ein Meßsystem mit einer und mit zwei Elektroden unter der Voraussetzung eines homogenen Magnetfeldes [6.15]. Willkür-

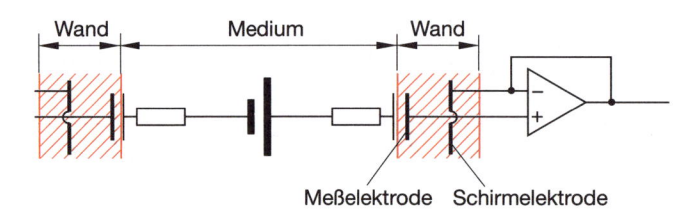

Bild 6.67 Ersatzschaltbild des kapazitiven Abgriffs

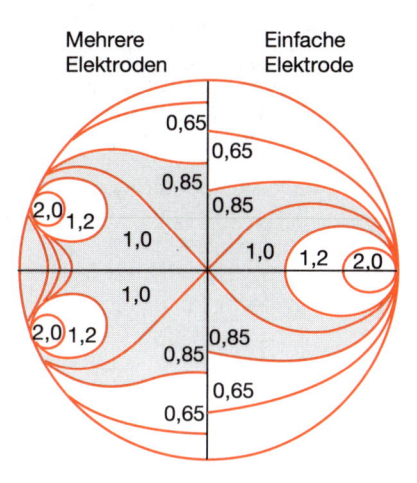

Bild 6.69 Wertigkeit des Spannungsdurchgriffs

lich ist das Zentrum des Rohres mit $W = 1$ bewertet. In der Nähe der Elektroden steigt die Wertigkeit auf das Doppelte, am oberen und unteren Rand des Rohres beträgt sie nur etwa die Hälfte. Der Flächenanteil mit einer Wertigkeit von etwa 1 an der Gesamt-Querschnittsfläche ist beim Mehrelektrodensystem (links) deutlich höher als bei einer Elektrode (rechts).

In beiden Fällen aber kommt es zur Überbewertung einiger Bereiche und der Unterbewertung anderer. Bei symmetrischem Strömungsprofil kann man diese ungleiche Verteilung mittels der Konstanten K in Gleichung 6.88 einkalibrieren. Bei unsymmetrischem Strömungsprofil führt es allerdings zu Fehlmessungen.

Höhere Genauigkeit läßt sich erzielen mit dem wertigkeitsinversen Aufbau des Magnetfeldes B. Dabei versucht man, durch geeignete Form der Erregerspulen den Verlauf der magnetischen Flußdichte B so zu gestalten, daß im Idealfall das Produkt aus Wertigkeit W und Flußdichte B überall im Meßquerschnitt konstant ist:

$$W \cdot B = \text{konst.} \qquad \text{(Gl. 6.94)}$$

In der Praxis läßt sich Gleichung 6.94 nur näherungsweise erfüllen. Dennoch wird der Durchgriff von jeder Stelle aus auf die Elektroden in etwa gleich, ein unsymmetrisches Strömungsprofil wirkt sich nicht mehr so stark aus.

Speziell bei großen Rohrquerschnitten ab etwa DN 500 lassen sich nämlich die erforderlichen Ein- und Auslaufstrecken von $5\ldots 10\,D$ oft nicht einhalten, so daß bei diesen Nennweiten häufig eine gestörte Strömungsverteilung zu erwarten ist. Hier ist ein wertigkeitsinverses Magnetfeld, möglichst in Verbindung mit einem Mehrelektrodensystem, von Vorteil.

Für symmetrische Rohrströmungen genügt dagegen ein homogenes Magnetfeld, in manchen Fällen bringen auch sog. «modifizierte Felder» Vorteile, etwa mit von der Rohrachse nach außen steigender oder fallender Flußdichte B.

6.5.6 Meßgenauigkeit und weitere Störeinflüsse

Wie bereits festgestellt, gehören induktive magnetische Durchflußmesser zu den genauesten Durchfluß-Meßgeräten. Solange das Produkt eine Mindestleitfähigkeit besitzt (typischerweise $> 5\,\mu S/cm$ für berührende Elektroden, $> 0{,}05\,\mu S/cm$ für kapazitive Abgriffe), ist die Volumenstrommessung weitgehend unabhängig von den Produkteigenschaften Dichte, Viskosität, Druck und Temperatur. Je nach meßtechnischem Aufwand sind Genauigkeiten in der Bestimmung der mittleren Strömungsgeschwindigkeit von 0,5 % und sogar 0,25 %, bezogen auf den Meßwert, durchaus üblich. Eine typische Fehlerkurve für induktive Durchflußmeßgeräte zeigt Bild 6.70.

Da sich die Zielgröße Volumenstrom aus Gleichung 6.90 bestimmt, können neben Meßabweichungen der Elektrodenspannung U_E auch Abweichungen des Rohrdurchmessers D und die Flußdichte B zu fehlerhaften Ergebnissen führen. Besonderes Augenmerk verdienen Ablagerungen an der Rohrinnenwand. Sie verringern den freien Durchmesser, so daß ein zu großer Volumenstrom angezeigt wird. Bei einer lichten Weite von DN 50 führt ein Belag von nur 100 μm Dicke bereits zu einem um 0,8 % zu hohen Durchflußwert.

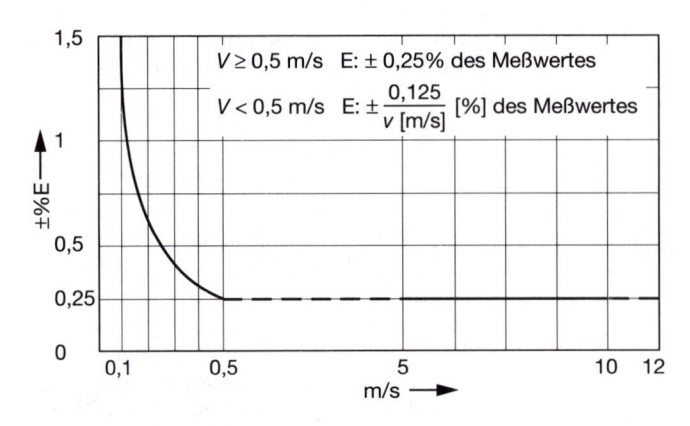

Bild 6.70
Typische Fehlerkurve eines induktiv-magnetischen Durchflußmessers mit geschaltetem Gleichfeld
v Durchflußgeschwindigkeit [m/s]
E Fehler in % des Meßwertes

Diagramm: $V \geq 0{,}5$ m/s E: $\pm 0{,}25\%$ des Meßwertes; $V < 0{,}5$ m/s E: $\pm \dfrac{0{,}125}{v\,[\text{m/s}]}$ [%] des Meßwertes

Auch auf die Konstanz der Flußdichte B ist zu achten. Erhöht sich die Temperatur der Erregerspulen, so steigt deren elektrischer Widerstand. Bei konstanter Speisespannung U verringert sich der Strom und damit auch die Flußdichte B.

Eine Konstantstromversorgung für die Erregerspulen ist aufwendig, so daß man meist eine Kompensationsspannung nach Bild 6.71 heranzieht. Der Spannungsabfall U_{ref} am Referenzwiderstand ist proportional zum Spulenstrom I und damit auch zu B:

$$U_{\text{ref}} = C \cdot B \qquad (\text{Gl. 6.95})$$

Damit läßt sich Gleichung 6.90 umformen in:

$$\dot{q}_V = Z \cdot \frac{U_E}{U_{\text{ref}}} \qquad (\text{Gl. 6.96})$$

Z ist der sog. Kalibrierfaktor. Er hängt ab von der Nennweite D und den elektrischen Gegebenheiten des Gerätes.

Zwischen Anlagenteilen mit unterschiedlichem Erdpotential kommt es bisweilen zu erheblichen Ausgleichsströmen, die üblicherweise in den Rohrwänden fließen. An Meßstellen mit induktiven Durchflußmessern verlaufen sie wegen der isolierenden Auskleidungen jedoch oft durch das leitfähige Medium wie in Bild 6.72. Das kann zu vollkommen unkontrollierbaren Störspannungen an den Meßelektroden führen und sogar die empfindlichen Verstärker gefährden. Daher ist stets ein Potentialausgleich notwendig, in den das Meßgerät miteinzubeziehen ist, wie beispielsweise in Bild 6.73 mustergültig durchgeführt.

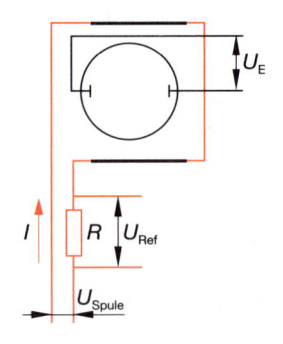

Bild 6.71 Temperaturkompensation des Spulenwiderstandes

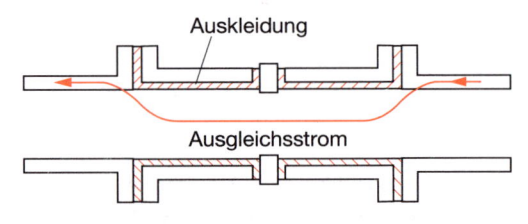

Bild 6.72 Ausgleichsströme durch das Medium

Magnetisch-induktive Durchfluß-Meßverfahren 197

auch von **Kompaktausführungen**. Der Vorteil liegt darin, daß die elektrischen Verbindungen zwischen Aufnehmer und Meßumformer kurz gehalten werden können, was die Störsicherheit erhöht. Nachteilig ist die Montage der aufwendigen Elektronik am Meßort, wo bisweilen hohe Umgebungs- und Produkttemperaturen, Feuchtigkeit und Vibrationen herrschen.

Bei getrennter Ausführung von Aufnehmer und Meßumformer kann letzterer geschützt vor widrigen Umgebungsbedingungen im Schaltraum untergebracht werden, allerdings ist die Verlegung spezieller Verkabelungen zwischen Aufnehmer und Schaltraum nötig. Der Aufnehmer braucht dann lediglich eine Anschlußdose für die Verkabelung. Bild 6.74 zeigt einen solchen Aufnehmer in Sandwichbauweise.

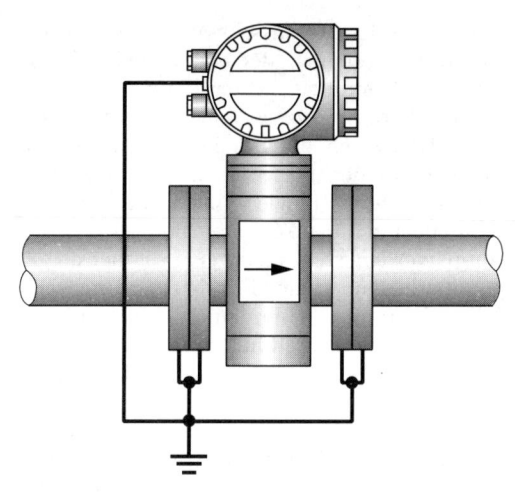

Bild 6.73 Potentialausgleich am Meßinstrument [6.21]

6.5.7 Bauformen

Die auf dem Markt angebotenen Geräte bestehen aus Meßumformer und Aufnehmer. Die Meßumformer steuern und überwachen das Magnetfeld und verstärken und verarbeiten die Meßsignale. Sie werden standardmäßig angeboten mit analogem Ausgang (0/4…20 mA) und Pulsausgängen. Die meisten Geräte sind in der Lage, Strömungen in beiden Richtungen zu messen und zu bilanzieren, so daß auch die Richtungserkennung von den Meßumformern zu bewerkstelligen ist. Schließlich übernehmen sie auch die Aufgabe der Meßstoffüberwachung, d.h. der Kontrolle, daß der Meßquerschnitt gefüllt ist. Die meisten MID-Meßumformer sind außerdem geeignet für HART-Protokolle.

Der Aufnehmer wird in die Rohrleitung entweder als Flansch- oder Sandwichversion eingebaut. Er enthält die Magnetspulen und die Meßelektroden, bei kapazitivem Abgriff meist auch Vorverstärker. Zur Kontrolle des ganz gefüllten Querschnitts dient eine weitere Elektrode. Bezüglich Werkstoffauswahl der Elektroden und Auskleidungen sei auf Unterlagen der Hersteller verwiesen.

Ist der Meßumformer wie in Bild 6.73 direkt am Aufnehmer montiert, spricht man

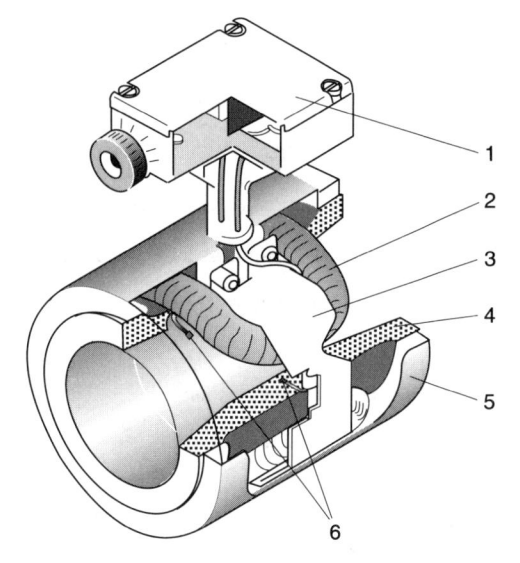

Bild 6.74 Meßaufnehmer in Sandwichbauweise mit Anschlußdose
1 Anschlußdose
2 Magnetspulen
3 Magnetblech
4 Al_2O_3 Keramik-Meßrohr
5 Edelstahlgehäuse
6 eingesinterte Platinelektroden

6.5.8 MID-Sonden

Zum nachträglichen Einbau in bestehende Rohrleitungen sind MID-Sonden konzipiert. Sie haben die Form eines Stabes, an einem Ende sind stirnseitig ein Elektromagnet und zwei Elektroden integriert (Bild 6.75). Die Sonde wird so in die Rohrleitung eingesetzt, daß die Flüssigkeit senkrecht zur Stabachse an der Stirnseite vorbeiströmt. Das geschaltete Gleichfeld und die Elektrodenanordnung stehen senkrecht aufeinander und auf der Strömungsgeschwindigkeit. Die Meßspannung an den beiden Elektroden ist proportional zur Flußdichte B, dem Elektrodenabstand d und der Strömungsgeschwindigkeit v des Mediums in Sondennähe. Zur Durchflußmessung fordert diese Einrichtung lange Einlaufstrecken und symmetrische Strömungsprofile. Derartige Sonden werden aber auch häufig als einfache Strömungswächter benutzt.

Eine Variante dieser Technik sind **Sensoren-MIDs**. Auch sie enthalten einen Elektromagneten, einen Polschuh aus ferromagnetischem Material sowie eine Elektrode. Der Aufbau ist in Bild 6.76a dargestellt. Diese Sensoren werden stets paarweise diametral gegenüberliegend in eine Rohrleitung eingesetzt (Bild 6.76b), ihre Feldlinien ragen weit in den Strömungsquerschnitt hinein und sind gleichsinnig orientiert, so daß zwischen den beiden Elektroden die Induktionsspannung wie bei üblichen MIDs gemessen wird. Auch sie erlauben nachträglichen Einbau, die Rohrleitung darf aus magnetischen Werkstoffen bestehen und braucht an der Meßstelle keine Auskleidung. Sie arbeiten mit geschalteten Gleichfeldern, die erzielbare Genauigkeit ist allerdings geringer als bei herkömmlichen «echten» MIDs.

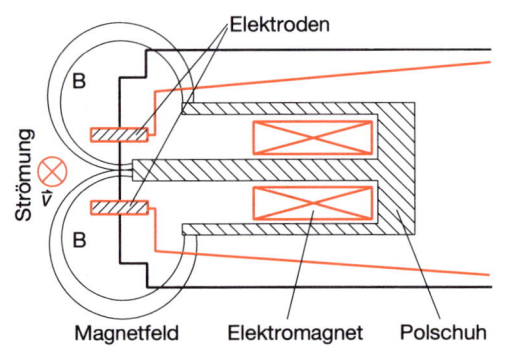

Bild 6.75 Funktionsprinzip einer MID-Sonde

6.5.9 Montage- und Einbauhinweise

MIDs können in beliebiger Orientierung eingebaut werden. Mit Ausnahme von Spezialausführungen verlangen MIDs allerdings vollständig gefüllte Rohrquerschnitte. Dies erfordert bei der Montage der Geräte bestimmte Vorsichtsmaßnahmen. Bild 6.77 zeigt Einbaubeispiele, die eine zuverlässige Funktion des Meßgerätes gewährleisten.

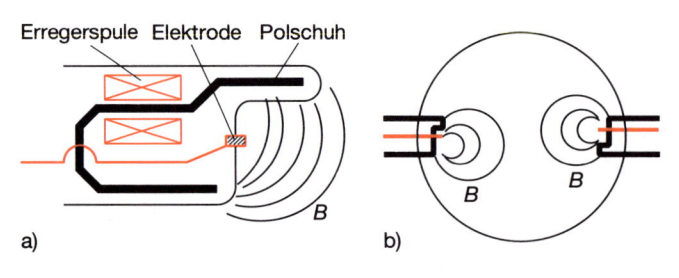

Bild 6.76
Sensoren-MID
a) Aufbau einer Sonde
b) Einbau in einer Rohrleitung

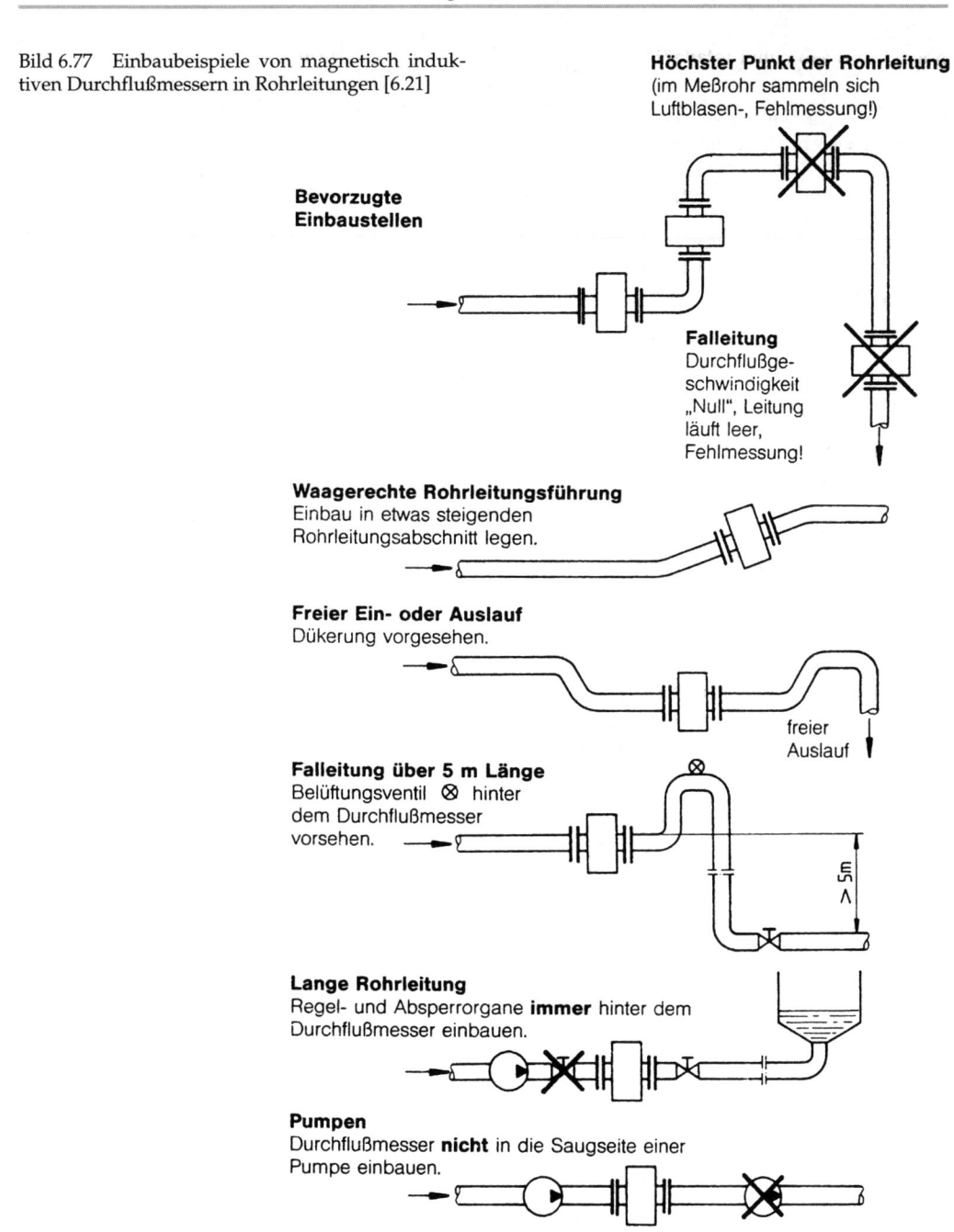

Magnetisch-induktive Durchfluß-Meßverfahren 199

Bild 6.77 Einbaubeispiele von magnetisch induktiven Durchflußmessern in Rohrleitungen [6.21]

Bevorzugte Einbaustellen

Höchster Punkt der Rohrleitung
(im Meßrohr sammeln sich Luftblasen-, Fehlmessung!)

Falleitung
Durchflußgeschwindigkeit „Null", Leitung läuft leer, Fehlmessung!

Waagerechte Rohrleitungsführung
Einbau in etwas steigenden Rohrleitungsabschnitt legen.

Freier Ein- oder Auslauf
Dükerung vorgesehen.

freier Auslauf

Falleitung über 5 m Länge
Belüftungsventil ⊗ hinter dem Durchflußmesser vorsehen.

≥ 5m

Lange Rohrleitung
Regel- und Absperrorgane **immer** hinter dem Durchflußmesser einbauen.

Pumpen
Durchflußmesser **nicht** in die Saugseite einer Pumpe einbauen.

6.6 Massendurchflußmessung

Eigentliche Meßaufgabe bei Durchflußmessungen ist nicht die Bestimmung eines Volumen-, sondern eines Massenstroms, da für chemische Reaktionen ebenso wie für Bilanzierungen die Masse die ausschlaggebende Größe darstellt. Alle bisher beschriebenen Mengen- und Volumenstrommessungen benötigen die Kenntnis der Dichte des Produktes, um zu Massenwerten zu kommen. Es gibt auf dem Markt nur ganz wenige Geräte, die den Massendurchfluß bestimmen können: Für Flüssigkeiten sind dies bevorzugt Coriolis-Durchflußmesser, bei Gasen nutzt man deren Wärmekapazität in den thermischen Massendurchflußmessern.

6.6.1 Massendurchflußmesser nach dem Coriolis-Prinzip

Innerhalb weniger Jahre hat sich in der Industrie das Meßverfahren durchgesetzt, das nach dem altbekannten physikalischen Prinzip der Coriolis-Kraft arbeitet. Wegen seiner herausragenden Eigenschaften hat es sich der etablierten Durchfluß-Meßtechnik in vielerlei Hinsicht überlegen gezeigt. Das eigentliche Meßprinzip ist schon lange bekannt: Bereits 1952 wiesen LI und LEE [6.16] darauf hin, daß alle durchströmten Rohrstücke, die um eine Achse senkrecht zu ihrer Längsachse – d.h. senkrecht zur Strömungsrichtung – rotieren, eine zum Massenfluß streng proportionale Coriolis-Beschleunigung erfahren. Allerdings ist deren Nutzung erst durch moderne elektronische Entwicklungen möglich geworden.

6.6.1.1 Ursache der Coriolis-Kraft

Das sog. Coriolis-Mass-flow-Meter bedient sich der Coriolis-Kräfte; das sind Scheinkräfte, die an bewegten Massen in einem rotierenden Bezugssystem angreifen.

Betrachten wir dazu in Bild 6.78 eine Masse m, die vom Zentrum einer rotierenden Scheibe reibungsfrei mit der Radialgeschwindigkeit v_r

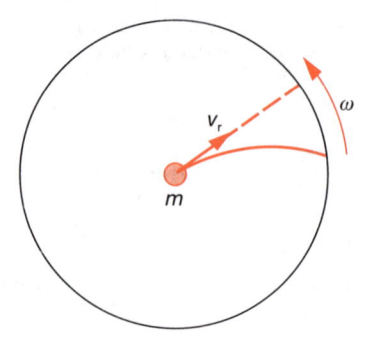

Bild 6.78 Coriolis-Kraft in beschleunigten Bezugssystemen

nach außen gleitet. Für einen mitrotierenden Beobachter scheint diese nach rechts abgelenkt zu werden. Auf der Scheibe selbst beschreibt die Masse keine gerade, sondern eine gekrümmte Bahn. Der mitbewegte Beobachter führt diese Ablenkung auf eine Kraft zurück, die man nach ihrem Entdecker als Coriolis-Kraft bezeichnet.

Für die Größe der Coriolis-Kraft F_C gilt:

$$F_C = 2m\,\vec{v}_r \times \vec{\omega} = 2m\,v_r\,\omega \sin \vartheta \qquad \text{(Gl. 6.97)}$$

$\omega = \dot{\varphi}$ Winkelgeschwindigkeit der Scheibe
v_r Radialgeschwindigkeit der Masse
ϑ Winkel zwischen v_r und ω

Die Coriolis-Kraft hängt nicht vom Abstand der Masse zum Mittelpunkt der Scheibe ab! Sie tritt übrigens auch bei Bewegungen auf der rotierenden Erde auf. Allerdings ist sie hier wegen der kleinen Winkelgeschwindigkeit der Erde i.a. so gering, daß ihre Messung einen großen Aufwand erfordert.

6.6.1.2 Anwendung auf Rohrströmungen

Betrachten wir jetzt ein L-förmiges Rohr wie in Bild 6.79, das um die Achse A rotiert und wie eingezeichnet von links nach rechts von einer Flüssigkeit durchströmt wird. Bild 6.79b zeigt den Schenkel der Länge L in Richtung der Drehachse gesehen. Ein infinitesimales

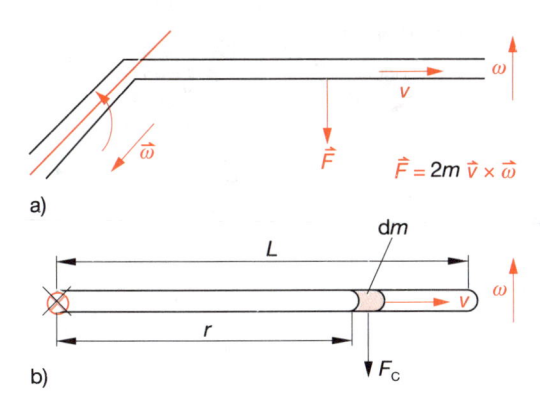

Bild 6.79 Coriolis-Kraft auf durchströmten Rohrschenkel

Massenelement $dm = \varrho A\, dr$ am Ort r erzeugt die Coriolis-Kraft dF_C (v_r ist hier die Strömungsgeschwindigkeit, sie steht stets senkrecht auf ω):

$$dF_C = 2\, dm\, \omega v = 2\, \omega v \varrho A\, dr \qquad \text{(Gl. 6.98)}$$

A ist der Querschnitt des Rohres und ϱ die Dichte des strömenden Mediums. Daraus ergibt sich für die gesamte Rohrlänge L:

$$F_C = \int dF_c = 2\omega v\, \varrho A \int_0^L dl = 2\omega L\, \varrho A v \qquad \text{(Gl. 6.99)}$$

Wegen

$$\varrho \cdot A \cdot v = \varrho \cdot \frac{dV}{dt} = \frac{dm}{dt} \qquad \text{(Gl. 6.100)}$$

folgt für die Coriolis-Kraft:

$$F_C = 2\omega L\, \dot{m} \qquad \text{(Gl. 6.101)}$$

Die Coriolis-Kraft F_C ist also proportional zum Massendurchfluß $\dot{m}$ und wirkt senkrecht zur Rohrachse, in der dargestellten Konfiguration entgegen der Rotationsbewegung. Die Coriolis-Kraft wird von der Rohrwand aufgenommen, das Rohr in Bild 6.79b biegt sich dadurch geringfügig nach unten. Strömt die Flüssigkeit von außen nach innen (also von rechts nach links), so zeigt die Coriolis-Kraft nach oben,
sie wirkt beschleunigend auf die Rotationsbewegung. Die üblicherweise auftretenden Coriolis-Kräfte sind sehr klein, sie zu erfassen erfordert hohen Aufwand.

Bei der Anwendung des Coriolis-Effektes zur Durchflußmessung führt man den Fluß in einem zweiten Schenkel zurück und erhält damit eine U-förmige Anordnung wie in Bild 6.80. Das U-Rohr rotiert auch nicht um volle 360°, sondern führt nur eine Schwingbewegung aus (Teilbild a), die von einer Treiberspule elektrisch angeregt wird. Dadurch oszilliert auch die Coriolis-Kraft F_C mit der gleichen Frequenz. Teilbild 6.80b zeigt eine Momentaufnahme bei der Bewegung nach

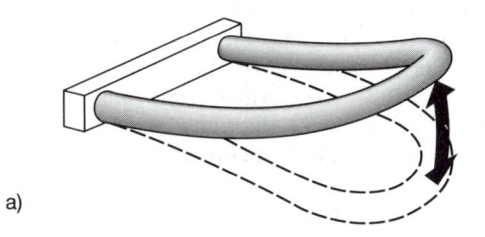

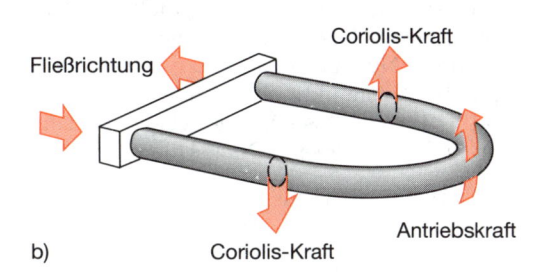

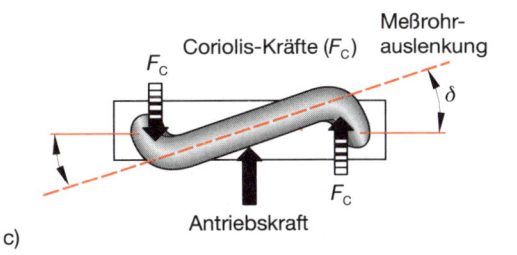

Bild 6.80 Verdrillung eines durchströmten schwingenden U-Rohres
a) Schwingung des Sensorrohres
b) Aufwärtsbewegung des Sensorrohres mit angreifenden Coriolis-Kräften
c) Verdrehung des Sensorrohres

oben. Durch die Coriolis-Kraft wird der vordere Schenkel verzögert, der hintere beschleunigt, woraus eine Verkippung der Rohrschleife resultiert. Da die Winkelgeschwindigkeit ω der Rohrschleife beim Durchgang durch die Nullebene maximal ist, ist in diesem Moment auch die Coriolis-Kraft am größten. Als Folge davon passiert das U-Rohr also die neutrale Ebene um einen Winkel δ verkippt, wie Teilbild c zeigt. Bei der Abwärtsbewegung kehren sich die Verhältnisse um, der Winkel δ wird negativ. Insgesamt ist also der symmetrischen Schwingung des U-Rohres eine Kippbewegung überlagert, der Drehwinkel δ ist dabei um so größer, je größer F_C, d.h. je größer der Massenstrom ist. Am oberen und unteren Umkehrpunkt der Nickschwingung ist $\omega = 0$, infolgedessen verschwindet hier die Coriolis-Kraft. Auch ohne Durchsatz, d.h. bei $\dot{m} = 0$, ist die Coriolis-Kraft Null, das U-Rohr schwingt vollkommen symmetrisch. Bild 6.81 zeigt die Kippbewegung in einzelnen Phasen.

In der Praxis mißt man allerdings nicht den Drehwinkel der Verkippung, sondern die Phasenverschiebung $\Delta\delta = 2\pi f \Delta t$ mittels des Zeitunterschiedes Δt, mit der die beiden Schenkel durch die Nullage gehen. Dazu dienen zwei optisch oder induktiv arbeitende Sensoren S_1 und S_2, die die Position der Schenkel relativ zur Nullage erfassen: Ohne Durchfluß sind

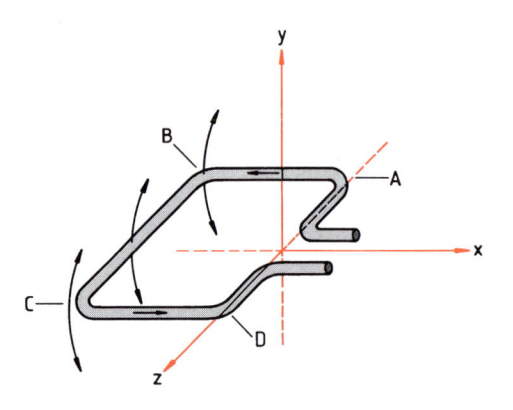

Bild 6.81 (Fortsetzung)

Bild 6.81 Schwingungsform einer schwingenden Rohrschleife mit und ohne Durchfluß [Quelle: Krohne Meßtechnik GmbH & Co. KG]

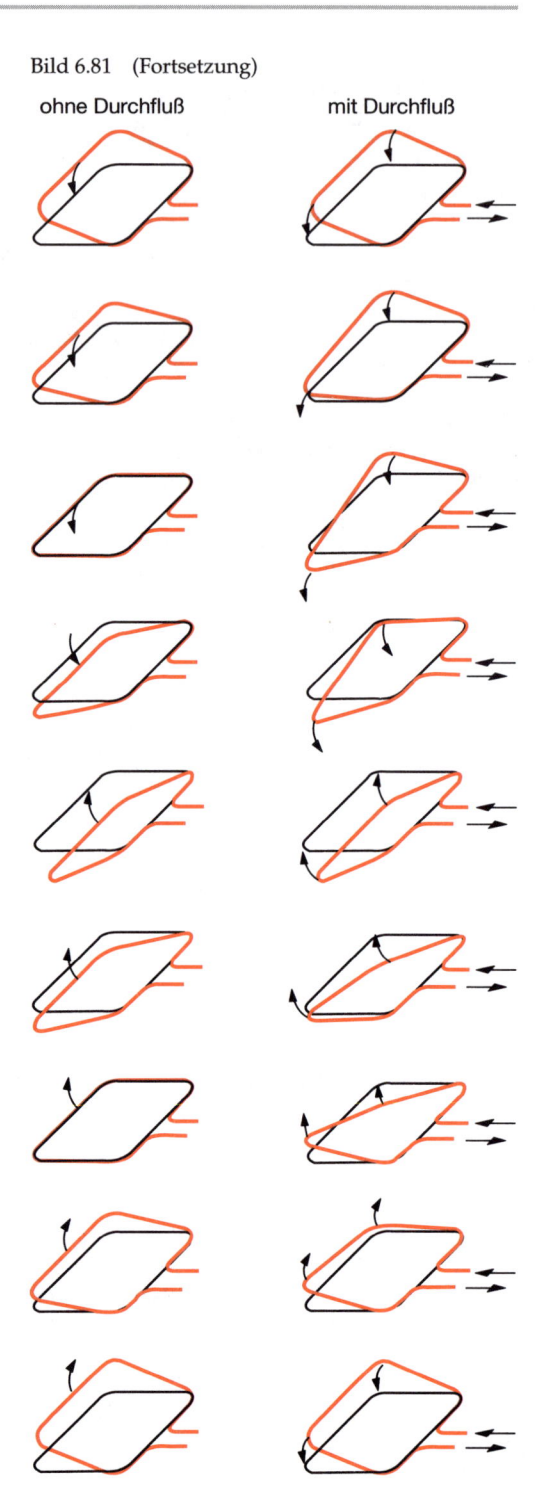

Massendurchflußmessung 203

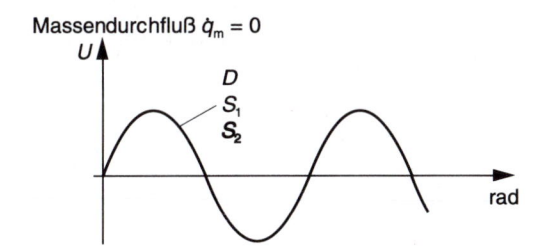

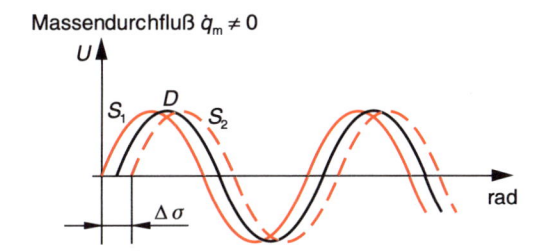

Bild 6.82 Messung des Phasenunterschieds zweier Sensoren gegen die erregende Kraft
a) ohne und b) mit Durchfluß
D Der Antriebsspule D aufgedrückte Sinusspannung
S_1 Spannungssignal vom Fühler S_1
S_2 Spannungssignal vom Fühler S_2
$\Delta\delta$ Phasenunterschied zwischen Fühler S_1 und Fühler S_2, $\Delta\delta = 0$, wenn $\dot{q}_m > 0$

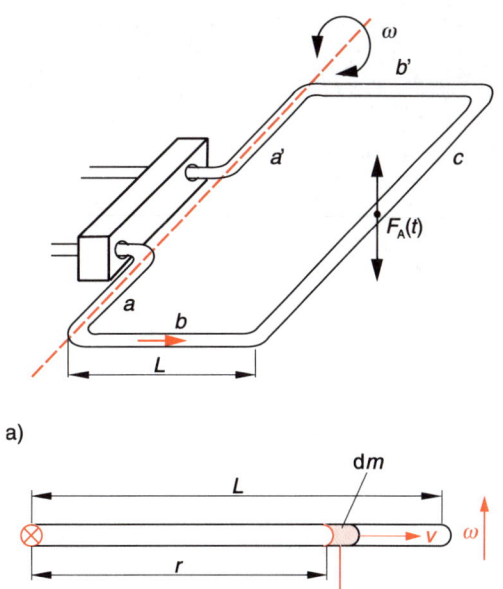

Bild 6.83 Mathematische Beschreibung einer durchströmten Rohrschleife
a) Schwingungsform
b) Coriolis-Kraft auf einen Rohrschenkel

die beiden Sensorsignale in Phase mit der sinusförmigen Anregung D (Bild 6.82a). Strömt dagegen eine Flüssigkeit durch das Rohr, so tritt eine Phasenverschiebung der beiden Sensorsignale symmetrisch zur erregenden Kraft D auf (Bild 6.82b). Diese Phasenverschiebung ist proportional zur Verdrillung des U-Rohres und damit zum Massenfluß.

6.6.1.3 Einfaches Modell eines Coriolis-Massendurchfluß-Meßgerätes

Im folgenden soll versucht werden, mit Hilfe einfacher Modellannahmen die Verdrillung des U-Rohres quantitativ zu fassen. Wir nehmen dazu eine Geometrie des Meßrohres nach Bild 6.83 an, das von einer periodischen äußeren Kraft $F_A(t)$

$$F_A(t) = F_0 \cdot e^{i2\pi ft} \qquad \text{(Gl. 6.102)}$$

mit der Kreisfrequenz $2\pi f$ angeregt wird.

Die beiden Rohrstücke a und a' wirken als Torsionsfedern mit der Winkelrichtgröße D^*, die beiden Schenkel b und b' bleiben während der Schwingung annähernd gerade. In dem einfachen Modell soll der vordere Schenkel b isoliert betrachtet werden, d.h., das Teilstück c werde vernachlässigt. (Es könnte durch einen konstanten Term in Gleichung 6.109 berücksichtigt werden.) Trotz des einfachen Ansatzes führt das Modell auf die prinzipiell richtige Bewegung.

Die Kraft $F_A(t)$ übt auf den Schenkel ein Drehmoment M_A aus mit

$$M_A(t) = L \cdot F_0 \cdot e^{i2\pi ft} \qquad \text{(Gl. 6.103)}$$

L Länge des Rohrschenkels b

Ein Massenelement dm des strömenden Fluids übt aufgrund der Coriolis-Kraft das Moment dM_C aus:

$$dM_C = 2v\omega r \, dm = 2v\omega r \varrho A \, dr \qquad \text{(Gl. 6.104)}$$

Integriert über die Schenkellänge ergibt sich:

$$M_C = 2v\omega\varrho A \int_0^L r\,dr = v\omega\varrho A L^2 \qquad \text{(Gl. 6.105)}$$

und mit $m = \varrho A L$ = Gesamtmasse der Flüssigkeit im Rohr folgt daraus:

$$M_C = m \cdot L \cdot v \cdot \omega = m \cdot L \cdot v \cdot \dot{\varphi} \qquad \text{(Gl. 6.106)}$$

φ momentaner Auslenkungswinkel der Rohrschleife

Zu berücksichtigen sind noch das Rückstellmoment M_F der Feder mit

$$M_F = D^* \cdot \varphi \qquad \text{(Gl. 6.107)}$$

und das Trägheitsmoment M_T des Rohrstückes b:

$$M_T = J \cdot \ddot{\varphi} \qquad \text{(Gl. 6.108)}$$

Für einen Stab mit Drehachse senkrecht durch das Stabende gilt bekanntlich:

$$J = \frac{1}{3}(m + m_R) \cdot L^2 \qquad \text{(Gl. 6.109)}$$

m_R Masse des Rohrmaterials
m Masse der Flüssigkeit im Rohr

Aus dem Momentengleichgewicht

$$M_T + M_C + M_F = M_A \qquad \text{(Gl. 6.110)}$$

folgt:

$$\frac{1}{3}(m + m_R) L^2 \ddot{\varphi} + mLv\dot{\varphi} + D^* \cdot \varphi = L \cdot F_0 \cdot e^{i2\pi ft} \qquad \text{(Gl. 6.111)}$$

oder

$$\ddot{\varphi} + \frac{3mv}{(m+m_R) \cdot L}\dot{\varphi} + \frac{3D^*}{(m+m_R) \cdot L^2}\varphi =$$
$$= \frac{3F_0}{(m+m_R) \cdot L} \cdot e^{i2\pi ft} \qquad \text{(Gl. 6.112)}$$

Dies ist die Differentialgleichung einer erzwungenen Schwingung der Standardform:

$$\ddot{x} + 2\beta\dot{x} + \gamma x = K \cdot e^{i2\pi ft} \qquad \text{(Gl. 6.113)}$$

mit

$$\beta = \frac{3mv}{2(m+m_R)} \quad \text{und} \quad \gamma = (2\pi f_0)^2 = \frac{3D^*}{(m+m_R) \cdot L^2} \qquad \text{(Gl. 6.114)}$$

$2\pi f_0$ ist die Resonanz-Kreisfrequenz. Sie ist abhängig von der Masse der Flüssigkeit im Rohr und wegen $m = \varrho A L$ abhängig von der Dichte ϱ des Mediums. Coriolis-Massendurchflußmesser sind also in der Lage, außer dem Massendurchfluß auch die Dichte des Mediums zu messen!
Die Lösung der Differentialgleichung 6.112 lautet:

$$\varphi = \frac{\dfrac{3F_0}{(m+m_R) \cdot L^2} \cdot e^{i(2\pi ft + \alpha)}}{\sqrt{\left((2\pi f_0)^2 - (2\pi f)^2\right)^2 + \dfrac{9v^2 m^2 (2\pi f)^2}{(m+m_R) \cdot L^2}}} \qquad \text{(Gl. 6.115)}$$

Es ist jetzt noch zu klären, ob der betrachtete Rohrschenkel der äußeren Kraft vor- oder nacheilt. In der Resonanzamplitude φ steht v quadratisch, läßt also keinen Schluß über das Vorzeichen zu. Die Phasendifferenz α enthält v dagegen linear:

$$\alpha = \arctan\left(\frac{\dfrac{3v \cdot 2\pi f}{L}}{\dfrac{3D^*}{mL^2} - (2\pi f)^2}\right) \qquad \text{(Gl. 6.116)}$$

Ein positiver Wert für die Geschwindigkeit (in Bild 6.83b eine Strömung nach rechts) führt zu einem Nachhinken gegenüber der äußeren Kraft, ein negativer Wert dagegen zu einem Voreilen. Somit ergibt sich eine Winkeldifferenz zwischen den beiden Schenkeln des U-Rohres.
Ohne Strömung ($v = 0$) ist auch die Winkeldifferenz Null.

6.6.1.4 Bauformen der Coriolis-Massendurchflußmesser

Seit Mitte der 70er Jahre die ersten industriell einsetzbaren Coriolis-Mass-flow-Meter auf den Markt kamen, hat eine stürmische Entwicklung eingesetzt. Nahezu jeder Hersteller von Prozeßmeßgeräten hat inzwischen ein Coriolis-Gerät im Programm. Das einfache U-Rohr der ersten Stunde ist nur noch in Ausnahmefällen zu sehen, dafür ist eine unübersehbare Vielfalt von Varianten entstanden, nicht zuletzt auch durch die vorherrschende Patentlage.

Coriolis-Durchflußmesser bestehen aus einem oder zwei Meßrohren in einem Gehäuse, die mit ihrer Resonanzfrequenz von typischerweise 80...100 Hz mit einer elektromagnetischen Erregerspule angeregt werden, bestimmte Ausführungen arbeiten auch mit Frequenzen bis 1 kHz. Die Schwingungsamplitude beträgt nur etwa 1 mm. Der Durchgang der beiden Schenkel durch die Nullebene wird mit optischen oder induktiven Sensoren gemessen. Unsymmetrien durch Streuungen in der Fertigung (Null-Offsets) können beim Massenfluß Null wegtariert werden.

Wie aus Gleichung 6.114 hervorgeht, hängt die Resonanz-Kreisfrequenz $2\pi f_0$ von der Gesamtmasse $m + m_R$ des Rohrschenkels (Flüssigkeit und Rohrmaterial) ab. Eine Veränderung der Dichte des Mediums ändert m und damit auch die Resonanzfrequenz. Eine Regelelektronik des Meßumformers zieht bei Dichteänderung die Frequenz automatisch in die Resonanz.

Wegen

$$2\pi f_0 = \sqrt{\frac{3D^*}{(\varrho \cdot A \cdot L + m_R) \cdot L^2}} \quad \text{(Gl. 6.117)}$$

kann also beim Coriolis-Durchflußmesser die Dichte aus der Resonanzfrequenz bestimmt werden. Zwar wirkt sich die Temperaturabhängigkeit des E-Moduls über die Winkelrichtgröße D^* der Feder ebenfalls auf die Resonanzfrequenz aus. Da sie für das jeweilige Rohrmaterial aber bekannt ist, kann mit Hilfe einer Temperaturmessung des Mediums dieser Einfluß kompensiert werden.

Der Meßumformer des Coriolis-Durchflußmessers liefert also drei Meßinformationen:

1. den Massendurchfluß,
2. die Produktdichte (bei binären Gemischen kann zudem auch die Zusammensetzung oder der mitgeführte Feststoffgehalt bestimmt werden),
3. die Temperatur des Mediums (erlaubt auch die Umrechnung der Dichte auf Normbedingungen).

Heutige Meßgeräte lassen sogar bis zu 2% Gasblasen in der Flüssigkeit zu. Wegen der Erfassung des Massenstromes werden die Gasanteile praktisch ignoriert. Probleme entstehen allerdings bei Blasen, die den gesamten Rohrquerschnitt ausfüllen. Besonders bei Nulldurchfluß werden durch die Schwingungsanregung des Rohres lokale Strömungen um die Gasblasen hervorgerufen, die einen Durchfluß vortäuschen.

Durch eine hohe Schwingungsfrequenz von 80 Hz bis zu mehreren hundert Hz werden auch pulsierende Strömungen, z.B. hinter Dosierpumpen, korrekt erfaßt. Die Pulsationsfrequenz darf nur nicht mit einer Eigenfrequenz des Rohrsystems zusammenfallen! [6.17]

Tabelle 6.5 zeigt die wesentlichen Arbeitsprinzipien heutiger Geräte. Eine einzelne schwingende Rohrschleife (Tabelle 6.5a) benötigt eine große Gegenmasse, um die Vibration zu mindern. Das bedeutet schwere Gerätebauformen, die dazu noch auf massiven Unterlagen wie etwa Betonfundamenten zu montieren sind.

Zwei symmetrisch gegeneinander schwingende Rohre (Tabelle 6.5b) kompensieren sich schwingungsmäßig selbst [6.18] und gestatten eine leichte Bauform, die sogar frei in die Rohrleitung eingebaut werden kann (Bild 6.84). Die Sensoren müssen hier nur den Relativabstand der beiden Schleifen voneinander messen. Problematisch ist allerdings die präzise Aufteilung des Flüssigkeitsstromes auf die zwei Teilrohre. Weniger kritisch sind Varianten [6.19], bei denen der Gesamtstrom

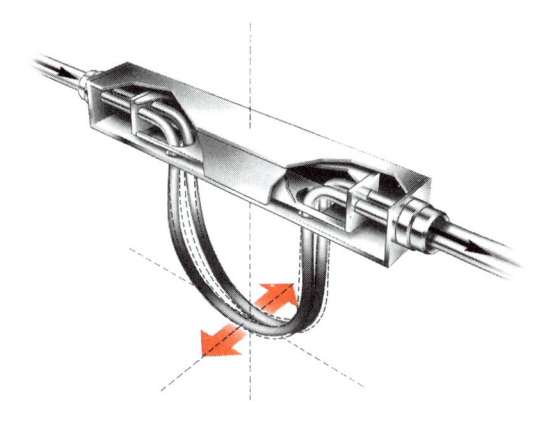

Bild 6.84 Vibrationsausgleich durch gegeneinander schwingende Rohrschleifen [Quelle: ROTA Yokogawa]

Tabelle 6.5 Grundprinzipien von Coriolis-Massenflußmessern [6.28]

Bauform	Hypothese	Verfahrenstechnische Hinweise
	Umgebung ruht, Referenzmasse viel größer als Rohrmasse > keine Kompensation erforderlich	oft vibrationsempfindlich häufige Bauform bei kleinen Geräten nur Geräte mit «weicher» interner Aufhängung voll funktionsfähig große hydraulische Länge > Druckverluste
	Verbindungsstelle der Meßglieder ruht «Schwingungsknoten» entkoppelt Messung von der Umgebung > keine Kompensation erforderlich	Bauform mit der größten Verbreitung Druckverluste durch lokale Fluidbeschleunigungen im Strömungsteiler mögliche Unsymmetrien bei der Durchströmung mit mehrphasigen Fluiden
	Umgebung bekannt > Modellierung der Wechselwirkung Messung/Umgebung > Kompensation durch Erfassung aller Umgebungseinflüsse	bei hohen Produktgeschwindigkeiten Druckverluste nicht unbedingt kleiner als bei 2 größerer Installationsaufwand als bei 2 bei hohen Viskositäten Vorteile durch kurze hydraulische Länge

nacheinander durch die Schleifen geführt wird wie in Bild 6.85.

Komplizierte Formen der Rohrgestaltung [6.20] wie etwa in Bild 6.86 bedeuten große Bauvolumina und ziehen bei der Reinigung und Entleerung des Gerätes gewisse Schwierigkeiten nach sich. Ferner können sich in den höchsten Punkten Gaspfropfen halten bzw. in den tiefsten Punkten Schwebstoffe absetzen. Das führt zu Fehlmessungen und Verstopfungen.

Ideale Eigenschaften haben Geradrohrsysteme in senkrechtem Einbau.

Sie sind leicht zu reinigen und zu entleeren, Gasblasen entweichen nach oben, Schwebstoffe können sich nicht im Meßrohr absetzen. Bild 6.87 zeigt die Schwingungsform eines Systems mit geradem Doppelrohr [6.21].

Die beiden Rohre werden zu gegenphasigen Schwingungen angeregt. Ohne Massenfluß ist die Schwingungsform symmetrisch. Bei Massenfluß führt die Coriolis-Kraft zu Deformationen der Rohre, die je nach Phasenlage der Schwingung wechseln und an eine Art Peristaltikbewegung erinnern.

Neu ist ein Einrohrsystem [6.22], an dem eine feste Pendelmasse hängt, die zu den Transversalschwingungen im Rohr zusätzlich auch Torsionsschwingungen hervorruft (Bild 6.88). Nach Angaben des Herstellers wird damit kein massives Gegengewicht zur Unterdrückung der Vibration erforderlich, sondern es wird auch bei wechselnder Flüssigkeitsdichte automatisch eine optimale Kompensation erreicht.

6.6.1.5 Bevorzugte Einsatzgebiete

Coriolis-Massendurchfluß-Meßgeräte sind in nahezu alle Bereiche der Industrie eingedrungen. Bevorzugte Einsatzgebiete sind

Bild 6.85
Einrohrsystem mit mehreren Schleifen

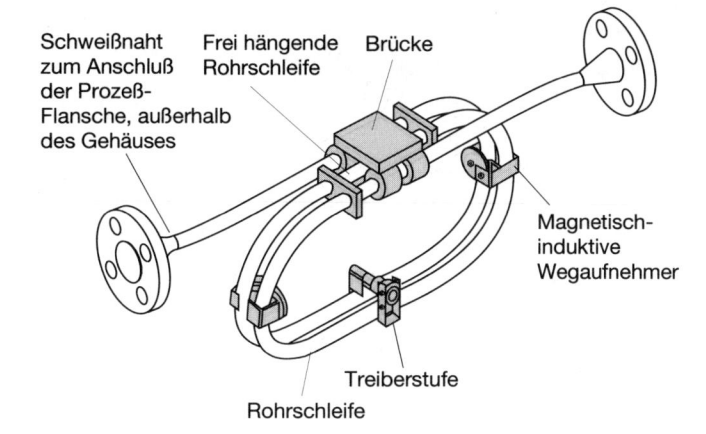

Schweißnaht zum Anschluß der Prozeß-Flansche, außerhalb des Gehäuses

Frei hängende Rohrschleife

Brücke

Magnetisch-induktive Wegaufnehmer

Treiberstufe

Rohrschleife

Bild 6.86
Komplizierte Form der Rohrgestaltung bei Einrohrsystem
[Quelle: Foxboro]

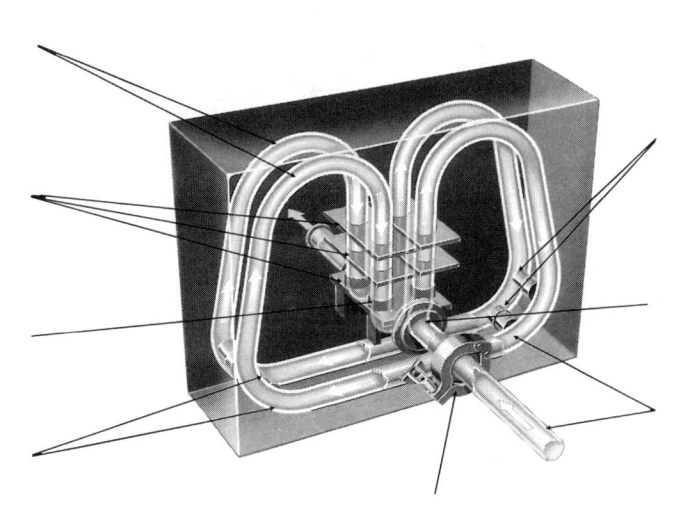

- Lebensmittel: Schokolade, Milch,
- chemische Industrie: Säuren, Laugen, Farben, Lacke,
- Petrochemie: Öle, Fette, Kohlenwasserstoffe, Flüssiggase,
- Pharmaindustrie: Mischen und Dosieren von Rohstoffen.

Hervorzuheben ist die Eignung der Geräte für Dosierungen und Abfüllaufgaben in Kleinstbehältern in der pharmazeutischen, kosmetischen und Lebensmittelindustrie. Nach Herstellerangaben [6.23] lassen sich Meßabweichungen von weniger als 0,15 % des Durchflusses bei einer Wiederholgenauigkeit von 0,05 % erreichen in einem Dynamikbereich von bis zu 1:500. Eine typische Fehlerkurve zeigt Bild 6.89.

Neben den zahlreichen Vorteilen hat das Coriolis-Verfahren auch gewisse *Nachteile*. Im besonderen seien hier genannt:

- Ein ausreichend hoher Meßeffekt erfordert hohe Strömungsgeschwindigkeiten und damit hohe Druckverluste. Damit verbunden sind Energieverluste, aber oft auch die Gefahr der Kavitation.
- Vibrationen am Gerät über die Rohrleitungen sind zu vermeiden, ebenso wie Pulsationsfrequenzen der Strömungen, die mit

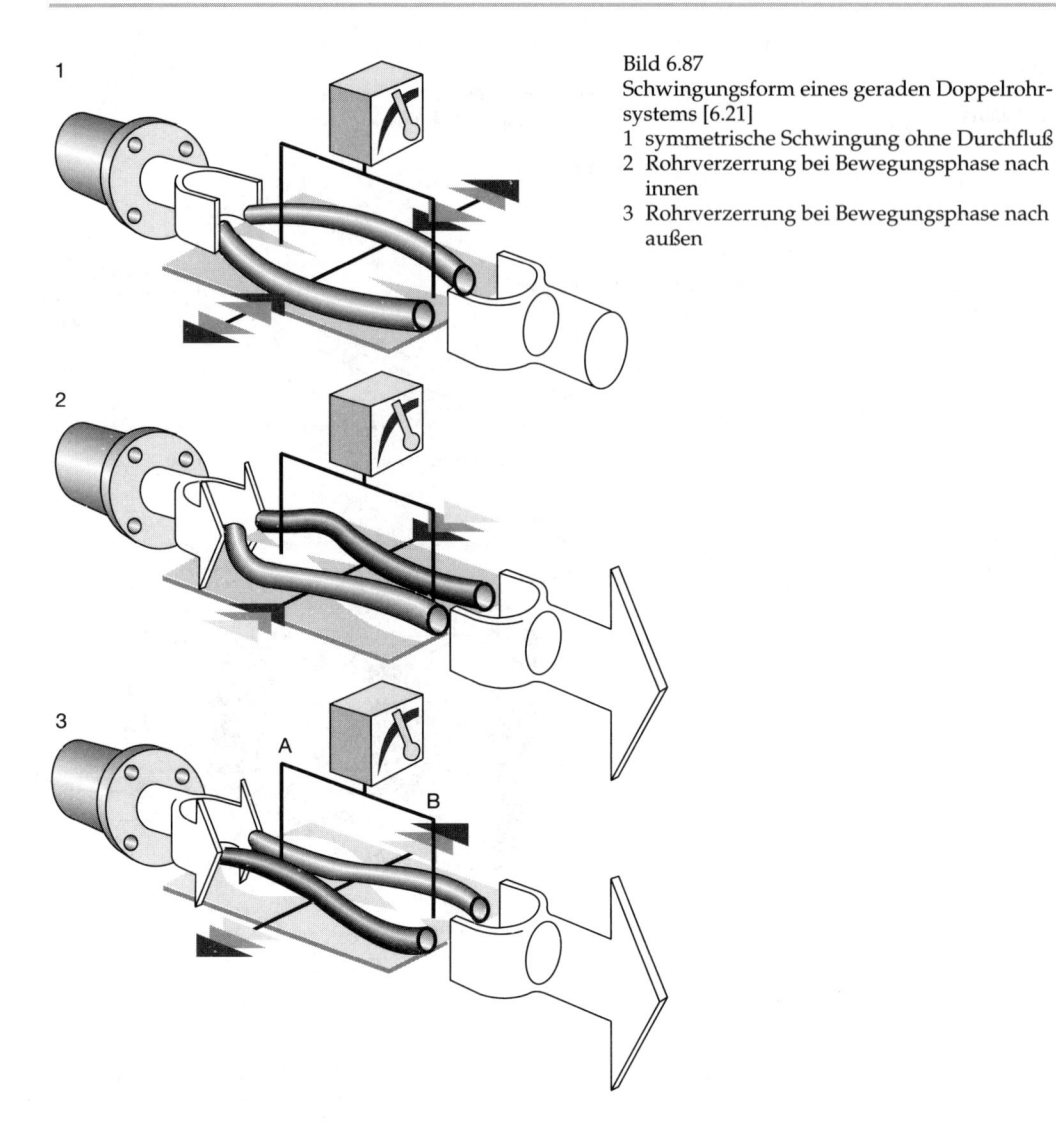

Bild 6.87
Schwingungsform eines geraden Doppelrohrsystems [6.21]
1 symmetrische Schwingung ohne Durchfluß
2 Rohrverzerrung bei Bewegungsphase nach innen
3 Rohrverzerrung bei Bewegungsphase nach außen

Eigenfrequenzen der Geräte zusammenfallen, da sie zu Fehlmessungen führen.
❑ An den Biege- und Torsionsstellen wird der Werkstoff sehr stark beansprucht, was zu Spannungsrißkorrosion führen kann.

6.6.2 Thermische Gas-Massenstrommesser

Die besondere Stärke des Coriolis-Prinzips ist die direkte Bestimmung des Massenstromes von Flüssigkeiten unabhängig von deren Dichte. Besonders bei Gasen wäre eine direkte Massenstrommessung von Vorteil, da deren Dichte von Druck und Temperatur abhängt und eine Umrechnung von Volumen- auf Massenstrom die Messung von Druck und Temperatur erfordert.

Eine physikalische Stoffeigenschaft, die weitgehend unabhängig ist vom Zustand eines Gases und sich nur auf die Stoffmenge, d.h. Masse bezieht, ist die **spezifische Wärme**. Dies wird bei den sog. thermischen Mas-

Bild 6.88
Gerades Einrohrsystem
a) Schema der Anregung und der Coriolis-Kräfte
b) Asymmetrisches Pendel zur Kompensation der Vibration

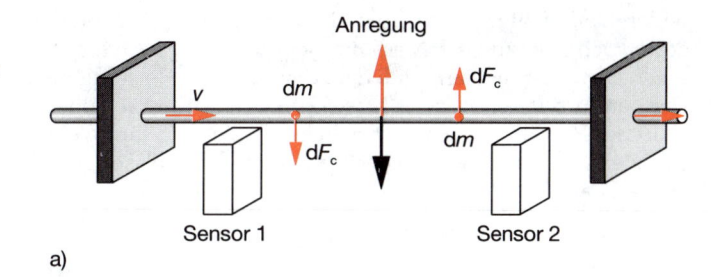

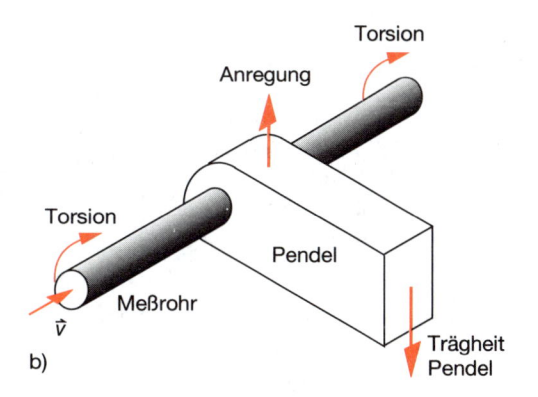

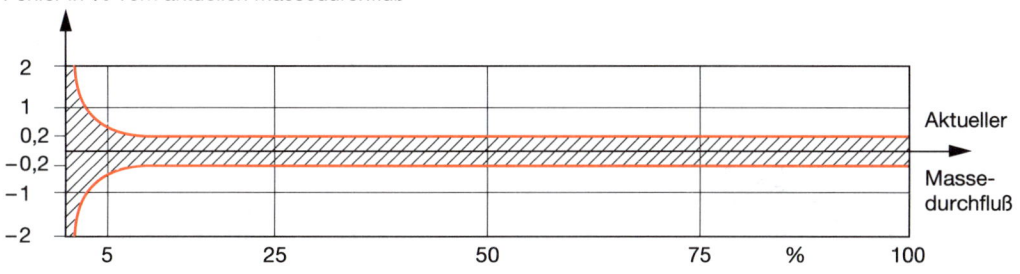

Bild 6.89 Typische Fehlerkurve eines Coriolis-Massenflußmessers

senstrommessern zur Bestimmung des Massenstromes von Gasen ausgenutzt. Sie ersetzen bereits heute in vielen Anwendungsfällen Blenden, Düsenmeßbrücken, Vortexmeter und Schwebekörper.

Trotz unterschiedlicher konzeptioneller Konstruktion beruhen alle thermischen Massendurchflußmesser letztlich auf der Abkühlung beheizter elektrischer Widerstände im strömenden Gas. Der strömungsabhängige Wärmeentzug wird als Meßeffekt genutzt: Die vom Gas pro Zeiteinheit abgeführte Wärmemenge $\dot{Q}$ ist gegeben durch

$$\frac{dQ}{dt} = \frac{dm}{dt} \cdot c_p \cdot \Delta T \qquad \text{(Gl. 6.118)}$$

Dabei ist c_p die spezifische Wärme des Gases und ΔT seine Temperaturerhöhung am Heizwiderstand. Unter stationären Bedingungen ergibt sich also aus der Messung der elektrischen Heizleistung am Widerstand und der Temperaturdifferenz ΔT der Massenstrom $\dot{m}$.

In der Praxis unterscheidet man zwei prinzipielle Bauformen thermischer Massenstrommesser, nämlich

- ❑ Heißfilm-Anemometer und
- ❑ Kapillarsysteme.

6.6.2.1 Heißfilm-Anemometer

Bei Heißfilm-Anemometern nach dem Konstanttemperatur-Prinzip (Bild 6.90) sind zwei temperaturabhängige Widerstände R_S und R_T Teil einer Wheatstone-Brücke. An ihnen strömt das zu messende Gas vorbei. Der Zweig mit dem Widerstand R_T ist hochohmig, der Zweig mit R_S niederohmig: $R_S \ll R_T$.

Die elektrische Leistung P, allgemein gegeben zu $P = U^2/R$, ist hoch in R_S. Daher heizt sich R_S deutlich über die Temperatur des umgebenden Gases auf, R_T liegt dagegen praktisch auf der Gastemperatur, da hier die Heizleistung klein ist.

In ruhendem Gas wird R_S durch Strahlung, Wärmeleitung und natürliche Konvektion des Gases gekühlt. Strömt das Gas jedoch, tritt als weiterer Kühlmechanismus noch der Wärmeentzug durch die Gasströmung hinzu. R_T ändert dagegen seine Temperatur nicht. Der Brückenstrom wird nun so geregelt, daß sich zwischen dem beheizten Widerstand R_S und dem auf der Gastemperatur liegenden R_T eine konstante Temperaturdifferenz $\Delta T_0 = T_S - T_T$ einstellt.

Die in R_S bei Gasströmung zusätzlich umzusetzende elektrische Leistung muß also exakt dessen Wärmeverlust an das strömende Gas kompensieren. Aus der Erhöhung des Stromes durch R_S läßt sich also auf den Teilchen- und damit auch auf den Massenfluß schließen.

6.6.2.2 Technische Ausführungen

Die meßtechnische Ausführung enthält zwei Platin-Dünnschichtwiderstände in korrosionsfester Keramik. Sie sind in einen Einsteckfühler integriert, der mit einer Flansch- bzw. Schraubverbindung senkrecht in die Rohrleitung eingebaut werden kann. Es ist darauf zu achten, daß zunächst R_T und dann R_S vom Gas angeströmt werden. Die Meßanordnung ist also richtungsabhängig!

Das Meßgerät ist nicht nur für Luft geeignet, sondern auch für viele andere Gase.

Bei Problemfällen (toxische und/oder explosive Gase) wird vom Gerätehersteller eine Kalibration der Meßeinrichtung in Luft vorgenommen und anhand der kalorischen Stoffdaten auf das konkrete Gas umgerechnet. Die Genauigkeiten liegen bei etwa ± 2%.

6.6.2.3 Einsatzgebiete

Bevorzugte Einsatzgebiete des Gerätes sind:

- ❑ Brennersteuerung in der Glasindustrie,
- ❑ Belebungslufterfassung bei Fermentationen und Kläranlagen,

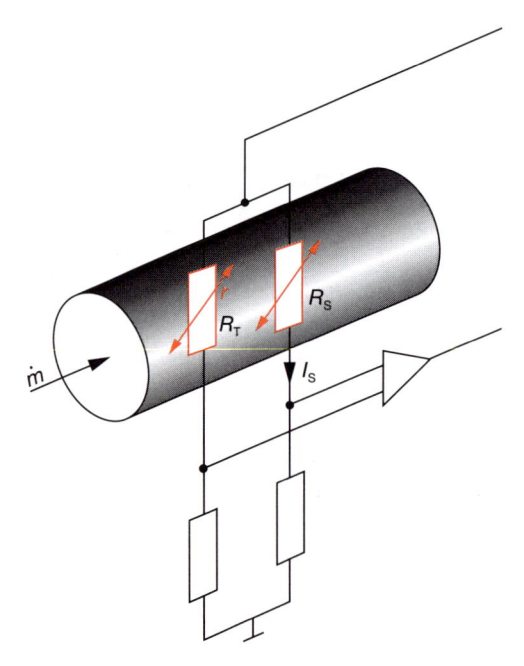

Bild 6.90 Massenflußmessung für Gase nach dem Prinzip des Heißfilm-Anemometers

❏ Durchflußmessungen an Kompressorstationen,
❏ Motorenprüfstände,
❏ Rauch- und Deponiegasmessungen,
❏ Fackelgasmessungen.

Prinzipiell ähnlich arbeiten auch Hitzdraht-Anemometer. Sie nutzen als elektrische Widerstände dünne Drahtfilamente. Wegen ihres kleinen Aufbaus erlauben diese Geräte z.B. Messungen von Strömungsprofilen an Luftkanälen o.ä. Sie sind auch als Handgeräte für mobilen Einsatz erhältlich.

6.6.3 Kapillarsysteme

Geräte auf der Basis von Kapillarsystemen erfassen ebenfalls den Massenfluß von Gasen. Ihr Vorteil ist die kompakte Bauweise und die Fähigkeit, in jeder Einbaulage zu arbeiten. Das Funktionsprinzip wurde bereits im Jahre 1911 vorgestellt [6.24].

6.6.3.1 Funktionsprinzip

Bild 6.91 zeigt schematisch eine Version mit Bypass-System: Durch ein Strömungshindernis im Hauptstrom wird ein Teilstrom des Gases durch eine Kapillare geführt. Der Laminarflow-Satz sorgt dafür, daß das Teilverhältnis zwischen Hauptstrom und Kapillare für alle Durchflüsse konstant ist.

In der Mitte der Kapillare befindet sich eine Heizwicklung H, stromauf und stromab je eine Sensorwicklung S. Diese bilden als temperaturabhängige Widerstände einen Zweig einer Wheatstone-Brücke (Bild 6.92). Die Heizwicklung erzeugt eine Erwärmung in der Mitte der Kapillare.

Ohne Gasströmung durch die Kapillare wird die Wärme durch Abstrahlung und Wärmeleitung entlang der Kapillaren abgeführt. Konvektive Wärmeableitung an der Außenseite der Kapillare wird durch thermische Isolation unterdrückt. Man findet ohne Gasströmung an S_1 und S_2 die gleiche Temperatur, das Temperaturmaximum liegt in der Mitte der Kapillare (durchgezogene Kurve in Bild 6.92).

Strömt nun Gas durch die Kapillare, so wird die symmetrische Temperaturverteilung gestört: Es entsteht ein Temperaturunterschied $\Delta\vartheta$ zwischen den beiden Sensoren, der in erster Näherung proportional ist zur strömenden Wärmekapazität.

Je größer die Wärmekapazität des Gases, desto höher wird der Temperaturunterschied an den beiden Meßorten x_1 und x_2. Die unsymmetrische Temperaturverteilung entlang der Kapillare zeigt die gestrichelte Linie in Bild 6.92.

Empirisch findet man bei kleinen Durchflüssen tatsächlich wie erwartet einen linearen Zusammenhang zwischen der Temperaturdifferenz $\Delta\vartheta$ an den beiden Sensoren und dem Massenstrom dq_m/dt:

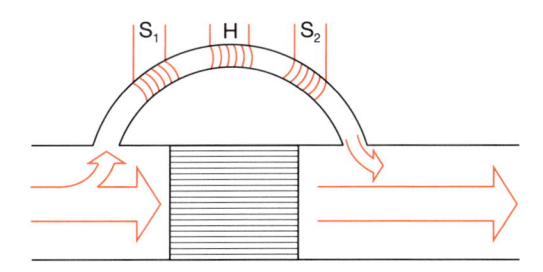

Bild 6.91 Prinzip eines thermischen Gas-Massenstrommessers mit Kapillarsystem

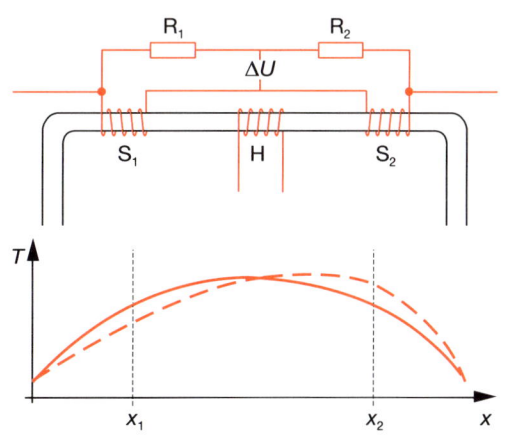

Bild 6.92 Temperaturverteilung an der Kapillare mit und ohne Gasströmung

$$\Delta\vartheta \sim c_p \cdot \dot{q}_m \qquad \text{(Gl. 6.119)}$$

Bei großen Strömungen erweist sich $\Delta\vartheta$ als umgekehrt proportional zum Massenstrom:

$$\Delta\vartheta \sim \frac{1}{c_p \cdot \dot{q}_m} \qquad \text{(Gl. 6.120)}$$

Wie Bild 6.93 zeigt, erhält man damit eine doppeldeutige Funktion: Die gleiche Temperaturdifferenz $\Delta\vartheta$ kann sich bei kleinem und bei großem Durchfluß einstellen.

Im Normalfall werden Massendurchflußmesser und -regler bei kleinen Strömungsgeschwindigkeiten respektive kleinen Durchflüssen betrieben.

In diesem Bereich gilt angenähert eine lineare Kennlinie. Man muß allerdings im Betriebseinsatz sichergehen, daß die Strömung nicht plötzlich zu großen Werten umschlägt, da sonst Fehlmessungen auftreten.

In speziellen Anwendungen nutzt man auch den Bereich der indirekten Proportionalität zur Bestimmung sehr großer Durchflüsse. Auch hier ist Sorge zu tragen, daß die Strömung in diesem Bereich der Kennlinie bleibt.

Die wesentlichen *Vorteile* der thermischen Massenstrommesser sind:

- direkte Massenmessung,
- hohe Reproduzierbarkeit,
- keine Druck- und Temperaturkompensation erforderlich,
- kompakte Bauweise,
- keine Ein- und Auslaufstrecken erforderlich.

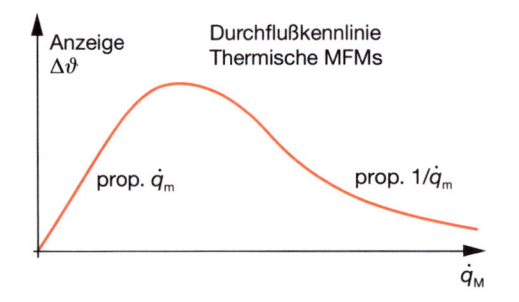

Bild 6.93 Temperaturdifferenz an den Sensoren in Abhängigkeit von der Gasströmung (qualitativ)

6.6.3.2 Einsatzgebiete

Häufig kombiniert man die Meßanordnung mit einem Stellventil, das durch eine Reglerelektronik (direkt auf der Platine integriert) angesteuert wird. Damit erhält man einen kleinen, kompakten Gas-Massenflußregler, der sehr flexibel in eine Rohrleitung eingebaut werden kann. Bild 6.94 zeigt einen Massenflußregler in einsatzfertigem Zustand.

In dieser Form werden Gas-Massenstrommesser/-regler (**M**ass **F**low **M**eters, MFM, bzw. **M**ass **F**low **C**ontrollers, **MFC**) von einer Reihe verschiedener Hersteller angeboten und in großen Stückzahlen in Industrie und Labor eingesetzt. Auch Versionen in explosionsgeschützter Ausführung sind erhältlich. Ein Steuergerät enthält das Netzteil zur Versorgung, Sollwertvorgabe und Istwertanzeige mehrerer MFMs bzw. MFCs.

Gas-Massenstrommesser und -regler werden bevorzugt zur Regelung von Dotiergasströmen in der Halbleiterfertigung und zur Herstellung definierter Gasgemische, z. B. zur Kalibration von Gassensoren, genutzt. Bild 6.95 zeigt eine Einrichtung zur Herstellung von Gasgemischen mit thermischen Massenflußreglern.

6.6.3.3 Gas-Konversionsfaktoren

Die Genauigkeit der Geräte wird wesentlich dadurch bestimmt, wie gut die Kennlinie elektronisch linearisiert werden kann und welchen Aufwand der Hersteller bei der Kalibration aufwendet. Üblicherweise werden die Geräte beim Hersteller nicht mit problematischen Gasen (toxisch und/oder brennbar) kalibriert, sondern nur mit N_2 oder Luft. Auf die Durchflußwerte der vom Anwender gewünschten Gase gelangt man rechnerisch unter Verwendung von Konversionsfaktoren C_{Gas}:

$$\dot{q}_{V,\,Gas} = C_{Gas} \cdot \dot{q}_{V,\,N2} \qquad \text{(Gl. 6.121)}$$

Die auf N_2 bezogenen Konversionsfaktoren C_{Gas} lassen sich mit Hilfe der Wärmekapazität

Bild 6.94
Thermischer Massenflußregler

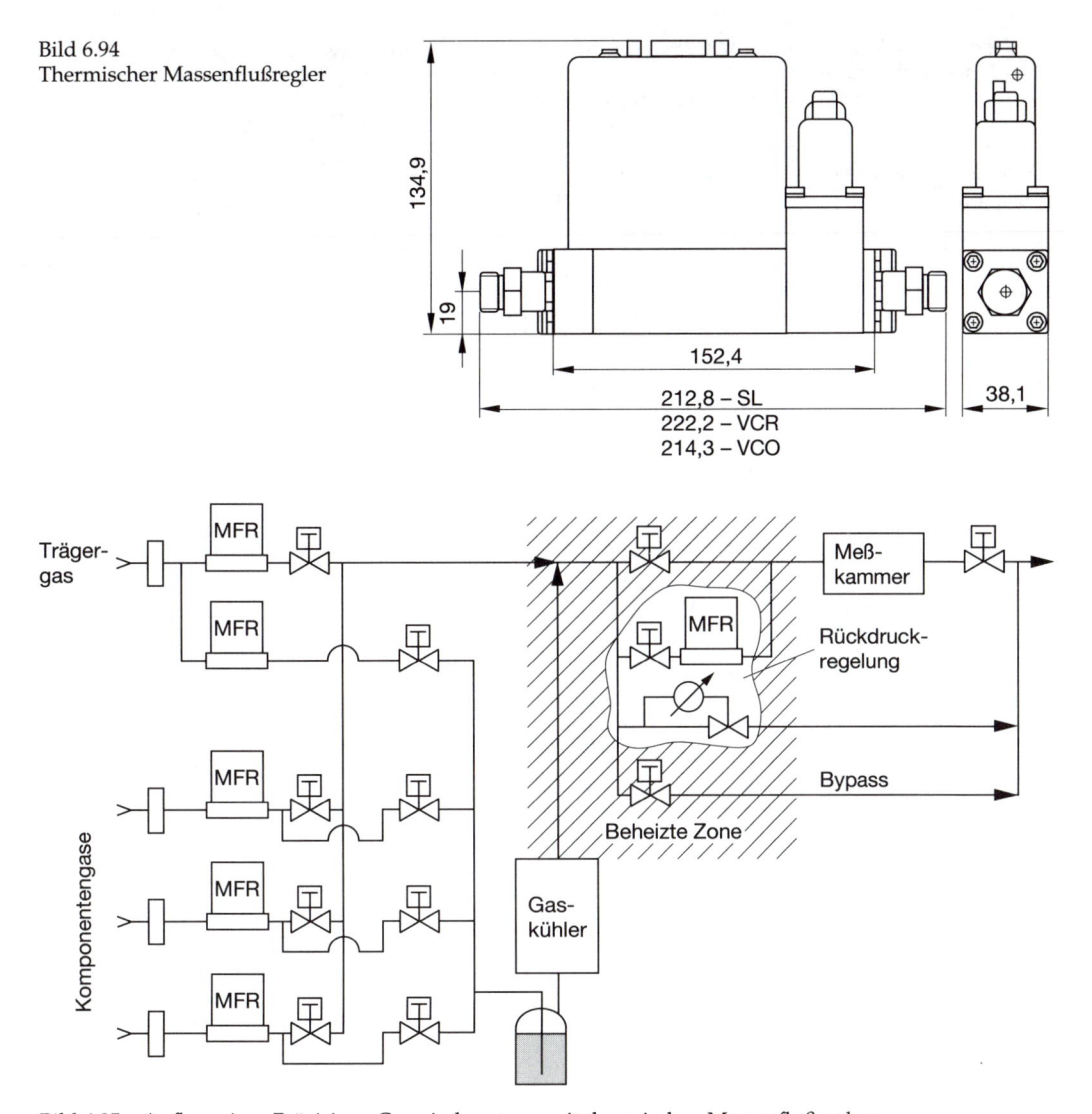

Bild 6.95 Aufbau eines Präzisions-Gasmischsystems mit thermischen Massenflußreglern

c_p und der Dichte ϱ des jeweiligen Gases bestimmen:

$$C_{Gas} = \frac{0{,}3106 \cdot N}{c_p \cdot \varrho} \qquad (\text{Gl. 6.122})$$

Der numerische Faktor 0,3106 im Zähler von Gleichung 6.121 ergibt sich aus den Daten für N_2, der sog. Molekularfaktor N berücksichtigt die Freiheitsgrade des Gases (ein-, zwei- oder mehratomige Moleküle). Er ist in Tabelle 6.6 angegeben. Für eine große Anzahl von Gasen geben Hersteller die Konversionsfaktoren in Tabellen an, wovon Tabelle 6.7 einen kleinen Ausschnitt zeigt. Eine ausführlichere Übersicht findet sich am Ende des Buches.

Beispielsweise folgt für CO_2 aus Tabelle 6.6 ein Molekularfaktor $N = 0{,}941$; mit der Dichte

Tabelle 6.6 Molekularfaktoren für thermische Kapillar-Massenstrommesser

	N
Einatomige Gase (Argon, Xenon, Helium)	1,030
Zweiatomige Gase (CO, N_2, O_2, NO)	1,000
Dreiatomige Gase (CO_2, NO_2, SO_2)	0,941
Vielatomige Gase (NH_3, AsH_3, CH_4, C_2H_6, PH_3)	0,880

$\varrho = 1{,}96$ kg/m³ und $c_p = 0{,}2016$ kcal (kg K)$^{-1}$ ergibt sich schließlich ein Konversionsfaktor $C_{Gas} = 0{,}74$ (vgl. Tabelle 6.7).

Wie aus Gleichung 6.121 ersichtlich ist, beziehen Hersteller und Anwender die Durchflußangaben grundsätzlich auf Volumenströme im Normzustand (meist sogar in l$_n$/min, d.h. Standardliter/Minute!), unabhängig von den Prozeßbedingungen (Druck, Temperatur).

Die Linearisierung der Kennlinie bereitet bei digitaler Signalauswertung keine Probleme mehr. Für Luft- oder N_2-kalibrierte Geräte lassen sich heute sicher Linearitätsabweichungen unter 0,5% vom Meßwert bzw. 0,1% vom Endwert erzielen. Allerdings dürften die absoluten Werte bei Anwendung von Konversionsfaktoren kaum besser als ± 3% sein!

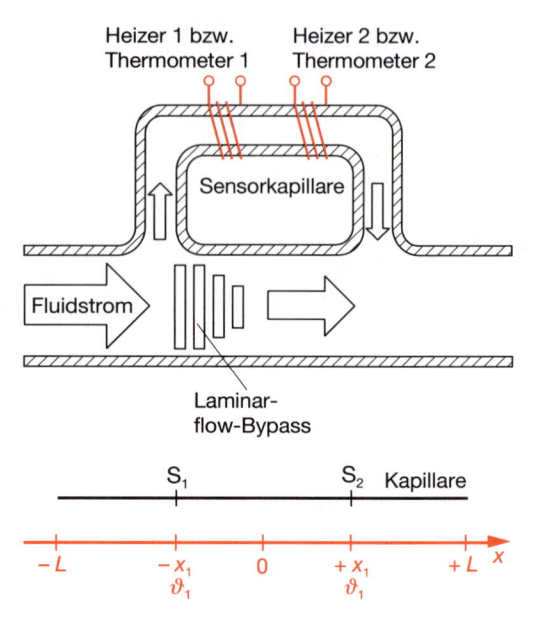

Bild 6.96 Mathematische Modellierung eines Kapillarsystems

6.6.4 Theoretische Modellierung eines thermischen Massendurchflußmessers

Bereits 1947 stellten BROWN und KRONBERGER auf Basis von Fouriers Wärmeleitungsgleichung eine Differentialgleichung zur Berechnung des Temperaturverlaufs an einer beheizten, gasbeströmten Kapillare auf. [6.26] Wie in Bild 6.96 ersichtlich, ist nicht unbedingt eine Heizwicklung erforderlich, sondern die Heiz-

Tabelle 6.7 Konversionsfaktoren für Gase

Gas	Formel	c_p	ϱ	C
Acetylen	C_2H_2	0,4036	1,162	0,58
Ammoniak	NH_3	0,492	0,760	0,73
Kohlendioxid	CO_2	0,2016	1,964	0,74
Ethan	C_2H_6	0,4097	1,342	0,50
Ethylen	C_2H_4	0,365	1,251	0,60
Wasserstoff	H_2	3,419	0,0899	1,01
Methan	CH_4	0,5328	0,715	0,72
Propan	C_3H_8	0,3885	1,967	0,36
Schwefeldioxid	SO_2	0,1488	2,858	0,69

leistung kann auch über die beiden Sensorwicklungen eingetragen werden. Im Modellansatz nehmen die Autoren eine gestreckte Kapillare an, bei der die beiden Heiz-/Sensorwicklungen symmetrisch bei $x = \pm x_1$ liegen; bei $x = \pm L$ sei die Kapillare mit dem Grundblock verschweißt. In ihrem Ansatz berücksichtigen BROWN und KRONBERGER auch Wärmeverluste durch Konvektion, Wärmeleitung und Strahlung an die Umgebung:

$$\frac{d^2\vartheta(x)}{dx^2} - \frac{\dot{q}_m c_p}{k \cdot A} \cdot \frac{d\vartheta(x)}{dx} - \frac{u(x)}{k \cdot A} \cdot \vartheta(x) = 0$$

(Gl. 6.123)

$\vartheta(x)$ Übertemperatur gegen die Umgebung
k Wärmeleitfähigkeit der Rohrwand
A Fläche des Wandmaterials
u Wärmeverluste
$\dot{q}_m$ Gas-Massenstrom
c_p spezifische Wärme des Gases

Unter den vereinfachenden Modellannahmen, daß die Heizleistung ringförmig an den Stellen $x = \pm x_1$ auf einer infinitesimalen Länge eingespeist wird und die Enden der Kapillare bei $x = \pm L$ sich auf Umgebungstemperatur befinden, erhält man für die 3 Bereiche

A : $-L < x < -x_1$
B : $-x_1 < x < +x_1$
C : $+x_1 < x < +L$

jeweils Lösungen für $\vartheta(x)$ mit komplizierten sinh-Funktionen.

Bild 6.97 zeigt die Lösungen $\vartheta(x)$ der Differentialgleichung 6.123 für die drei Bereiche in grafischer Darstellung. Parameter der Kurven sind verschiedene Werte des Durchflusses. Da bei dem Modell keine Heizwicklung in der Mitte der Kapillare Wärme einspeist, sondern die Sensorwicklungen als Heizung dienen, wird das Temperaturmaximum auch ohne Massenfluß nicht in der Mitte der Kapillaren bei $x = 0$ erreicht, sondern an den Positionen der Heizwicklungen. Qualitativ aber ist klar ersichtlich, daß eine Verschiebung des Temperaturprofils stromabwärts auftritt, wenn Gas durch die Kapillare strömt.

In Bild 6.98 ist die Temperaturdifferenz zwischen den beiden Sensoren als Funktion des Durchflusses dargestellt. Es ist deutlich, daß sich für kleine Durchflüsse näherungsweise eine Gerade ergibt. Aus der exakten Lösung $\vartheta(x)$ kann die theoretische Kalibrierkurve für kleine Durchflüsse bestimmt werden. Für große Massenströme folgt eine Abhängigkeit der Form $\Delta\vartheta \sim 1/\dot{q}_m$, wie auch experimentell festgestellt wird.

Bild 6.97
Theoretische Temperaturverteilung entlang der Kapillare mit und ohne Gasfluß

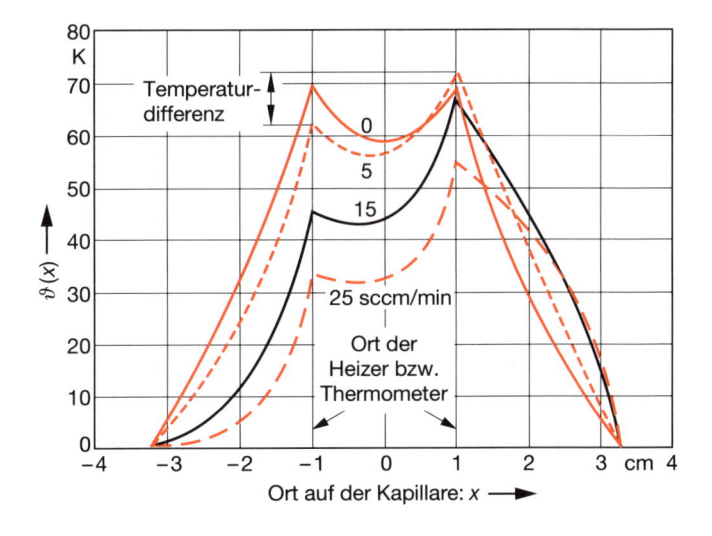

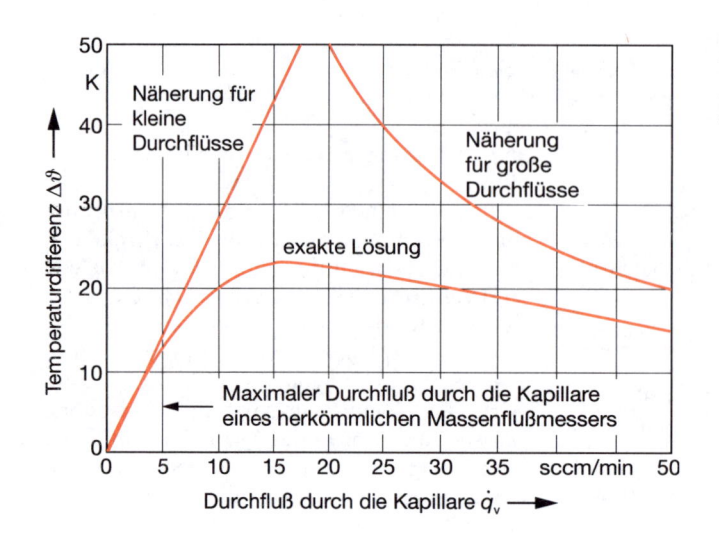

Bild 6.98 Berechnete Temperaturdifferenz an den Sensoren eines Kapillarsystems

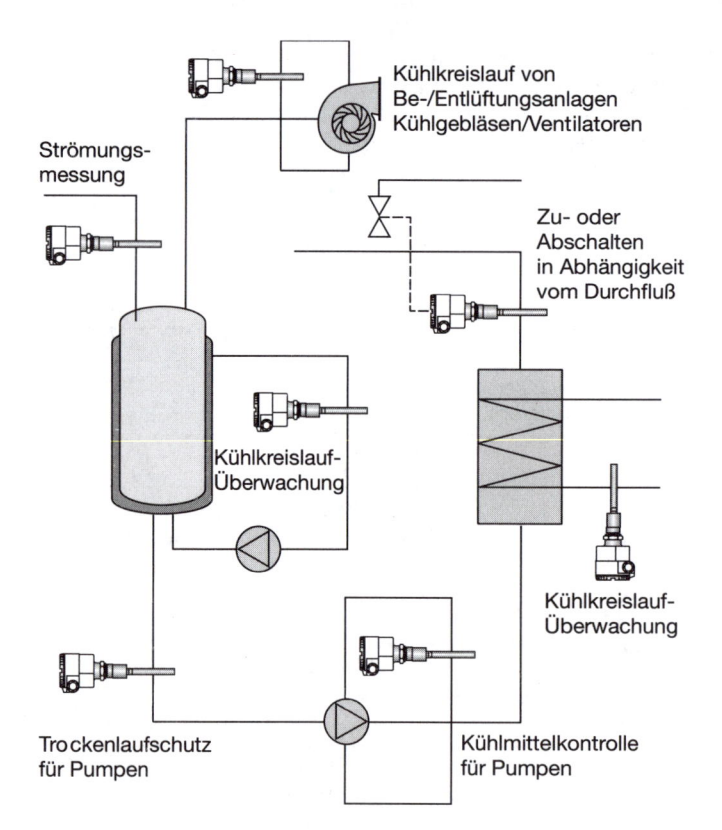

Bild 6.99 Einsatzbeispiele für Strömungswächter [6.21]

6.7 Strömungswächter

Strömungswächter haben die Aufgabe, Flüssigkeits- und Gasströme im Betrieb zu überwachen. Beispiele sind die Überwachung von

❏ Belüftungsanlagen, Kühlgebläsen, pneumatischen Förderanlagen, Ventilatoren, Gasversorgungsnetzen,
❏ Mischanlagen, Pumpenförderung, Kühlwasser, Kühl- und Schmierstoff-Kreisläufen (KSS).

In Bild 6.99 sind schematisch einige typische Anwendungsfälle dokumentiert.

Zahlreiche physikalische Meßprinzipien bieten sich für die Strömungserfassung an, meist wählt man jedoch in der Durchflußmessung bewährte Methoden. Bild 6.100 zeigt stellvertretend die Funktionsweise eines magnetisch induktiven und Bild 6.101 den Aufbau eines kalorimetrischen Strömungswächters für den Einsatz an Lebensmitteln. Letzerer arbeitet mit je einem beheizten und einem unbeheizten elektrischen Widerstand und nutzt den Wärmeabtrag durch das Medium als Meßeffekt wie ein Heißfilm-Anemometer.

In Tabelle 6.8 sind ohne Anspruch auf Vollständigkeit einige gebräuchliche Meßverfahren für Strömungswächter mit ihren Vor- und Nachteilen zusammengestellt.

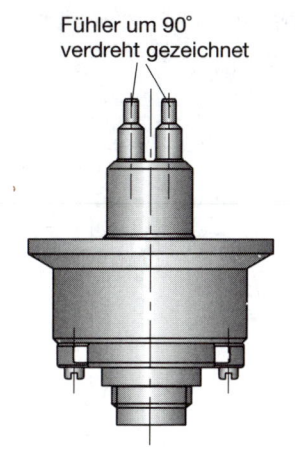

Bild 6.101 Aufbau eines kalorimetrischen Strömungswächters für den Einsatz in der Nahrungsmittelindustrie

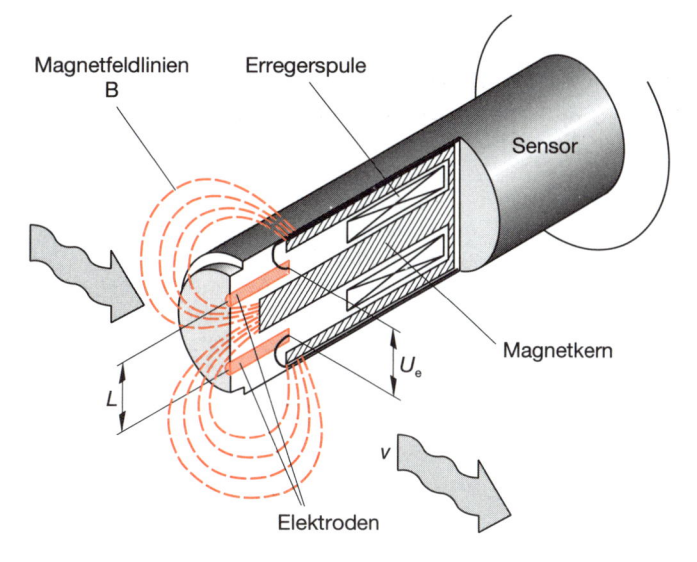

Bild 6.100
Funktionsprinzip eines magnetisch-induktiven Strömungswächters [6.21]

Tabelle 6.8 Eigenschaften von Strömungswächtern

Typ	Einsatzgebiete	Vorteile	Nachteile
Schwebekörper	Flüssigkeiten Gase	• robustes Prinzip • einfache Funktionsweise • problemlos überlastbar	• dichte- und viskositätsabhängig • keine Feststoffe im Medium
Kalorimetrie	Flüssigkeiten Gase	• keine mechanisch bewegten Teile • preiswert • vollkommen wartungsfrei • kein Druckverlust • keine Leitfähigkeit nötig	• Abgleich auf Medium nötig • nicht für stark variierende Medien • nichtlineares Signal
Magnetisch induktiv	Flüssigkeiten	• keine mechanisch bewegten Teile • wartungsfrei • verschleißfrei • gute Linearität • Feststoffe kein Problem	• leitfähige Flüssigkeit nötig • Ablagerungen auf dem Sensor bringen Fehler
Wirbelzähler	Flüssigkeiten Gase	• großer Dynamikbereich • gute Linearität	• nicht für hochviskose Flüssigkeiten • nur Nennweiten über DN 25 möglich
Turbine	Flüssigkeiten (Gase)	• hohe Genauigkeit: ± 0,2 % v. M. • Temperaturbereich −200...+350 °C • hohe Drücke bis ca. 600 bar • auch für nichtleitfähige Medien	• viskositätsabhängig • keine Feststoffe im Medium • Ein- und Auslaufstrecken • Verschleiß
Flügelrad	Gase (Flüssigkeiten)	• schnellansprechend • beliebige Einbaulage • auch für kleinste Strömungsgeschwindigkeiten	• viskositätsabhängig • geringe Druckfestigkeit • max. Drehzahl nicht überschreiten

6.8 Auswahl von Meßverfahren zur Bestimmung des Durchflusses

Wie ersichtlich ist, sind sehr viele Verfahren zur Durchflußmessung verfügbar. Um dem Anwender die Auswahl zu erleichtern, wurde die VDI/VDE-Richtlinie 2644 erstellt. Anhand eines PC-Programms läßt sich die Auswahl des geeigneten Verfahrens leicht und zügig durchführen [6.27].

7 Meßumformertechnik

7.1 Historische Entwicklung

Noch in der ersten Hälfte des 20. Jahrhunderts stand der Bediener mitten in der verfahrenstechnischen Produktionsanlage: Er informierte sich an örtlichen Anzeigen über Druck und Temperatur und steuerte den Prozeß über Hebel, Ventile und Schalter (Bild 7.1).

Etwa um 1950 trat mit dem Bau zentraler Leitwarten und der damit verbundenen Notwendigkeit, die Informationen dorthin zu übertragen, die Problematik langer Leitungswege auf: Die geringe Thermospannung der Thermoelemente in Verbindung mit den hochohmigen Leitungen konnte nicht unverfälscht über weite Entfernungen übertragen werden, auch die kleinen Meßspannungen der Widerstandsthermometer eigneten sich nicht gut für eine Fernübertragung. Noch problematischer waren Druckmessungen: Das Produkt in der Leitung zwischen der Meßstelle an der Anlage und dem Manometer in der Meßwarte konnte bei Leckagen austreten und das Personal gefährden. Es bestand daher der dringende Wunsch nach einem störsicheren Signal zwischen der örtlichen Meßstelle an der Anlage und dem Anzeigeinstrument in der Warte.

7.2 Einheitssignale

Dieses Problem einer sicheren, ungestörten und einheitlichen Form der Meßwertübertragung wurde schließlich durch die Meßumformer und das Einheitssignal gelöst.

Der Meßumformer, auch Transmitter genannt, formt das der Meßgröße entsprechende Primärsignal eines individuellen Fühlers (Pt 100, Thermoelement, Druck- und Durchflußsensor) in ein lineares, einheitliches Signal um, das praktisch störungsfrei über große Strecken übertragen werden kann. Dieses linearisierte Einheitssignal läßt sich von einheitlichen Folgegeräten (Anzeiger, Regler, x-t-Schreiber, Grenzwertüberwachungen usw.) weiterverarbeiten und/oder in Prozeßeingriffe umsetzen (Bild 7.2). Mit dem Einheitssignal aus dem Meßumformer können gleichzeitig auch mehrere Folgegeräte versorgt werden: Regler, Schreiber, Anzeiger, Grenzwertüberwachungen u. a.

Das Konzept des Meßumformers mit linearem Einheitssignal erleichtert

- Planung und Konzeption der Meßstellen,
- Montage und Anschluß der Meßtechnik,
- Lagerhaltung, da ein Typ eines Folgegerätes genügt (z. B. ein Regler- oder Schreibertyp für Temperatur-, Druck-, Niveau- oder Durchflußmessung),
- Personalschulung usw.

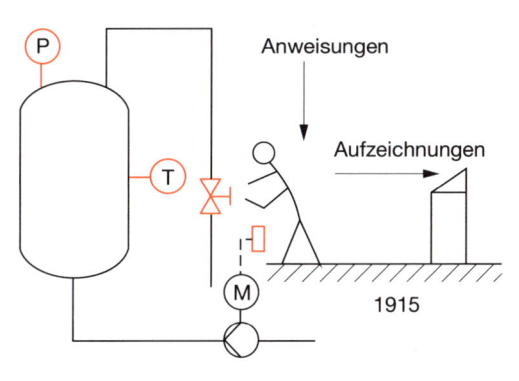

Bild 7.1 Bedienung verfahrenstechnischer Anlagen um 1915

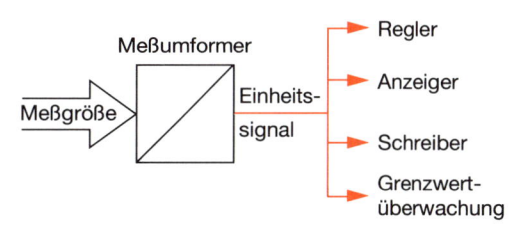

Bild 7.2 Das Einheitssignal des Meßumformers kann von mehreren Folgegeräten genutzt werden

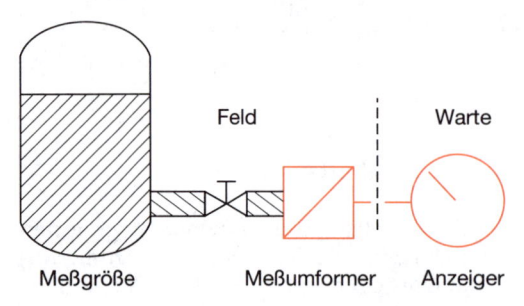

Bild 7.3 Der Meßumformer trennt das Produkt vom Anzeigegerät in der Meßwarte

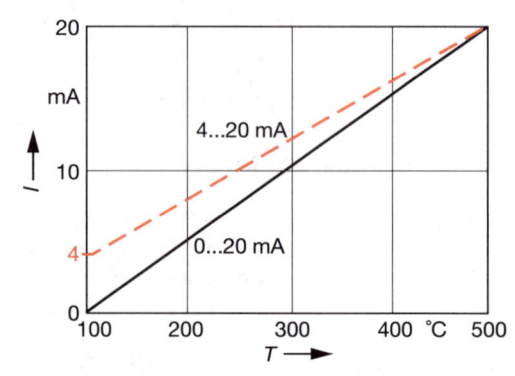

Bild 7.4 Kennlinien für das Einheitssignal 0...20 mA (durchgezogen) und 4...20 mA (gestrichelt)

Schließlich erhöht der Meßumformer auch die Sicherheit des Prozesses, da keine Produktleitungen zwischen Anlage und Meßwarte verlaufen (Bild 7.3): Der Transmitter trennt Anlage und Leitstand.

Als Einheitssignal, das störsicher über weite Strecken übertragen werden kann, eignet sich ein Strom, z.B. 0...20 mA. Elektrische Signale sind schnell, mit ihnen lassen sich praktisch beliebige Entfernungen überbrücken.

Mit dem Konzept des Einheitssignals wird ein Temperatur-Meßbereich von z.B. 100... 500 °C auf die Stromspanne 0...20 mA abgebildet. Das bedeutet konkret:

Herrschen an der Meßstelle 100 °C, so beträgt das Signal 0 mA; bei 500 °C fließen 20 mA. Auch wenn der Temperaturfühler nichtlinear ist (wie bei Thermoelementen üblich), muß dennoch der Meßumformer den Bereich linear interpolieren, er braucht dazu also genaue Information über die Unlinearität des Fühlers.

Das Ausgangssignal 0...20 mA des Transmitters ist temperaturlinear, daher spricht man auch von einer linearen Kennlinie (Bild 7.4, ausgezogene Linie). Erste Erfahrungen haben gezeigt, daß die Wahl des Bereiches 0...20 mA noch einen großen Nachteil hat:

Es kann gelegentlich vorkommen, daß ein Signaldraht bricht, was zum Strom 0 mA führt. Dies ist nicht vom Meßanfang 0 mA (entsprechend 100 °C des Beispiels) zu unterscheiden. Eine Anhebung des Nullpunktes von 0 mA auf 4 mA beseitigt diese Zweideutigkeit: Drahtbruch ($I = 0$) kann jetzt vom Meßanfang ($I = 4$ mA) eindeutig unterschieden werden.

Ein weiterer Vorteil ist, daß Meßumformer mit dem Signalbereich 4...20 mA über die Signalleitung mit Hilfsenergie versorgt werden können (Zweileiter-Meßumformer, s.u.). Das spart Leitungen!

Aus den genannten Gründen hat sich daher das analoge Einheitssignal 4...20 mA weitgehend durchgesetzt (wenn auch viele bestehende Meßkreise noch mit 0...20 mA arbeiten). Den auf 4 mA angehobenen Nullpunkt bezeichnet man auch als «live zero». Der lineare Zusammenhang zwischen Meßgröße und Signal wird natürlich auch bei live zero beibehalten (Bild 7.4 gestrichelte Kennlinie).

Ein ebenfalls genormtes pneumatisches Einheitssignal von 0,2...1 bar ist heute nur noch in älteren Anlagen zu finden. Es hat gegenüber dem elektrischen Signal viele Nachteile; u.a. sind Signalwege bei der Pneumatik nur bis zu etwa hundert Meter Länge sinnvoll. Ansonsten wird die Verzögerung durch die Signallaufzeit zu groß, denn die maximale Signalgeschwindigkeit ist die Schallgeschwindigkeit!

7.3 Hilfsenergieversorgung und Signalübertragung

Für die Speisung des Meßfühlers, die Gewinnung und Verstärkung der originären Meßsignale und die Bereitstellung des Signalstromes benötigt der Meßumformer Hilfsenergie. Aus Sicherheitsgründen wählt man eine Kleinspannung im Bereich zwischen 12 V= und 30 V=. Sie wird über ein Netzteil bereitgestellt. Bild 7.5 zeigt schematisch die Verschaltung des Meßkreises:

Das Meßsignal 0/4…20 mA wird seriell durch die gesamten Folgegeräte geführt, so daß jedes einzelne den Signalstrom erhält. Anzeigegeräte, Regler usw. benötigen zur Weiterverarbeitung eine Spannung. Daher wird der Strom am Innenwiderstand R_i des Gerätes (typischerweise 50…250 Ω) in eine Spannung U umgesetzt. Jedes Folgegerät stellt also aufgrund seines Innenwiderstandes eine sog. «Bürde» für den Signalstromkreis dar.

Schaltet man zu viele Geräte in den Signalkreis, d.h. wird die Summe der Eingangswiderstände R_i zu groß, kann der Meßumformer das 0/4…20-mA-Signal nicht mehr in voller Höhe liefern, die Signalübertragung wird fehlerhaft! Besonders gefährlich ist, daß sich der Fehler möglicherweise lange Zeit nicht bemerkbar macht.

Ein **Beispiel** anhand Bild 7.5 mag dies erläutern: Der Temperatur-Meßumformer werde aus einem Netzteil mit U_{in} = 12 V= gespeist. Seine maximale Ausgangsspannung für den 20-mA-Signalkreis beträgt dann typischerweise U_{out} = 10,5 V. Er kann damit eine maximale Bürde von $R_B = U_{out}/20$ mA versorgen, d.h. $R_{B,max}$ = 525 Ω.

Man möchte nun einen Schreiber und einen Regler mit jeweils einem Eingangswiderstand R_i = 200 Ω sowie einen Anzeiger mit R_i = 250 Ω in den Signalkreis schalten. Die Bürde beträgt bei Vernachlässigung des Leitungswiderstandes R_B = 200 Ω + 200 Ω + 250 Ω = 650 Ω. Der maximale Strom, den der Meßumformer für den Signalkreis liefern kann, beträgt $I_{max} = U_{out}/R_B$ = 16,15 mA; dies entspricht in obigem Beispiel 430 °C. Bild 7.6 zeigt die Signalkennlinie.
Solange das Meßsignal unter diesem Wert bleibt, erfolgt die Übertragung korrekt. Meßwerte, die einem größeren Signalstrom als 16,15 mA entsprechen, werden dagegen falsch übermittelt, nämlich mit dem für den Meßumformer maximal möglichen Wert 16,15 mA.

Für jeden Meßumformer ist eine Angabe über die maximal zulässige Bürde (= Summe der zulässigen Eingangswiderstände R_i der Folgegeräte) unabdingbar! Umgekehrt braucht man für jedes Folgegerät eine Angabe über den Innenwiderstand R_i.

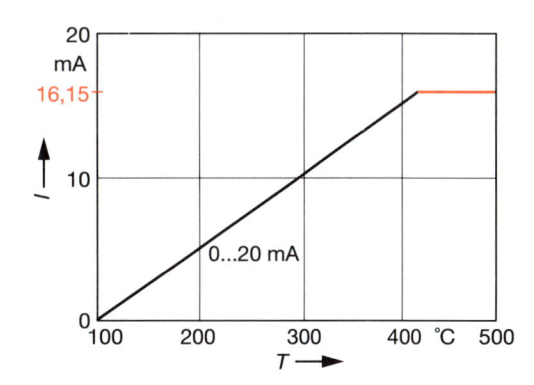

Bild 7.6 Kennlinie bei zu großem Bürdenwiderstand im Signalkreis

Bild 7.5 Speise- und Signalkreis eines Vierleiter-Meßumformers

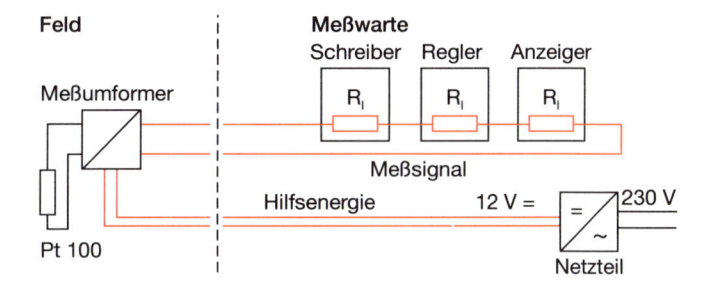

7.4 Explosionsschutz

Elektrische Meßkreise enthalten i.a. Induktivitäten und Kapazitäten im Eingangskreis der Folgegeräte. Diese stellen Energiespeicher für Strom und Spannung dar, die sich im Falle eines Kurzschlusses im Signalkreis mit einem Zündfunken entladen und zu einer Explosion in einer chemischen/petrochemischen Anlage führen können, falls sich dort infolge einer Leckage eine explosionsfähige Atmosphäre gebildet hat.

Man kann heute die Kapazitäten und Induktivitäten so klein halten und die Geräte mit so kleinen elektrischen Leistungen betreiben, daß ein Kurzschluß im Signalstromkreis keinen zündfähigen Funken mehr erzeugen kann. Derartige Betriebsmittel bezeichnet man als «eigensicher». Sie müssen von einer staatlichen Behörde (z.B. PTB, BVS, CENELEC) als solche bescheinigt sein!

Auch digital arbeitende Meßumformer kommen bei Verwendung entsprechender CMOS-Prozessoren und -Speicher mit so wenig Energie aus, daß sie in der Schutzart «Eigensicherheit» aufgebaut werden können.

7.5 Zweileiter-Meßumformer

Bei Live-zero-Schaltungen mit 4…20 mA, in denen immer mindestens 4 mA Strom fließen, kann der Meßumformer seinen Energiebedarf aus dem Signalkreis decken. Er benötigt dann keine eigene Leitung für die Hilfsenergie mehr. Die Meßstelle kommt mit zwei Adern aus, was 50 % Leitungsersparnis bedeutet. Man spricht in diesem Falle von Zweileiter-Meßumformern im Gegensatz zu den Vierleiter-Meßumformern, die eine getrennte Leitung für die Hilfsenergie benötigen (nicht zu verwechseln mit der Zwei- bzw. Vierleiterschaltung bei Pt 100!). Bild 7.7 zeigt die Schaltung eines Meßkreises in Zweileitertechnik.

Die Entnahme der Hilfsenergie aus dem Signalkreis bedeutet natürlich einen Spannungsabfall am Meßumformer, der typischerweise bei ca. 10 V liegt. Das Netzteil muß jetzt diese Spannung am Meßumformer und den Spannungsabfall am Innenwiderstand zur Verfügung stellen. Bild 7.8 zeigt den erlaubten Bereich von Speisespannung und Bürde bei einem konkreten Zweileiter-Meßumformer. Eine Speisespannung von 30 V= erlaubt also Bürdenwerte von etwa 200 Ω bis maximal 1000 Ω. Bei einer Bürde von $R_B = 1000$ Ω fallen maximal $U = 20$ mA · 1000 Ω = 20 V an R_B ab, für den Meßumformer bleiben also 10 V. Dies ist seine Minimalspannung.

Bei $R_B = 200$ Ω ist der Spannungsabfall an der Bürde $U = 20$ mA · 200 Ω = 4 V, dem Meßumformer stehen bei insgesamt 30 V= noch 26 V zur Verfügung. Bei einer Bürde von wenigen Ω wäre bei 30 V= die Verlustleistung im Meßumformer zu hoch, sie könnte bei hoher Umgebungstemperatur von dem betreffenden Gerät nicht mehr abgeführt werden. Daher wird dieser Bereich für T > 85 °C nicht empfohlen.

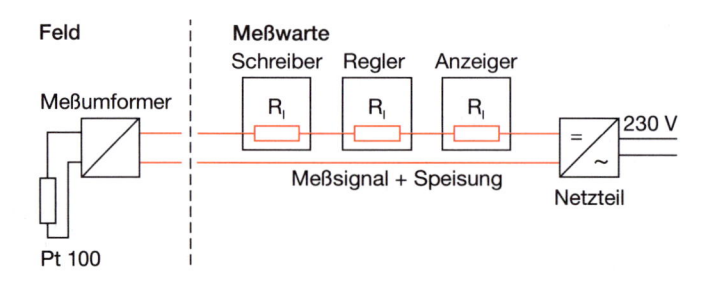

Bild 7.7 Speise- und Signalkreis eines Zweileiter-Meßumformers

Bild 7.8
Ermittlung der zulässigen Bürde bei einem Zweileiter-Meßumformer

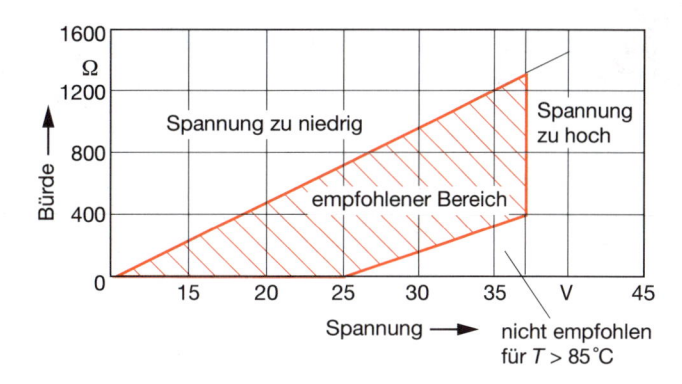

7.6 Digitale Meßumformer

Meßumformer bzw. Transmitter mit Einheitssignal 0/4...20 mA haben sich in den letzten 50 Jahren sehr bewährt. Sie haben erst den Bau und Betrieb sehr ausgedehnter, komplizierter Anlagen möglich gemacht. Heute lösen sie vielfältige Aufgaben bei der Bildung eines zuverlässigen und genauen Signals, u. a. die Gewinnung und Verstärkung des meist schwachen Primärsignals, die Kompensation unerwünschter Einflußgrößen, insbesondere der Temperatur, Linearisierung sowie Verrechnung weiterer Informationen, etwa der Dichte.

Bild 7.9 zeigt als Beispiel die Funktionsblöcke eines klassischen, analogen Differenzdruck-Transmitters mit Differentialkondensator. Der Zweck der einzelnen Funktionsblöcke geht aus der Legende hervor.

Heute sind die meisten Meßumformer mit Mikroprozessoren ausgerüstet.

Die modulare Struktur einer digitalen Signalauswertung bringt für den Hersteller bedeutende Kostenvorteile: Das individuelle Signal eines spezifischen Meßelementes für Druck, Temperatur, Niveau usw. wird möglichst weit vorne im Signalweg digitalisiert und auf eine einheitliche digitale Hardware geführt. Die jeweilige konkrete Meßaufgabe des Transmitters wird in Software gefaßt, ebenso die notwendigen Signalkorrekturen, etwa die Linearisierung von Kennlinien, die Temperaturkompensation oder die Meßbereichswahl. Bild 7.10 zeigt die Funktionsblöcke eines digital arbeitenden Transmitters.

Da die Ausstattung der Geräte mit umfangreicher Software – wenn einmal erstellt – kein Kostenfaktor ist, sind mikroprozessorgestützte Meßumformer meist Vielzweckinstrumente: Viele können heute mit unterschiedlichen Meßelementen bestückt werden, beispielsweise Druckmeßumformer wahlweise mit piezoresistiven Meßzellen aus Silizium oder kapazitiven Zellen aus Keramik. Temperatur-Meßumformer können außer mit den verschiedenen Thermoelement-Typen auch mit Widerstandsthermometern aus Pt, Ni oder NTCs arbeiten und die Primärsignale linearisieren. Manche Meßumformer beherrschen sogar verschiedene Signalauswertungsmethoden, etwa Ultraschall-Durchflußmessungen nach dem Transflection- und Zeitdifferenzverfahren: Es muß nur der jeweilige Aufnehmer angeschlossen und das zugehörige Auswerteverfahren angewählt werden.

Am Ende des Prozesses der Signalgewinnung wird heute allerdings die digitale Meßgröße wieder in ein analoges Signal 4...20 mA umgesetzt und zur Meßwarte übertragen (um dort evtl. in einem digitalen Prozeßleitsystem wieder in einen Digitalwert zurückverwandelt zu werden!). Neben Genauigkeitsverlusten führt dies auch zu unnötigen Kosten, ganz abgesehen davon, daß mit einer digitalen Übertragung weit mehr Informationen fließen könnten als mit einer analogen.

Der Einzug des Mikroprozessors in die Meßumformer hat deren Möglichkeiten und Leistungsfähigkeit sogar noch weiter erhöht. pH-Transmitter sind beispielsweise in der Lage, pneumatische Armaturen anzusteuern,

224 Meßumformertechnik

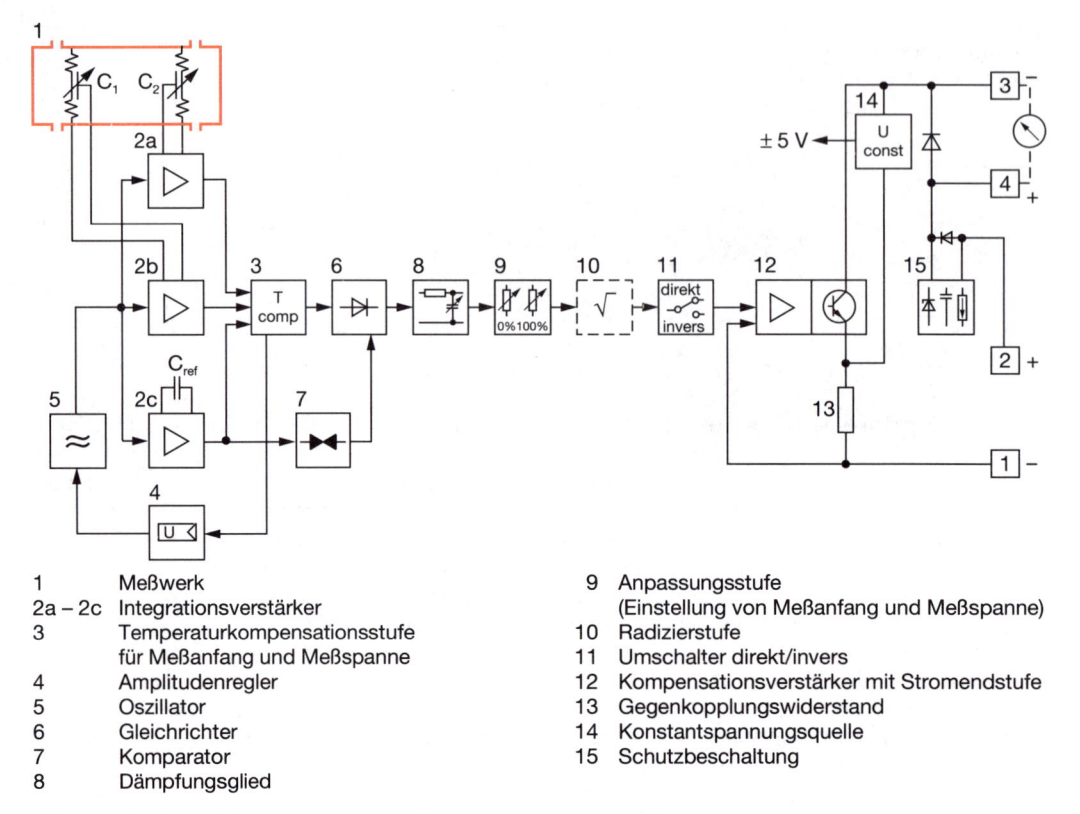

Bild 7.9 Funktionsblöcke eines analogen Differenzdruck-Transmitters

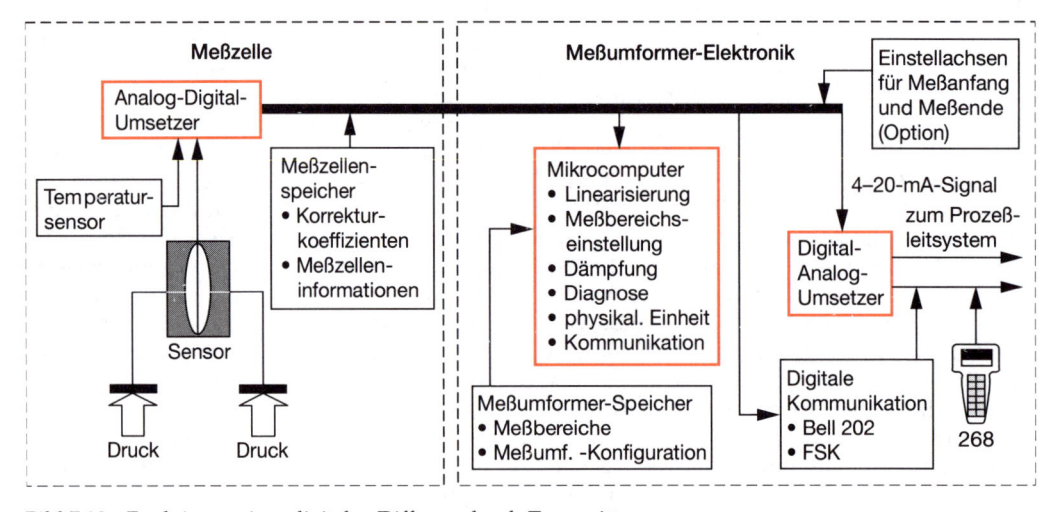

1   Meßwerk
2a – 2c Integrationsverstärker
3   Temperaturkompensationsstufe
    für Meßanfang und Meßspanne
4   Amplitudenregler
5   Oszillator
6   Gleichrichter
7   Komparator
8   Dämpfungsglied
9   Anpassungsstufe
    (Einstellung von Meßanfang und Meßspanne)
10 Radizierstufe
11 Umschalter direkt/invers
12 Kompensationsverstärker mit Stromendstufe
13 Gegenkopplungswiderstand
14 Konstantspannungsquelle
15 Schutzbeschaltung

Bild 7.10 Funktionen eines digitalen Differenzdruck-Transmitters

mit denen die pH-Elektroden zurückgezogen, mit Kalibrierlösung beaufschlagt und wieder eingefahren werden.

Eine sehr wichtige Information neben dem Meßwert selbst besteht in seiner Validierung: Ist er gültig oder liegt ein Fehler vor, der zwar ein Meßsignal im erlaubten Bereich erzeugt, das aber nicht der Wahrheit entspricht?

So liefern pH-Elektroden bei Bruch der Glasmembrane die Primärspannung 0 mV, was pH = 7 entspricht. Da z.B. viele Fermentationsprozesse bei neutralem pH-Wert gefahren werden, bedeuten für sie die 0 mV Gut-Zustand. Transmitter mit Glasbruch-Überwachung können in festen zeitlichen Abständen das Sensorelement elektronisch überprüfen und solche Fehler erkennen. Sie können sie aber mit analogem Signal nicht zur Meßwarte melden!

In gewissem Umfang ist neben der reinen Fehlererkennung auch eine Diagnose der Fehler möglich: Verschmutzung, Undichtigkeiten, zu langsames Ansprechen u.ä. Die gezielte Übermittlung derartiger Informationen wäre sehr wertvoll: Neben größerer Sicherheit würde sie auch erlauben, die regelmäßige Wartung (die sogenannte vorbeugende Instandhaltung) durch eine gezielte Wartung abzulösen, bei der das Personal gleich mit den richtigen Ersatzteilen ausgerüstet vor Ort geht.

Schließlich besteht auch gelegentlich der Wunsch, von der Warte aus mit Fernverstel-

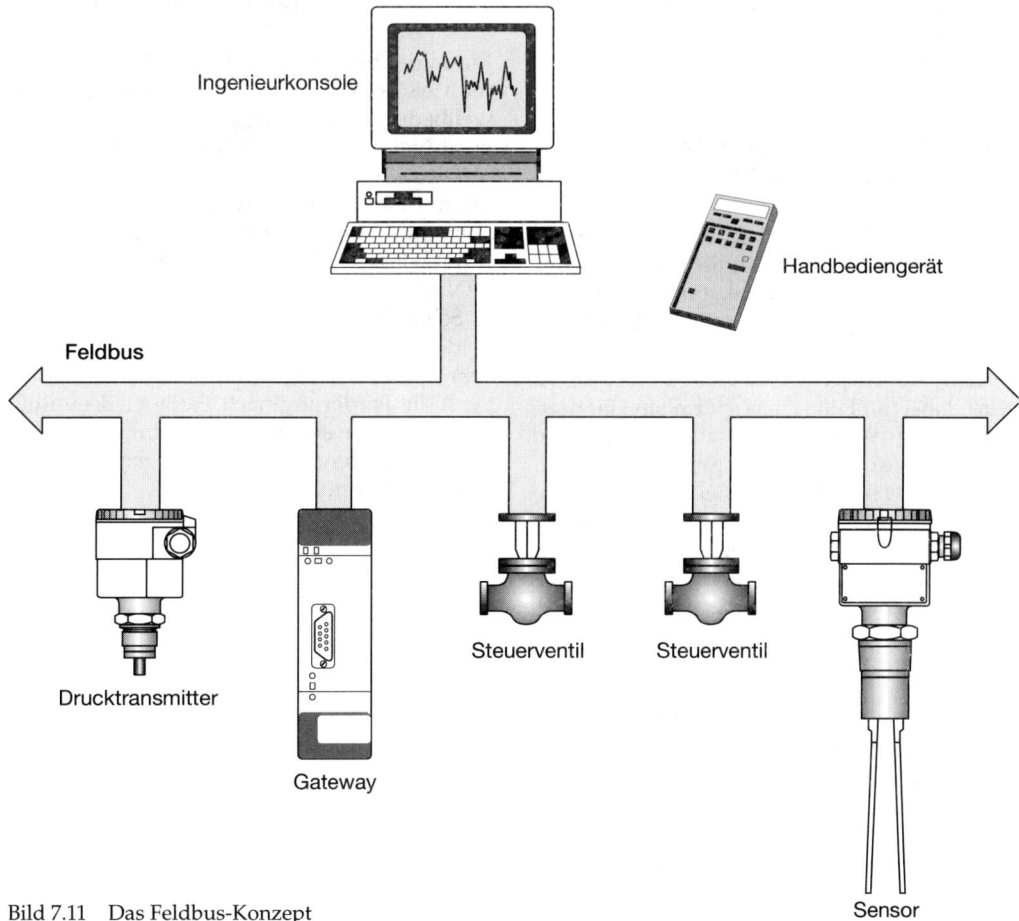

Bild 7.11 Das Feldbus-Konzept

lungen (z. B. in kritischen oder qualitätsrelevanten Prozeßphasen) den Meßbereich des Transmitters zu ändern.

Eine analoge Übertragung all dieser Informationen ist bei der Vielzahl der Meßstellen einer Anlage nicht sinnvoll zu bewerkstelligen. Solange der **Feldbus** noch nicht allgemein Eingang in die Prozeßmeßtechnik gefunden hat, kann man aufgrund fehlender digitaler Kommunikationsstandards zwischen Feld und Meßwarte die an sich am Meßumformer verfügbare Vielfalt an Informationen gar nicht nutzen! Der Feldbus hätte nebenbei noch den weiteren Vorteil, den Verkabelungsaufwand drastisch zu reduzieren (Bild 7.11). Inzwischen werden die ersten feldbustauglichen Prozeßgeräte angeboten. Sie erlauben eine herstellerübergreifende Verschaltung der Meßumformer, wie der Anwender dies von analoger Technik gewohnt ist.

7.7 Entwicklung digitaler Informationsübertragung

Einige Hersteller bieten zur Erweiterung der analog übertragenen Informationen eine quasi-digitale Kommunikationsmöglichkeit an: die Frequenzumtastung (FSK – Frequency Shift Keying).

Dem normalen analogen 20-mA-Signal wird dabei mit Hilfe eines speziellen Handterminals ein Wechselstrom aufgeprägt (Bild 7.12a). Ein kurzzeitiger Impuls mit der Frequenz 2200 Hz bedeutet dabei Bit «0», ein Impuls mit Frequenz 1200 Hz steht für eine «1» (Bild 7.12b). Während rein analoge Folgegeräte durch die überlagerten Wechselspannungen nicht gestört werden (ihr zeitliches Mittel ist Null), können diese über geeignete Schaltungen im Transmitter aufgenommen und genutzt werden. Prozeßmeßgeräte mit dieser Fähigkeit werden als **SMART-Transmitter** bezeichnet. Das Protokoll dieser Kommunikation (HART-Protokoll) wurde von der HART-User Group entwickelt [7.1; 7.2], die Kommunikation ist alternativ auch per PC über geeignete Interface-Bausteine (SMART-Converter) möglich.

Eine andere Philosophie der Transmittertechnik verlegt die Meßumformer in die Warte (Bild 7.13). Am Meßaufnehmer im Feld ist eine Minimalelektronik installiert, die Art der Verbindung zwischen Transmitter und Meßwertaufnehmer kann individuell auf den Fühler ausgelegt sein: Frequenzübertragung, Impulse, analog, digital usw.

Die Transmitter sind über einen **Rackbus** digital miteinander kommunikationsfähig und mit einem **Gateway** an Automatisierungssysteme mit beliebigem Protokoll ankoppelbar (Modell Endress + Hauser). Der Transmitter stellt somit gleichzeitig ein Interface zum Automatisierungssystem dar.

7.8 Schutz der Meßumformer

Ein in der betrieblichen Atmosphäre montierter Meßumformer ist teilweise widrigen Umweltbedingungen ausgesetzt, gegen die er geschützt werden muß. Tabelle 7.1 zeigt die in DIN 40 050 genormten Schutzmaßnahmen gegen Staub und Wasser. Üblich sind für Transmitter in verfahrenstechnischen Anlagen Schutzklassen IP 54 bis IP 65. Näheres ist der DIN 40 050 zu entnehmen.

Schließlich wird an die Transmitter, die im Feld in einer in elektromagnetischer Hinsicht sehr rauhen Umgebung arbeiten müssen, auch die Forderung nach geringer Beeinflußbarkeit durch elektrische Störungen gestellt. Die entsprechenden Bestimmungen gehen aus der EMV-Norm IEC 770 hervor.

Schutz der Meßumformer 227

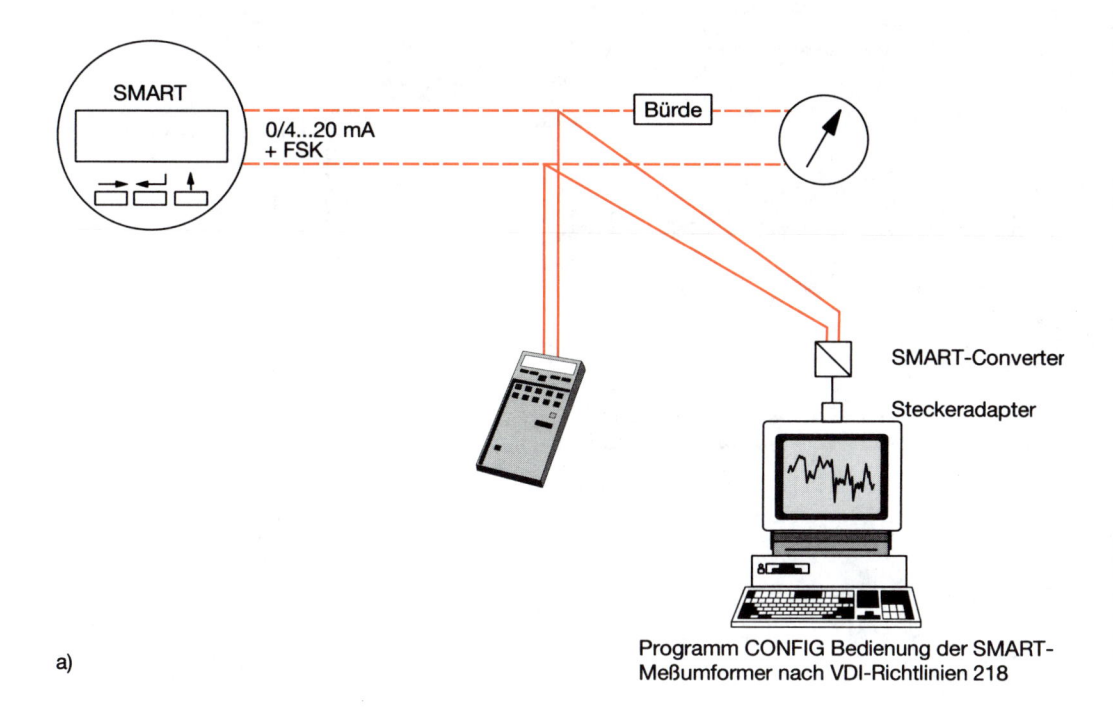

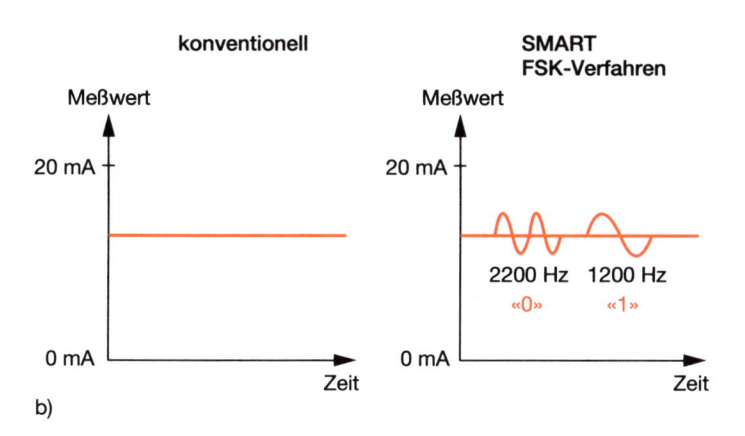

Bild 7.12 HART-Bedientechnik bei SMART-Transmittern
a) Anschluß des Bedienteils an den analogen Signalkreis
b) Darstellung der Bitwertigkeit

228 Meßumformertechnik

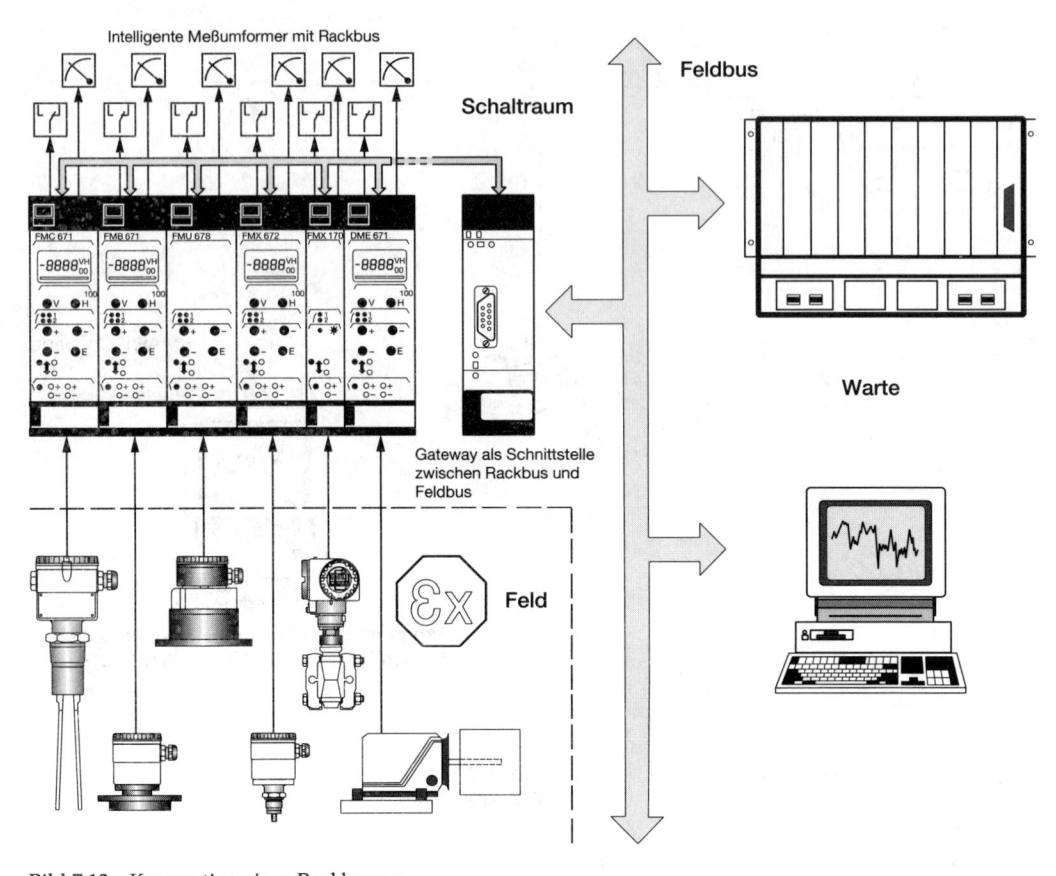

Bild 7.13 Konzeption eines Rackbusses

Tabelle 7.1 Schutzgrade nach DIN 40 050 für elektrische Betriebsmittel. Die Schutzgrade werden angegeben durch die Buchstaben IP, gefolgt von einer zweistelligen Zahl. Die erste Ziffer steht für den Berührungs- und Fremdkörperschutz, die zweite für den Wasserschutz

Schutzgrade für den Berührungs- und Fremdkörperschutz	
Erste Kennziffer	Schutzgrad
0	
1	Bei Meßgeräten nicht üblich
2	
3	Schutz gegen Eindringen von festen Fremdkörpern mit einem Durchmesser größer als 2,5 mm (kleine Fremdkörper) Fernhalten von Werkzeugen, Drähten oder ähnlichem von einer Dicke größer als 2,5 mm[1])
4	Schutz gegen Eindringen von festen Fremdkörpern mit einem Durchmesser größer als 1 mm (kornförmige Fremdkörper) Fernhalten von Werkzeugen, Drähten oder ähnlichem von einer Dicke größer als 1 mm[1])

Tabelle 7.1 (Fortsetzung)

Schutzgrade für den Berührungs- und Fremdkörperschutz	
Erste Kennziffer	Schutzgrad
5	Schutz gegen schädliche Staubablagerungen. Das Eindringen von Staub ist nicht vollkommen verhindert, aber der Staub darf nicht in solchen Mengen eindringen, daß die Arbeitsweise des Betriebsmittels beeinträchtigt wird (staubgeschützt). Vollständiger Berührungsschutz[2]
6	Schutz gegen Eindringen von Staub (staubdicht) Vollständiger Berührungsschutz

[1]) Die bei Meßgeräten für den Druckausgleich zur Atmosphäre notwendigen Öffnungen sind so angebracht, daß eine schädigende Wirkung im Sinne der Prüfungen nach DIN 40050 unterbunden ist.
[2]) Eindringender Staub kann die Funktion des Meßgerätes durch erhöhte Reibung des Zeigerwerkes beeinträchtigen. Der nächsthöhere Schutzgrad sollte vorgezogen werden.

Schutzgrade für den Wasserschutz	
Zweite Kennziffer	Schutzgrad
0	Bei Meßgeräten nicht üblich
1	Schutz gegen tropfendes Wasser, das senkrecht fällt. Es darf keine schädliche Wirkung haben (Tropfwasser).[1]
2	Schutz gegen tropfendes Wasser, das senkrecht fällt. Es darf bei einem bis zu 15° gegenüber seiner normalen Lage gekippten Betriebsmittel (Gehäuse) keine schädliche Wirkung haben (schrägfallend. Tropfwasser).[1]
3	Schutz gegen Wasser, das in einem beliebigen Winkel bis 60° zur Senkrechten fällt. Es darf keine schädliche Wirkung haben (Sprühwasser).[1]
4	Schutz gegen Wasser, das aus allen Richtungen gegen das Betriebsmittel (Gehäuse) spritzt. Es darf keine schädliche Wirkung haben (Spritzwasser).[1]
5	Schutz gegen einen Wasserstrahl aus einer Düse, der aus allen Richtungen gegen das Betriebsmittel (Gehäuse) gerichtet wird. Er darf keine schädliche Wirkung haben (Strahlwasser).[1]
6	Schutz gegen schwere See oder starken Wasserstrahl. Wasser darf nicht in schädlichen Mengen in das Betriebsmittel (Gehäuse) eindringen (Überfluten).[2]
7	Schutz gegen Wasser, wenn das Betriebsmittel (Gehäuse) unter festgelegten Druck- und Zeitbedingungen in Wasser getaucht wird. Wasser darf nicht in schädlichen Mengen eindringen (Eintauchen).[2]
8	Das Betriebsmittel (Gehäuse) ist geeignet zum dauernden Untertauchen in Wasser bei Bedingungen, die durch den Hersteller zu beschreiben sind (Untertauchen).[2]

[1]) Die bei Meßgeräten für den Druckausgleich zur Atmosphäre notwendigen Öffnungen sind so angebracht, daß eingedrungenes Wasser wieder ablaufen kann.
[2]) Während einer Überflutung, beim Ein- und Untertauchen ist das Meßgerät nicht vom Atmosphärendruck umgeben.

Anhänge

Anhang 1

Thermospannungen nach IEC 584 Teil 1
in mV für Temperaturen gestuft von jeweils 10 zu 10 °C (Vergleichsstelle 0 °C) [A.1]

Pt13Rh-Pt «R»

°C	0	10	20	30	40	50	60	70	80	90
0	0	0,054	0,111	0,171	0,232	0,296	0,363	0,431	0,501	0,573
100	0,647	0,723	0,800	0,879	0,959	1,041	1,124	1,208	1,294	1,380
200	1,468	1,557	1,647	1,738	1,830	1,923	2,017	2,111	2,207	2,303
300	2,400	2,498	2,596	2,695	2,795	2,896	2,997	3,099	3,201	3,304
400	3,407	3,511	3,616	3,721	3,826	3,933	4,039	4,146	4,254	4,362
500	4,471	4,580	4,689	4,799	4,910	5,021	5,132	5,244	5,356	5,469
600	5,582	5,696	5,810	5,925	6,040	6,155	6,272	6,388	6,505	6,623
700	6,741	6,860	6,979	7,098	7,218	7,339	7,460	7,582	7,703	7,826
800	7,949	8,072	8,196	8,320	8,445	8,570	8,696	8,822	8,949	9,076
900	9,203	9,331	9,460	9,589	9,718	9,848	9,978	10,109	10,240	10,371
1000	10,503	10,636	10,768	10,902	11,035	11,170	11,304	11,439	11,574	11,710
1100	11,846	11,983	12,119	12,257	12,394	12,532	12,669	12,808	12,946	13,085
1200	13,224	13,363	13,502	13,642	13,782	13,922	14,062	14,202	14,343	14,483
1300	14,624	14,765	14,906	15,047	15,188	15,329	15,470	15,611	15,752	15,893
1400	16,035	16,176	16,317	16,458	16,599	16,741	16,882	17,022	17,163	17,304
1500	17,445	17,585	17,726	17,866	18,006	18,146	18,286	18,425	18,564	18,703
1600	18,842	18,981	19,119	19,257	19,395	19,533	19,670	19,807	19,944	20,080

Pt10Rh-Pt «S»

°C	0	10	20	30	40	50	60	70	80	90
0	0	0,055	0,113	0,173	0,235	0,299	0,365	0,432	0,502	0,573
100	0,645	0,719	0,795	0,872	0,950	1,029	1,109	1,190	1,273	1,356
200	1,440	1,525	1,611	1,698	1,785	1,873	1,051	2,051	2,141	2,232
300	2,323	2,414	2,506	2,599	2,692	2,786	2,880	2,974	3,069	3,164
400	3,260	3,356	3,452	3,549	3,645	3,743	4,840	3,938	4,036	4,135
500	4,234	4,333	4,432	4,532	4,632	4,732	4,832	4,933	5,034	5,136
600	5,237	5,339	5,442	5,544	5,648	5,751	5,855	5,960	6,064	6,169
700	6,274	6,380	6,486	6,592	6,699	6,805	6,913	7,020	7,128	7,236
800	7,345	7,454	7,563	7,672	7,782	7,892	8,003	8,114	8,225	8,336
900	8,448	8,560	8,673	8,786	8,899	9,012	9,126	9,240	9,355	9,470
1000	9,585	9,700	9,816	9,932	10,048	10,165	10,282	10,400	10,517	10,635
1100	10,754	10,872	10,911	11,110	11,229	11,348	11,467	11,587	11,707	11,827
1200	11,947	12,067	12,188	12,308	12,429	12,550	12,671	12,792	12,913	13,034
1300	13,155	13,276	13,397	13,519	13,640	13,761	13,883	14,004	14,125	14,247
1400	14,368	14,489	14,610	14,731	14,852	14,973	15,094	15,215	15,336	15,456
1500	15,576	15,697	15,817	15,937	16,057	16,176	16,296	16,415	16,534	16,653
1600	16,771	16,890	17,008	17,125	17,243	17,360	17,477	17,594	17,711	17,826

Pt30Rh-Pt6Rh «B»

°C	0	10	20	30	40	50	60	70	80	90
0	0	−0,002	−0,003	−0,002	−0	0,002	0,006	0,011	0,017	0,025
100	0,033	0,043	0,053	0,065	0,078	0,092	0,107	0,123	0,140	0,159
200	0,178	0,199	0,220	0,243	0,266	0,291	0,317	0,344	0,372	0,401
300	0,431	0,462	0,494	0,527	0,561	0,596	0,632	0,669	0,707	0,746
400	0,786	0,827	0,870	0,913	0,957	1,002	1,048	1,095	1,143	1,192
500	1,241	1,292	1,344	1,397	1,450	1,505	1,560	1,617	1,674	1,732
600	1,791	1,851	1,912	1,974	2,036	2,100	2,164	2,230	2,296	2,363
700	2,430	2,499	2,569	2,639	2,710	2,782	2,855	2,928	3,003	3,078
800	3,154	3,231	3,308	3,387	3,466	3,546	3,626	3,708	3,790	3,873
900	3,957	4,041	4,126	4,212	4,298	4,386	4,474	4,562	4,652	4,742
1000	4,833	4,924	5,016	5,109	5,202	5,297	5,391	5,487	5,583	5,680
1100	5,777	5,875	5,973	6,073	6,172	6,273	6,374	6,475	6,577	6,680
1200	6,783	6,887	6,991	7,096	7,202	7,308	7,414	7,521	7,628	7,736
1300	7,845	7,953	8,063	8,172	8,283	8,393	8,504	8,616	8,727	8,839
1400	8,952	9,065	9,178	9,291	9,405	9,519	9,634	9,748	9,863	9,979
1500	10,094	10,210	10,325	10,441	10,558	10,674	10,790	10,907	11,024	11,141
1600	11,257	11,374	11,491	11,608	11,725	11,842	11,959	12,076	12,193	12,310
1700	12,426	12,543	12,659	12,776	12,892	13,008	13,124	13,239	13,354	13,470

Cu-CuNi «T»

°C	0	−10	−20	−30	−40	−50	−60	−70	−80	−90
−200	−5,603	−	−	−	−	−	−	−	−	−
−100	−3,378	−3,656	−3,923	−4,177	−4,419	−4,648	−4,865	−5,069	−5,261	−5,439
0	0	−0,383	−0,757	−1,121	−1,475	−1,819	−2,152	−2,475	−2,788	−3,089

°C	0	10	20	30	40	50	60	70	80	90
0	0	0,391	0,789	1,196	1,611	2,035	2,467	2,908	3,357	3,813
100	4,277	4,749	5,227	5,712	6,204	6,702	7,207	7,718	8,235	8,757
200	9,286	9,820	10,360	10,905	11,456	12,011	12,572	13,137	13,707	14,281
300	14,860	15,443	16,030	16,621	17,217	17,816	18,420	19,027	19,638	20,252

Fe-CuNi «J»

°C	0	−10	−20	−30	−40	−50	−60	−70	−80	−90
−200	−7,890	−	−	−	−	−	−	−	−	−
−100	−4,632	−5,036	−5,426	−5,801	−6,159	−6,499	−6,821	−7,122	−7,402	−7,659
0	0	−0,501	−0,995	−1,481	−1,960	−2,431	−2,892	−3,344	−3,785	−4,215

°C	0	10	20	30	40	50	60	70	80	90
0	0	0,507	1,019	1,536	2,058	2,585	3,115	3,649	4,186	4,725
100	5,268	5,812	6,359	6,907	7,457	8,008	8,560	9,113	9,667	10,222
200	10,777	11,332	11,889	12,442	12,998	13,553	14,108	14,663	15,217	15,771
300	16,325	16,879	17,432	19,984	18,537	19,089	19,640	20,192	20,743	21,295
400	21,846	22,397	22,949	23,501	24,054	24,607	25,161	25,716	26,272	26,829
500	27,388	27,949	28,511	29,075	29,642	30,210	30,782	31,356	31,933	32,513
600	33,096	33,683	34,273	34,867	35,464	36,066	36,671	37,280	37,893	38,510
700	39,130	39,754	40,382	41,013	41,647	42,283	42,922	43,563	44,207	44,852

NiCr-Ni «K»

°C	0	−10	−20	−30	−40	−50	−60	−70	−80	−90
−200	−5,891	−	−	−	−	−	−	−	−	−
−100	−3,553	−3,852	−4,138	−4,410	−4,669	−4,912	−5,141	−5,354	−5,550	−5,730
0	0	−0,392	−0,777	−1,156	−1,527	−1,889	−2,243	−2,586	−2,920	−3,242

°C	0	10	20	30	40	50	60	70	80	90
0	0	0,397	0,798	1,203	1,611	2,022	2,436	2,850	3,266	3,681
100	4,095	4,508	4,919	5,327	5,733	6,137	6,539	6,939	7,338	7,737
200	8,137	8,537	8,938	9,341	9,745	10,151	10,560	10,969	11,381	11,793
300	12,207	12,623	13,039	13,456	13,874	14,292	14,712	15,132	15,552	15,974
400	16,395	16,818	17,241	17,664	18,088	18,513	18,938	19,363	19,788	20,214
500	20,640	21,066	21,493	21,919	22,346	22,772	23,198	23,624	24,050	24,476
600	24,902	25,327	25,751	26,176	26,599	27,022	27,445	27,867	28,288	28,709
700	29,128	29,547	29,965	30,383	30,799	31,214	31,629	32,042	32,455	32,866
800	33,277	33,686	34,095	34,502	34,909	35,314	35,718	36,121	36,524	36,925
900	37,325	37,724	38,122	38,519	38,915	39,310	39,703	40,096	40,488	40,879
1000	41,269	41,657	42,045	42,432	42,817	43,202	43,585	43,968	44,349	44,729
1100	45,108	45,486	45,863	46,238	46,612	46,985	47,356	47,726	48,095	48,462
1200	48,828	49,192	49,555	49,916	50,276	50,633	50,990	51,344	51,697	52,049
1300	52,398	52,747	53,093	53,439	53,782	54,125	54,466	54,807	−	−

NiCr-CuNi «E»

°C	0	−10	−20	−30	−40	−50	−60	−70	−80	−90
−200	−8,824	−9,063	−9,274	−9,455	−9,604	−9,719	−9,797	−9,835		
−100	−5,37	−5,680	−6,107	−6,516	−6,907	−7,279	−7,631	−7,963	−8,273	−8,561
0	0	−0,581	−0,151	−1,709	−2,254	−2,787	−3,306	−3,811	−4,301	−4,771

°C	0	10	20	30	40	50	60	70	80	90
0	0	0,591	1,192	1,801	2,419	3,047	3,683	4,329	4,983	5,646
100	6,317	6,996	7,683	8,377	9,078	9,787	10,501	11,222	11,949	12,681
200	13,419	14,161	14,909	15,661	16,417	17,178	17,942	18,710	19,481	20,256
300	21,033	21,814	22,597	23,383	24,171	24,961	25,754	26,549	27,345	28,143
400	28,943	29,744	30,546	31,350	32,155	32,960	33,767	34,574	35,382	36,190
500	36,999	37,808	38,617	39,426	40,236	41,045	41,853	42,662	43,470	44,278
600	45,085	45,891	46,697	47,502	48,306	49,109	49,911	50,713	51,513	52,312
700	53,110	53,907	54,703	55,498	56,291	57,083	57,873	58,663	59,451	60,237
800	61,022	61,806	62,588	63,368	64,147	64,924	65,700	66,473	67,245	68,015
900	68,783	69,549	70,313	71,075	71,835	72,593	73,350	74,104	74,857	75,608

Anhang 2

Grundwerte nach DIN EN 60 751 (ITS 90)
in Ohm für Pt100-Temperatursensoren, gestuft von jeweils 1 zu 1 °C [A.1]

°C	-0	-1	-2	-3	-4	-5	-6	-7	-8	-9
-200	18,520	–	–	–	–	–	–	–	–	–
-190	22,825	22,397	21,967	21,538	21,108	20,677	20,247	19,815	19,384	18,952
-180	27,096	26,671	26,245	25,819	25,392	24,965	24,538	24,110	23,682	23,254
-170	31,335	30,913	30,490	30,067	29,643	29,220	28,796	28,371	27,947	27,522
-160	35,543	35,124	34,704	34,284	33,864	33,443	33,022	32,601	32,179	31,757
-150	39,723	39,306	38,889	38,472	38,055	37,637	37,219	36,800	36,382	35,963
-140	43,876	43,462	43,048	42,633	42,218	41,803	41,388	40,972	40,556	40,140
-130	48,005	47,593	47,181	46,769	46,356	45,944	45,531	45,117	44,704	44,209
-120	52,110	51,700	51,291	50,881	50,470	50,060	49,649	49,239	48,828	48,416
-110	56,193	55,786	55,378	54,970	54,562	54,154	53,746	53,337	52,928	52,519
-100	60,256	59,850	59,445	59,039	58,633	58,227	57,821	57,414	57,007	56,600
-90	64,300	63,896	63,492	63,088	62,684	62,280	61,876	61,471	61,066	60,661
-80	68,325	67,924	67,522	67,120	66,717	66,315	65,912	65,509	65,106	64,703
-70	72,335	71,934	71,534	71,134	70,733	70,332	69,931	69,530	69,129	68,727
-60	76,328	75,929	75,530	75,131	74,732	74,333	73,934	73,534	73,134	72,735
-50	80,306	79,909	79,512	79,114	78,717	78,319	77,921	77,523	77,125	76,726
-40	84,271	83,875	83,479	83,083	82,687	82,290	81,894	81,497	81,100	80,703
-30	88,222	87,827	87,432	87,038	86,643	86,248	85,853	85,457	85,062	84,666
-20	92,160	91,767	91,373	90,980	90,586	90,192	89,798	89,404	89,010	88,616
-10	96,086	95,694	95,302	94,909	94,517	94,124	93,732	93,339	92,946	92,553
0	100,000	99,609	99,218	98,827	98,436	98,044	97,653	97,261	96,870	96,478

°C	0	1	2	3	4	5	6	7	8	9
0	100,000	100,391	100,781	101,172	101,562	101,953	102,343	102,733	103,123	103,513
10	103,903	104,292	104,682	105,071	105,460	105,849	106,238	106,627	107,016	107,405
20	107,794	108,182	108,570	108,959	109,347	109,735	110,123	110,510	110,898	111,286
30	111,673	112,060	112,447	112,835	113,221	113,608	113,995	114,382	114,768	115,155
40	115,541	115,927	116,313	116,699	117,085	117,470	117,856	118,241	118,627	119,012
50	119,397	119,782	120,167	120,552	120,936	121,321	121,705	122,090	122,474	122,858
60	123,242	123,626	124,009	124,393	124,777	125,160	125,543	125,926	126,309	126,692
70	127,075	127,458	127,840	128,223	128,605	128,987	129,370	129,752	130,133	130,515
80	130,897	131,278	131,660	132,041	132,422	132,803	133,184	133,565	133,946	134,326
90	134,707	135,087	135,468	135,848	136,228	136,608	136,987	137,367	137,747	138,126
100	138,506	138,885	139,254	139,643	140,022	140,400	140,779	141,158	141,536	141,914
110	142,293	142,671	143,049	143,426	143,804	144,182	144,559	144,937	145,314	145,691
120	146,068	146,445	146,822	147,198	147,575	157,951	148,328	148,704	149,080	149,456
130	149,832	150,208	150,583	150,959	151,334	151,710	152,085	152,460	152,835	153,210
140	153,584	153,959	154,333	154,708	155,082	155,456	155,830	156,204	156,578	156,952
150	157,325	157,699	158,072	158,445	158,818	159,191	159,564	159,937	160,309	160,682
160	161,054	161,427	161,799	162,171	162,543	162,915	163,286	163,658	164,030	164,401
170	164,772	165,143	165,514	165,885	166,256	166,627	166,997	167,368	167,738	168,108
180	168,478	168,848	169,218	169,588	169,958	170,327	170,696	171,066	171,435	171,804
190	172,173	172,542	172,910	173,279	173,648	174,016	174,384	174,752	175,120	175,488
200	175,856	176,224	176,591	176,959	177,326	177,693	178,060	178,427	178,794	179,161
210	179,528	179,894	180,260	180,627	180,993	181,359	181,725	182,091	182,456	182,822
220	183,188	183,553	183,918	184,283	184,648	185,013	185,378	185,743	186,107	186,472
230	186,836	187,200	187,564	187,928	188,292	188,656	189,019	189,383	189,746	190,110
240	190,473	190,836	191,199	191,562	191,924	192,287	191,649	193,012	193,374	193,736
250	194,098	194,460	194,822	195,183	195,545	195,905	196,268	196,629	196,990	197,351
260	197,712	198,073	198,433	198,794	199,154	199,514	199,875	200,235	200,595	200,954
270	201,314	201,674	202,033	202,393	202,752	203,111	203,470	203,829	204,188	204,546
280	204,905	205,263	205,622	205,980	206,338	206,969	207,054	207,411	207,769	208,127
290	208,484	208,841	209,198	209,555	209,912	210,269	210,626	210,982	211,339	211,695

	0	1	2	3	4	5	6	7	8	9
300	212,052	212,408	212,764	213,120	213,475	213,831	214,187	214,542	214,897	215,252
310	215,608	215,962	216,317	216,672	217,027	217,381	217,736	218,090	218,444	218,798
320	219,152	219,506	219,860	220,213	220,567	220,920	221,273	221,626	221,979	222,332
330	222,685	223,038	223,390	223,743	224,095	224,447	224,799	225,151	225,503	225,855
340	226,206	226,558	226,909	227,260	227,612	227,963	228,314	228,664	229,015	229,366
350	229,716	230,066	230,417	230,767	231,117	231,467	231,815	232,166	232,516	232,865
360	233,214	233,564	233,913	234,262	234,610	234,959	235,308	235,656	236,005	236,353
370	236,701	237,049	237,397	237,745	238,093	238,440	238,788	239,135	239,482	239,829
380	240,176	240,523	240,870	241,217	241,563	241,910	242,256	242,602	242,948	243,294
390	243,640	243,986	244,331	244,677	245,022	245,367	245,713	246,058	246,403	246,747
400	247,092	247,437	247,781	248,125	248,470	248,814	249,158	249,502	249,845	250,189
410	250,533	250,876	251,219	251,562	251,906	252,248	252,591	252,934	253,277	253,619
420	253,962	254,304	254,646	254,988	255,330	255,672	256,013	256,355	256,696	257,038
430	257,379	257,720	258,061	258,402	258,743	259,083	259,424	259,764	250,105	260,445
440	260,785	261,125	261,465	261,804	262,144	262,483	262,823	263,162	263,501	263,840
450	264,179	264,518	264,857	265,195	265,534	265,872	266,210	266,548	266,886	267,224
460	267,562	267,900	268,247	268,574	268,912	269,249	269,586	269,923	270,260	270,597
470	270,933	271,270	271,606	271,942	272,278	272,614	272,950	273,286	273,622	273,957
480	274,293	274,628	274,963	275,298	275,633	275,968	276,303	276,638	276,972	277,307
490	277,641	277,975	278,309	278,643	278,977	279,311	279,644	279,978	280,311	280,644
500	280,978	281,311	281,643	281,976	282,309	282,641	282,974	283,306	283,638	283,971
510	284,303	284,634	284,966	285,298	285,629	285,961	286,292	286,623	286,954	287,285
520	287,616	287,947	288,277	288,608	288,938	289,268	289,599	289,929	290,258	290,588
530	290,918	291,247	291,577	291,906	292,235	292,565	292,894	293,222	293,551	293,880
540	294,208	294,537	294,865	295,193	295,521	295,849	296,177	296,505	296,832	297,160
550	297,487	297,814	298,142	298,469	298,795	299,122	299,449	299,775	300,102	300,428
560	300,754	301,080	301,406	301,732	302,058	302,384	203,709	303,035	303,360	303,685
570	304,010	304,335	304,660	304,985	305,309	305,634	305,958	306,282	206,606	306,930
580	307,254	207,578	207,902	308,225	308,549	308,872	309,195	309,518	309,841	310,164
590	310,487	310,810	311,182	311,454	311,777	312,099	312,421	312,743	313,065	313,386
600	313,708	314,029	314,351	314,672	314,993	315,314	315,635	315,956	316,277	316,597
610	316,918	317,238	317,558	317,878	318,198	318,518	318,838	319,157	319,477	319,796
620	320,116	320,435	320,754	321,073	321,391	321,710	322,029	322,347	322,666	322,984
630	323,302	323,620	323,938	324,256	324,573	324,891	325,208	325,526	325,843	326,160
640	326,477	326,794	327,110	327,427	327,744	328,060	328,376	328,692	329,008	329,324
650	329,640	329,956	330,271	330,587	330,902	331,217	331,533	331,848	332,162	332,477
660	332,792	333,106	333,421	333,735	334,049	334,363	334,677	334,991	335,305	335,619
670	335,932	336,246	336,559	336,872	337,185	337,498	337,811	338,123	338,436	338,748
680	339,061	339,373	339,685	339,997	340,309	340,621	340,932	341,244	341,555	341,867
690	342,178	342,489	342,800	343,111	343,422	343,732	344,043	344,353	344,663	344,973
700	345,284	345,593	345,903	346,213	346,522	346,832	347,141	347,451	347,760	348,069
710	348,378	348,686	348,995	349,303	349,612	349,920	350,228	350,536	350,844	351,152
720	351,460	351,768	352,075	352,382	352,690	352,997	353,304	353,611	353,918	354,224
730	354,531	354,837	355,144	355,450	355,756	256,062	356,368	356,674	356,979	357,285
740	357,590	357,896	358,201	358,506	358,811	359,116	359,420	359,725	360,029	360,334
750	360,638	360,942	361,246	361,550	361,854	362,158	362,461	362,765	363,068	363,371
760	363,674	363,977	364,280	364,583	364,886	365,188	365,491	365,793	366,095	366,397
770	366,699	367,001	367,303	367,604	367,906	368,207	368,508	368,810	369,111	369,412
780	369,712	370,013	370,314	370,614	370,914	371,215	371,515	371,815	372,115	372,414
790	372,714	373,013	373,313	373,612	373,911	374,210	374,509	374,808	375,107	375,406
800	375,704	376,002	376,301	376,599	376,897	377,195	377,493	377,790	378,088	378,385
810	378,683	378,980	379,277	379,574	379,871	380,167	380,464	380,761	381,057	381,353
820	381,650	381,946	382,242	382,537	382,833	383,129	383,424	383,720	384,015	384,310
830	384,605	384,900	385,195	385,489	385,784	386,078	386,373	386,667	386,961	387,255
840	387,549	387,843	388,136	388,430	388,723	389,016	389,310	389,603	389,896	390,188
850	390,481	–	–	–	–	–	–	–	–	–

Die Grundwerte sind nach der Internationalen Temperaturskala ITS 90 berechnet. (Für Pt 500- oder Pt 1000-Temperatursensoren müssen die Grundwerte mit dem Faktor 5 oder 10 multipliziert werden.)

Anhang 3 Strömungsgeschwindigkeit und Durchfluß bei Rohrleitungen

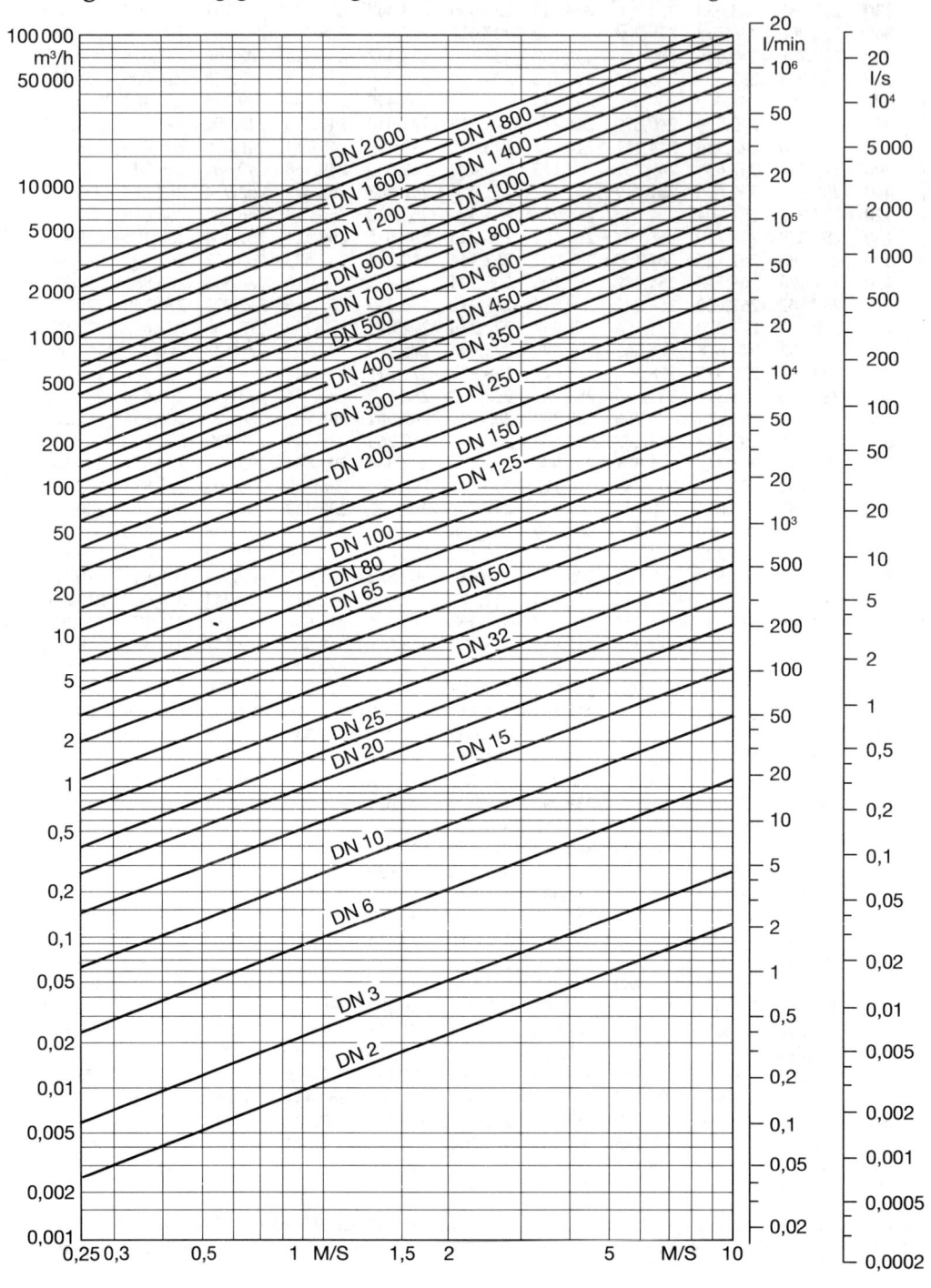

Anhang 4 Gas-Conversion-Factors for Thermal Mass Flow Meters [A.2]

Gas	Symbol	Specific Heat, Cp. cal/g °C	Density g/l @ 0 °C	Conversion Factor
Acetylene	C_2H_2	.4036	1.162	.58
Air	–	.240	1.293	1.00
Allene (Propadiene)	C_3H_4	.352	1.787	.43
Ammonia	NH_3	.492	.760	.73
Argon	Ar	.1244	1.782	1.45
Arsine	AsH_3	.1167	3.478	.67
Boron Trichloride	BCl_3	.1279	5.227	.41
Boron Trifluoride	BF_3	.1778	3.025	.51
Bromine	Br_2	.0539	7.130	.81
Bromine Pentafluoride	BrF_5	.1369	7.803	.26
Bromine Trifluoride	BrF_3	.1161	6.108	.38
Bromotrifluoromethane (Freon – 13 B_1)	$CBrF_3$	.1113	6.644	.37
1, 3 – Butadiene	C_4H_6	.3514	2.413	.32
Butane	C_4H_{10}	.4007	2.593	.26
1 – Butene	C_4H_8	.3648	2.503	.30
2 – Butene CIS/TRANS	C_4H_8	.336/.374	2.503	.324/.291
Carbon Dioxide	CO_2	.2016	1.964	.74
Carbon Disulfide	CS_2	.1428	3.397	.60
Carbon Monoxide	CO	.2488	1.250	1.00
Carbon Tetrachloride	CCl_4	.1655	6.86	.31
Carbon Tetrafluoride (Freon – 14)	CF_4	.1654	3.926	.42
Carbonyl Fluoride	COF_2	.1710	2.045	.54
Carbonyl Sulfide	COS	.1651	2.680	.66
Chlorine	Cl_2	.1144	3.163	.86
Chlorine Trifluoride	ClF_3	.1650	4.125	.40
Chlorodifluoromethane (Freon – 22)	$CHClF_2$	.1544	3.858	.46
Chloropentafluoroethane (Freon – 115)	C_2ClF_5	.164	6.892	.24
Chlorotrifluoromethane (Freon – 13)	$CClF_3$	.153	4.660	.38
Cyanogen	C_2N_2	.2613	2.322	.61
Cyanogen Chloride	ClCN	.1739	2.742	.61
Cyclopropane	C_3H_6	.3177	1.877	.46
Deuterium	D_2	1.722	1.799	1.00
Diborane	B_2H_6	.508	1.235	.44
Dibromodifluoromethane	CBr_2F_2	.15	9.362	.19
Dichlorodifluoromethane (Freon – 12)	CCl_2F_2	.1432	5.395	.35
Dichlorofluoromethane (Freon – 21)	$CHCl_2F$	.140	4.592	.42
Dichloromethylsilane	$(CH_3)_2SiCl_2$	.1882	5.758	.25
Dichlorosilane	SiH_2Cl_2	.150	4.506	.40
1, 2 – Dichlorotetrafluoro-ethane (Freon – 114)	$C_2Cl_2F_4$	.160	7.626	.22

Gas	Symbol	Specific Heat, Cp. cal/g °C	Density g/l @ 0 °C	Conversion Factor
1, 1 – Difluoroethylene (Freon – 1132A)	$C_2H_2F_2$	.224	2.857	.43
Dimethylamine	$(CH_3)_2NH$	.366	2.011	.37
Dimethyl Ether	$(CH_3)_2O$	.3414	2.055	.39
2,2 – Dimethylpropane	C_5H_{12}	.3914	3.219	.22
Ethane	C_2H_6	.4097	1.342	.50
Ethanol	C_2H_6O	.3395	2.055	.39
Ethyl Acetylene	C_4H_6	.3513	2.413	.32
Ethyl Chloride	C_2H_5Cl	.244	2.879	.39
Ethylene	C_2H_4	.365	1.251	.60
Ethylene Oxide	C_2H_4O	.268	1.965	.52
Fluorine	F_2	.1873	1.695	.98
Fluoroform (Freon – 23)	CHF_3	.176	3.127	.50
Freon – 11	CCl_3F	.1357	6.129	.33
Freon – 12	CCl_2F_2	.1432	5.395	.35
Freon – 13	$CClF_3$	.153	4.660	.38
Freon – 13 B_1	$CBrF_3$	.1113	6.644	.37
Freon – 14	CF_4	.1654	3.926	.42
Freon – 21	$CHCl_2F$	.140	4.592	.42
Freon – 22	$CHClF_2$	.1544	3.858	.46
Freon – 23	CHF_3	.176	3.127	.50
Freon – 113	CCl_2FCClF_2	.161	8.360	.20
Freon – 114	$C_2Cl_2F_4$	.160	7.626	.22
Freon – 115	C_2ClF_5	.164	6.892	.24
Freon – 116	F_3CCF_3	.1843	6.157	.24
Freon – C318	C_4F_8	.185	8.397	.17
Freon – 1132A	$C_2H_2F_2$	.224	2.857	.43
Germane	GeH_4	.1404	3.418	.57
Germanium Tetrachloride	$GeCl_4$	.1071	9.565	.27
Helium*	He	1.241	.1786	1.454
Hexafluoroethane (Freon – 116)	F_3CCF_3	.1843	6.157	.24
Hexane	C_6H_{14}	.3968	3.845	.18
Hydrogen*	H_2	3.419	.0899	1.01
Hydrogen Bromide	HBr	.0861	3.610	1.00
Hydrogen Chloride	HCl	.1912	1.627	1.00
Hydrogen Cyanide	HCN	.3171	1.206	.76
Hydrogen Fluoride	HF	.3479	.893	1.00
Hydrogen Iodide	HI	.05449	5.707	1.00
Hydrogen Selenide	H_2Se	.1025	3.613	.79
Hydrogen Sulfide	H_2S	.2397	1.520	.80
Iodine Pentafluoride	IF_5	.1108	9.90	.25
Isobutane	$CH(CH_3)_3$	.3872	3.593	.27
Isobutylene	C_4H_8	.3701	2.503	.29
Krypton	Kr	.0593	3.739	1.453

Gas	Symbol	Specific Heat, Cp. cal/g °C	Density g/l @ 0 °C	Conversion Factor
Methane	CH_4	.5328	.715	.72
Methanol	CH_3OH	.3274	1.429	.58
Methyl Acetylene	C_3H_4	.3547	1.787	.43
Methyl Bromide	CH_3Br	.1106	4.236	.58
Methyl Chloride	CH_3Cl	.1926	2.253	.63
Methyl Fluoride	CH_3F	.3221	1.518	.56
Methyl Mercaptan	CH_3SH	.2459	2.146	.52
Methyl Trichlorosilane	$(CH_3)SiCl_3$	.164	6.669	.25
Molybdenum Hexafluoride	MoF_6	.1373	9.366	.21
Monoethylamine	$C_2H_2NH_2$	.387	2.011	.35
Monomethylamine	CH_3NH_2	.4343	1.386	.45
Neon	Ne	.246	.900	1.46
Nitric Oxide	NO	.2328	1.339	.99
Nitrogen	N_2	.2485	1.250	1.00
Nitrogen Dioxide	NO_2	.1933	2.052	.74
Nitrogen Trifluoride	NF_3	.1797	3.168	.48
Nitrosyl Chloride	NOCl	.1632	2.920	.61
Nitrous Oxide	N_2O	.2088	1.964	.71
Octafluorocyclobutane (Freon – C318)	C_4F_8	.185	8.937	.17
Oxygen	O_2	.2193	1.427	1.00
Osygen Difluoride	OF_2	.1917	2.409	.63
Pentaborane	B_5H_9	.38	2.816	.26
Pentane	C_5H_{12}	.398	3.219	.21
Perchloryl Fluoride	ClO_3F	.1514	4.571	.39
Perfluoropropane	C_3F_8	.194	8.388	.17
Phosgene	$COCl_2$	.1394	4.418	.44
Phosphine	PH_3	.2374	1.517	.76
Phosphorus Pentafluoride	PH_5	.1610	5.620	.30
Propane	C_3H_8	.3885	1.967	.36
Propylene	C_3H_6	.3541	1.877	.41
Silane	SiH_4	.3189	1.433	.60
Silicon Tetrachloride	$SiCl_4$	.1270	7.580	.28
Silicon Tetrafluoride	SiF_4	.1691	4.643	.35
Sulfur Dioxide	SO_2	.1488	2.858	.69
Sulfur Hexafluoride	SF_6	.1592	6.516	.26
Sulfuryl Fluoride	SO_2F_2	.1543	4.562	.39
Tetrafluorahydrazine	N_2F_4	.182	4.640	.32
Trichlorofluoromethane (Freon – 11)	CCl_3F	.1357	6.129	.33
Trichlorosilane	$SiHCl_3$	.1380	6.043	.33
1, 1, 2 – Trichloro – 1, 2, 2 Trifluoroethane (Freon – 113)	CCl_2FCClF_{22}	.161	8.360	.20
Triisobutyl Aluminum	$(C_4H_9)_3Al$	.508	8.848	.061
Trimethylamine	$(CH_3)_3N$	.3710	2.639	.28
Tungsten Hexafluoride	WF_6	.0810	13.28	.25

Gas	Symbol	Specific Heat, Cp. cal/g °C	Density g/l @ 0 °C	Conversion Factor
Uranium Hexafluoride	UF_6	.0888	15.70	.20
Vinyl Bromide	$CH_2\!:\!CHBr$	.1241	4.772	.46
Vinyl Chloride	$CH_2\!:\!CHCl$	.2054	2.788	.48
Xenon	Xe	.0378	5.858	1.32

* Conversion of controller to or from hydrogen or helium may seriously alter dynamic response or stability.

NOTE: Standard Pressure is defined as 760 mm Hg (14.7). Standard Temperature is defined as 0 °C.

Quellenverzeichnis

[1.1] F. OBERGRIESSER: Informationsschrift Fraunhofer Institut für Biomedizinische Technik, 1988.

[1.2] H. RAAB: Digitale Sensoren und Sensorsysteme: Welche Informationen sollen sie liefern? *Automatisierungstechnische Praxis 30*, Nr. 11, S. 534–544 (1988).

[3.1] W. BLANKE: Die SI-Basiseinheiten. *PTB-Schrift 315 (1994)*.

[3.2] P. PROFOS: *Handbuch der industriellen Meßtechnik*. Essen: Vulkan-Verlag, 1987.

[3.3] F. LIENEWEG: *Technische Temperaturmessung*. Braunschweig: Vieweg Verlag, 1976.

[3.4] GERTHSEN; VOGEL: *Physik*. Berlin/Heidelberg: Springer Verlag.

[3.5] Katalog *Meßwertgeber für Temperatur und Feuchte*. Fulda: Firma M.K. Juchheim GmbH & Co., 5/97.

[3.6] W.T. BOLK: Vergleichsstellenkompensation für Thermoelemente mittels Widerstandsthermometer. *Messen und Prüfen (1980)*, S. 578–583.

[3.7] H.J.A. KLAPPE: Platin-Widerstandsthermometer für industrielle Anwendungen. *Technisches Messen 54 (1987)*, Nr. 4, S. 130–140.

[3.8] H. VANVOR: Temperaturfühler für Wärmemengenzähler. *Technisches Messen 54 (1987)*, Nr. 4, S. 141–145.

[3.9] A. SCHÖNE: *Meßtechnik*. Berlin/Heidelberg: Springer Verlag, 1993.

[3.10] P. ROTH: Kaltleiter als Temperaturfühler. *Chemie, Anlagen, Verfahren 4 (1997)*, S. 38–39.

[3.11] H. ZIEGLER: Temperaturmessung mit Schwingquarzen. *Technisches Messen 54 (1987)*, Nr. 4, S. 124–129.

[3.12] H.R. TRÄNKLER: Meßtechnik und Meßsignalverarbeitung. *Technisches Messen 54 (1987)*, Nr. 11, S. 442–450.

[3.13] H. BRENDECKE: Digitale Temperatursensoren. *Sensor Magazin Nr. 1 (1986)*, S. 22–26.

[3.14] H. ZIEGLER: *Der ILTIS-Bus: Ein quasidigitaler Sensorbus hoher Störfestigkeit*. VDI-Sensor-Tagungsband. Bad Nauheim, 1988, S. 267–270.

[3.15] Unterlagen ABB/TAKAOKA (FOS!).

[3.16] G. FEHRENBACH: Faseroptisches Temperaturmeßsystem auf der Basis der Lumineszenzabklingzeit. *Technisches Messen 56 (1989)*, Nr. 2, S.85–88.

[3.17] H. NYQUIST: *Phys. Rev. 32 (1928)*, S. 110.

[3.18] H.B. CALLEN; T.A. WELTON: *Phys. Rev. 83 (1951)*, S. 34.

[3.19] Rössel Meßtechnik, Werne a. d. Lippe.

[3.20] H. BRIXY: *Kombinierte Thermoelement-/Rauschthermometrie. Temperaturmessung in der Technik*, S. 282–316. Ehningen: expert-Verlag, 1987.

[3.21] J. HENGSTENBERG; B. STURM; O. WINKLER: *Messen, Steuern und Regeln in der Chemischen Technik*, Bd. 1, 3. Auflage. Berlin/Heidelberg: Springer Verlag, 1980.

[3.22] *VDI/VDE 3511*.

[3.23] Unterlagen der Firma Ircon.

[4.1] W. BOHL: *Technische Strömungslehre*. Würzburg: Vogel Buchverlag, 1991.

[4.2] H. JULIEN: *Handbuch der Druckmeßtechnik mit federelastischen Meßgliedern*. Klingenberg: WIKA.

[4.3] A. SCHWAIER: Druck-Meßwertaufnehmer mit Silizium-Meßmembran. *messen, prüfen, automatisieren (1985)*, S. 180–188.

[4.4] H. ESCHENAUER; W. SCHNELL: *Elastizitätstheorie I*. Mannheim/Wien/Zürich: BI-Wissenschaftsverlag, 1986.

[4.5] J. BINDER: Piezoresistive Silizium-Drucksensoren. In: *Halbleitersensoren*, Hrsg. H. REICHL. Kontakt & Studium Bd. 251. Ehningen: expert-Verlag, 1989.

[4.6] Unterlagen Fa. Foxboro-Eckardt.

[4.7] G. STROHRMANN: atp-Marktanalyse Druckmeßtechnik. *Automatisierungstechnische Praxis 35 (1993)*, S. 337–348, S. 386–401.

[4.8] H.W. KELLER: *Piezoresistive Druckaufnehmer*. Firmenschrift Kistler Instruments GmbH.

[4.9] Produkt-Dokumentation der Fa. Keller Druckmeßtechnik GmbH, Jestetten.

[4.10] R. MÜLLER; J. BINDER: *Silizium-Meßmembran-Druckaufnehmer*. VDI-Seminar-Handbuch.

[4.11] Nach Unterlagen der Fa. Baumer electric GmbH, Friedberg.

[4.12] Nach Unterlagen der Firma Endress + Hauser, Maulburg.

[4.13] R. WERTHSCHÜTZKY: Einsatz von Siliziumsensoren in Prozeßmeßgeräten zur Druckmessung Status und Trend. *Technisches Messen 59 (1992)*, S. 340–346.

[4.14] Anonym: Dreidimensionale Mikrostruktur erweitert Meßbereich. *Chemie, Anlagen, Verfahren 5 (1995)*, S. 26–27.

[5.1] G. STROHRMANN: atp-Marktanalyse Füllstandsmeßtechnik. *automatisierungstechnische Praxis 34 (1992)*, S. 299–314, S. 384–394.

[5.2] G. STROHRMANN: Füllstandsmeßtechnik. In: *Handbuch der Prozeßautomatisierung*, S. 352. München: Verlag Oldenbourg, 1997.
[5.3] K. BRECKNER: Rechenschaltung zur Füllstandsmessung von Flüssigkeiten mit Dichtekorrektur. *automatisierungstechnische Praxis 37 (1995)*, S. 52–55.
[5.4] G. RZEPKA: *PROCESS 11 (1997)*, S. 86–87. Würzburg: Vogel Verlag.
[5.5] Katalog Fa. Endress + Hauser, Maulburg.
[5.6] G. KÖTZLE: Radiometrie, wenn andere Methoden versagen. *automatisierungstechnische Praxis 36 (1994)*, S. 16–26.
[5.7] K. HEIER: Radiometrische Füllstandsmessungen. *automatisierungstechnische Praxis 27 (1985)*, S. 313–319.
[5.8] M. FREI: Ultraschall-Füllstandsmessung. Fa. Endress + Hauser, 1984.
[5.9] M. HEIM: Füllstandmessung mit Impuls-Laufzeitverfahren. *Technisches Messen 5 (1997)*, S. 196–199.
[5.10] P. BERRIE: Sichere und zuverlässige Detektion. *Chemie, Anlagen, Verfahren 9 (1993)*, S. 111–112.
[5.11] Vega Grieshaber KG, Schiltach.
[5.12] R. PANZKE: *Berührungslose Füllstandsmessung mit Mikrowellen unter extremen Einsatzbedingungen*. Sensorik Bd. 3. Ehningen: expert-Verlag.
[5.13] J. FEHRENBACH: *Puls-Radar zur Füllstandsmessung*. Sensorik Bd. 3. Ehningen: expert-Verlag.
[5.14] P. ROTH: Kaltleiter als Niveaufühler. *Chemie, Anlagen, Verfahren 4 (1997)*, S. 38–39.
[5.15] G. BUXMANN: Flüssigkeitsfüllstände zuverlässig erfassen. *Chemie, Anlagen, Verfahren 9 (1997)*, S. 18–20.

[6.1] G. STROHRMANN: atp-Marktanalyse Durchfluß- und Mengenmeßtechnik. *automatisierungstechnische Praxis 36 (1994)*, Nr. 7, S. 9–29; Nr. 8, S. 38–43.
[6.2] G. STROHRMANN: *Meßtechnik im Chemiebetrieb*. 8. Auflage. München: R. Oldenbourg-Verlag, 1997.
[6.3] D.S. FILLÉR: Sensorik aktuell. *messen & prüfen 26 (1990)*, S. 23–31.
[6.4] J. HENGSTENBERG; B. STURM; O. WINKLER: *Messen, Steuern und Regeln in der Chemischen Technik*. Band 1. Berlin/Heidelberg: Springer-Verlag, 1980.
[6.5] M. KÖNIG: Durchflußmessung mit großem Meßbereich und hoher Genauigkeit. *PROCESS 12 (1998)*, S. 80. Würzburg: Vogel Verlag.
[6.6] Unterlagen der Firma Krohne.
[6.7] W. BOHL: *Technische Strömungslehre*. Würzburg: Vogel Buchverlag, 9. Auflage (1991).
[6.8] H. SCHLICHTING; K. GERSTEN: *Grenzschicht-Theorie*, 9. Aufl. Berlin/Heidelberg: Springer-Verlag, 1996.
[6.9] F.L. BRAND: Akustische Verfahren zur Durchflußmessung. *Messen, Prüfen, Automatisieren (1987)*, S. 198–205.
[6.10] H.R. TRÄNKLER: Meßtechnik und Meßsignalverarbeitung. *Technisches Messen 54 (1987)*, S. 398–406.
[6.11] Unterlagen der Firma NUTECH GmbH, 24536 Neumünster.
[6.12] N. KROEMER; A. VON JENA; TH. VONTZ: Ultraschall-Durchflußmesser für industrielle Anwendungen. *Technisches Messen 64 (1997)*, Nr. 5, S. 180–189.
[6.13] H. BROCKHAUS: Magnetisch-induktive Durchflußmessung mit kapazitiven Verfahren. *Technisches Messen 64 (1997)*, Nr. 5, S. 190–195.
[6.14] W. HOGREFE: *Handbuch der Durchflußmessung*. Göttingen: Bailey-Fischer-Porter, 1994.
[6.15] Unterlagen der Firma Yokogawa, 1992.
[6.16] W. STEFFEN; W. STUMM: Direkte Massendurchflußmessung, insbesondere mit Coriolis-Verfahren. *Messen, Prüfen, Automatisieren (1987)*, S. 192–196.
[6.17] G. VETTER; S. NOTZON: Messung kleiner pulsierender Flüssigkeitsströme mit Coriolis-Durchflußmessern. *Automatisierungstechnische Praxis 36 (1994)*, Nr. 4, S. 31–44.
[6.18] Fa. Rota-Yokogawa GmbH, Wehr.
[6.19] B. SCHUMACHER: Durchflußmeßtechnik. *Chemie, Anlagen, Verfahren 9 (1992)*, S. 82–83.
[6.20] Fa. Foxboro.
[6.21] Fa. Endress + Hauser, Maulburg.
[6.22] W. DRAHM; C. MATT: Coriolis-Massendurchflußmessung – Gerades Einrohrsystem mit neuer Schwingungskompensation. *Automatisierungstechnische Praxis, 40 (1998)*, Nr. 9, S. 24–29.
[6.23] C. RÖSNER: Auf den Tropfen genau. *PROCESS 78 (1997)*, S. 88–89. Würzburg: Vogel Verlag.
[6.24] C.C. THOMAS: The Measurement of Gases. *J. Franklin Institute 61 (1911)*, S. 411–460.
[6.25] M. HAAS; H. POLLAK: Genauigkeitssteigerung bei thermischen Massenduchflußmessern durch modellgestützte Kennlinienkorrektur. *Technisches Messen 58 (1991)*, Nr. 2, S. 65–70.
[6.26] A.F. BROWN; H. KRONBERGER: A sensitive recording calorimetric mass flow-meter. *J. Sci. Instrum. 24 (1947)*, S. 151–155.
[6.27] H. BERNARD; H. MÜLLER: Auswahl und Einsatz von Durchflußmeßverfahren. *Automatisierungstechnische Praxis 40 (1998)*, Nr. 9, S. 43–47.
[6.28] U. GÄRTNER: Fehlerquellen vermeiden. *Chemie, Anlagen, Verfahren 10 (1995)*, S. 142–144.

[7.1] W. MÜLLER: Das HART-Feld-Kommunikations-Protokoll. *Automatisierungstechnische Praxis 34 (1992), Nr. 9, S. 518–529.*
[7.2] G. PINKOWSKI: Bidirektionale Kommunikation. *Chemie, Anlagen, Verfahren 9 (1992), S. 50–58.*

[A.1] Firma M.K. Juchheim GmbH & Co, 36035 Fulda.
[A.2] TYLAN Corporation, 85386 Eching.

Verzeichnis der zitierten Normen und Richtlinien

Kapitel 1
DIN 19227:   Leittechnik; Grafische Symbole und Kennbuchstaben für die Prozeßleittechnik

Kapitel 2
DIN 1319:   Grundbegriffe der Meßtechnik
VDINDE 2600:   Metrologie (Meßtechnik)

Kapitel 3
DIN 4408:   Kaltleiter
DIN 43 710/
IEC 584-1:   Thermoelemente, Spannungsreihen und Grenzabweichungen
DIN 43735:   Schutzrohre für Thermoelemente und Widerstandsthermometer
DIN 43729:   Anschlußköpfe für Temperaturfühler
DIN EN 60751/
IEC 751:   Platin-Widerstandsthermometer
DIN 45921:   Platin-Widerstandsthermometer in SMD-Ausführungen
VDI/VDE 3511:   Technische Temperaturmessungen

Kapitel 4
DIN 19213:   Meßumformer für Druck
VDI/VDE 3512:   Meßanordnungen für Druckmessungen

Kapitel 5
DIN V 19250:   Flüssiggase
VDI/VDE 2182:   Füllstandsmessung mit Verdrängerkörpern
VDI/VDE 3519:   Füllstandsmessungen von Flüssigkeiten und Feststoffen

Kapitel 6
DIN 19226:   Regelungstechnik und Steuerungstechnik: Begriffe
DIN 1952/
ISO 5167:   Durchflußmessungen nach dem Wirkdruckverfahren
DIN 19201:   Wirkdruckgeber
DIN 19559:   Venturirohre
VDI/VDE 2040:   Berechnungsgrundlagen für die Durchflußmessung mit Blenden, Düsen und Venturirohren
VDI/VDE 3512:   Meßanordnungen; Durchflußmessung mit Drosselgeräten
VDI/VDE 3513:   Schwebekörper-Durchflußmesser; Berechnungsverfahren
VDI/VDE 2642:   Ultraschall-Durchflußmessung von Fluiden in voll durchströmten Rohrleitungen
VDI/VDE 2641/
DIN ISO 6817:   Magnetisch-induktive Durchflußmessung
VDI/VDE 2643:   Wirbelzähler zur Volumen- und Durchflußmessung
VDI/VDE 2644:   Auswahl und Einsatz von Durchflußmeßeinrichtungen

Informationen frei Haus!

2 Ausgaben jetzt zum Nulltarif!

Das Fachmagazin für die Entscheider in der Chemie- und Pharmaindustrie sowie angrenzenden Prozeßindustrien

Sofort anfordern!

☏ 09 31 / 4170 - 451
🖷 09 31 / 4170 - 499

Vogel Industrie Medien, Leser-Service, 97064 Würzburg

Stichwortverzeichnis

A
Abfüllaufgaben 207
Abgleichwiderstand 48
Abklingzeit 149
Ablagerungen 195
Abrißkante 167
Abschirmelektrode 118
Abschirmung 122, 126
Absolutdruck 73
Absorptionskoeffizient 65
Abtastintervall 142
Abwassertechnik 115, 137, 169, 188
Aktivität 126
Amplitudenverhältnis 19
Anfangskapazität 118
anisotropes Ätzen 87
Anodic Bonding 87
Ansatzkompensation 118
Anschlußkopf 41
Ansprechgeschwindigkeit 17
Ansprechverhalten 40
Ansprechzeiten 48
Antriebswellen 82
Anzeigeinstrument 219
Anzeiger 219
Apertur, numerische 186
Ätzen, anisotropes 87
Ätzverfahren 87
Aufbau, wertigkeitsinverser 195
Auflösungsgrenze 143
Auflösungsvermögen 20
Aufnehmer 21
Auftriebskraft 110
Ausbreitungsgeschwindigkeit 145
Ausbreitungswiderstand (spreading resistance) 54
Ausgangssignal 17, 220
Ausgleichsleitungen 38, 56
Ausgleichsstrom 196
Auskleidung 194
Auslaufstrecke 101, 157, 159, 166, 172, 176, 187, 195, 212
Ausliterung 105
Automatisierungssystem 226
Autozero 192

B
Bandbreite 143
Bandstrahlungspyrometer 68
barometrische Höhenformel 74
Basisgröße 16
Basismeßverfahren 16
Bauartzulassung 103
Behälterwägungen 115
Belagbildung 187
Bernoulli-Ansatz 162
Beugungsgitter 182
Biegebalken 82
Bilanzierung 173, 181
Bimetall 76
– thermometer 33
Birotorzähler 155
Blasensäule 186
Blende 18, 162, 164, 172, 209
Blockdistanz 129, 134, 138
Bolometer 68, 70
Bourdonrohr 75
Brechungsindex 145, 147f.
Brennersteuerung 210
Brückenspannung 29, 93
Bürde 221 ff.

C
Chemical Vapor Deposition (CVD) 84
Clamp-on-Ausführung 187 f.
Coriolis-Durchflußmesser 200
Coriolis-Kraft 200 f.
Coriolis-Meßprinzip 16
cost of ownership 23
Curietemperatur 54

D
Dämpfung 130
Dämpfungsmasse 128
Datenloggerfunktion 90
Dauersignal 182
Dehnungsmeßstreifen 80, 82, 85, 88, 97, 158
Detektionsgrenzen 134
Detektor 123
– arrays 72
– zeilen 72
Dichteänderung 107
Dichtekorrektur 113
Dichtemessung 121
Dichtigkeitsprobleme 155
Dielektrikum 93
Dielektrizitätskonstante 115 f., 138, 145 f.
Differentialanordnung 93
Differentialkondensator 80, 93
Differentialtransformator 80, 97 f.
Differenzdruck 73
– messung 111
Digitalelektronik 125
Digitalwert 223
DMS-Rosette 82

Doppelkrümmer 16
Dopplermessung 186
Dopplerverfahren 179, 185, 187
Dosieraufgaben 192
Dosierpumpe 205
Dosierschaltungen 191
Dosierungen 152, 154, 188, 207
Drahtbruch 220
Drahtfilamente 211
Drahtmäander 82
Drallströmung 166
Drehkolben 154f.
– zähler 155
Drehmomentmessungen 83
Drehschieberzähler 155
Dreieckswehr 170
Dreileiterschaltung 49, 56
Driftmessung 179
Driftverfahren 185
driven shield 118, 194
Drosselorgan 162
Drosselstelle 161
Druck
–, hydrostatischer 73, 111
–, uniaxialer 73
Druckabfall 162
Druckaufnehmer, kapazitiver 92
Druckeinfluß 132, 145
Druckentnahme 162
Druckmeßbereiche 73
Druckmeßumformer, pneumatische 101
Druckmessungen 219
Druckminimum 164
Druckmittler 100, 112
Druckschlag 86, 100, 159
Drucksensoren, piezoelektrische 92
Drucktransmitter 92
Druckverlust 162, 188
–, bleibender 164
Druckvorgang, dynamischer 92
Druckvorlagen 100
Dünnfilm-DMS 84
Dünnschichttechnik 46, 82
Dünnschichtwiderstand 210
Durchbiegung 77
Durchfluß 151
– koeffizient 162
– meßeinrichtung 151
– -Meßverfahren, magnetisch-induktive 188
Düse 164
Düsenmeßbrücke 165, 209

E
Echoamplitude 129
Echoanalyse 134f.
Echofolge 186
Echofrequenz, dopplerverschobene 185

Echolot 171
–, Reichweite 131
Echosignal 143
Eckentnahme 164
Eckfrequenz 144
Effekt, thermoelektrischer 33
Eichnormal 63
eichpflichtiger Verkehr 108, 152
Eigenerwärmung 35, 48, 53
Eigenfrequenz 98, 108
Eigenrauschen 70
Eigensicherheit 222
Eigensteifigkeit 100
Einbaubeispiele 198
Einflußgrößen 25, 223
Eingangskreis 222
Eingangssignal 17
Eingangswiderstand 221
Einheitssignal 89, 219f., 223
–, pneumatisches 220
Einkammer-Version 94
Einkolben-Hubzähler 152
Einkopplung 191
Einlaufstrecke 157, 159, 176, 198, 212
Einperlmessung 113
Einperlmethode 171
Einrohrsystem 206
Einsatzbereich 44
Eintauchtiefe 107f.
Elastizitätsmodul 77, 81
Elektroden 190, 198
Elementarspannung 194
Emissionsgrad 66
Emissionskoeffizient 65, 67
Empfindlichkeit 17, 25, 88
EMV-Norm 226
Energiespeicher 222
Entnahmebohrung 101
Erdgas 156
Erdschleifen 40
Erregerspulen 191
Erwartungswert 25, 27
Expansionskoeffizient 162
Expansionszahl 162
Explosionsschutz 20, 222
Extruder (Kunststoffspritzmaschinen) 100

F
Fackelgase 188
Fackelgasmessung 211
Fahrenheit 31
Failsafe-Geräte 150
Faradaysches Induktionsgesetz 189
Faseroptik 61
Fehlerkurve 195f.
Fehlerschätzung 27
Fehlkalibration 25

Fehlmessungen 111
Feinstabgleich 46
Feldbus 59, 226
FELDBUS PA 21
Feldeffekttransistoren 49
Feldmultiplexer 56
Fermentation 210
Feststoffpartikel 181, 185
Festzielausblendung 134 f.
finite Elemente 79
Fixpunkte 31
Flanschentnahme 164
floating average 134
Flügelradzähler 156
Flüssiggas 146, 154, 157, 207
Flüssigkeiten 107
Flüssigkeitsströmung 16
Flüssigkeitsthermometer 33
FMCW-Meßgerät 144
FMCW-Verfahren 142
Folgegeräte 219, 221
Folien-DMS 84
Förderbänder 137
Form
–, laminare 183
–, turbulente 183
Fourieranalyse 144
frequenzanaloges Signal 98
Frequenzbereich 144
Frequenzdifferenz 181
Frequenzhub 143 f.
Frequenzspektrum 144
Frequenzumtastung 226
Frequenzverschiebung 143, 185
Frontmembran 80
FSK-Verfahren (HART-Protokoll) 56
Fühlgewicht 107 f.
Führungsrohr 137
Füllgutoberfläche 127
Füllstands-Grenzschalter 54
Füllstandsmessung 103
–, konduktive 119
–, radiometrische 120
Funkstörung 139
Funktionsblöcke 223
Funktionstest 150
Funktionsüberprüfung 150
Fuzzy logic 134

G
galvanische Trennung 40
Gammastrahlen 120
Gammastrahlung 122
Gasblasen 181
Gasflußmessungen 188
Gasförderung 156
Gas-Konversionsfaktor 212

Gasströmung 210
Gasthermometer 31
Gaszusammensetzung 188
Gateway 226
Gegenelektrode 118
Geiger-Müller-Zählrohr 123
Genauigkeitsklassen 44
Geometriefaktor 81
Geometrieterm 85
Geradrohrsystem 206
Gerinne 169
–, offene 137
Gesamtstrahlungspyrometer 31, 68
Glaskonus 175
Gleichfelder 191, 198
Gleichrichtung
–, phasenselektive 191
–, phasensensitive 98
Gleitrohr 105
Glühfadenpyrometer 69
Gradientenüberwachung 135
grauer Strahler 68
Grenzabweichungen 35 f.
Grenzfrequenz 142
Grenzstand 146
Grenzstanderfassung 103
Grenzstandsdetektion 115, 140, 146
Grenzstandüberwachung 120, 124, 137
Grenzwertüberwachung 219
Gummierung 149
Gut-Zustand 225

H
Halbleiter 34
– detektor 68
– fertigung 212
Halbwertszeit 122
Hall-Sonde 110
Handterminal 226
HART-Protokoll 21, 56, 197, 226
HART-User Group 226
Heißfilm-Anemometer 210
Heißleiter 52 f.
Heizleistung 210
Hilfsenergie 220, 222
– versorgung 221
Hintergrund-Störpegel 131
Hintergrundstrahlung 71
Hitzdraht-Anemometer 211
Hochofenprozeß 69
Hochvakuum 42
Höhenformel, barometrische 74
Hohlleiter 139
Hookesche Gesetz 85
Hornantenne 139
Hubkolbenzähler 152

Hüllkurve 135
hydrostatischer Druck 73
Hysterese 86

I
Impulsflanken 140
Impulsfolge 181
– -Verfahren 181
Impulslaufzeit 144
Inbetriebnahme 23
Induktionsspannung 189, 198
Inertgasströmung 102
Inline-Version 187
Innenauskleidung 190
Innenwiderstand 221
Instandhaltung 102, 106, 110
–, vorbeugende 225
Integrationszeiten 122
Intensitätsverteilung 185
Interdigitalwandler 182
Ionenimplantation 86
Ionisationskammer 123
Isentropenexponent 132
ISM-Bänder 139, 143 f.

K
Kalibration 210
Kalibrierfaktor 196
Kalibrierlösung 225
Kaltleiter 52, 54, 147
– schalter 150
Kapazitätsänderung 92, 118
Kapillarsysteme 210 f.
Kármánnsche Wirbelstraße 157
Katodenzerstäubung 43, 84
Kennlinie 17, 35, 53, 112
Kernreaktor 62
k-Faktor (gauge-factor) 80
Khafagi-Venturi-Meßeinrichtung 169
Kippbewegung 202
Kippzähler 152
Kirchhoffsche Plattentheorie 77
Kläranlage 210
Kleinspannung 221
Kohlenwasserstoff 160, 188, 207
Kompaktausführung 197
Kompensation 21, 37, 132, 223
Kompensationsdose 37
Kompensationsspannung 50, 196
Kompensationsverfahren 49 f.
Kondensat 101
– anfall 112
– gefäß 112
Konstantstromspeisung 49
Kontinuitätsgleichung 161
Kontrollbereiche 126
Konversionsfaktor 123, 213 f.

Konzentrationen 138
Körper, schwarze 65
Korrosion 150
Kraftmeßdose 115
Kunststoffspritzmaschinen (Extruder) 100

L
Ladungslawine 123
Lagerbehälter 108, 110, 113
Lagerhaltung 219
lambda locked loop 182
$\lambda/4$-Schicht 128
laminare
– Form 183 f.
– Strömung 177
Langzeitstabilität 43, 58, 61, 86, 98 f.
Laser 127
– trimmen 46, 82, 84
Laufzeit 127, 180
– messungen 103, 126, 140, 187
– verfahren 179, 188
Laval
– -Druckverhältnis 168
– -Strömung 168
Leading-edge-Verfahren 181
lebender Nullpunkt (live zero) 17
Lebensmittel 217
– bereich 89
– industrie 207
– technik 139
Leckstrom 86
Leitfähigkeit 188
Leitstand 220
Leitungsabgleich 49
Leitungswege 219
Leitungswiderstand 48 f., 221
Leitwarte 20, 219
Lichtleitfaser 148
Lichtschranke 175
Lichtwellenleiter 21, 60
Lindeck-Rothe Prinzip 50 f.
Linearisierung 223
Linearitätsabweichungen 214
Line-Scanner 71
live zero 220
– -Schaltungen 222
Lotsysteme 107 f.
Lotverfahren 109
Lumineszenz 59
– spektrum 60
– thermometer 61

M
Magnetfeld 189
Magnetklappenanzeiger 105
Manometer 76
Mantelrohr 40

Stichwortverzeichnis 249

Mantelthermoelemente 40
Mass Flow Controller (MFC) 212
Mass Flow Meter (MFM) 212
Massendurchfluß 16, 201
Massendurchflußmesser 212
–, thermischer 200
Massendurchflußmessung 200
Massenfluß 203
Massenstrom 151, 164, 200, 205
– messer, thermischer 209 f.
Masserohr 118
Medien, wassergefährdende 103
Mehrelektrodensystem 195
Mehrfachmessungen 25
Mehrfachreflexionen 130, 134, 188
Membran 77
Menge 151
Mengenmessung 151
Meßabweichung 25, 28
Meßanordnungen, totraumfreie 100
Meßbereich 25
Meßbereichsendwert 26
Meßbereichswahl 223
Meßblende 162
Meßbrücke 82
Meßdynamik 160, 188
Meßeffekt 21
Meßeinrichtung, Reichweite der 130
Meßeinsatz 41
Meßelektroden 193 f., 196
Meßergebnis 25
Meßflügel 156
Meßgerät der Klasse 2 26
Meßgröße 15, 25
Meßkammer 93, 165
Meßkette 17
Meßmedium 172
Meßschaltungen 48
Meßstelle 219
Meßstellenumschaltungen 49
Meßumformer 54, 219
Messungen, einmalige 26
Meßwarte 225
Meßwert 25
Meßwertübertragung 33, 219
Metall-Dehnungsmeßstreifen 79
MID (magnetisch-induktive Durchflußmesser) 189
MID-Meßumformer 197
MID-Sonde 198
Mikro-Impulsreflektometrie 140
Mikrowellen 103, 127, 138
–, geführte 140
– leistung 145
– ofen 61
Mindestabstand 129
Mindestkorngröße 128
Mindestleitfähigkeit 103, 195

Mineralölindustrie 152, 155, 179
Minimalspannung 222
Mittelwert 27
Molekularfaktor 213
Molekulargewicht 188
monokristallines Silizium 85
Motorenprüfstand 211
Multiplexen 21
Multiplexer 49 f.

N
Nachkalibration 122
Nachweisgrenze 131
Nahrungsmittelindustrie 188
Netzteil 221 f.
neutrale Schicht 77
neutraler Ring 78
Nichtlinearität 84
Nickel 43
Nickschwingung 202
Normalverteilung 28
Normflansche 166
Normsignal 22
NTC-Widerstand 52, 88
Nullanzeiger 50
Nullpunkt 220
–, lebender 17
–, unterdrückter 17
–, virtueller elektrischer 191
Nullpunktsdrift 84, 99
Nullpunktstabilität 193
numerische Apertur 186
Nutzecho 132 f.
Nutzspannung 191
NYQUIST 62

O
Oberflächenwellen 99
Öffnungsverhältnis 162, 172
Ölvorlage 89
Ovalradzähler 154

P
Parallelgefäß 105 f.
Partikelgeschwindigkeit 185
Parti-Mag 194
Peilstäbe 104
Peltier-Effekt 34
Peltier-Koeffizient 34
Peltier-Kühler 70
Permanentmagnete 190
Permeabilität 139
Petrochemie 188, 207
Phase Locked loop 142
Phasendifferenzmessung 182
Phasenregelung 182
Phasenregelverfahren 182

Phasenverschiebung 202f.
Phasenwinkel 19, 182
pH-Elektrode 225
Photomultiplier 70, 124
piezoelektrische Drucksensoren 92
Piezokeramik 128
Piezokristalle 180
Piezoresistivität 79, 84
Plancksches Strahlungsgesetz 65
Platin 43
Plattensteifigkeit 77
Pneumatik 20, 220
Poggendorf-Kompensation 50f.
Poissonkoeffizient (Querkontraktionskoeffizient) 77, 85
Polarisationseffekt 120
Polysilizium 86
− zellen 90
Potentialausgleich 191, 196
Präzisionsmessungen 51
Primärsignal 20, 219, 223
Produktdichte 107, 121
Produkteigenschaften 127
Prozeßeinsatz 87
Prozeßleitsystem 20, 223
Prozeßleittechnik 56
Prozeßmeßstelle 22
Prüfaufwand 89
Prüfzyklen 89
PTC 150
− -Widerstand 52, 147
Pulsabstand 57
Pulsationen 192
Pulsausgänge 197
Punktstrahler 125
Pyrometer 64

Q
Quarzresonator 98
Quarzthermometer 59
Querkontraktionskoeffizient (Poissonkoeffizient) 77

R
Rackbus 226
Radar 127
Radialgeschwindigkeit 200
Radiometrie 138
Radizierfunktion 166
Rauschen 191
Rauschspannungen 191
Rauschthermometer 31, 62f.
Rechenanlagen 138
Rechtecksignale 142
Rechteckwehr 170
Reedkontakt 105f.
Referenzblock 37

Referenzecho 132
Referenzimpuls 124
Referenzkammer 96
Referenzmessung 132, 137
Referenzstrahl 137
Referenzstrecke 180
Reflektoren 129, 182
Reflexionskoeffizient 130f.
Regler 219
Reichweite 130f.
Reproduzierbarkeit 84
Resonanzdraht 80
− -Druckaufnehmer 98f.
Resonanzfrequenz 33, 146, 204f.
Resonanzkörper 99
Reynolds-Zahl 162, 177f.
Richtungserkennung 197
Ring, neutraler 78
Ringkolben 153
− zähler 153
Ringmembran 79
RI-Schema 22
Rohrantenne 139
Rohrrauhigkeit 162, 164
Rohrströmungen 176
Rückwirkungen 25, 64
Rührwerksflügel 135

S
Samplingfrequenz 142, 144
Sandwichbauweise 197
Sandwichversion 197
Sattdampf 160
Schallabstrahlung 128
Schallgeschwindigkeit 179, 185, 220
Schallimpedanz 130
Schallimpuls 180
Schallkegel 186
Schaltraum 197
Schaltungsprinzip LINDECK-ROTHE 50
Schätzwert 28
Schaugläser 105
Schaum 138, 146
− schicht 129
Schicht, neutrale 77
Schichtdicke 121
Schichtwiderstand 47
Schlaufenreaktor 186
Schleichmengen 156f.
Schmutzempfindlichkeit 160
Schüttgüter 103, 107, 115, 138
Schüttkegel 107, 128
Schutzklassen 226
Schutzmaßnahmen 226
Schutzrohre 40
schwarze Körper 65
Schwebekörper 209

Stichwortverzeichnis 251

– -Durchflußmesser 171 f.
Schwebungsfrequenz 143 f., 145, 185
Schwimmer 107, 171
– -Grenzschalter 146
– körper 149
– meßgeräte 103, 105
– systeme 106
Schwingbewegung 201
Schwingkreis 57
Schwingquarz-Thermometer 56
Seebeck
– -Effekt 33
– -Koeffizient 34
Seilsonden 118
Selbsttest 150
Sendefrequenz 142, 185
Sendesignal 143
Sensor 22
– element 21 f.
– -MID 198
– system 22
Sequential-sampling 141
Servomotor 107
Sicherheitsaspekte 149
Signal, frequenzanaloges 98
Signalabgriff 193
–, kapazitiver 194
Signalbereich 220
Signalkorrektur 223
Signallaufzeiten 138, 220
Signalleitung 220
Signalspannung 190
Signalstromkreis 221
Silizium, monokristalliner 85
Silizium-Druckmeßzellen, kapazitive 96
Sing-around-Methode 181
Sinusantwort 18
SMART
– -Converter 226
– -Transmitter 226
SMD-Bauform 46
Snelliussches Gesetz 186
Sondenisolierung 117
Spannungsreihen 34 f.
Spannungsrißkorrosion 208
speckle tracking (Transflexionsverfahren) 16, 187
Speisespannung 222
Spektralpyrometer 31, 68
Sperrflüssigkeit 75
spezifische Wärme 208
spreading resistance (Ausbreitungswiderstand) 54
Sprungantwort 18
Sprungfunktion 18
Spulenpaare 190
Spülgas 113
Sputtern 84
Stabantenne 139

Standard 15
– abweichung 28
Standhöhe 103
Staudruck 75, 162
Stauhöhe 137, 171
Stefan-Boltzmann-Gesetz 65
Steilheit 17
Störecho 133
–, sporadisches 135
Störgleichspannung 191
Störquellen 132
Störreflexionen 139
Störsicherheit 197
Störsignale 132 f.
Störspannungen 190, 196
Störwechselspannungen 191
Strahlenschutzbeauftragter 123, 126
Strahlenschutzbehälter 122, 126
Strahlenschutz-Verordnung 126
Strahler, grauer 68
Strahlungsleistung 65
Strahlungspyrometer 33
Stroboskop-Verfahren 179, 186
Strömungen
–, laminare 177
–, pulsierende 188, 191
–, turbulente 177
Strömungsgeschwindigkeit 179, 186, 207
Strömungsgleichrichter 159, 167
Strömungsprofil 16, 159, 180, 198, 211
–, rotationssymmetrisches 184
Strömungsrichtung 180
Strömungsüberwachung 175
Strömungswächter 198, 216 f.
–, kalorimetrischer 217
Strömungswiderstand 172
Strömungswiderstandszahl 172
Struhal-Zahl 158
Synchronisation 135
Szintillationszähler 123 f., 126

T
Tankeinbauten 127, 131
Tastplatte 109
Tauchsonden 89
Temperaturauflösung 58
Temperaturbeiwert 53
Temperaturbildsysteme 71
Temperaturdifferenz (Seebeck-Effekt) 33 f.
Temperatureinfluß 49, 88, 145, 180
Temperaturfühler, nichtlinearer 220
Temperaturkalibrator 49
Temperaturkoeffizient 53
Temperaturkompensation 76, 94, 99, 132, 223
Temperaturmessung 32, 181 f.
Temperaturprofile 42
Temperaturschichtung 132

Temperaturskala 31
Temperaturverteilung 42
Testfunktion 18
thermischer Massenstrommesser 209 f.
Thermistor 158
thermoelektrischer Effekt 33
Thermoelemente 33 f., 36, 38 f.
Thermographie 71
Thermokraft 34
Thermosicherung 54
Thermospannung 34, 38, 50, 81, 219
time domain reflectometry (tdr) 140
Toleranzklassen 36
Torsionsschwingungen 206
Totalreflexion 148
Transflexionsverfahren (speckle tracking) 187, 223
Transmitter 219
Treibschieberzähler 155
Trennmembrane 94
Trennschicht 103, 105, 110, 140, 149
– messung 120 f.
Trennung, galvanische 40
Trennvorlagen 100
Triggerfrequenz 142, 144
Trombenbildung 115
Trommelzähler 152
Turbinenradzähler 157
turbulente
– Form 183 f.
– Strömung 177

U
Überdruck 73
Überfallbeiwert 170
Überfüllen von Behältern 146
Überfüllsicherung 103, 118, 146, 149
Überfüllung 103
Übergangsverhalten 18
Überlast 94
– festigkeit 97
Überlaufwehr 169
Überströmwehre 115
Ultraschall 103, 127
– geber mit Piezooxiden 128
– impulse 179, 185 f.
– wandler 184, 187
uniaxialer Druck 73
Unterdruck 73
unterdrückter Nullpunkt 17
Unterflanschantenne 139
U-Rohr 75

V
Validierung 225
VbF 146, 149
Venturidüse 164
Venturikanal 171

Venturirohr 164, 167
Verdrängerkörper 110
Verdrängerprinzip 110
Vergleichsgröße 15
Vergleichsstelle 37
Vergleichsstellenkompensation 38
Verhalten
–, dynamisches 17 f.
–, statisches 17
Verhältnispyrometer 70
Verkabelungsaufwand 226
Verlustleistung 222
Verordnung für brennbare Flüssigkeiten (VbF) 103
Verzögerung
– erster Ordnung 18
– höherer Ordnung 18
Vibrationsgrenzschalter 146
Vielzweckinstrumente 223
Vierleiter-Meßumformer 222
Vierleiterschaltung 49, 56
Viertelkreisdüse 167
virtueller elektrischer Nullpunkt 191
Viskosität 184
Volumenausdehnungskoeffizient 137
Volumenstrom 151, 164, 170
Volumenzähler
–, mittelbarer 156
–, unmittelbarer 152
Voralterung 84
vortex meter (Wirbelzähler) 157, 209
Vorwahlzählwerk 154

W
wahrer Wert 25 f.
wahrscheinlicher Wert 27
Wärme, spezifische 208
Wärmeableitung 52
Wärmebildgeräte 71
Wärmekapazität 35, 211
Wärmeleitungsgleichung 214
Wärmemengenzähler 46, 181
Wärmestrahlung 64
Wärmestrom 34, 43
Wärmeverlustmessungen 72
Wärmeversorgung 160
Wartungsaufwand 23
Wasseraufbereitung 188
Wasserhaushaltsgesetz (WHG) 103
Wechselfelder 191
Wechselfelderregung 191
Wehr 169
Weiterverarbeitung 15
Wellenfronten 182
Wellenlänge 182
Wellenwiderstand 139
Wert, wahrer 25 f.

Wert, wahrscheinlicher 27
Wertigkeit 195
wertigkeitsinverser Aufbau 195
Wertigkeitsverteilung 194
Wheatstone
- -Brücke 85, 93
- -Meßbrücke 29
WHG 146, 149
Widerstandsbahnen 46
Widerstandsrauschen 64
Widerstandsthermometer 37, 43, 219
Wiegand-Draht 154
Wiensches Verschiebungsgesetz 65
Windkraft 115
Wirbelfrequenz 158
Wirbelzähler (vortex meter) 157
Wirkdruckgeber 161 f., 165 f.
Wirkdruckleitung 165
Wirkdruckmessungen 160
Wirkdruck-Meßverfahren 23
Wirkdruckprinzip 18

Wirkdruckverfahren 160
Woltmann-Zähler 157

Z
Zahnradzähler 155
Zeitbereich 144
Zeitdehnung 144
Zeitdilatationsverfahren 142
Zeitfenster 135
Zeitverhalten 18
Zellen
–, galvanische 190
–, schwimmende 97
Zündfunken 222
Zweikammer-Version 94
Zweileiter
- -Druckmeßumformer 89
- -Meßumformer 50, 56, 220, 222
Zweileiterschaltung 48 ff.
Zweileitertechnik 222
Zylinderkondensator 116

VERFAHRENSTECHNIK

Für Experten

Die zerstörungsfreie Messung von Schichten:
- Wand- und Schichtdicke
- Härte
- Haft- und Korrosionsfestigkeit
- Rauhtiefe und Porosität
- optische, elektrische, magnetische undthermische Parameter

Konkrete Meßbeispiele mit Diagrammen und Tabellen machen das Buch für Techniker und Ingenieure zum wertvollen Nachschlagewerk.

Nitzsche, Karl

Schichtmeßtechnik

504 Seiten, 314 Bilder, 1997
ISBN 3-8023-**1530**-8

VOGEL

Vogel Buchverlag
97064 Würzburg
Tel. (0931) 418-2419, Fax -2660
http://www.vogel-medien.de/buch

Erhältlich im
Buchhandel
oder bei:

Vogel Fachbuch – das praxisorientierte Fachwissen

THEMA VERFAHRENSTECHNIK

Fachwissen aus erster Hand

Die Ermittlung von Kräften und Druckverlust, im Hinblick auf Funktion und Leistungsgarantie von Apparaten, ist eine Notwendigkeit bei vielen praktischen Anwendungen. Parameter sind dabei Grenzschicht, Turbulenz und Ablösung. Die anwendungsorientierte Darstellung und Auswertung von Gesetzmäßigkeiten, besonders der Strömung in und um Rohren, stehen hier im Vordergrund. 46 ausführliche Beispiele geben Lernenden einen tiefen Einblick, den Praktikern Hilfen zur Lösung ihrer Probleme.

Wagner, Walter
Strömung und Druckverlust
Kamprath-Reihe
272 Seiten, zahlreiche Bilder

VOGEL FACHBUCH

Erhältlich
im Buchhandel
oder bei:

Vogel Buchverlag
97064 Würzburg
Tel. (09 31) 4 18-24 19, Fax -26 60

Das praxisorientierte Fachwissen

THEMA VERFAHRENSTECHNIK

Stoffe sauber trennen

Mechanische Verfahren zur Oberflächenvergrößerung, Flüssigkeitsabtrennung, Zerlegung von Feststoffgemischen, Stoffvereinigung; Verfahren der Gasreinigung, Fluidisieren und Wirbelschichttechnik, Wärmeübertragung, thermische Verfahren zur Feststoffabtrennung, thermische Trennverfahren, Diffusionstrennverfahren, chemische Reaktionsverfahren, Fließbilder verfahrenstechnischer Anlagen, Prozeßleittechnik. Betont sind für die Umwelttechnik wichtige Trennverfahren. Vollständig durchgerechnete Beispiele geben Einblick in die Projektierung von Apparaten und Anlagen.

Hemming, Werner
Verfahrenstechnik
Kamprath-Reihe
212 Seiten, 132 Bilder

VOGEL

Erhältlich
im Buchhandel
oder beim Verlag.

Vogel Buchverlag
97064 Würzburg
Tel. (09 31) 4 18-24 19, Fax -26 60

Vogel Fachbuch – das praxisorientierte Fachwissen